Revolution in Defense Affairs

과학기술 강군을 향한

국방혁신 4.0의 비전과 방책

저자 정춘일

과학기술 강군을 향한

국방혁신 4.0의 비전과 방책

초판 1쇄 발행 2022년 3월 3일
개정판 2쇄 발행 2022년 11월 1일

지 은 이 정춘일
추 천 인 김진양
발 행 인 권선복
편 집 오동희
디 자 인 박현민
전 자 책 서보미
발 행 처 도서출판 행복에너지
출판등록 제315-2013-000001호
주 소 (07679) 서울특별시 강서구 화곡로 232
전 화 0505-613-6133
팩 스 0303-0799-1560
홈페이지 www.happybook.or.kr
이 메 일 ksbdata@daum.net

값 25,000원
ISBN 979-11-5602-973-1 (93390)

“

군사력이 뒷받침하지 않는 외교는

악기없는 음악과 같다.

- 프리드리히 2세(재위1740-1786)-

”

추천의 글

신한시스템(주) 대표이사
김 진 양

2021년 겨울 어느 날 평소 가깝게 지내온 육군사관학교 후배 박 학량 장군(예)이 동기생 정 춘일 박사(예비역 대령)와 함께 본인의 회사를 방문했다. 정 박사는 군을 떠났지만, 군의 영원한 구성원으로서 한국군의 미래 발전에 보탬이 되는 일을 하고 싶다는 진솔한 생각을 털어놨다.

그동안 안보 및 국방 분야의 실무와 학술적 연구 경험을 살려 한국군이 앞으로 나아갈 길을 담은 책을 만들어 군의 후배와 후학들에게 유익한 참고 자료로 제공하고 싶다는 것이었다. 그러면서 『과학기술 강군을 향한 국방혁신 4.0의 비전과 방책』이라는 제목이 붙은 원고 뭉치를 보였다.

책을 만든다는 것은 매우 자랑스럽고 보람 있지만 보통 힘든 일이 아니라는 것을 잘 알고 있는 본인은 저자에게 힘을 실어 주겠다고 약속했다. 본인은 평소 우리나라의 안보가 잘못된 위정자들에 의해 태풍 앞에 놓인 촛불처럼 위태로워진 역사를 자주 상기하곤 했다. 오늘날에도 이런 진리를 망각하고 역사적 과오가 반복되고 있다는 생각을 떨칠 수 없다. 국가와 민족의 행복과 평화를 위해 청춘을 바친 한 사람으로서 가슴에 멍이 들고 있다.

2022년 새해 벽두에 박 장군과 저자가 다시 당사를 방문, 그동안 수차례 원고를 갈고 닦아 이제 출간의 기쁨을 맛보게 되었다고 전했다. 본인은 이 책이 새로 출범하는 정부가 안보 및 국방 정책을 수립하는 데 귀중한 나침판이 될 것이라고 확신했다.

북한의 엄중한 군사위협과 주변의 불확실한 안보 질서, 한미동맹의 신뢰성 손상과 위기, 인구 감소에 따른 병력 절벽 등을 고려할 때 지금 우리의 안보 및 국방 상황이 백척간두에 서 있다고 느낀 본인은 새 정부가 출범하는 시기에 안보 및 국방 정책의 골간을 설계하기 위해 노력하는 저자를 흔쾌히 돕기로 결심했다.

대만 위기, 유고 전쟁 시 세르비아계 민족이 자행한 인종 청소, 미군 철수 후 혼란에 빠진 아프가니스탄 사태, 우크라이나와 러시아의 전쟁 위기 등등 힘이 없으면 국민의 삶이 완전히 망가진다는 사실을 제대로 인식하지 못하는 안타까운 현실 속에서 이 책의 의미와 가치가 더욱 돋 보인다. 선배들이 피와 땀으로 이룩한 대한민국에서 부모를 잘 만나 태어나면서부터 모든 것을 가지고 부족함이 없는 세대로 태어나 그 고통을 모른다면 답답한 일이 아닐 수 없다.

본인은 2021년 초 코로나가 창궐하던 시기에 동기생 신병호 장군이 동기생들을 위해 매일 카톡방에 연재했던 '손자병법'을 동기생들과 많은 젊은이가 쉽게 볼 수 있게 책을 만들고자 행복에너지 권선복 대표와 인연을 맺고, 책으로 발간해 육사 및 3사 사관생도들이 읽을 수 있도록 충분한 양을 기부한 바 있다.

그 외에도 군에 근무 중인 젊은 장교 및 젊은이들에게도 자비로 책을 구입해 나눠줬다. 행복에너지의 권선복 대표는 경제적 이익 논리를 떠나 책을 만들고 싶어하는 사람들에게 힘을 실어 주고자 애쓰는 현세에 보기 드문 훌륭한 분이기에 정춘일 박사의 책도 기꺼이 출판을 주선했다.

저자는 본인이 육사 생도대 훈육대대장 시절에 교수부 교수로 재직하면서 육사생도대 훈육 보좌관 임무를 수행했다고 하여 더 친근감을 갖고 여러 가지 지난 이야기도 함께하며 우의를 다졌고, 함께 국가안보를 위해 노력하기로 뜻을 모았다. 그때 본인이 30대 후반에 육사에서 젊은 사관생도들에게 "국가와 민족을 위해 생명을 바치고, 항상 명예와 신의를 존중하고 정의롭게 삶을 살라" 고 훈육하던 시절이 생각난다.

본인은 군에서 전역한 후에도 군사력 증강을 위해 방위력 개선 사업에 참여하면서 후배 장교들이 좋은 무기로 적과 싸우는 데 힘을 보태는 것을 사명으로 삼고 30여 년을 지내왔는데, 마침 정춘일 박사가 오랫동안 연구한 자료를 담아 책으로 출간하는 데 도움을 줄 수 있어 너무 행복하다. 방위력 개선 사업이 하드웨어적 솔루션이라면 국방혁신 4.0은 소프트웨어적 솔루션이기 때문에 함께 군의 발전에 기여하게 된 것을 기쁘게 생각한다.

이 책이 우리나라의 안보태세를 튼튼히 하고 미래 과학기술 강군을 건설하는 데 크게 기여하기를 희망한다. 특히 후배 장교들이 밑줄을 그어가며 열심히 연구해 나라의 안보와 국방을 반석 위에 반듯하게 올려놓음으로써 모든 국민이 걱정 없이 행복한 삶을 살게 되길 간곡한 마음으로 빌어 본다.

2022년 2월

㈜신한시스템 대표 **김진양**

육사 29기 졸업

예비역 중령

연세대 행정 대학원 졸업 (석사)

3군단 포병 대대장

육사 생도대 훈육 대대장

연합사 작참부 을지포커스렌즈 주무관

프롤로그

인류의 역사를 관통하는 핵심 주제어는 전쟁과 평화이다. 동서고금을 막론하고, 인류는 전쟁 없는 평화로운 세계를 꿈꾸고 갈망해 왔다. 현실은 그러한 세계가 아니었다. 인류의 궤적은 냉엄하고 혹독한 전쟁으로 점철됐다. 국가 지도자들은 평화를 원하거든 전쟁에 대비하라는 격언을 머리에 새겼다. 유비무환의 진리는 아무리 강조해도 지나침이 없다. 어떤 국가를 막론하고 영토적 생존을 수호하지 못하면 국민의 안전하고 풍요로운 삶을 보장할 수 없다. 영원한 친구도 영원한 적도 없는 국제 무대에서 힘이 없으면 국가의 생존과 이익을 지킬 수 없다.

이러한 이유에서 세계 대부분의 국가들은 튼튼한 국방을 위한 군사력을 건설한다. 국제 무대에서 군사력이 뒷받침되지 않는 외교는 악기 없는 음악과 같다는 말이 있다. 강압 외교(coercive diplomacy)의 중요성을 강조한 것이다. 세계적 냉전의 종식과 함께 전 지구적 평화의 꿈이 실현될 것 같은 분위기가 한껏 부풀었으나, 오늘날의 세계는 강대국 간 패권 경쟁과 지역 분쟁 등 새로운 위협으로 몸살을 앓고 있는 모습이다.

한민족의 역사는 수많은 외침의 수난사였다. 한반도는 주변 강대국들의 이해관계가 깊숙이 개입된 곳이었기 때문이다. 역사적으로 중국인들은 한반도를 자신의 수뇌부를 강타할 '쇠망치'로 생각했고, 일본인들은 한반도를 자신의 심장부를 겨냥한 '단도'로 생각했다고 한다. 한반도는 러시아에게 해양 진출의 '근거지'가 됐고, 미국에게 대륙세력의 해양 진출을 저지하는 '방파제'가 됐다. 이러한 한반도의 지전략적 가치로 인해 주변 세력의 현실주의 국제정치, 즉 힘으로 정의되는 국가이익이 이곳에서 충돌했다.

한국은 풍전등화의 생존 위기를 극복하면서 오늘날 선진국 대열의 모범적 번영 국가를 건설했다. 문제는 여전히 궁극적 생존과 평화를 위협받고 있다는 점이다. 이중적 위협이 동시적으로 한국의 안보를 흔들고 있다. 북한이 핵무기와 미사일 전력을 고도화하면서 군사 위협을 가중하고 있는 가운데, 주변국들 간의 권력 충돌에 따른 불확실성 위험이 커지고 있다. 한국은 튼튼한 국방력으로 지정학적 생존 위협을 능히 극복하면 지경학적 중앙 위치를 활용해 세계적 선진 국가로 발돋움할 수 있을 것이다.

오늘날 첨단 과학기술의 급속한 발달에 따른 문명의 대전환, 즉 4차 산업혁명에 따른 지능화 문명이 한국 국방의 새로운 도전으로 다가왔다. 새로운 문명이 열리면 전쟁 · 군사 분야도 쓰나미처럼 밀려오는 파장을 피할 수 없다. 인류의 역사를 돌아 보면, 혁신적 차원에서 전쟁 · 군사 패러다임을 발전시킨 국가는 그렇지 못한 국가와 전쟁을 벌인 경우 항상 승리했다는 사실을 확인할 수 있다. 혁혁한 승리를 성취한 국가들은 대부분 새로 출현한 과학기술 주도의 군사력과 전술을 개발 · 적용했으며, 기술의 발전이 전쟁의 성격과 방식에 심대한 변혁을 가져 왔다. 새로운 기술을 활용하여 전투 시스템을 혁신적으로 창출함으로써 기존의 전쟁 패러다임을 진부하게 만드는 군사혁신의 성공 여부가 국가의 생존을 좌우했다. 한국 역시 군사혁신의 역사적 성공 사례와 교훈을 반추해 보고 4차 산업혁명에 의한 지능화 문명에 능동적으로 대비한 국방혁신을 추구해야 할 것이다. 이는 선택적 과업이 아닌 필수적 과업이다.

이 졸작은 이러한 문제 인식에서 집필됐다. 4차 산업혁명이 세상의 화두로 떠오른 이후 주요 공공 기관 및 대학에서의 특별 강연 자료, 각종 학술대회 발표 및 토론 자료, 주요 학술지 게재 논문, 주요 기관 연구 용역 과제 등을 통해 발전시킨 내용을 재구성 · 보완했다. 제2장 '정보화 혁명과 국방 패러다임 전환'은 약 20년 전에 연구된 논문을 다소 보완해 수록했다. 정보화 기술 기반의 3차 산업혁명을 계기로 새로운 차원의 군사혁신이 발아됐고, 전쟁 양상과 군사 패러다임에 불연속적 변혁이 발생했기 때문이다. 이러한 토대 위에서 4차 산업혁명 시대의 전쟁 · 군사 패러다임이 더한층 고도로 발전되는 것이다. 제6장 '한국군의 롤 모델: 이스라엘의 군사혁신'은 당면 북한 위협에 대처하고 미래 주변 불확실성 위험에 대비해야 하는 한국군이 배워야 할 시사점이 많기 때문에 수록했다. 이스라엘은 자신보다 대규모적인 아랍 · 이슬람 국가들과의 전쟁에서 연전연승의 찬란한 역사를 남겼다. 그 외의 장은 4차 산업혁명 시대의 국방혁신 비전과 방책을 제시했다. 각 장은 독립성이 있기 때문에 일부 중복된 내용이 있지만 독자의 논리적 이해를 돕기 위해 포함했다.

이 졸작이 나오기까지 여러분께서 도움을 주셔서 각별한 감사의 마음을 전한다. 국방 분야의 최고 지성인이자 한국적 군사혁신의 개척자이며 필자의 국방 연구 스승이신 권태영 박사님을 각별히 존경한다. 아울러 1999년 4월 국방장관 직속 「국방개혁위원회」에 설치한 「군사혁신단」에서 한국군 최초로 군사혁신 방안을 개발하는 데 열정을 바친 선 · 후배 여러 분의 노고를 기억한다.

책의 출간을 도와주신 분들께도 감사를 드린다. 「신한시스템」의 김진양 대표님은 국방을 걱정하고 군을 사랑하는 마음으로 이 졸작의 탄생을 도와주셨다. 「도서출판 행복에너지」의 권선복 대표님은 행복 전도사로서 군의 발전도 국민을 행복하게 하는 것이라는 마음으로 기꺼이 책의 출간을 맡아 주셨다. 육군사관학교 동기생이자 군사혁신 동반자인 박학량 예비역 장군은 원고를 꼼꼼하게 검토하고 많은 조언을 줬다. 끝으로 국방의 발전에 높은 관심을 갖고 군을 사랑하는 모든 분께 감사의 뜻을 전하며, 이 졸작이 국방 · 군 당국이 국방혁신의 비전과 방책을 개발하고 학자나 전문가들이 그에 대한 담론과 공감대를 형성하는 데 도움이 되길 소망한다.

2022년 2월

저자 **정춘일**

목차

제1장

국방 환경의 주요 이슈와 전망

제1절
한국 국방의 도전적 상황과 대응 과제

국방의 비전과 정책을 수립하기 위해 가장 먼저 해야 할 일은 핵심적 영향 요인을 도출하고 분석하는 것이다. 앞으로 국방이 직면할 것으로 예상되는 매우 광범위하고 다양한 도전적 상황과 이슈를 집중적으로 살펴야 한다. 대외적 전략환경은 물론 대내적 국방 운영 여건도 오늘날과는 전혀 다른 양상으로 변화될 것이기 때문이다. 변화의 폭과 깊이, 그리고 그 성격과 내용을 파악하지 않고는 국방의 미래 모습을 설계할 수 없을 것이다. 현재의 사고와 개념 및 접근방법으로는 국방의 장기 비전과 목표 및 방향, 그리고 구체적 발전 계획을 수립할 수 없다.

국방의 장기 비전은 불확실하고 도전적인 미래 안보상황에 대비할 수 있는 군사 역량을 발전시킴에 있어서 공통의 목표와 사고 및 방향을 제공하는 개념적 틀이다. 이는 국방태세의 발전을 가져올 수 있는 목표와 전략 및 행동 방책을 포함하고 있기 때문에 국방 조직을 미래로 이끄는 토대와 힘을 제공하는 역할을 수행한다. 뿐만 아니라, 국방 비전은 국방조직의 제반 구성 단위들이 국방태세를 발전시키기 위한 업무를 추진함에 있어서 일체감과 지속적 목적 의식을 부여하고 수단과 방법을 조화롭게 통합시키며 현재와 미래의 참된 의미를 인식하도록 할 것이다. 미래 국방 비전을 수립하는 일은 오늘의 문제와 사고 및 방법에서 벗어나 우리가 미래 저 멀리에 있다고 상정하고 그 시대의 목표를 설정하는 것으로부터 출발해야 한다. 미래의 비전을 통해 오늘의 문제와 내일의 문제를 되돌아보아야 오늘의 능력을 뛰어넘어 오늘과 내일을 이어주는 가교를 설치할 수 있으며 먼 미래를 내다보는 토대를 구축할 수 있을 것이다.

고 이건희 회장은 1990년대 초 '신경영'을 주창해 1998년 한국이 IMF 사태라는 미증유의 강펀치를 맞았을 때 위기를 극복하고 삼성전자를 세계 초일류 기업의 반석 위에 올려놓았다. 그는 신경영의 핵심을 세계 일류 기업이 되기 위한 '글로벌 스탠더드'를 향한 문화혁명이라는 취지로 설명했다. 그는 "신경영은 한마디로 좋은 물건 만들어서 우리도 한번 21세기에 세계 초일류 기업이 되어 보자는 것입니다. 그러기 위해서 처자식 빼고 다 바꾸자고 할 정도로 과거의 관행과 습관, 제도, 일하는 방법 등 모든 것을 근본부터 철저히 바꿔보자는 뜻입니다. 그러나 변화는 무척 어렵습니다"라고 강조했다.

그는 한 언론과의 인터뷰에서 "신경영 추진 시 가장 큰 걸림돌이 뭐였느냐"는 질문에 다음과 같이 회고했다. "무엇보다도 50년 이상 국내 정상의 위치를 누려오면서 굳어진 대기업병과 변화를 피해 가려는 무사안일주의를 없애는 것이 가장 힘든 일이었습니다. 개혁을 할 때 가장 어려운 것이 내부 문제라고 얘기합니다만, 신경영도 마찬가지였습니다. 대부분의 사람들은 이제까지 자신의 경험과 지식에 익숙해 있기 때문에 새로운 변화를 싫어하기 마련입니다. 신경영 초기에는 이러한 고정관념을 깨는 것이 가장 어려웠던 걸림돌이었습니다. 헌집을 고치기보다 새집을 짓는 게 훨씬 쉽다는 것을 실감했다고나 할까요. 그 다음으로는 변화에 대해 총론은 좋다고 해놓고 각론에 들어가서는 반대를 일삼는 조직 이기주의를 극복하는 데 힘이 많이 들었습니다. 그리고 우리 사회 전체 인프라나 시스템이 과거 개발 시대 잔재가 많이 남아 질 중심의 변화를 적극 수용할 만큼 성숙되지 않았던 점도 어려웠던 점으로 들 수 있습니다."[1]

이러한 고 이건희 회장의 신경영 철학은 국방이 처한 상황에도 시사하는 바가 많은 것으로 보인다. '신국방'이 절실하게 요구되고 있는 것이다. 이를 위해 먼저 국방이 처한 상황과 여건을 객관적 · 심층적으로 분석 · 전망할 필요가 있다. 신국방을 위한 국방 비전을 수립하는 출발점이기 때문이다. 문제와 인식의 공유가 없으면 올바른 답이 나올 수 없다. 잘못되고 부적절한 질문에 정확한 답을 하려고 무진 애를 쓰는 것은 부질없는 일이다. 정확하고 타당한 질문에 대략적으로 답하는 것이 오히려 바람직할 것이다. 상황과 여건의 분석 · 전망이 부실하거나 자의적일 경우 이에 기초한 국방의 비전과 목표 및 방향은 한낱 화려한 미사여구를 나열한 장식품에 다름 아닐 것이다.

국방 혁신의 비전을 수립하고 그 구현 방책을 개발하기 위해서는 먼저 [그림 1-1]에서 보는 바와 같이 다양하고 상호 연계된 복합적 국방 상황과 여건을 면밀하게 분석해야 한다. 여기서는 중 · 장기 국방기획에서 필수적으로 고려해야 할 5대 상황 영역

---

1 "이건희 회장이 한손을 묶고 하루를 산 이유", ≪신동아≫, 2021년 3월 3일, https://shindonga. donga.com/3/all/

과 20개 정책 이슈를 도출해 분석한다. 국방정책을 기획하고 발전시키는 실무진은 업무 필요에 따라 영역을 더 확장하고 이슈를 보다 세분화해 심층적이고 면밀하게 분석 · 전망해야 할 것이다.

[그림 1-1] 한국 국방의 상황과 여건 분석 맵

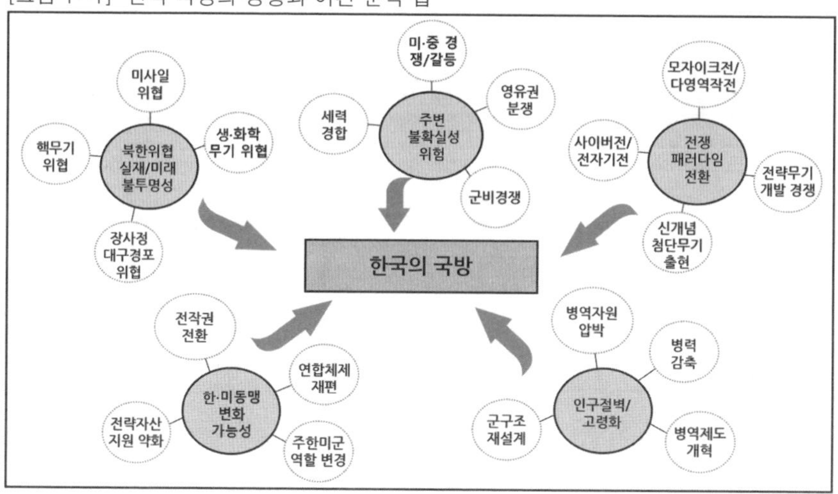

한국의 국방은 대외적으로 짙은 안개 속의 미로를 걸어가야 한다. 북한의 핵 개발과 각종 미사일 도발로 촉발된 한반도 안보 긴장은 그동안 5차례의 남 · 북 정상회담과 2차례의 미 · 북 정상회담이 있었음에도 불구하고 실질적으로 해결되지 않고 있다. 북한이 야기하는 군사적 위협에 조금의 변화도 없기 때문에 한반도 안보 불안의 근원적 문제는 해소를 기대하기 어렵다. 오히려 핵무기의 제거를 목표로 한 당사국 간 협상 국면이 핵무기의 보유를 기정사실로 받아들이는 군축협상 국면으로 전환되고 있어 한반도의 미래는 더욱더 암흑으로 빠져들고 있는 모습이다. 이러한 상황이 언제까지 어떤 양상으로 어떻게 전개될 것인지를 분석 · 전망하는 것은 우리 국방기획의 본질적 · 필수적 영역이다.

한국의 국방은 북한의 군사위협을 넘어서 주변 전략환경의 유동적 변화에 대비해야 한다. 주변 전략환경의 불안정성 · 불확실성은 한반도의 생존과 번영을 위태롭게 할 수 있다. 정치 · 군사 이해관계 중심의 권력정치가 한반도 주변 국제질서를 지배하는 가운데, 미 · 중 패권경쟁이 고조되고 있고, 역내 국가들은 역사적 침략 유산과 해양 권익 및 도서 영유권을 둘러싼 갈등과 분쟁으로 점철하고 있다. 더욱이 한반도는 절대 우위의 국력과 군사력을 보유한 강대국들이 포진한 지정학적 환경을 벗어날 수 없을 것이다. 중심적 위치의 지경학적 이점을 활용해 번영을 도모함과 동시에 교두보적 위치의 지정학적 위험을 극복해 생존을 보장할 수 있는 안보 · 국방 역량을 확보해야 할 것이다.

장기 국방기획은 안보 · 군사적 위협에 대비하기 위해 새로운 첨단 과학기술을 활용한 군사력 발전을 추구해야 한다. 과학기술의 지수함수적 발달에 따른 신문명의 도래는 인류의 생존 · 번영 원리를 송두리째 바꿔놓을 뿐만 아니라 전쟁 · 군사 패러다임도 근본적으로 변혁시킨다. 오늘날 전개되고 있는 4차 산업혁명과 향후 20~30년에 도래할 것으로 예상되는 5차 산업혁명에 따른 첨단 과학기술의 급속한 발달은 필연적으로 전쟁 양상의 변화를 초래하며, 그에 대비하지 못하면 군사적 경쟁력에 뒤질 수밖에 없을 것이다. 한반도 주변 국가들은 이미 새로운 전쟁 · 군사 패러다임을 추구하면서 그에 걸맞은 혁신적 첨단 무기체계를 발전시키고 있다.

중 · 장기적으로는 안보 · 국방의 중추적 역할과 기능을 담당하는 한 · 미 동맹에 많은 변화가 있을 것으로 전망된다. 한반도의 안보상황, 세계 및 지역의 전략환경, 한 · 미 양국의 안보 · 국방전략 등에 변화가 초래되면 한 · 미 동맹도 그에 따라 재편이 모색될 수밖에 없을 것이다. 전시작전통제권의 전환과 함께 촉발될 수 있는 한 · 미 연합 군사체제의 변환, 미국의 대북한 정책 추구(종전선언, 평화협정 체결 등) 과정에서 초래될 수 있는 주한미군 역할 · 지위 변경 및 감축, 미국의 국내 정치 과정에서 제기될 수 있는 주한미군 주둔 정책 변화(방위비분담 증대, 주한미군 규모 감축, 전략자산 지원 철수 등) 등은 한국의 안보 · 국방 부담을 국민이 감내하기 어려울 정도로 증대시킬 것이다. 한국의 장기 국방기획은 한 · 미 동맹의 미래를 분석 · 전망하고 선택 방안을 발전시켜야 할 것이다.

이상과 같은 대외적 변화 요인은 국방에 실로 막대한 부담을 요구하고 있으나 국내 정치 · 사회적 변동은 대응 능력 기반을 약화하고 있다. 사회 복지 요구의 증대, 대중 영합적 정치 공약의 남발, 사회적 평화 분위기 확산과 국민의 국방의식 저하 등의 요인이 국방을 위한 투자의 제한을 압박하고 있다. 점점 더 심화하고 있는 인구 절벽은 군의 부대 구조 구성과 무기체계 운용에 필수적인 병력 확보를 어렵게 할 뿐만 아니라 군 운영 전반의 재검토를 요구한다. 장기 국방기획은 향후 20~30년 동안 국방 운영 여건이 어떻게 변화될 것인지, 인구의 급속한 감소에 따른 병역 자원 절벽이 어떤 수준이 될 것인지를 객관적이고 면밀하게 분석 · 반영해야 할 것이다.

한국의 국방은 이처럼 다양한 복합적 변화 요인으로 인해 다면적 · 다중적인 도전에 직면하고 있다.

첫째의 도전은 위협 구도의 이중성에 기인한 전략적 선택의 과제를 슬기롭게 해결하는 일이다. 당면한 북한 위협에 압도적으로 대처하는 군사태세를 확고하게 유지해야 함과 동시에 미래 주변 위협에 적극적으로 대비한 방위 충분 군사력을 발전시켜야 한다.

둘째의 도전은 새롭게 변화하는 전쟁 양상을 고려한 군사혁신을 추구하는 일이다. 전쟁 · 군사 패러다임을 정보화 혁명 기반에서 초연결 지능화 혁명 기반으로 발전시켜야 한다.

셋째의 도전은 한 · 미 동맹의 유한성에 대비하는 일이다. 한 · 미 동맹의 미래지향적 발전을 모색하는 가운데 독자적 전쟁 · 작전 역량을 배양하고 미군에 의존해온 전략적 무기체계와 소프트웨어 군사 역량을 스스로 확보해야 한다.

넷째의 도전은 인구 절벽의 관점에서 국방 전반을 재검토하고 대책을 수립하는 일이다. 특히 병력 운영 계획과 부대 구조 개편 계획을 다시 수립하고 적정 병역 자원 확보 차원에서 병역제도를 개혁해야 한다.

국방은 국가가 대내외 위협을 미리 예방하고 억제하며 상황에 따라 모든 자원과 수단을 총동원해 국제적으로 인정된 영역(영토, 영해, 영공)을 수호하고 국민의 생존 및 안전을 보장하는 것으로서 강력한 군사력의 뒷받침이 없으면 불가능하다. 따라서 국방 과업의 요체는 군사력을 기획하고 건설 · 유지하며 운용하는 것이라 할 수 있다. 육군과 해군 및 공군을 포함한 국방의 모든 조직은 군사력의 기획 · 건설 · 유지 · 운용 기능에 따라 체계적 · 유기적으로 구성되고, 각각의 하부조직들은 기획체계–계획체계–예산체계–집행체계–평가체계로 이어지는 국방기획관리제도에 따라 적절하게 분장한 업무를 수행한다.

이러한 점에서 국방 문제에 관한 논의와 연구는 종합적이고 통합 · 균형적으로 이뤄져야 한다. 국방의 모든 기능과 요소는 복합적으로 얽혀 상호 밀접하게 영향을 미치기 때문이다. 군사력의 기획과 건설의 경우 전략환경의 분석 · 평가로부터 도출된 전략적 목표와 임무, 전쟁 양상의 변화 추세, 연합방위력의 운용 개념 및 방식, 과학기술의 기반과 수준, 징집 대상 인구 변화 등과 밀접하게 연관돼 있다.

사회 일각에서는 병력을 줄여 인력 운영비를 축소하고, 그 절감된 예산을 전력 증강 분야로 돌려 사용하는 방안을 검토하자는 주장이 제기되기도 하는데, 이는 종합적 검토가 부족한 것이며 사실상 불가능한 일이다. 전력구조는 병력, 무기체계, 부대 조직이 삼위일체가 돼야 하는데, 무기체계를 먼저 전력화하지 않고 병력만을 줄이면 그 부대는 전투력을 발휘할 수 없다. 그것뿐만 아니라 병력의 감축을 무기체계의 전력화로 상쇄한다는 논리에서 볼 때 병력의 감축을 통해 절감한 예산은 긴 기간 동안 모아도 무기체계를 확보하는 데 턱없이 부족하다. 국방력의 발전 방안을 연구 · 모색하기 위해서는 특정 사안과 쟁점에 치우친 단편적 연구를 지양하고 관련 분야와 영역을 교차하는 종합적 연구를 수행해야 할 것이다.

제2절
북한 군사위협의 본질과 본바탕

중 · 장기 국방기획의 난제는 향후 20~30년 동안에 북한위협이 어떻게 될 것인지를 분석 · 전망하는 것이다. 북한체제 자체가 불투명하고 불확실하기 때문이다. 단명으로 끝날 것인지, 장기적으로 생존할 것인지, 핵 · 미사일 중심의 군사력 증강을 지속할 것인지, 전쟁을 도발할 것인지 등을 팩트에 기초해 객관적으로 신뢰성 있게 분석 · 전망하는 것은 어려워도 반드시 해야만 하는 일이다. 이러한 작업이 제대로 되지 않을 경우 국방기획은 신뢰성과 실행력을 담보할 수 없을 것이다. 북한위협을 어떻게 상정하느냐에 따라 안보 · 국방전략, 한 · 미 동맹 발전, 군 구조 및 부대 설계, 군사력 증강, 국방투자 우선순위 등 제반 국방정책이 달라질 것이다. 이러한 점에서 미국이 냉전기간 동안 구소련의 군사위협과 군비지출 능력을 평가하고 장기 경쟁전략을 구사한 총괄평가(Net Assessment)[2] 기법을 도입해 북한 위협에 대한 총괄평가를 실시할 필요가 있다.

북한체제의 내구성을 어떻게 볼 것인가의 이슈는 그동안 줄곧 북한 전문가 집단이나 서방 정보 당국의 관심사이자 논란거리였

---

2 구체적 내용은 앤드루 크레피네비치·배리 와츠 지음, 이동훈 옮김, 『제국의 전략가』(경기도 파주: 살림, 2019) 참고.

다. 폭압적 통치체제나 세뇌 수준의 사상교양 및 정교한 선전·선동 등으로 절대권력에 균열이 드러나지 않는다는 주장은 수령유일 영도 등 북한체제의 특수성에 주목했다. 다른 주장은 시장화와 개혁·개방 움직임, 국제사회의 다원화·민주화 흐름 속에서 북한체제만이 예외일 수 없다는 점을 강조해 왔다.

국회미래연구원은 2019년 5월 '김정은 체제 2050년 전망'에서 북한제체의 유지·발전 모델을 가장 가능성 높은 시나리오로 제시한 바 있다. 3대 세습을 통해 집권한 김정은이 절대권력을 어떤 방식으로든 유지하면서 경제문제 해결을 위한 개혁·개방 행보를 이어나갈 공산이 크다는 것이다. 이 과정에서 북핵 문제의 해결 여부가 핵심 변수이다. 북한의 핵무기는 단기적으로 북한정권에 군사적 억지력과 정치적 정당성을 제공해 줄 수 있으나, 장기적으로는 핵 보유에 따르는 대북 경제제재와 외교적 고립 및 분쟁 가능성 증가 등으로 인해 김정은 체제의 생존과 발전에 부담으로 작용할 가능성이 크다는 것이다.[3]

북한위협의 장래는 크게 세 가지 상황을 상정해 볼 수 있을 것이다. 최악의 상황은 북한의 군사위협이 강화되는 국면이다. 북한의 비핵화 협상이 실패로 돌아가 북한의 핵·미사일 전력이 증강되고 남·북 관계 및 미·북 관계가 대립 긴장 구도로 치달아 한반도에 위기 국면이 조성되는 상황이다. 최선의 상황은 한반도에 평화 상태가 조성되는 국면이다. 북한 핵문제의 완전한 해결

---

3 "30년 뒤에도 김정은 절대권력 체제는 유지된다", ≪중앙일보≫, 2019년 5월 8일, https://news.joins.com/article/

(CVID 또는 FFVD 달성)[4], 남 · 북 관계 및 미 · 북 관계의 개선, 북한의 체제 안정화 및 경제난 완화 등으로 인해 남 · 북 관계가 화해 · 협력과 군비통제 과정을 거쳐 평화 공존 단계로 진입하고 궁극적으로 통일구도가 모색되는 상황이다.

다른 또 하나의 상황은 북한 내에서 급변사태가 발생하는 국면이다. 이 경우 북한은 김정은 체제가 붕괴하고 대남 군사 침략 기반(군사력)이 붕괴해 최종적으로 한국에 의한 흡수통일이 진행되는 상황이다. 그러나 이 모든 상황은 상정해 볼 수 있는 각본일 뿐이며, 어떤 상황이 전개될지는 아무도 알지 못하며 불투명 · 불확실하다. 국방기획은 어떤 상황이 전개되더라도 능히 대처할 수 있는 군사태세를 유지 · 발전시키는 데 중점을 둬야 할 것이다.

북한의 핵문제가 불거지면서부터 북한의 군사위협에 대한 세간의 관심과 논의가 본질을 벗어난 모습이다. 북한의 군사위협이 북한의 핵문제로 치환된 것이다. 본질이 바뀐 것이다. 본질이란 사물의 존재를 규정하는 원인으로서 사물의 실체를 구성한다. 북한 군사위협의 본질은 핵문제를 넘어 한반도의 적화 전략을 전쟁을 통해 실현하기 위해 구축한 대규모 군사력이 존재한다는 사실이다. 북한은 심각한 경제난에도 불구하고 대규모의 재래식 군사력을 유지하고 있으나, 핵문제가 초미의 관심사가 되면서 소홀히

---

4 CVID는 완전하고(Complete), 검증 가능하며(Verifiable), 돌이킬 수 없는(Irreversible), 핵 폐기(Dismantlement)의 줄임말이다. FFVD는 최종적이고(Final), 완전하며(Fully), 검증 가능한(Verified), 비핵화(Denuclearization)의 줄임말이다. 둘 다 미국이 북한에 요구하는 비핵화 원칙이다. 미국은 2018년 6월 싱가포르에서 열린 북한과의 정상회담까지 CVID를 강조했지만, 한 달 뒤부터는 FFVD를 주장했다. 2018년 7월 폼페이오 미국 국무장관은 북한을 방문하기에 앞서 김정은이 FFVD를 약속했다고 언급하며, 이것이 미국의 북한 핵 해결 원칙이라고 못 박았다. 이후 미국은 CVID와 FFVD를 혼용하다가 10월부터는 FFVD로 단일화해 사용해왔다.

다뤄지는 현실이다. 북한의 핵문제가 해결되면 한반도에 금방이라도 평화가 찾아올 것으로 호들갑을 떠는 분위기이다.

그러나 실제는 다르다. 오히려 한국은 대칭적 성격의 대규모 재래식 군사력에 비대칭적 성격의 핵무기 중심 전략적 군사력이 가중된 가공할 군사위협에 직면하게 됐다. 북한이 전략적 군사력을 지렛대로 활용해 재래식 군사력의 우위를 확보할 수 있게 된 것이다. 이러한 점에서 북한의 군사위협은 재래식 군사력의 실체부터 분석 · 평가해야 할 것이다.

북한의 재래식 군사력은 한국보다 양적인 측면에서 압도적으로 우세하나 질적인 측면에서는 열세인 것으로 분석되고 있다.[5] 그렇다면 군사력의 질적 우세가 전쟁의 방지를 보장할 수 있을 것인가? 군사력 균형의 분석은 전략환경 및 군사위협 평가와 전략기획 측면에서 유용한 함의를 제공하나 전쟁의 수행 및 결과 측면에서는 괴리가 있을 수 있다. 예컨대, 미군은 베트남전에서 군사력의 절대적 우세에도 불구하고 월맹군에게 패배했다. 한국의 경우도 질적 우세의 군사력이 북한의 전쟁 도발을 막을 수 있을지 의문이며, 전쟁이 일어나면 궁극적 승리를 거두더라도 참담한 결과가 있을 뿐이다.

북한의 대규모 군사력은 한국의 국민 안전과 경제 · 산업 기반을 일거에 붕괴시키기에 충분하다. 현역 및 예비 병력의 규모나 각종 무기 · 장비의 보유량 측면에서 북한은 한국을 압도하고 있다. 한국은 전투 병력 측면에서 북한의 절반 수준이며, 무기 · 장

5 한국전략문제연구소, 『2016 동아시아 전략평가』, 2016년 9월, pp. 47-48.

비의 수량 측면에서도 장갑차와 대형 수상함 및 군수지원함을 제외하고 대부분 북한보다 크게 열세한 것으로 평가되고 있다. 한국의 군사력은 전차와 장갑차 및 야포, 전투기와 조기경보 및 정찰 감시 능력, 대형 전투함 및 중잠수함 등 주요 무기체계의 첨단화 · 고성능화를 위한 현대화를 지속 추진해 북한의 양적 우세를 질적 우세로 상쇄하고자 했으나 전쟁의 발발 자체를 막을 수는 없는 형국이다.

남 · 북한 군사력 균형의 최대 쟁점은 전략적 무기의 우열이다. 전략무기는 재래식 군사력 균형을 일거에 뒤엎어 버릴 수 있는 게임체인저(game changer)가 된다. 북한은 전략로켓사령부를 전략군으로 확대 개편해 별도의 군종으로 운용하고 있고, 예하에 9개 미사일여단을 편성한 것으로 추정되며, 전략적 공격능력을 보강하기 위해 핵무기, 탄도미사일, 생화학무기를 지속 개발하는 것으로 알려져 있다.

핵무기의 경우 1980년대 영변 핵시설의 5MWe 원자로를 가동한 후 폐연료봉 재처리를 통해 많은 양의 핵 물질을 확보했고, 2006년 10월부터 2017년 9월까지 총 6차례의 핵실험을 감행했다. 수차례의 폐연료봉 재처리 과정을 통해 핵무기를 만들 수 있는 플루토늄을 50여 kg 보유하고 있는 것으로 추정되며, 고농축우라늄(HEU)도 상당량 보유한 것으로 평가된다. 조명균 전 통일부 장관은 2018년 10월 1일 국회 대정부 질의에서 북한은 적게는 20개, 많게는 60개의 핵무기를 가진 것으로 판단하고 있다고 밝힌 바 있다. 핵무기는 절대적이고 궁극적이며 무차별적인 대량 · 대규모 살상 무기이며, 단 1발만 폭발해도 하나의 도시 전체가 완전히 폐허가 되고 재앙적 파괴가 발생한다.

북한은 핵무기의 개발과 함께 탄도미사일 전력도 집중적으로 강화해 왔다. 탄도미사일은 재래식 탄두에 그치지 않고 궁극적으로는 절대적 대량 파괴 무기인 핵탄두를 탑재할 수 있다는 데 가공할 위험성이 있다. 북한은 1970년대부터 탄도미사일 개발에 착수해 1980년대 중반 사거리 300㎞의 스커드-B와 500㎞의 스커드-C 미사일을 배치했고, 1990년대 후반에는 사거리 1,300㎞의 노동 미사일을 배치했으며, 그 후 스커드 미사일의 사거리를 연장한 스커드-ER을 배치했다.

2007년에는 사거리 3,000㎞ 이상의 무수단 미사일을 시험발사 없이 배치해 한반도를 포함한 주변국을 직접 타격할 수 있는 능력을 보유하게 됐다. 2012년부터는 작전 배치를 완료했거나 개발하고 있는 미사일의 시험발사를 본격적으로 시작했다. 2017년에는 북극성-2형과 화성-12/14/15형 미사일 등을 시험 발사했다. 5월, 8월, 9월에는 화성-12형 미사일을 북태평양으로 발사했으며, 7월과 11월에는 미국 본토를 위협할 수 있는 대륙간탄도미사일(ICBM)급 화성-14형 및 15형 미사일을 시험 발사했다. 북한은 잠수함발사탄도미사일(SLBM)도 개발하고 있는 것으로 밝혀지고 있다. 이미 2016년 8월 북극성-1호를 시험 발사해 500㎞를 날려 보내는 데 성공했다. 북한이 추구하는 탄도미사일의 최종 목표는 핵탄두 탑재이며, 이 경우 북한은 핵전략 및 협상에서 엄청난 카드를 쥐게 된다.

또 다른 형태의 북한 군사위협 실체는 다양한 종류의 생화학무기를 보유하고 있다는 사실이다. 이는 폭발력이나 운동에너지를 이용한 물리적 살상 대신 생물학적 · 화학적 물질 또는 매개체를 살포하거나 투사해 인마를 살상하는 생물무기와 화학무기를 말한다. 생물무기는 세균무기를 포함하는 의미로서 바이러스와 세균 등의 각종 미생물이나 기타 생물을 사용해 인명을 살상하거나 가축 및 농작물 등에 타격을 준다. 화학무기는 여러 화학약품을 활용해 사람을 살상하거나 초목 및 기타 자원을 태우거나 말려 죽이며 독가스, 연막제, 소이탄, 고엽제 등 여러 가지가 있다. 북한은 1980년대부터 화학무기를 생산하기 시작해 현재 약 2,500~5,000t을 저장하고 있는 것으로 추정된다. 탄저균, 천연두, 페스트 등 다양한 종류의 생물무기도 자체적으로 배양 · 생산할 수 있는 능력을 보유한 것으로 파악된다.

미국 하버드대학교 케네디 스쿨의 벨퍼 센터는 최근 『북한의 생물무기 프로그램: 알려진 것과 알려지지 않은 것』(North Korea's Biological Weapons Program: The Known and Unknown)이란 보고서에서 북한은 탄저균을 비롯한 천연두, 흑사병, 콜레라, 상한, 황열, 이질 등 13가지 생물무기 제제를 가지고 있다고 밝히면서 어떤 운반체로 생물무기 공격을 감행할지 확실하지 않지만 어떤 무기든 그 용도에 맞춰 공격에 사용할 수 있다고 언급했다. 미사일, 무인기, 비행기, 분무 형태 혹은 살아있는 사람 등 모든 존재가 생물 제제 운반체로 사용될 수 있다는 것이다.

북한의 핵무기, 탄도미사일, 생화학무기 등 전략무기는 남 · 북 군사 · 안보 역학관계에 지대한 영향을 미치게 될 것이다. 한반도 군사력 균형이 북한 우세로 급속하게 전환됨으로써 한국은 전투 의지가 위축되고 군사적 선택권이 제한되며 안보적 주도권 장악이 어려운 형국에 처하게 된다. 북한이 재래식 군사력으로 도발을 감행해도 한국군은 응징 보복의 선택이 어렵다. 한국이 이끄는 평화통일은 감히 뜻조차도 품을 수 없을 것이다. 한 · 미 동맹도 본래의 임무와 역할을 이행하는 것이 어려울 수 있다. 유사시 미국의 참전 선택이 제한되고 주한미군의 전쟁 수행 의지가 약해질 수 있다. 미국 내 여론과 정치 과정에서 주한미군의 철수 문제가 제기될 수 있으며, 미군 증원전력의 신속한 전개가 제한될 수 있다. 이에 반해 북한은 안보 · 군사적 주도권을 장악할 수 있다. 군사전략을 구사하기 위한 융통성을 확보하고 다양한 군사 옵션을 선택할 수 있다. 북한은 여러 가지 방법으로 다양한 국지적 도발을 빈번하게 감행하고 그 강도를 높일 수 있으며, 무력 통일도 실현 가능하다고 착각할 우려가 있다.

북한체제가 2050년 경까지 존속할 경우 군사력이 어떤 방향으로 어느 정도까지 어떻게 증강 또는 감소될 것인지를 구체적으로 전망하는 것은 쉽지 않다. 『2020 국방백서』는 북한의 군사능력을 육군, 특수작전군, 해군, 공군, 전략군, 전쟁지속능력으로 구분했다. 육군의 주요 무기체계는 전차 4,300여 대, 장갑차 2,500여 대, 야포 8,800여 문, 방사포 5,500여 문 등이다. 특수작전군의 주요 장비는 잠수함, 공기부양정, AN-2기, 헬기 등이다. 해군의 주요 무기체계는 전투함정 430여 척, 지원함정 40여 척, 잠수함정 70여 척, 상륙함정 250여 척, 지대함미사일 등이다. 공군의 주요 무기체계는 전투임무기 810여 대, 정찰기 30여 대, 공중기동기(AN-2 포함) 350여 대, 헬기(해군 포함) 290여 대, 지대공미사일 등이다. 전략군의 주요 능력은 핵, 탄도미사일, 화생무기 등이다. 전쟁지속능력은 예비전력으로서 교도대 60만여 명, 노농적위군 570만여 명, 붉은청년근위대 100만여 명, 준군사부대 32만여 명 등이다.[6]

우리의 장기 국방기획을 위해서는 북한의 이러한 군사능력이 향후 30년 동안 어떻게 변화될지를 전망해야 할 것이다. 문제는 군사능력을 구성하는 무기 · 장비 하나하나가 장기적으로 어떻게 변화될지, 어떤 무기 · 장비가 새로 도입될지를 전망하기 어렵다는 점이다. 그럼에도 불구하고, 북한의 군사력을 개념적 범주로 구분할 경우 장기적 변화 추세를 분석 · 전망하는 데 유용할 수 있을 것이다. 북한의 주요 무기 및 장비들을 기반적 전술무기, 고강도 전술무기, 전략적 무기 등으로 범주화해 장기적 변화 추세를 예측하는 것이다.

기반적 전술무기 범주에는 전차, 장갑차, 야포, 전투함정, 저성능 전투기, 헬기 등 저성능 재래식 무기 · 장비가 포함된다. 고강도 전술무기 범주에는 방사포, 단거리 탄도미사일, 신형 잠수함, 지대함미사일, 고성능 전투기, 지대공미사일 등이 포함된다. 전략적 무기는 핵탄두, 중 · 장거리 탄도미사일, 신형 잠수함, 잠수함발사 탄도미사일, 화생무기 등이 포함된다.

향후 20~30년 동안 북한의 군사력은 고강도 전술무기의 성능을 제한적으로 개량하고 전략적 무기를 강화하는 방향으로 증강될 것으로 전망된다. 기반적 전술무기는 군사비 지출의 한계로 인해

6 대한민국 국방부, 『2020 국방백서』, 2020년 12월, pp. 24-30.

신형 무기의 도입이 매우 어렵고 최소 필수적 성능 개량이 추진될 것이며, 지속적 노후화에 따른 도태로 인해 비중이 축소될 것으로 전망된다. 고강도 전술무기는 한국의 군사력 증강 추세에 대응해 신형 무기를 도입하고 성능 개량을 추진할 것으로 예측된다. 전략적 무기는 북한체제를 지탱하는 생존 버팀목 역할을 담당하기 때문에 핵탄두, MRBM, LRBM, SLBM 등을 지속적으로 강화할 것으로 전망된다.

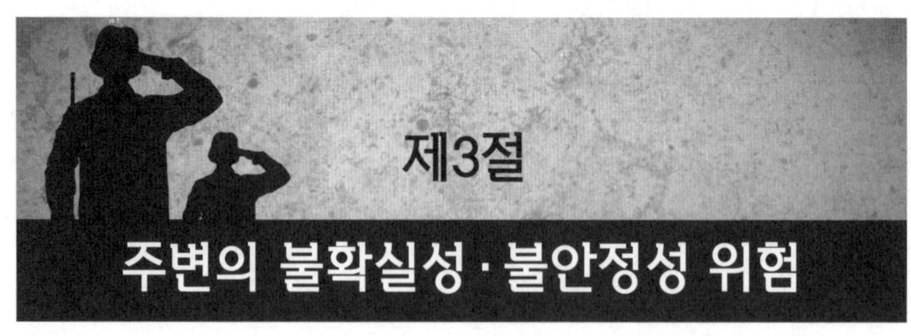

제3절 주변의 불확실성·불안정성 위험

한국 국방의 전략적 선택은 당면한 북한 군사위협에 압도적으로 대처함과 동시에 주변의 불확실성·불안정성 위험 증대에 능히 대비하는 것이다. 한반도 안보에 직접적 영향을 미치는 주변 4강은 갈등과 충돌의 단층을 형성하고 있으며 언제든지 안보적 재앙을 초래하는 지진을 발생시킬 수 있다. 한반도는 역사적으로 주변 강대국들의 충돌이 벌어졌을 때 안보를 희생당했다.

역내 안보질서를 주도해온 미국은 언제든지 대외적 안보공약을 축소하고 선별적 개입을 추구할 가능성이 잠재해 있다. 중국은 국력의 성장에 걸맞은 대외적 팽창을 시도하고 주변국에 대한 영향력을 강화하고 있다. 일본은 적극적 평화주의를 명분으로 공세적 대외정책을 추구하면서 보통국가의 보통군대를 발전시키는 등 안보·군사 역할을 강화하고 있다. 러시아는 경제적 어려움의 지속에도 불구하고 공세적 대외정책을 추구하면서 안보·군사적 역량을 강화하고 있다. 이처럼 상충하는 단층은 미·중 패권 경쟁 심화(대만 및 남중국해 군사 충돌 가능성), 중·일 견제 및 갈등(동중국해 도서 영유권 문제 충돌), 미·일–중·러 대립(신냉전 가능성) 등으로 표출되고 있다. 한국의 안보는 벗어날 수 없는 버거운 짐을 지고 있는 것이다.

한반도는 지정학적 관점에서 볼 때 고유한 특질과 강한 힘을 지닌 4개의 세력 판이 교차하는 한가운데 자리를 잡고 있다. 대륙의 중국 세력판과 러시아 세력판, 해양의 일본 세력판과 미국 세력판 속에서 생존과 번영을 추구하는 것이다. 역사적으로 세력판들이 충돌할 때마다 한반도의 운명은 풍전등화의 위태로운 순간을 맞았다. 한반도와 주변 세력 간의 역학관계는 숙명적이었으며 앞으로도 바뀔 수 없을 것이다. 문제의 본질은 한반도가 정치력 및 군사력 등 핵심적 역학관계에서 주변 세력보다 열세한 위상을 벗어나기 어렵다는 점이다. 한국은 주변 세력들 간의 역학관계 변화 동향을 명철하게 포착하고 분석 · 평가하는 가운데 생존과 번영을 보장하기 위한 전략적 방책을 찾아야 할 것이다.

인류는 냉전 종식 이후 자유주의 기치 아래 지경학의 세기가 도래할 것이라고 기대했으나 오히려 지정학의 반란이 일어난 것으로 분석되고 있다. 동북아지역이 바로 그렇다. 이 지역은 권력정치가 적나라하게 드러나고 있다. 경제 · 기술 · 환경 등 저위 정치(low politics) 쟁점 중심의 지경학적 협력보다 정치 · 안보 · 군사 등 고위 정치(high politics) 쟁점 위주의 지정학적 경쟁 및 갈등이 우세하며, 강대국들의 지 · 전략적 단층이 충돌하고 있다.

[그림 1-2]에서 보듯이, 동북아정세를 주도하는 강대국들은 국가 이익과 목표, 대외정책 목표와 노선, 안보 · 군사전략이 상충하기 때문에 외교적 협상 과정에서 양보와 타협 및 해결을 기대하기 어려우며, 서로가 전략적 보상이 거의 불가능한 사활적 안보 현안을 가지고 있다. 역내 국가들 모두 정치 · 경제 체제 및 이념이 다르고, 서로 패권 및 영향력을 확장하기 위한 경쟁을 벌

이는 양상을 보인다. 역내에는 역사문제, 국경문제, 도서 영유권 문제, 해양 권익문제 등 갈등 및 분쟁 요소가 산재해 있으나 이러한 문제를 해결하고 공동 협력을 촉진할 수 있는 다자간 협력 장치는 매우 미흡한 형국이다.

[그림 1-2] 동북아 강대국 간 역학관계

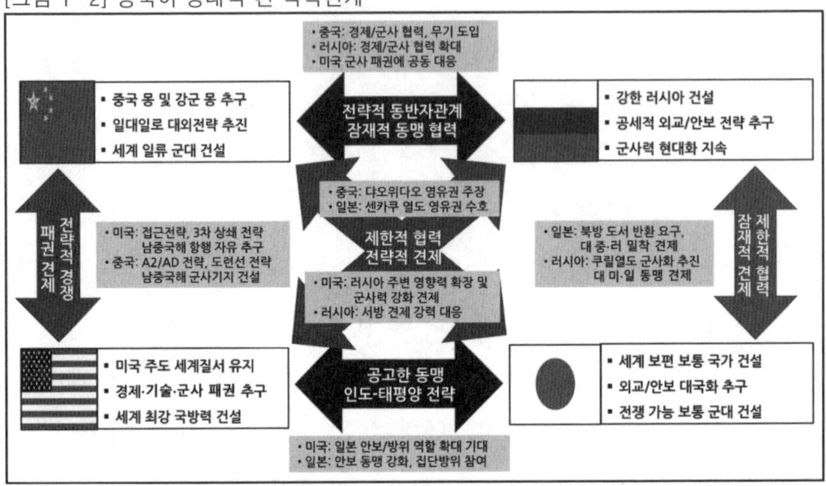

한국으로서 심각한 것은 주변국들 모두 군사력 규모 면에서 절대적으로 우위에 있다는 점이다. 주변국들의 군사력에 비하면 한국의 군사력은 왜소하고 허약하기 짝이 없다. 미국은 세계 모든 지역에 군사력을 투사할 수 있는 명실상부한 절대 군사 강국이다. 중국은 역내 최강의 군사 대국으로서 '중국 몽'의 실현을 뒷받침할 수 있는 세계 일류 군대를 건설한다는 목표로 군사 현대화를 끊임없이 추진하고 있다. 러시아는 냉전 시대로부터 오늘날에 이르기까지 미국과 전략무기 경쟁을 벌이는 군사 초강대국이다. 일본은 군사력의 외형은 소규모이지만 막강한 해군력과 다양한 전략무기 옵션을 확보하고 있다. 20~30년 후 한국과 주변국의 군사력 격차는 더욱 커질 것으로 전망된다. 한국 군사력의 왜소성이 한층 더 심화될 수밖에 없다.

[표 1-1]에서 보듯이, 주변국들은 광대한 군 구조와 다양한 부대들을 유지하고 있다.

[표 1-1] 동북아 4강의 군 구조 및 주요 부대 구조

구분	군 구조 및 주요 부대 구조
미국	• 군종 체계: 육군, 해군, 공군, 해병대, 우주군 • 통합전투사령부 편성: 아프리카사령부, 중부사령부, 유럽사령부, 북부사령부, 인도태평양사령부, 남부사령부, 특수작전사령부, 전략사령부, 우주사령부, 수송사령부, 사이버사령부
중국	• 군종 체계: 육군, 해군, 공군, 로켓군, 전략지원부대 5개 군종 • 지역별 전구작전체제 유지: 동부전구, 서부전구, 남부전구, 북부전구, 중부전구 • 전구사령관: 지역 내 육군 3~4개 집단군, 해군, 공군, 로켓군부대 통합 지휘 • 집단군: 제병협동여단, 특수전여단, 포병여단, 방공여단, 공병여단, 육군항공여단, 군수지원여단 등으로 편성
러시아	• 군종 체계: 육군, 해군, 항공우주군, 전략미사일군 4개 군종 • 지역별 군관구체제 유지: 서부군관구, 중앙군관구, 극동군관구, 남부군관구 • 군관구: 육군 사령부 2~4개, 해군함대, 공군 및 방공부대로 편성
일본	• 군종체계: 육상자위대, 해상자위대, 항공자위대 3개 군종 • 육상자위대: 육상총대 신설, 5개 지역(북부, 동북부, 동부, 중부, 서부) 방면대 및 중앙즉응집단 편성, 수륙기동단 창설 등 ※ 1개 방면대: 1~2개 사단 및 1~2개 연대로 편성 ※ 중앙즉응집단: 공정단, 헬기단, 특수작전군, 중앙즉응연대로 구성 ※ 수륙기동단: 육상총대 직할, 해병대 역할, 3개 연대 편성, 병력 2,000~3,000 명 • 해상자위대: 자위함대사령부 및 5개 지방대로 편성 ※ 자위함대사령부: 호위함대, 항공집단, 잠수함대, 소해대군, 정보업무군, 해양업무군 편성 • 항공자위대: 항공총대 예하에 3개 항공방면대(북부, 중부, 서부) 및 남서항공혼성단 편성, 우주작전대

(출처) *IISS, Military Balance* 2022 자료를 기초로 작성.

미국은 육군, 해군, 공군, 해병대, 우주군의 5개 군종체계를 유지하는 가운데 지역별 및 기능별로 11개의 통합전투사령부를 편성해 놓고 있다. 중국은 육군, 해군, 공군, 로켓군, 전략지원부대의 5개 군종체계와 5개 지역별 전구작전체계를 유지하고 있다. 러시아는 육군, 해군, 항공우주군, 전략미사일군의 4개 군종체계와 지역별 4개 군관구체제를 유지하고 있다. 일본은 육상자위대, 해상자위대, 항공자위대의 3개 군종체계를 유지하는 가운데 지상에서의 신속대응능력을 대폭 강화하고 있다.

주변국들은 전략환경 및 전쟁양상 변화에 대비해 발 빠르게 군구조 및 부대 편성을 혁신하고 있다. 미국은 우주사령부를 우주군으로 증강 편성하고 태평양사령부를 인도태평양사령부로 확대 개편했으며 전략사령부 산하에 있던 사이버사령부를 분리해 독립 통합전투사령부로 격상시켰다. 중국은 우주와 사이버 영역을 담당하는 전략지원부대를 새로운 군종으로 추가하고, 합동 · 통합작전을 강화한 전구체제를 도입하는 개혁을 단행했다. 러시아는 기존의 공군과 항공우주방어군을 통합한 항공우주군을 새로운 군종으로 창설하고, 책임 구역의 지상군, 해군, 항공우주군, 철도군, 연방보안부, 국경수비대 전력을 합동 · 통합 운용하는 군관구체제를 도입했다. 일본은 신속대응능력을 강화하기 위해 육상자위대에 공정단, 헬기단, 특수작전군, 중앙즉응연대로 구성된 중앙즉응집단과 미국의 해병대에 해당하는 수륙기동단을 편성했다. 일본을 제외한 주변국들은 전략무기를 전문적으로 운용하는 군종을 유지하고 있다. 미국의 전략사령부, 중국의 로켓군, 러시아의 전략미사일군이 그것이다.

향후 20~30년 동안 주변 강대국들이 군의 구조와 부대를 어떻게 혁신시켜 나갈 것인지를 구체적으로 예측하는 것은 어렵지만, 전략적 경쟁관계 추이와 전쟁 패러다임 전환 등 전략 환경 변화를 고려하면서 군종체계와 부대구조를 지속적으로 개편 · 발전시킬 것으로 전망된다.

한반도 주변에는 세계 최대 핵 · 미사일 전력, 세계 최강 해양투사 전력, 세계 최고 우주전력, 세계 최첨단 항공전력이 포진해 있다.[7] 주변 군사력 구조의 첫 번째 특징은 미국과 러시아에 이어 중국이 막대한 핵 · 미사일 전력으로 전략적 균형을 지배하고 있다는 점이다. 미국은 핵탄두 장착 대륙간탄도미사일(ICBM)과 잠수함 발사 탄도미사일(SLBM) 및 공중 발사 순항미사일(ALCM), 지상 공격 순항미사일(LACM) 등을 보유하고 있으며, 우주 시스템 공격 미사일을 개발하는 것으로 파악된다. 러시아는 미국 다음의 전략무기 초강대국으로서 핵탄두 장착 대륙간탄도미사일, 핵 · 재래식 탄두 겸용 단거리 탄도미사일(SRBM) 및 지상 발사 순항미사일(GLCM) 등을 보유하고 있다.

중국은 냉전 종식 이후 새롭게 미국의 전략적 패권에 도전하는 세력으로서 핵탄두 장착 대륙간탄도미사일, 핵 · 재래식 탄두 겸용 중거리 탄도미사일(IRBM), 핵탄두 장착 준중거리 탄도미사일(MRBM), 재래식 탄두 장착 준중거리 탄도미사일, 핵 · 재래식 탄두 장착 겸용 지상 발사 순항미사일 등을 보유하고 있다. 일본은 아직은 핵 · 미사일 강국이 아니지만 첨단 과학기술 강국으로

---

7 이하의 내용은 *IISS, Military Balance 2018*의 미국, 중국, 일본, 러시아 관련 군사력 현황 데이터를 중심으로 작성했다.

서 핵무기와 대륙간탄도미사일 옵션을 보유한 것으로 분석되고 있다. 주변 강대국들의 핵·미사일 전력은 향후 20~30년 동안 양적 규모의 획기적 증가보다 고위력화, 장사정화, 극초음속화, 초정밀화, 다탄두화, 스텔스화 등 질적 증강이 지속적으로 추구될 것으로 전망된다.

주변 군사력 구조의 두 번째 특징은 세계 최강의 해양 투사 전력이 포진해 있다는 점이다. 미국은 세계의 어느 해양이든 필요하다고 판단될 때 세력 투사가 가능한 전 지구적 해양 전력을 유지하고 있다. 전략 공격 원자력 잠수함(SSBN) 14척, 미사일 원자력 잠수함(SSGN) 47척, 전술 공격 원자력 잠수함(SSN) 7척, 항공모함 11척, 순양함 23척, 구축함 64척 등을 보유하고 있다. 러시아는 전략 공격 원자력 잠수함 13척, 미사일 원자력 잠수함 9척, 전술 공격 원자력 잠수함 17척, 디젤 잠수함 23척, 항공모함 1척, 순양함 5척, 구축함 15척 등을 보유하고 있다.

중국은 전략 공격 원자력 잠수함 4척, 전술 공격 원자력 잠수함 9척, 디젤 잠수함 48척, 항공모함 1척(2척 추가 건조 중), 구축함 23척 등을 보유하고 있다. 일본은 전술 디젤 잠수함 19척, 헬기 탑재 항공모함 4척, 순양함 2척, 구축함 32척 등을 보유하고 있다. 향후 20~30년 동안 해양 권익을 둘러싼 갈등과 분쟁이 더욱 심화될 것이기 때문에 역내 강대국들은 항공모함과 원자력 잠수함 등 전략적 해군력을 한층 더 강화할 것으로 전망된다. 특히, 남중국해와 동중국해 및 대만해협에서 분쟁이 격화할수록 미국과 중국은 해군력의 획기적 증강을 도모할 것이다.

주변 군사력 구조의 세 번째 특징은 우주 공간에서 지상과 해양을 빈틈없이 내려다보며 감시 · 정찰하고 정보통신을 지배할 수 있는 최고 수준의 전력이 포진해 있다는 점이다. 미국은 통신위성 42기, 항법/GPS 위성 31기, 기상/해양 위성 6기, 정보 · 감시 · 정찰 위성 15기, 전자/신호정보 위성 27기, 우주 감시 위성 6기, 조기경보 위성 7기 등 총 134기의 군사위성을 운용하고 있다. 러시아는 통신위성 58기, 조기경보 위성 2기, 항법/GPS 위성 25기, 정보 · 감시 · 정찰 위성 10기, 전자/신호정보 위성 4기 등 총 99기의 군사위성을 운용하고 있다. 중국은 통신위성 6기, 항법/GPS 위성 23기, 정보 · 감시 · 정찰 위성 33기, 전자/신호정보 위성 15기 등 총 77기의 군사위성을 운용하고 있다. 일본은 통신위성 1기와 정보 · 감시 · 정찰 위성 7기 등 총 8기의 군사위성을 운용하고 있다. 향후 20~30년 동안 우주 전쟁이 본격화함에 따라 역내 강대국들은 각종 첨단 위성뿐만 아니라 다양한 우주무기체계를 발전시킬 것으로 전망된다.

주변 군사력 구조의 네 번째 특징은 세계 최첨단의 항공전력이 포진해 있다는 점이다. 미국은 전략폭격기 157대, 정찰기 487대, 전투기 2014대, 급유기 301대, 조기경보기 31대, 전자전기 14대 등을 운용하고 있다. 러시아는 전략폭격기 139대, 정찰기 87대, 전투기 865대, 급유기 15대, 조기경보기 18대, 전자전기 3대 등을 보유하고 있다. 중국은 폭격기 162대, 정찰기 66대, 전투기 1625대, 급유기 13대, 조기경보기 10대, 전자전기 13대 등을 운용하고 있다. 일본은 전수방위를 표방하면서도 정찰기 17대, 전투기 332대, 급유기 6대, 전자전기 3대 등 첨단 항공력을 보유하고 있다. 향후 20~30년 동안 항공기는 세대 교체를 거듭할 것이며, 역내 강대국들은 세계 최고의 항공전력 보유 국가들로서 4~5세대의 항공기를 6~7세대의 항공기로 교체함과 동시에 다양한 첨단 무인 자율 항공기를 운용할 것으로 전망된다.

한반도 주변 전략환경이 향후 20~30년 동안 어떻게 변화될 것인지를 전망하는 것은 매우 불확실하고 어려운 일이다. 상반되는 시나리오를 상정할 수 있기 때문이다. 가장 중요한 시나리오는 미 · 중 패권 다툼이 어떤 방향으로 어떻게 전개될 것인가와 관련된다. 한국의 안보 · 국방전략에 심대한 영향을 미칠 것이기 때문이다. 하나의 시나리오는 중국이 경제적 경착륙, 내부 체제 불안정, 군사력 약화 등으로 인해 패권적 지위를 상실하고 미국이 승리를 거둬 세계 유일 초강대국으로 등극하는 것이다. 다른 하나의 시나리오는 중국의 패권적 도전과 미국의 패권적 견제가 충돌해 '투키디데스의 함정' 상황이 조성되는 것이다.

2050년 경까지는 중국의 부상에 따른 세계 및 동북아 질서 재편 과정이 불가피할 것으로 전망된다. 중국이 세계 1인자 자리를 차지하게 된다면 동북아는 물론 전 세계적으로 엄청난 변화의 바람이 불어닥칠 것이다. 그러나 대부분의 전문가는 2050년 경에도 미국의 패권이 유지될 것으로 예상한다. 중국은 고속 성장의 시대가 끝나가면서 새로운 경제체제로 전환해야 하는 과제를 안고 있지만, 이는 정치체제의 개혁 없이는 불가능하기 때문에 미국보다 우위에 서는 것은 어렵다는 분석이다.

한반도 주변 전략환경의 또 다른 시나리오는 일본이 군사 강국으로 성장하는 것이다. 일본은 2050년 경까지는 '평화헌법 9조'의 개정과 함께 보통 국가의 보통 군대로 전쟁을 수행할 수 있는 나라가 될 것이다. 일본은 동중국해에서 센카쿠 열도(댜오위다오)의 영유권 다툼으로 중국과 전쟁을 수행할 수 있는 나라가 될 것이다. 미국의 지원 없이도 자체 개발한 항공모함과 스텔스 전투기 등 막강한 해 · 공군력을 동원해 동아시아 전역에서 태평양 진출을 꾀하는 중국과 맞설 수 있을 것으로 전망된다. 중국과 러시아는 일본을 견제하기 위해 군사적 협력을 강화할 것이다. 일본의 군사력 증강으로 인해 동북아에서 군사적 긴장이 고조될 수 있는 것이다.

역내 강대국들은 미래의 안보 불확실성과 전쟁양상 변화에 대비해 [표 1-2]에서 보듯이 전략적 경쟁의 판도를 일거에 뒤엎을 수 있는 첨단 군사력을 증강하고 있다. 향후 20~30년을 내다보고 차세대 첨단 과학기술을 활용한 질적 우위 군사력을 확보하기 위한 군사혁신을 추구하는 것이다. 신개념 무기체계를 지속적으로 개발할 것으로 전망된다. 센서, 네트워크, 사물인터넷, 클라우드, 빅데이터, 모바일, 인공지능, 로봇, 3D 프린터, 나노, 바이오, 레이저, 신소재 등 첨단 과학기술을 적용함으로써 초연결화, 초장사정화, 극도 위력화, 극초음속화, 초정밀화, 스텔스화, 무인 · 자율화, 초지능화된 무기체계들이 출현할 것으로 전망된다.

[표 1-2] 역내 강대국들의 첨단 군사력 발전 추세

구분	군사력 증강의 방향	주요 미래 무기체계 개발 동향
미국	• 중국의 반접근·지역거부(A2AD) 전략에 대응한 합동작전적 접근개념(JOAC) 추구 • 향후 20~30년을 대비한 3차 상쇄전략 추진 • 경쟁국 도전을 단념시킬 수 있는 전력 격차 창출로 압도적 군사 우위 유지	• 무인 작전체계: 스텔스 고고도 장시간 체공 ISR UAV, 스텔스 UCAV, 항모 기반 스텔스UCAS 등 • 작전 거리 확장 및 저 탐지 항공 작전체계: 차세대/차차세대 전투기/폭격기 등 • 해저 수중전 체계: 장기간 잠수 및 원격 조종 무인 공격로봇, 대구경 UUV 등 • 첨단 정밀 타격 체계 및 전자기 체계: 극초음속 미사일, 트랜스포머 장갑차, 레이저포, 레일건 등
중국	• 2040년 First Mover로 등극하는 군사혁신 추구: 2035년 군사력 현대화 계획 달성, 2045년 세계 일류급 군대 건설 • 군사력의 과월(跨越) 발전 추진: 무인화, 인공지능, 지향성 에너지, 양자 등 기술 활용	• 미사일: DF-21D 대함탄도미사일, DF-ZF 극초음속 비행체, DF-41 ICBM, SC-19 위성공격미사일 등 • 해·공 무기: J-20 전투기, Type 071 상륙함, CV-17 항공모함, 전략 공격 잠수함 등 • 무인화 무기: 스텔스 무인전투기, 무인 함정, 무인 잠수함, UUV/USV, 각종 용도의 드론 등 • 지향성에너지 무기: 무인기 요격 레이저 등 • 양자기술 무기: 양자 컴퓨터, 양자 통신, 양자 암호화, 양자 레이더, 양자 네비게이션 등
러시아	• 경제력 제한에도 불구, 강한 러시아에 걸맞은 군사강국 향한 군사력 현대화 추진 • 5년 단위 국가무장계획 추진 • 미국에 대응한 최첨단 전략무기 개발	• 지상/공중 무기: 아르마타 T-14 전차(스텔스, 미사일 발사 가능, 무인 전차 고려), 스텔스 전투기 T-50 Pak- FA, 신개념 스텔스 전략폭격기 PAk DA 등 • 차세대 전략미사일: 핵추진 순항미사일(무제한 비행, 요격망 회피), 신형 ICBM RS-26 아방가르드(마하 20 이상 속도, 요격망 회피 기동), RS-28 사르맛 ICBM(극초음속 HGV 탑재, 요격 불가능), Kinzhal 공대지/공대함 미사일(마하 10 이상 속도) • 핵탄두 탑재 대륙간 수중 드론: 잠수함 발사, 핵 또는 재래식 탄두 장착, 항공모함과 항만 등 공격
일본	• 첨단 무기체계를 생산할 수 있는 기술력 자체를 잠재적 억제력으로 계상 • 첨단 상용기술 활용한 전략무기 선택권(option) 보유	• 우주 전력 옵션: 소행성 탐사선, 달 탐사 위성, 금성 탐사위성, 2025년 달에 유인기지 건설 예정 • ICBM 옵션: H-2A 로켓, H-3 로켓, M-5 로켓 등 • 핵 옵션: M-3(W-2) 핵 옵션, 단일 규모 세계 최대 상용 농축 우라늄 공장, 세계 3위 플루토늄(Pu) 재처리 공장 등 • 원자력 항모 및 잠수함 옵션: 대형 선박용 원자로, 심해 탐사용 원자로 개발 등

제4절
과학기술의 발전과 전쟁 패러다임의 전환

1. 과학기술의 발전과 문명의 전환

오늘날 세계는 정보기술 기반 3차 산업혁명이 지능정보기술 기반 4차 산업혁명으로 바뀌는 문명의 대전환을 겪고 있으며, 바이오기술 기반 5차 산업혁명의 개척이 예고되고 있다. 고든 무어(Gordon Moore)는 반도체 집적회로의 성능이 24개월마다 2배로 증가한다는 법칙(Moore's law)을 제기했고, 레이 커즈와일은 컴퓨팅 성능 발전 속도를 기초로 2020년대 초반에 인공지능이 튜링 테스트(Turing Test)[8] 를 통과할 것으로 예측했다. 반도체의 집적도가 이처럼 기하급수적으로 높아지면 10년 후에는 컴퓨터가 인간 뇌의 집적도를 추월하게 된다는 주장이 제기되고 있다.[9]

앞으로 인류 문명의 전환을 주도하는 첨단 과학기술을 선점한

---

8 튜링 테스트는 기계가 인간과 얼마나 비슷하게 대화할 수 있는지를 기준으로 기계에 지능이 있는지를 판별하는 테스트로로서 앨런 튜링(Alan Turing)이 1950년에 제안했다. 그는 Computing Machinery and Intelligence라는 논문에서 기계가 지능적이라고 간주할 수 있는 조건을 언급하였다. 그는 컴퓨터로부터의 반응을 인간과 구별할 수 없다면 컴퓨터는 생각할 수 있는 것이라고 주장했다. 지성 있는 사람이 관찰하여 기계가 진짜 인간처럼 보이게 하는 데 성공한다면 확실히 그것은 지능적이라고 간주해야 한다는 주장이다."튜링 테스트", ≪위키백과≫, https://ko.wikipedia.org/wiki/

9 이정환 옮김, 『AI가 인간을 초월하면 어떻게 될까?』(서울: 이퍼블릭, 2018), p. 28.

국가가 세계를 지배하는 과학기술 패권 시대가 열릴 것으로 진단되고 있다.[10] 전 세계가 새로운 첨단 기술 선점에 뛰어들고 있기 때문에 그 흐름에서 낙오하는 국가는 산업 경쟁력을 상실할 수밖에 없을 것이다. 국가의 산업 경쟁력 상실은 결과적으로 국가의 생존을 최후적으로 보장하는 군사력의 추락을 초래할 수밖에 없다. 탈냉전 시대의 개막과 함께 미국과 중국이라는 두 초강대국은 과학기술 패권을 장악하기 위한 경쟁을 치열하게 벌이고 있으며, 이로 인해 세계가 기술 냉전 시대로 치닫고 있다. 다른 선진국들 역시 첨단 기술을 확보하기 위해 잰걸음을 보이고 있다.

앞으로 15~20년 정도 지속될 것으로 예상되는 4차 산업혁명은 초연결 · 초지능 기술이 가속적으로 발전되어 경제 · 산업의 구조와 방식, 사회의 작동원리 · 구조와 생활 양식, 안보 · 군사의 존재 양식과 원리 등을 현격하게 바꿔놓을 뿐만 아니라 인류의 철학적 개념마저도 빠르게 변화시킬 것으로 예상된다. 4차 산업혁명의 핵심 원리는 초연결성과 초지능성이다. 초연결성은 컴퓨팅과 통신의 대상이 사람과 사람을 넘어 사람 · 사물 · 공간으로 확장되는 것이다. 초지능성은 초연결성을 지닌 인터넷과 이동통신 플랫폼을 기반으로 사이버물리시스템과 인공지능을 활용해

---

10 매경미디어그룹은 2019년 3월 20일 안보와 성장을 동시에 도모할 수 있는 해법으로서 '밀리테크 4.0: 기술 패권 시대 신 성장전략'을 발표한 바 있다. 향후 첨단 군사기술을 확보해 안보가 강화되면 최대 20%로 추산되는 코리아 디스카운트를 극복할 수 있고, 밀리테크 4.0 기반 차세대 무기 시장 개척으로 추가 성장이 가능하며, 밀리테크 4.0 기술이 가져오는 혁신 기업 증가와 일자리 창출로 1인당 GDP 5만달러에 도전할 수 있다는 것이다. "기술 패권 시대 新 성장 전략 밀리테크 4.0으로 소득 5만불 시대를", 매일경제 국민보고대회팀 지음, 『밀리테크 4.0』(서울: 매경출판, 2019).

사회 시스템 간의 상호작용을 심화하는 것이다.[11]

초지능성은 인터넷과 이동통신의 공진으로 사물인터넷(Internet of Things)이 만물인터넷(Internet of Everything)을 거쳐 만물지능인터넷(Ambient Internet of Everything)과 만물초지능인터넷(Extra-intelligence Internet of Everything)으로 진화하면서 생성된다. 인간과 수백억 개의 스마트디바이스가 초연결된 생태계에서는 막대한 빅데이터를 신속하게 처리하고 가치 있는 서비스를 창출하기 위해 인공지능의 분석력이 요구된다. 이제 물리적 세계의 모든 인간 행위와 사물 상태가 디지털 데이터로 전환돼 사이버시스템의 클라우드에 축적되고, 인공지능의 분석에 의해 의미 있는 정보 · 지식으로 산출돼 현실 세계로 환류되는 사이버물리시스템이 급속하게 발전될 것이다.

4차 산업혁명 시대의 가장 핵심적인 기술 성과는 머신러닝 및 딥러닝 기술로 대표되는 인공지능 기술이다. 머신러닝은 기계가 수많은 데이터를 이용해 스스로 학습하며 성능을 향상시키는 기술이다. 딥러닝은 인간의 신경망과 같이 분류를 통해 패턴을 파악하며 기계가 인지능력을 지니도록 만드는 기술이다. 딥러닝 기술은 과학기술 연구에 도입되어 인간의 능력으로는 한계에 봉착했던 문제들에 빠르고 정확한 해답을 준다. 가장 대표적인 과학기술 연구는 바이오 기술 분야이다. 이 분야는 유전자 및 DNA 분석과 같이 생물이 지니고 있는 막대한 양의 정보를 다루어야 하기 때문에 딥러닝 기술의 활용이 필수적이다.

---

11 위의 책, p. 97.

인공지능 기술은 빠른 연산으로 빅데이터를 짧은 시간에 분석하여 이제까지 풀지 못했던 난제를 척척 해결할 수 있어서 이미 인간의 능력을 뛰어넘었고, 신(新)알고리즘으로 무장한 인공지능이 등장하고 있다. 과학기술뿐 아니라 인문과 예술 등 인간 활동의 모든 분야까지도 인공지능이 인간을 압도하고 있다. 인공지능 기술을 활용해 인간 내 또는 인간 간은 물론 무수히 존재하는 생물들 간에 존재하는 무한히 복잡한 연관관계를 해석하여 지금까지 이해할 수 없었던 생명 현상도 이해할 수 있게 되었다. 바이오 기술은 생물 개체의 유전체(Genome) 시대에서 어떤 환경에 존재하는 모든 유전체(Microbiome)를 분석하여 조절할 수 있는 시대로 진화하고 있다. 사물인터넷은 인간 유전체, 단백체, 대사체 및 연관체와도 연결되어 생명현상을 더 깊게 이해할 수 있도록 한다.

향후 20~30년 후 21세기 중반경이 되면 4차 산업혁명을 주도하는 물리화 기술은 생물화 기술로 진화하면서 5차 산업혁명을 초래할 것으로 전망되고 있다. 4차 산업혁명은 디지털, 바이오, 물리학 등 3개 분야의 융합된 기술들이 경제체제와 사회구조를 급격히 변혁시킴으로써 발생되었다. 디지털 기술은 사물인터넷, 블록체인, 공유 경제 기술 등이다. 물리학 기술은 무인운송수단, 3D프린팅, 첨단 로봇공학, 신소재 기술 등이다. 생물학 기술은 유전공학, 합성생물학, 바이오프린팅 기술 등이다.[12] 5차 산업혁명은 4차 산업혁명의 첨단기술들이 지수함수적으로 발전하면

12 클라우스 슈밥 지음, 송경진 옮김, 『클라우스 슈밥의 제4차 산업혁명』(서울: 메가스터디, 2016), pp. 36-50.

서 출현할 것으로 예상되며 바이오 기술이 주도할 것이라는 주장이 우세하다. 대표적인 기술은 생명체의 구조 · 기능 · 형태를 응용 모방하는 생체모사기술(Biomimetics)이다.[13]

지구상의 생명체는 아주 효율적으로 에너지를 생산 · 소비하면서 자체 내에 존재하는 다양한 물질을 생성 및 합성하고, 발생하는 폐기물을 자체 내에서 거의 완벽하게 처리하여 환경과 조화롭게 살아간다. 인간 생체는 식사만 하고도 필요한 많은 물질들을 완벽하게 만들고, 과학기술로는 합성이 불가능한 복잡한 단백질과 유전체 및 조절체 등 고분자 화합물들과 다양한 저분자 대사체들을 효율적으로 만들 수 있다. 만약 이러한 물질을 공장에서 생산할 경우에는 엄청난 크기의 하드웨어와 거대한 에너지가 필요할 것이며, 환경 오염물질의 배출로 지구환경을 파괴하여 지구 생명체의 대멸종을 가져올 수 있다는 주장이 제기되고 있다.

눈에 보이지 않는 아주 작은 미생물이 만드는 항생제들을 공장에서 만들 경우에도 마찬가지이다. 오늘날 첨단 생명공학 기술과 유전체 정보를 이용하여 단세포 생물인 대장균으로 인공생명체를 만드는데 성공한 것으로 알려져 있다. 이 인공생명체는 생체공장으로서 아주 작은 양의 에너지를 소비하고, 다양한 물질을 고효율 최적화 시스템으로 생산하며, 자체 정화작용과 에너지 재생 순환 방식을 활용하여 환경 친화적 시스템을 구축한다. 살아있는 생물이 바로 저공해 · 저에너지 · 고효율의 공장이 되는 셈이다.

---

13 이하에 기술한 내용은 오태광, "4차 산업혁명 시대에서 5차 산업혁명 시대로", ≪isf POST≫, https://www.ifs.or.kr/bbs/을 기초로 작성한 것임.

4차 산업혁명 시대의 기술들이 생물화 기술로 진화돼 생물의 인지기능을 활용할 수 있게 되면 초저지성과 극초연결성으로 기능적 확장이 가능하고 생체에너지의 재생 및 효율적 이용을 통해 적은 에너지로도 충분히 기능을 수행할 수 있다. 앞으로 인공지능이 물리화 기술에서 생물화 기술로 진화할 것으로 예상된다. 인간은 초연결성과 초저지연성(ultra low latency)의 생체로서 다른 일을 하면서도 무의식적으로 반응하지만, 컴퓨터는 아직까지는 인간이 눈으로 보고 입으로 말하면서 동시에 소리를 듣고 냄새를 맡으며 뜨거운 촉감에 반응하는 것처럼 동시에 여러 가지를 인지하고 반응하는 데 한계가 있다.

생산의 효율성과 선택성, 저에너지 사용, 효율성, 다양성, 확장성 측면에서 컴퓨터는 생명체와 비교할 수 없는 것으로 분석되고 있다. 앞으로 인공지능은 동시 인지성을 갖고 빠르게 판단하기 위해 생물체의 최적화 능력, 환경 적응 능력, 창의적 접근, 효율적 연결성, 자율적 판단, 감성 자극에 따른 적극적 변화 등과 같은 기능을 활용하는 생물화 기술로 진화해 나갈 것이다. 인공지능의 근간인 딥러닝 기술은 인간 뇌의 신경세포(Neuron)에서 전기신호가 전달되는 과정을 모사하여 발전한 것이다.

로봇 분야에서도 생물화 기술이 활용된 생체 로봇이 발전될 것이다. 인간 몸속의 특정 부위에 약물을 전달할 수 있는 아주 작은 로봇이 개발되는 것으로 알려져 있다. 이 경우 로봇을 구동하는 모터와 배터리의 용량이 크다는 점이 가장 중요한 문제인데, 원핵생물인 박테리아가 움직일 때 사용하는 편모(Flagella)를 이용한 구동모터를 만들고 박테리아의 생체 에너지를 이용함으로써 박테리오봇을 개발할 수 있었다.

미국 터프츠대학과 버몬드대학 연구팀은 스스로 움직이고 스스로 치료할 수 있는 제노봇(Xenobots)을 만드는데 성공한 것으로 파악된다. 이 로봇은 크기 1mm 정도의 살아 있는 로봇으로 모터와 연료전지를 극소화하였고 극소의 에너지로 구동 부위를 움직이며 한번의 에너지 공급으로 10일 정도 활동할 수 있는 세계 최초의 생체 로봇이다. 고장이 생기면 스스로 회복하고 복제할 수 있는 능력이 있다. 이러한 측면에서 생물화된 로봇은 앞으로 도래할 5차 산업혁명의 주축적 기술이 될 것이다. 5차 산업혁명은 생물화 기술을 이용하여 건전한 환경과 위협받는 건강을 지켜줄 수 있을 것이기 때문에 바이오 문명시대를 열 것이다.

레이 커즈와일은 유전학 혁명, 나노기술 혁명, 로봇공학 혁명이 중첩적으로 발생해 21세기 전반부에 인류의 미래를 되돌릴 수 없을 만큼 바꿔놓음으로써 산업혁명에 버금가는 새로운 물결을 창조할 것이라고 예측한다.[14] 이 새로운 물결이 만들어지는 지점이 기술적 특이점인 것이며, 다른 미래학자들은 그러한 시기에 5차 산업혁명이 발생할 것으로 주장한다. 커즈와일이 예측한 대로 기술적 특이점이 도래한다면 군사적 측면에서도 새로운 군사기술혁명이 발생할 수밖에 없을 것이다. 그는 이러한 세 가지 혁명이 전쟁에 미칠 영향을 원격 · 로봇식 · 강인한 · 소규모 · 가상현실 패러다임으로 정리했다.[15]

---

14 이하의 내용은 레이 커즈와일 저, 김명남·장시형 옮김, 『특이점이 온다』(경기도 파주: 김영사, 2019), pp. 277-410의 내용을 기초로 다른 자료들을 참고하여 보완 작성한 것임.

15 이에 대한 세부적 내용은 위의 책, pp. 455-463 참고.

2. 새로운 전쟁 패러다임의 탐색 및 개발

새로운 과학기술은 새로운 문명을 탄생시켰고, 새로운 과학기술과 군의 전략 · 전술이 결합된 군사기술혁명이 발생했으며, 그로 인해 전쟁 양상이 송두리째 바뀌었다. 3차 산업혁명과 함께 출현한 정보 문명 시대에는 정보 · 지식 기반 전쟁 양상이 발전했다. 전장이 지상 · 해상 · 공중 영역에 이어 우주와 사이버 영역으로까지 확장됐고, 수평적 네트워크형 지휘구조와 정보집약형 전력구조가 획기적으로 발전됐다.

4차 산업혁명과 함께 도래하는 오늘날의 초지능 문명 시대에는 데이터 · 지능화 기반 전쟁이 발전되고 있다. 사이버 영역이 지상 · 해상 · 공중 · 우주 영역에 교차적으로 작용하는 전장운영 개념이 태동하고, 초공간 네트워크형 지휘구조와 지능집약형 전력구조가 발전되고 있다. 20~30년 후에는 5차 산업혁명의 도래와 함께 바이오 · 인지 기반 전쟁이 출현할 것으로 전망된다. 전장이 5차원 영역에서 인지 영역(Cognitive Domain)이 추가된 6차원 영역으로 확장되고, 초인지 네트워크형 지휘구조와 인지집약형 전력구조가 발전될 것으로 전망된다.

4차 산업혁명에 따른 초지능 문명 시대의 전쟁 방식과 양상을 체계적으로 분석 · 설명하는 모델과 이론은 아직까지 찾아보기 어려우며, 개괄적 주장과 전망이 제시되고 있을 뿐이다. 4차 산업혁명이 본격적으로 진행된 기간이 얼마 되지 않았을 뿐 아니라 새로운 양상을 보여주는 전쟁도 없었기 때문이다. 4차 산업혁명을 견인하는 첨단 과학기술을 활용한 신종 무기와 군수품이 전장에서 활용됨으로써 전쟁양상이 파격적으로 바뀌게 될 것이라는 논리가 제시되고 있다.

「세계경제포럼」(World Econimic Forum)은 4차 산업혁명 시대의 전쟁양상 변화를 전쟁 수행의 용이성, 살상 속도의 가속화, 불안과 불확실성에 의한 위험 증대, 억제 및 선제의 모호성 심화, 군비경쟁의 통제 곤란, 분쟁 행위자의 광범위한 확산, 회색지대의 발생, 도덕적 경계의 혼란, 분쟁 영역의 확장, 물리적(기술적) 가능성의 실현성 증가 등 10 가지 트렌드로 정리했다.[16]

클라우제비츠의 주장대로 전쟁은 적대감 충동의 충돌이자 양자 간의 극렬한 폭력 행위라는 본질적 성격은 변하지 않을 것이나 전쟁 수행의 방식과 수단은 사회의 진화적 발전에 따라 전환이 불가피할 것이다. 안보와 군사의 주요 이슈에 대한 이론적 분석과 전망을 제공하는 플랫폼인 「War on the Rocks」는 4차 산업혁명을 견인하는 기술들의 융합 상승효과가 다양한 방식으로 전장의 형상을 바꿔놓고 있다는 분석을 다음과 같이 제기했다.[17]

첫째, 우주와 사이버가 새로운 전장 영역으로 부상됐다. 이 두 영역의 경우는 전시 운용 경험, 교훈적 기록 및 역사적 전투 사례, 전쟁 수행 방법의 선례가 없다. 우주와 사이버 영역에서의 전투는 지상과 해상 및 공중 등 전통적 영역에서 운용되는 전투력을 방해 내지 약화시킬 수 있다. 정찰 · 감시와 통신 및 각종 전투지원 시스템이 우주의 위성과 컴퓨터의 네트워크에 의존하고 있기 때문이다.

---

16 Anja Kaspersen, Espen Barth Eide, Philip Shetler-Jones, "10 trends for the future of warfare," 03 Nov 2016, ≪World Economic Forum≫, https://www.weforum.org/agenda/.

17 David Barno and Nora Bensahel, "War in the Fourth Industrial Revolution," June 19, 2018, ≪WAR ON THE ROCKS≫, https://warontherocks.com/

둘째, 인공지능, 빅데이터, 기계학습, 무인 자율, 로봇 등의 기술이 군사작전의 수행에 고도의 탁월한 이점을 제공한다. 앞으로 전쟁 당사자들은 이러한 기술들을 군사적으로 활용하기 위한 경쟁을 치열하게 벌이게 될 것이다. 특히, 인공지능을 활용하는 군사작전은 아주 빠른 속도로 전개될 것이기 때문에 효과적 대응을 위해서는 의사결정에서 인간을 배제할 수밖에 없다. 지능을 갖춘 기계들은 스스로의 의사결정으로 인간을 살상할 수도 있다는 점에서 도덕적으로 위험성이 있으나 미래 전장에서의 생존과 승리를 위해서는 필수적으로 운용될 것이다.

셋째, '대량(mass)'과 '방어(defense)'가 중요해진다. 정보화 시대의 전쟁에서는 '대량'보다 '정밀'이 중시됐다. 정밀 유도무기를 사용하는 소규모 부대가 최소의 물자로 전투를 수행할 수 있다. 앞으로는 3D 프린터 기술을 활용해 전투에 필요한 군수물자를 저렴하게 대량으로 획득할 수 있기 때문에 '정밀'과 '공격'보다 '대량'과 '방어'가 더 유리하게 된다. 고가 첨단 정밀 무기체계를 소규모로 운용하는 것보다 군집의 파괴력을 발휘하는 저가 자율 드론을 대량으로 운용하는 것이 더 효과적이라는 주장이다. 대량의 군집 무기들을 운용하면 전장 영역을 거부할 수 있기 때문이다.

넷째, 새로운 세대의 첨단 무기들이 출현한다. 군사 강대국들은 새로운 차원의 군사적 우위를 달성하기 위해 레일건, 지향성 에너지 무기, 초고속 발사체, 극초음속 미사일 등 혁신적인 신개념 무기체계를 개발하는 데 박차를 가하고 있다. 이러한 무기들은 속도와 사거리 및 파괴력이 극적으로 증가됨으로써 전통적 무기 중심의 군사력 균형을 파괴하고 새로운 차원의 군비경쟁을 초래할 것이다.

다섯째, 알려지지 않은 요인(x-factor)이 잠복돼 있다. 미래의 전쟁양상은 그 누구도 명확하게 규정할 수 없다. 전혀 예측할 수 없는 불확실하고 가변적인 요인들이 내재해 있기 때문이다. 비밀 기술을 활용한 무기가 전쟁에서 처음 출현해 전장의 역학 구조와 형상을 전혀 예측하지 못한 방향으로 바꿔놓을 수 있다. 새로 등장한 무기들이 기존의 무기들을 무력화 또는 진부화시킬 것이며, 일방적으로 전승을 거둘 수 있는 기습적 능력을 제공할 수도 있다.

최근 미국의 국방기관 및 군사전문가들은 새로운 전쟁이론으로서 '모자이크전(Mosaic Warfare)'을 탐구 · 발전시키고 있다. 이 전쟁 개념은 2018년 9월 개최된 DARPA 창설 60주년 기념 컨퍼런스에서 토마스 번즈(Thomas J. Burns) 전 전략기술실(Strategic Technology Office) 실장과 댄 패트(Dan Patt) 부실장이 함께 제안했다. 모자이크는 여러 가지 빛깔의 돌 · 색유리 · 조가비 · 타일 · 나무 등의 조각을 맞춰 도안이나 회화 등으로 나타낸 것을 말한다. 「위키백과」에 따르면, 미국 정보기관은 모자이크이론(Mosaic Theory)을 적용한 정보 수집 방법을 활용한다. 아무런 의미도 없어 보이는 정보 조각들을 퍼즐처럼 짜맞추다 보면 전체 그림을 파악하는 데 결정적인 정보가 될 수 있다는 것이다. 각종 SNS의 단편적 글이나 신문의 조각 기사를 다 모아서 모자이크 맞추는 식으로 조합하면 큰 그림이 그려진다는 논리이다. 모자이크전도 이러한 조각 짜맞추기 방법을 활용하는 것이다.

미국의 전략예산평가센터(CSBA: Center for Strategic & Budgetary Assessments)는 DARPA의 후원으로 모자이크

전에 대한 구체화 연구를 수행하고 그 결과를 2020년 발표했다.[18] 요체는 인공지능과 자율시스템을 활용한 결정중심전(DecisionCentric Warfare)을 개척하는 것이다. 결정중심전은 아측 현장 지휘관의 신속하고 효과적인 결정을 보장함으로써 상대측 결정 과정의 질(quality)과 속도(speed)를 저하시키는 데 목표가 있다. 이를 위해 인공지능과 자율시스템을 활용하는 것이다. 인공지능은 자율적 의사결정을 지원함으로써 전투지휘관이 신속하고 복잡한 작전 운용을 성공적으로 수행할 수 있도록 한다. 자율시스템을 운용하면 전력 패키지를 작은 조각처럼 세부 단위로 쪼개 편성할 수 있기 때문에 전투 부대와 무기 플랫폼의 다양한 재구성이 가능하다.

결정중심전은 의사결정 과정 측면에서 네트워크중심전(NetworkCentric Warfare)과 차이가 있다. 네크워크중심전은 의사결정 과정의 집중화를 추구한다. 최상급 지휘관이 광범위한 전장 상황을 모두 인지해야 하고, 예하의 모든 부대 및 병력과 통신할 수 있어야 하는 것이다. 결정중심전은 네트워크중심전의 취약성을 강조한다. 전장의 안개와 마찰로 인해 중앙집중적인 결정에 의존하는 것은 바람직하지 않고 매우 위험하다는 것이다. 적의 전자전 및 역 지휘 · 통제 · 정보 · 감시 · 정찰(counter C2ISR) 능력이 향상됨에 따라 아측 상급 지휘관은 전장 상황을 인지하고 대규모 부대를 지휘통제하는 것이 제한될 수밖에 없다.

---

18 Bryan Clark, Dan Patt, Harrison Schramm, *Mosaic Warfare: Exploiting Artificial Intelligence and Autonomous Systems to Implement Decision-Centric Operations*, CSBA, 2020, https://csbaonline.org/uploads/documents/Mosaic_Warfare_Web.pdf. 이하의 내용은 이 연구보고서를 발췌·요약한 것이다.

네트워크중심전은 고도의 명료성과 일사불란한 통제를 전제로 한다. 이에 비해 결정중심전은 무력 충돌에 내재하는 안개와 마찰을 충분히 이용한다. 전력의 분산 배치와 역동적 재구성, 전자 신호 방출의 감소, 역 C2ISR 작전 등을 통해 적의 아측 작전에 대한 인식에 복잡성과 불확실성을 높임으로써 적 지휘관의 결정 과정을 방해하는 것이다. 이로써 아측은 적응성과 생존성을 향상시킬 수 있다.

결정중심전의 요체는 자율시스템을 통한 분산 및 임무 중심 지휘를 구현하고, 인공지능을 이용한 자율적 의사결정 지원 구조를 발전시키는 것이다. 전력을 분산 운용하기 위해서는 자율시스템의 활용과 함께 상황 맥락 중심(context-centric) 통신 네트워크 시스템의 발전이 필수적이다. 무인체계를 유인체계와 복합적으로 운용하면 전통적 다중 임무 플랫폼 전력체계를 다수 단위의 단순 기능적 플랫폼 전력체계로 쪼개 분산 배치하는 것이 가능하다. 무인체계는 매우 불확실하고 위험한 전장 환경에서 원격 운용하기 때문에 소규모 전투 부대의 생존성과 적응성을 향상시킴과 동시에 치명적 공격력을 높여줄 수 있다. 소규모 단위의 전투부대는 무인체계를 정보 · 감시 · 정찰 수단은 물론 공격용 자산으로도 사용할 수 있기 때문이다.

결정중심전은 지휘통제의 분산화를 추구한다는 점에서 지휘통제의 집중화를 추구하는 네트워크중심전과 통신 네트워크 시스템 운용 구조가 다르다. 결정중심전은 적에 의해 통신이 방해를 받거나 거부되는 상황에서 지휘통제가 가능해야 하기 때문에 어디에서나 통신을 할 수 있는 네트워크 시스템을 구축하지 않는다. 전투에 참가하고 있는 모든 부대들이 통신 네트워크 안으로 들어오는 것이 아니라 특정 임무를 완수하기 위해 필요한 부대들만 통신을 하면 된다. 이에 비해 네트워크중심전은 전장의 모든 부대들이 항상 지휘관의 지휘통제를 받아야 하기 때문에 어디에서나 탄력적 통신이 가능한 네트워크 시스템이 구축되어야 한다.

결정중심전은 임무 중심 지휘를 중시한다. 전장은 이른바 안개와 마찰로 불리는 불확실성과 우연성이 그 본질이기 때문에 상급 지휘관에 의한 중앙집중적 지휘통제가 사실상 불가능한 것으로 지적된다. 따라서 예하 지휘관들에게 독립 작전 운영의 주도권을 부여함으로써 상급 지휘관과의 통신이 두절될 경우 임무 중심 지휘가 가능해야 한다.

결정중심전은 인간에 의한 지휘(human command)와 인공지능에 의한 기계 통제(AI-enabled machine control)를 결합한 새로운 지휘통제 구조의 발전을 통해 인간의 제한된 판단과 능력에 의존한 임무 중심 지휘의 한계를 극복한다. 이제까지는 복잡하고 변화무쌍한 전장 상황에서 상급 지휘관이 주로 예하 지휘관의 건의와 참모들의 판단에 의존해 작전을 운영했기 때문에 민첩한 속도 지휘가 어려웠고 임무형 지휘는 불완전할 수밖에 없었다. 인공지능 지휘결심 지원 시스템을 도입 · 운영하면 지휘관은 분산된 부대와 무기를 차질 없이 효과적으로 통제하고, 전장 환경의 변화와 적국의 행동에 따라 신속하고 적응성 있게 대응함과 동시에, 적국의 의사결정 과정에 복잡성을 증가시킬 수 있다. 상황 맥락 중심 지휘 · 통제 · 통신이 가능해지는 것이다.

인간에 의한 지휘와 인공지능에 의한 기계 통제의 결합은 인간과 기계 각각의 강점을 활용한다. 인간의 강점은 융통성과 창의적 통찰력이고 기계의 강점은 속도와 범위인데, 이러한 장점을 결합함으로써 적국의 의사결정 과정에 복합적 딜레마와 혼란을 가중하는 작전 운영 능력을 향상시킨다는 것이다. 지휘관은 명령을 내리기 전에 인공지능 결심 지원 시스템의 건의를 검토 · 평가함으로써 작전 운영 계획을 조정 및 수정한다. 시간이 지날수록 인공지능 결심 지원 기계 시스템은 작전 임무 수행 기록을 점점 더 효과적으로 구축 · 개선하게 될 것이며, 전장의 지휘관은 기계의 건의를 전적으로 신뢰하고 지휘 결심에 적극 활용할 것이다.

모자이크전의 중심 개념은 인간–기계 결합의 지휘통제에 의해 대규모의 패키지화된 전투부대가 작은 기능 단위의 부대들로 분해된(disaggregated)[19] 다음 다시 신속하게 구성 · 재구성되는 것이다. 이러한 분해–구성–재구성을 신속하게 반복하면 아측은 적응성을 창출할 수 있게 되지만 적은 복잡성과 불확실성에 직면할 수밖에 없다.

모자이크전을 구현하기 위해서는 전력구조를 전면적으로 새롭게 다시 디자인해야 한다. 기존의 전력구조는 항공기나 함정과 같은 무기체계와 다양한 부대 등 주로 유인 다중 임무 전력 단위들로 구성되어 있으며, 이 전력 단위들은 자족적이고 단일체적인 특성을 지닌다. 센서, 지휘통제 능력, 무기체계 및 전자전 시스템 등을 각각 운용한다. 패키지화된 전력구조는 단일체적 특성의 다

---

19 국어사전에 의하면, 분해란 여러 부분이 결합되어 이루어진 것을 그 낱낱으로 나누는 것을 말한다. 따라서 부대를 분해한다는 것은 하나의 패키지처럼 구성된 부대를 작은 기능 단위의 부대로 나누는 것을 의미한다.

중 임무 단위 전력을 경직되게 배치하고 통신의 상호운용성이 제약됨으로써 연쇄적 효과의 창출이 어렵다. 결국 전력 운용의 유연성이 감소하고 작전 운영의 의도와 계획이 뻔하게 예측됨으로써 적의 의사결정에 혼란을 가중하는 것이 어렵게 된다.

모자이크전의 핵심 원리는 이제까지의 단일체적 다중 임무 전력 단위들을 다양한 기능을 갖는 보다 작은 요소들로 보다 많이 분해한 다음 신속하게 다시 잘 구성하는 것이다. 예를 들면, 3척의 구축함으로 구성된 수상작전 그룹은 호위함과 여러 무인 수상함들로 대체될 수 있다. 타격 전투기 편대는 원거리 공격 미사일과 센서 · 전자전 장비 탑재 무인항공기의 운용을 위한 지휘 · 통제 · 정보 · 감시 · 정찰 플랫폼으로 역할을 하는 타격 전투기 1대로 대체될 수 있다. 지상전력의 경우, 전통적인 대규모 부대 편성보다 소규모 단위로 부대를 분해해 소 · 중형 무인 지상차량과 무인항공기 등을 편성해야 자체 방어, 정보 · 감시 · 정찰, 군수지원 능력을 향상시킬 수 있다.

소규모의 단위로 분해된 부대를 야전에 배치하기 위해 전통적으로 유지해온 부대를 모두 전면적으로 교체할 필요는 없다. 다수의 소규모 단순 기능 전력을 획득해 운용하기 위해서는 단일체적 성격의 부대를 구성하는 일부 전력 단위를 도태시키거나 폐지해야 한다. 기존의 단일체적 대규모 부대를 작은 전력 단위로 분해하고 중복되거나 불요불급한 전력 단위를 삭제 내지 제거함으로써 새로운 전력 단위를 편성할 수 있는 여지를 확보해야 하는 것이다. 대규모 전력구조를 분해해 신속하게 구성-재구성할 수 있으면 다음과 같은 점에서 유리하다.

첫째, 신기술과 전술을 보다 용이하게 결합할 수 있다. 단순 기능을 갖는 모자이크 전력 요소는 다중 임무 부대에 제대로 통합되기 어렵다. 새로운 능력을 통합 운용하기 위해서는 플랫폼 무기체계와 부대 편성을 다소 변경시킬 필요가 있다.

둘째, 지휘의 적응성을 향상시킬 수 있다. 작은 단위로 분해된 전력은 전통적인 단일체적 플랫폼 체계 및 부대 편성에 비해 보다 다양한 방식으로 효과를 창출할 수 있다.

셋째, 적에게 복잡성을 가중시킬 수 있다. 아측이 전력을 분산하고 분해해서 운용하면 적측은 아측의 의도와 연쇄 효과를 평가하기 어렵다.

넷째, 전력 운용의 효율성을 향상시킬 수 있다. 분해된 단위들로 구성된 전력 패키지를 보다 정교하게 측정함으로써 요망 위험 수준과 작전 운영에 필요한 능력과 역량을 조화시킬 수 있다.

다섯째, 행동의 범위를 확장할 수 있다. 작전 운영에 눈금을 매기듯이 정교하게 맞춰서 분해된 전력은 불필요한 과잉 편성을 줄여 보다 중요한 다른 임무에 분산시켜 운용될 수 있다.

여섯째, 작전적 전략의 실행성을 향상시킬 수 있다. 분해된 부대는 많은 임무를 동시적으로 수행하고, 능력과 역량을 정교하게 조화시키며, 무인 시스템을 많이 운용하기 때문에 양동작전, 공세 · 방어 동시 작전, 고위험 · 고성과 임무 수행 등이 가능하다.

모자이크전을 위한 전력구조 설계의 핵심은 분산된 부대를 구성-재구성하는 것인데, 이를 위해서는 지휘통제 프로세스의 새로운 정립이 필수적이다. 지휘통제 프로세스는 더욱 신속하고 효과적인 결정이 그 핵심이며, 이를 통해 적의 센서와 지휘통제 프로세스에 복잡성과 혼란을 가중시킬 수 있다. 지휘통제 프로세스를 변혁시키는 것이 결정중심전의 관건인 것이다. 분해 · 구성되는 전력 단위들을 완전하게 운용하기 위해서는 인간 지휘와 기계 통제의 결합이 필요하다. 지휘통제 프로세스를 변혁시키지 않고 새로운 전력구조를 구축할 경우 분해된 부대의 많은 요소들은 운영하기 어렵다. 자동화 통제시스템을 통해 신속한 결정과 지휘통제를 보장해야 적에게 복잡성과 혼란성을 가중시킬 수 있다.

[그림 1-3]에서 보듯이, 인간 지휘관은 상급 지휘관의 전략과 의도가 반영된 작전을 수행할 수 있는 전반적 접근방법을 발전시킨다. 작전계획을 개발하고, 임무 명령을 작성하며, 현장의 능력을 식별한다. 이러한 과정에서 인간 지휘관은 기계 보조 통제시스템을 운용한다. 컴퓨터 접속체계를 통해 기계 보조 통제시스템에 완수해야 할 임무를 할당하고 상대국의 전력 규모와 효과에 대한 추정치를 입력한다. 기계 보조 통제시스템은 관리 가능한 지휘통제의 범위에서 임무를 부여받을 수 있는 통신 축선 부대들을 파악하는 등 상황 맥락 중심 지휘 · 통제 · 통신을 실행한다. 임무 명령을 완수하기 위한 제안 요청을 제기하고 가용 능력을 토대로 공격 사슬(kill chain) 세트를 구성한다. 인간 지휘관은 통신 축선 부대들 중에서 임무 수행 가용 전력 단위를 선택하게 된다.

인간 지휘통제와 기계 보조 통제시스템은 분해된 전력구조의 유 · 무인 전력 단위들을 운용해 공격 사슬의 전투력 효과를 창출한다. 유 · 무인 전력 단위들은 작전 명령의 완수를 위해 효과적 공격 사슬(근접성, 속도, 물자 상태, 핵심 기능, 성공 여부, 능력

효율성 등)에 기여할 수 있는 능력을 제안하고, 실행 전술을 지정 및 개선한다. 상황 맥락 중심 지휘 · 통제 · 통신 접근 방법에서 가장 중요한 요소는 시간이다. 지휘관은 시간 지연 없이 어떤 전력 요소가 임무를 완수할 수 있는지를 결정하고 어떤 전력 패키지를 할당할 것인지를 검토해야 한다.

[그림 1-3] 모자이크전 개념도

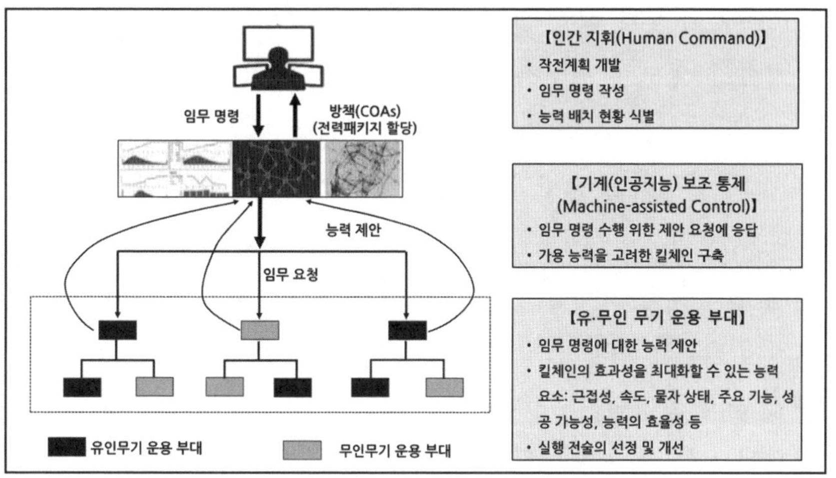

(출처)Bryan Clark, op.cit.,p.36.

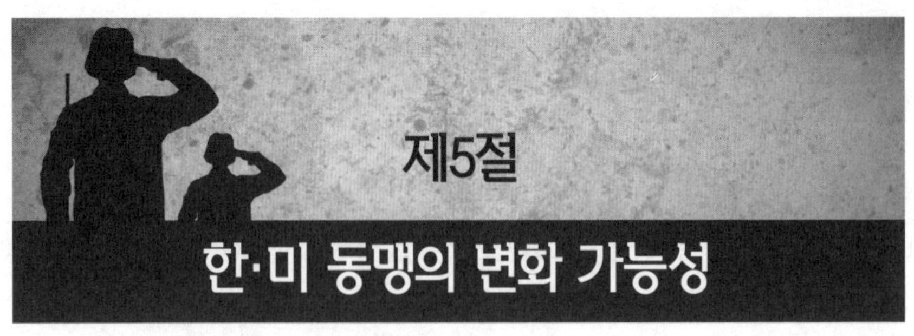

제5절
한·미 동맹의 변화 가능성

미국과의 동맹은 한국 안보 · 국방의 중추이기 때문에 장기 국방기획의 핵심 요소이다. 미래에 어떤 구조와 성격의 한 · 미 동맹이 유지될 것인지의 이슈를 검토하지 않고 국방 모습을 설계하는 것은 실행력을 담보할 수 없을 것이다. 한 · 미 동맹은 국방전략과 국방 투자의 핵심 변수이다. 한 · 미 동맹이 20~30년 후 어떻게 변화될 것인지를 면밀하게 검토하고 국방기획에 반영할 필요가 있다. 한 · 미 상호방위조약의 체결과 함께 출범한 동맹체제는 그동안 절박한 북한의 전쟁 도발을 억제 · 저지하는 데 필수불가결했고, 오늘날에는 북한의 엄중한 핵 · 미사일 위협을 막는 데 전략적 우산을 제공하고 있으며, 미래에는 불안정하고 불확실한 주변 전략환경 속에서 전략적 동반자 역할을 담당할 것으로 기대된다.

현재뿐만 아니라 미래에도 한국은 미국과의 공고한 동맹을 기반으로 국가의 생존과 번영을 추구하는 것이 최선의 안보전략이다. 북한의 군사위협은 막대한 재래식 전력에 핵 · 미사일 전력이 결합해 선택적 도발 가능성이 커졌기 때문에 미국과의 연합적 대비가 필수이다. 북한 내부의 급변사태 발생으로 한반도에 불안정 상황이 조성될 경우 미국과의 동맹은 외부 세력의 개입을 견제하고 안정적 통일을 지원하는 위기관리 안전판 역할을 할 것이다. 한반도 통일 후에는 역내 강대국들이 벌이는 치열한 지정학적 경쟁 속에서 미국과의 동맹이 한국의 국익을 보장하는 전략적 후원자가 될 것이다. 한 · 미 동맹의 핵심 실체는 주한미군이다.

주한미군은 전쟁 억제와 침략 격퇴의 실질적 주체이자 안보 · 국방 보험이다. 국방부가 13년 전인 2006년 9월 발행한 『전시 작전통제권 환수, 사실은 이렇습니다』라는 소책자에 의하면, 주한미군 자산 가치는 주요장비 100억 달러, 전시 필수장비 33억 달러, 전시 예비탄약(WRSA) 및 사전 비축 장비 67억 달러 등을 포함해 200억 달러에 달한다. 또 전쟁이 일어나면 투입되는 미국 육 · 해 · 공군 및 해병대 병력 69만여 명, 함정 160여 척 등으로 구성된 항모전투단, 항공기 2,000여 대 규모의 공중 전력 가치를 모두 2,500억 달러로 평가했다. 증원전력은 한 · 미 연합사 체제에서 전면전을 가정한 '작전계획 5027'에 따른 것이다.

고 조성태 전 국방부 장관은 주한미군 가치 235억 달러와 증원전력 가치 3,470억 달러를 합쳐 3,705억 달러로 분석했다.[20] 현재 주한미군의 병력 규모는 2만 8천 명 수준으로 우리 군 60만여 명의 5% 정도에 불과하지만, 주요 무기체계와 탄약이 31조 원에 달하는 것으로 추산되고 있다.[21] 이는 2019년 한국 국방예산 약 46조 7천억 원의 66%에 해당하고, 방위력개선비 약 15조 4천억 원의 2배에 이른다. U-2 정찰기, 글로벌호크, 정찰위성 등 최첨

20 "주한미군 전략 가치 '2700억 달러'… 국방부 첫 공식 보고서," ≪국민일보≫, 2006년 9월 21일, https://news.v.daum.net/v/

21 "주한미군 가치 30조 원…웬만한 나라 국방비 수준," ≪TV 조선 뉴스≫, 2018년 11월 12일, http://news.tvchosun.com/mobile/svc/

단 정찰 자산도 가용 자원이며, 이런 전략 자산은 돈으로 환산할 수도 없을뿐더러 한국이 대체할 수도 없는 것으로 판단된다.

전국경제인연합회 산하 한국경제연구원(한경연)은 2021년 11월 27일 한 · 미 상호방위조약 발효 67주년을 맞아 한 · 미 동맹의 경제적 가치를 추정한 결과 2000년 이후 21년간 한국이 얻은 동맹 가치가 928조 2천억~3천41조 6천억 원으로 나타났다고 밝혔다. 한경연은 양국 간 동맹관계 와해로 주한미군 철수 등 한국의 국방력에 공백이 생길 경우 발생할 수 있는 추가적인 국방비 소요액과 국가신용등급 하락에 따른 GDP(국내총생산) 영향을 계산했다. 주한미군이 철수하면 국제신용평가사의 한국에 대한 신용 등급이 강등되고 GDP가 감소할 수밖에 없다는 것이다.

구체적으로 2000~2020년 주한미군 대체를 위해 36조 원의 일회적 비용과 매년 3조 3천억 원의 국방비를 추가 지출한 경우(총 105조 3천억 원), 국방비를 50% 증액한 경우(313조 6천억 원), 국방비를 100% 증액한 경우(627조 2천억 원) 등 3가지 시나리오를 제시했다. 국방비를 매년 3조 3천억 원 추가 지출한 시나리오와 50% 증액한 시나리오의 경우 국방비 투입이 미흡하다고 보고 국가 신용등급이 2단계 하락하고, 100% 증액한 경우 신용등급이 1단계 하락했을 것으로 가정했다. 국방비 증액으로 인한 GDP 손실 합계는 3조 3천억 원의 추가 지출 시나리오에서 369조 9천억원, 50% 증액 시나리오에서 2천71조 8천억 원, 100% 증액 시나리오에서 2천762조 4천억 원으로 추정됐다.

국가신용등급 하락에 따른 GDP 손실 합계는 신용등급이 2단계 하락했을 때 558조 4천억 원, 1단계 하락했을 때 279조 2천억원으로 각각 분석됐다. 국방비 증액과 국가신용등급 하락에 따른 GDP 영향을 합산하면 매년 국방비 3조 3천억 원 추가 지출 시나리오에서 928조 2천억 원, 50% 증액 시나리오에서 2천630조 2천억 원, 100% 증액 시나리오에서 3천41조 6천억 원으로 각각 추정됐다. 이러한 계산은 미국과의 동맹이 없다면 한국은 2000~2020년 21년간 최대 3천41조 6천억 원의 손실을 보는 것이며, 한국 경제의 안정과 지속적인 번영을 위해서는 미국과의 굳건한 동맹 관계 유지가 긴요하다는 것을 의미한다.[22]

한국은 이제까지 북한의 전쟁 도발을 억제 및 격퇴하기 위해 미국과의 동맹체제 속에서 주한미군 전력을 활용할 수밖에 없었으며, 이는 국가의 생존과 번영을 위한 대전략 차원의 선택이었다. 독일과 일본이 제2차 세계대전 이후 줄곧 옛소련의 위협에 대처하기 위해 미군을 주둔시킨 것과 마찬가지이다. 그러나 앞으로가 문제이다. 한국 안보의 중추적 역할을 미국에 영원히 맡길 수는 없기 때문이다.

한·미 동맹과 주한미군 주둔 정책은 영원히 불변할 수 없으며, 시대 상황의 변화에 따라 역동적인 변동 과정을 거칠 것으로 전망된다. 상호방위조약에 따른 안보 공약의 기본 틀은 유지될 것이나 동맹의 구조와 역할 및 책임은 변환될 수밖에 없다. 그동안 한·미 양국은 위협에 대한 공동 인식과 안보 이해관계의 일치로 튼튼한 연합방위력을 구성하고 긴밀한 안보협력 체제·제도를 유지·발전시켜 왔으나, 앞으로 전략적 이해관계가 일치하

22 "한미동맹 가치 최대 3천41조원…주한미군 철수시 GDP 감소", 『연합뉴스』, 2021년 11월 17일, https://www.yna.co.kr/view/

지 않고 입장이 서로 충돌하는 안보 현안이 발생하면 갈등과 긴장의 국면을 맞고 새로운 해결 방안을 찾아야 할 것이다.

동맹은 일반적으로 상황적 조건과 이유, 안보 공약의 성격과 책임 형태, 군사력의 운용 개념과 방식, 지리적 적용 범위 등의 구성 요소를 가지고 있다. 한 · 미 동맹은 이러한 측면에서 세계적으로 가장 전형적 모습을 갖추고 있다. 동맹 결성의 상황적 조건과 이유는 전략적 기본 전제로서 공산주의 진영의 세계적 팽창을 저지하는 미국의 안보이익과 북한의 전쟁 도발을 억제 · 격퇴하는 한국의 안보이익이 일치된 것이다. 안보 공약의 성격과 책임은 동맹 이행의 기본 정신으로서 상호방위조약에 따라 미국은 확고한 안보 공약을 유지한 가운데 각종 군사지원을 제공하고, 한국은 주한미군의 주둔여건을 보장한다.

군사력의 운용 개념과 방식은 상호 방위의 이행 방법과 체제로서 미국과 한국은 연합적 방위체제(연합군사체제)를 구성하고 연합 지휘 및 작전체제와 공동 전쟁계획 등에 따라 군사력의 연합적 운용을 보장한다. 동맹의 지리적 적용 범위는 주한미군의 역할 확장 한계로서 미국과 한국은 그동안 북한의 군사 도발 방지 및 전쟁 억제 등 한반도 안보위협 대응에 전념했으나, 점차 주한미군의 전략적 유연성 확대와 세계 및 지역적 차원의 광역적 동맹 발전이 모색돼 왔다.

한 · 미 동맹의 이러한 요소들은 언제든지 바뀔 가능성을 내포하고 있다. 동맹의 존재 이유이자 전략적 기본 전제는 국가 이해관계의 일치이다. 동맹은 당사자가 국가안보이익의 충돌로 갈등을 겪게 되면 위태로운 상황을 맞으며 갈등 요소를 적시 적절하게 관리하지 못하면 파국을 맞을 수 있다. 양국의 국내 정치 · 사회적 변화 요구가 강해지면 동맹의 구조와 역할은 조정이 불가피할 것이다. 한 · 미 동맹은 한반도의 정전 상황을 전제로 작동했다. 평화 상황이 오면 안보 공약의 성격, 주한미군의 역할과 규모, 연합방위체제 등 모든 요소가 바뀌어야 한다.

한 · 미 동맹은 [그림 1-4]에서 보듯이 향후 20~30년 동안 한반도의 안보상황 변화 추이, 미 · 중 관계 등 동북아 안보 역학관계의 변화, 미국의 인도태평양전략 구도 등에 따라 한반도 방위 역할의 비중은 점진적으로 줄어들고 지역안보 역할의 비중이 늘어날 것으로 전망된다. 이러한 변화에 따라 주한미군의 성격, 군사협조체제, 군사력 운용 개념, 군사기지체계, 방위분담 등 동맹의 구조와 성격이 근본적으로 조정될 것이다.

[그림 1-4] 한 · 미 동맹의 미래 변화 구도

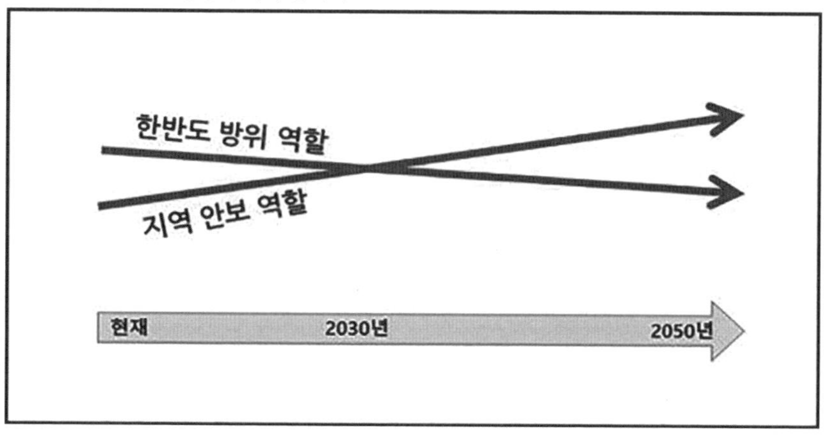

이러한 점에서 한국은 이제 자조적 방위력을 증강해야 하는 도전에 직면해 있다. 세계 최강의 전력과 실전 경험을 보유한 미군을 완전히 대체하는 것은 불가능한 일이라고 판단된다. 한국이

할 수 있는 현명하고 합리적인 방안은 시대적 상황의 변화에 부응한 증원형 연합방위체계를 발전시키고 한 · 미 양국 군의 책임 및 역할을 조정하면서 한국군의 전쟁 기획 및 수행 기능과 능력을 확대해야 한다. 국제정치 무대에는 영원한 동맹이 있을 수 없음에 유의해 필요하면 언제든지 홀로 설 수 있는 방위역량을 구축하는 것이 절실하다. 주한미군에 거의 절대적으로 의존하고 있는 첨단 정보자산과 정밀 타격 전력을 확보하는 데 중점을 두되, 대체할 전력별 우선순위를 설정하고 단계적으로 추진할 필요가 있다.

제6절

인구 감소와 병역자원 절벽

인구는 부대 구성과 무기 · 장비 운용의 주체인 병력을 제공하는 원천이다. 최근 한국을 포함한 세계의 많은 국가들이 저출산 · 고령화로 인한 인구 절벽 심화 현상을 우려하고 그 대비책을 고민하고 있다. 특히 중요한 것은 15~64세 계층의 생산 가능 인구가 지속적으로 감소하고 있다는 사실이다. 생산 가능 인구는 과학기술 혁신 성과와 함께 한 국가의 경제력을 창출하는 핵심 요소이다. 인구는 산업 생산의 주체이고 과학기술은 산업 경쟁력 고도화의 필수불가결 요소이다. 과학기술 혁신 성과가 아무리 뛰어나다 할지라도 저출산 · 고령화로 생산 가능 인구가 부족해지면 경제적 생산성은 저하될 수밖에 없다.[23] 이중 청년 계층 인구의 감소는 한 국가의 방위를 책임지는 병력의 감소로 직결된다. 한국은 최근 저출산 · 고령화가 심화되면서 총인구 감소 시기가 예상보다 훨씬 빨라지는 것으로 알려져 있다.

통계청이 2019년 3월 발표한 「장래 인구 특별 추계, 2017~2067년」에 따르면 [그림 1-5]에서 보듯이 총인구는 2017

23 세계적 컨설팅 업체인 PwC는 최근 인구 동태, 자본 투자 역량, 과학기술 능력 등을 기초로 세계 경제 장기 전망 보고서를 내놓은 바 있다. 이 보고서에 따르면, 가용 노동 인구의 규모가 한 국가의 경제력 신장에 결정적 영향을 미친다. pwc, *How will the global economic order change by 2050?*, February 2017.

년 기준 5,136만 명(중위추계 기준)에서 꾸준히 증가한 뒤 2028년 5,194만 명을 정점으로 2029년부터 감소하고 2040년대 초 5,000만 명선이 무너진(4,987만 명) 다음 2067년에는 3,929만 명 수준으로 감소할 전망이다. 2016년 발표된 2015~2065년 장래 인구 추계 때보다 인구 감소 시기가 3년 앞당겨진 것이다.

이 추계에 따르면 총인구는 2031년을 정점으로 2032년부터 인구가 줄어들 것으로 전망됐다. 총인구 5,000만 명 붕괴 시점은 5년 앞당겨졌다. 이 전망은 출산율과 기대 수명 등 인구 변동 요인의 중간값을 조합해서 추산된 중위 시나리오를 적용한 것이다. 높은 출산율 등을 반영한 고위 추계 시나리오를 적용하면 인구 5,000만 명 붕괴 시점이 2055년으로 10년여 정도 늦춰질 것이나, 최악의 출산율을 반영한 저위 추계 시나리오를 적용하면 그 시기가 2034년으로 10년 단축될 것으로 예상됐다. 인구 성장률의 마이너스 전환 시점도 앞당겨지고 있다. 그 시점이 이전의 추계에서는 2032년으로 예상됐으나 이번 추계에서는 2029년으로 3년 앞당겨졌다. 인구 성장률은 2029년부터 꾸준히 감소해 2067년에는 −1.26%를 기록할 전망이다.

[그림 1-6]에서 보듯이, 인구 자연 감소 시작 시점도 10년이나 앞당겨졌다. 2019년 출생 인구와 사망 인구가 똑같아져 인구의 자연 증가가 제로가 된다. 2045년이 되면 출생 인구는 27만 명인데 사망 인구는 63만 명에 달해 그 격차가 36만 명이나 된다. 2067년에는 자연 증가가 53만 명 줄어들 전망이다. 특히 중요한 것은 출생률의 저하로 인한 인구 절벽으로 국가 경쟁력에 가장 심각한 영향을 미치는 15~64세 생산 연령 인구가 이미 감소 추

세에 접어들었다는 점이다. 통계청에 따르면 2018년 출생아 수는 32만 6,800 명으로 전년보다 8.7%가 감소해 3만 900 명이 줄었다.

한 여성이 임신 가능한 연령기에 낳을 것으로 기대되는 평균 출생아 수를 나타내는 합계출산율은 0.98명이다.

[그림 1-7]에서 보듯이 2017년을 기점으로 65세 이상 고령 인구의 증가가 14세 이하 유소년 인구의 증가를 초월함에 따라 생산 연령 인구는 급속하게 줄어들고 있다. 2067년이 되면 고령 인구의 규모가 생산 연령 인구의 규모를 앞서게 될 전망이다. 이러한 상황이 되면 산업 생산의 감소, 복지 등 사회적 지출의 급증, 고령층 인구 부양 부담의 증가 등 많은 사회 문제가 발생될 것으로 분석된다.

[그림 1-5] 총인구 및 인구성장률, 1960~2067년

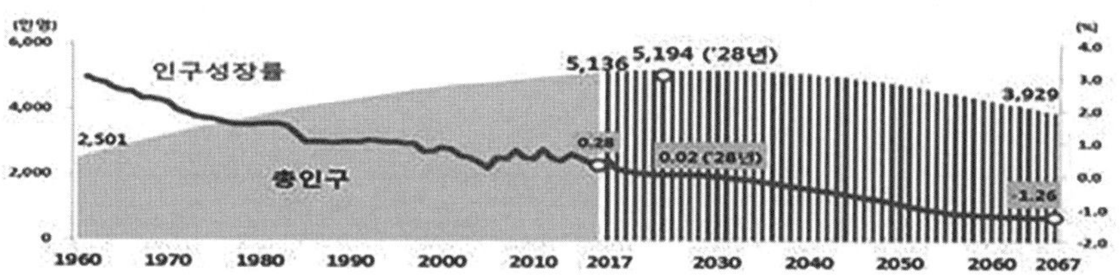

(출처) 통계청, "장래 인구 특별 추계: 2017~2067년," 보도자료, 2019년 3월 27일.

[그림 1-6] 인구 자연 증가 변화 추이

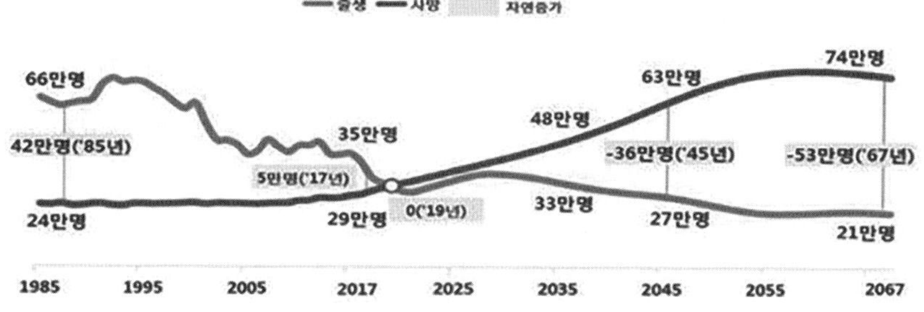

(출처) 통계청, "장래 인구 특별 추계: 2017~2067년," 보도자료, 2019년 3월 27일.

[그림 1-7] 연령 계층별 인구 변화 추이

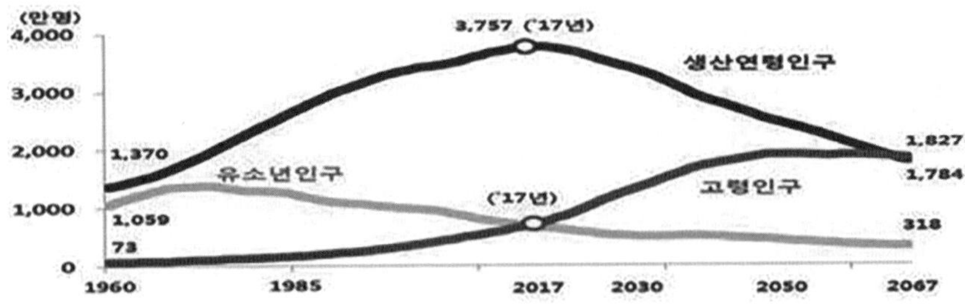

(출처) 통계청, "장래 인구 특별 추계: 2017~2067년," 보도자료, 2019년 3월 27일.

2021년 2월 25일 통계청이 발표한 바에 따르면 2020년 합계출산율은 0.84 명으로서 2019년 0.92 명보다 0.08 명 하락했다.

합계출산율은 여성 1명이 평생 낳을 것으로 예상되는 평균 출생아 수를 말한다. 2018년 이미 합계출산율 0.98 명으로서 전 세계에서 유일한 0 명대 출산율 국가가 됐는데 상황이 더 악화한 것이다.

이러한 추세가 지속되면 한국은 2045년 세계에서 가장 빨리 인구가 감소하는 나라가 될 가능성이 큰 것으로 전망된다. 같은 시점엔 '세계에서 가장 늙은 나라'라는 불명예까지 더해진다. 합계출산율 0.84 명은 통계청이 2019년 장래인구추계(중위 추계 기준)에서 예상한 0.90 명보다도 낮은 것이다. 통계청이 최악의 상황을 가정해 만든 저위 추계 상의 출산율 0.81 명에 더 가까웠다. 전문가들은 앞으로도 저출산 추이가 저위 추계에 비슷하게 진행될 가능성이 크다고 보고 있다. 코로나19 여파로 결혼 건수가 급감하고 경제주체들의 심리가 크게 위축됐기 때문이다.[24]

---

24 " '저출산 쇼크' 한국, 2045년에 '세계 1위 인구감소 국가' 된다", ≪한국경제≫, 2021년 2월 25일, https://www.hankyung.com/economy/article/

출생율의 저하는 병역자원의 축소를 초래할 수밖에 없다. 병역 복무 대상인 20세 남자 인구는 2017년 35만 명 수준에서 2022년 이후에는 22만~25만 명 수준으로 급감할 것으로 예측된다. 2023년 이후에는 연평균 2~3만 명의 현역 병역자원이 부족해진다는 예상도 나오고 있다. 이렇게 될 경우 현행 국방개혁계획에 설정돼 있는 간부 20만 명과 병사 30만 명을 포함한 50만 명 상비병력 구조의 유지는 사실상 불가능하다. 병사 30만 명을 유지하기 위해서는 병 복무기간 18개월 적용 시 연 20만 명의 신병이 들어와야 하고, 연 평균 최소 223,750 명 이상이 현역 판정을 받아야 하는 것으로 분석되고 있다. 인구 절벽이 가파르게 진행됨에 따라 2035년부터는 모든 징병 대상 남성이 100% 현역 판정을 받아도 신병은 턱없이 부족할 것으로 예상된다.

징집 대상 자원의 부족 상황에서 현역병 복무기간이 단축됨으로써 병력 운영 여건은 더욱 나빠질 것으로 보인다. 국방부는 두 가지 이유를 내세우면서 병 복무기간의 단축을 추진하고 있다. 첫째 이유는 전쟁 양상의 전환과 병역 자원의 감소 등 국방 환경 및 여건의 변화에 따라 병력 중심의 군을 첨단 전력 중심으로 정예화하고 있다는 것이다. 이는 병력의 역할보다 기술의 활용이 더 중요하고 징집된 병사보다 직업 간부의 비중이 더 커져야 한다는 판단이 깔려 있는 것이다. 병의 비중과 역할이 줄어들기 때문에 복무기간을 단축해도 문제가 없다는 논리이다.

둘째 이유는 청년들의 병역 부담을 완화하고 사회 진출 시기를 앞당겨 경제와 사회 전반에 활력을 제고해야 한다는 것이다. 이는 군의 필요보다는 사회적 요구를 더 중시하는 조치이다. 병사의 기량과 숙련도에 대한 군의 우려가 있더라도 복무기간을 단축하겠다는 판단이다. 육군과 해병대는 21개월에서 18개월로, 해군은 23개월에서 20개월로, 공군은 24개월에서 22개월로 병 복무기간을 단축할 계획이다.

전문가들은 병 복무기간이 줄어들면 숙련도와 간부 충원에 적잖은 문제가 생길 것으로 지적한다. 병 복무기간이 단축되면 단기 복무 장교의 지원율도 크게 떨어질 것으로 예상된다. 2007년 병 복무기간이 24개월에서 21개월로 3개월 단축됐을 때 단기 장교 지원율은 15~20%나 줄었던 것으로 알려져 있다. 병 복무기간이 3개월 단축되면 2025년 단기 장교 지원은 35~40%가량 줄어들 것이라는 분석이 있다.

군은 앞으로 최종적 병력 감축 목표인 50만 명 수준을 유지하는 것도 어려울 수 있다. 이제 병력의 규모 축소와 정예화는 선택의 사안이 아니라 불가피한 사안이다. 따라서 규모는 작지만 고능력화 · 고기능화 · 고효율화된 병력구조를 발전시킴과 더불어 첨단 과학기술 중심의 전력구조를 구축해야 한다. 징집병을 대폭 감축하고 5~10년을 복무하는 지원병제도 또는 전문병사제도를 도입하는 방안을 검토할 필요가 있다. 복무기간 단축으로 숙련도가 떨어지는 징집병에게 높은 급여를 주는 것보다 직업적 처우의 보장을 통해 정예화를 높이는 지원병제도 또는 전문병사제도의 도입이 더 유리할 수 있다. 간부 중심의 병력구조를 정착시킬 필요가 있다. 이와 함께 군사기술혁명을 추구하는 전력 패러다임을 발전시켜야 한다.

제7절

한국 국방의 선택과 전략

한국은 당면한 북한 군사위협에 확고하게 대처함과 동시에 절대 우위의 국력과 군사력을 보유한 세계 최대 강대국들이 국가이익을 놓고 치열하게 경합 · 충돌하고 있는 지정학적 환경 속에서 생존과 번영을 보장해야 한다. 그렇다면 무엇을 어떻게 할 것인가? 답은 있으나 실현의 길은 멀고도 험한 것이 현실이다. 그 답은 전략 환경의 변화, 전쟁 양상의 전환, 인구 절벽의 심화에 따른 가용 병역자원의 감소, 국가 경제 · 사회의 발전 추세 등을 종합적으로 고려할 때 작지만 강한 기술 기반 선진형 국방력을 발전시키는 것이다.

한국의 전략 환경은 안보위협의 이중성이라는 특수성이 내재해 있다. 북한에 의한 핵 · 미사일 위협 등 당면 전쟁 도발 위험이 엄중한 가운데, 주변 불확실성 · 불안정성 안보 위험이 증가하고 있다. 한 · 미 동맹의 변화 가능성도 한국 안보 · 국방의 중요한 고려 요소이다. 한국군이 미군에 의존하고 있는 전략적 자산을 자조적으로 발전시켜야 한다. 국방 운영 여건이 악화하고 있다는 점도 반영해야 한다. 인구 절벽의 심화에 따른 병역자원의 감소에 대비해야 한다. 병력 절감형 전력 발전이 절실히 요구된다.

한국의 국방 목표와 가치는 이러한 다면적 · 다중적 안보 · 국방 도전을 극복하는 것이다.

첫째, 북한의 핵 · 미사일 위협에 즉각적이고 압도적으로 대응할 수 있는 선제적 첨단 비핵 억제전력체계를 확보해야 한다.

둘째, 주변 불확실성 안보 위협과 전쟁 양상 변화에 대비한 한반도형 전략 타격 체계를 발전시켜야 한다. 거부적 적극 방위를 보장하기 위해 침략 발생 시 언제라도 응징 보복할 수 있는 독침형 치명성 무기를 확보하고, 운동에너지 무기(Kinetic Energy Weapon) 중심의 하드-킬 전력체계와 비운동에너지 무기 및 자율 무인체계를 결합한 광역형 감시-타격 네트워크 체계를 구축해야 할 것이다.

셋째, 한 · 미 동맹의 변화 가능성을 고려해 전략적 정찰체계와 중 · 장거리 정밀타격체계를 결합한 첨단 시스템 복합체계를 독자적으로 구축해야 한다.

넷째, 혁신적 전력체계를 효율적으로 구축하기 위해 4차 산업혁명 핵심 기술 등 민간 과학기술 능력을 최대한 활용해야 할 것이다.

다섯째, 인구 절벽 심화 추세를 고려해 무인화 무기의 활용 등 병력 절감형 무기체계를 개발하고 전력체계의 통합적 운영 방책을 모색하며 4차 산업혁명 시대의 전쟁 양상 변화에 대비한 지능화 전력 발전(교리, 구조 · 편성, 무기 · 장비 · 물자, 교육훈련 등)을 추구해야 할 것이다.

제2장

정보화 혁명과 국방 패러다임 전환

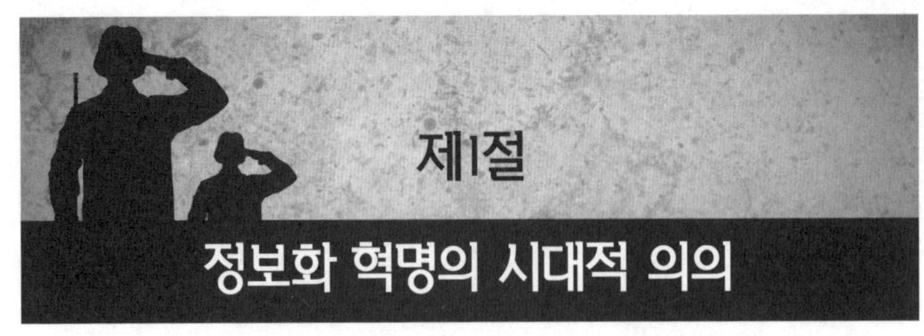

제1절 정보화 혁명의 시대적 의의

인류는 정보화 혁명을 계기로 문명 패러다임의 대전환을 목도하였다.[1] 컴퓨터와 네트워크 기술의 획기적인 발달로 인해 정보의 사용 방법이 변화하고, 정보의 획득 속도가 단축되고 있으며, 정보의 가용 범위가 확장됨에 따라 종국적으로 가용한 정보가 기하급수적으로 증가하고 있다. 정보의 생산 · 배포 · 사용 및 확대재생산 과정에 혁명적인 변화가 초래되고 있는 것이다. 국제전자통신연맹(ITU)의 한 보고서에 따르면, 컴퓨터 기술의 발달로 소

1 세계적인 미래학자들은 21세기 인류의 문명패러다임이 정보 · 지식을 기반으로 형성될 것이라고 분석하였다. 앨빈 토플러는 인류문명이 제1물결(농업혁명) 사회로부터 제2물결(산업혁명) 사회를 거쳐 제3물결(정보혁명) 사회로 발전해 가고 있다고 진단하면서, 제3물결 사회의 주요 특징으로 정보 · 지식의 중시, 복합목표의 추구, 가치 창조의 중시, 제품의 다양화, 대량생산체제의 붕괴, 힘의 원천 변화 등을 적시하였다. Alvin & Heidi Toffler, *The Third Wave*(New York: Bantam, 1980); idem, *Powershift*(New York: Bantam, 1990). 피터 드러커는 인류 문명이 농업사회(지식의 폐쇄시대)로부터 산업사회(산업혁명)와 후기자본주의사회(생산성혁명)를 거쳐 지식사회(경영혁명)로 발전해 가고 있다고 진단하면서, 지식사회의 주요 특징으로서 지식노동자의 증가, 조직의 정보화, 교육의 개방 및 공유, 학습기술의 발전, 사회의 다원화 가속, 경제적 초강대국의 소멸, 지구적 환경문제 중시, 정보의 무국경화, 경제질서의 세계화, 위성사무실의 등장, 도시의 정보 중심지화 등을 적시하였다. Peter F. Drucker, *Post-Capitalist Society*(New York: Harper Business, 1993). 그 밖에도 벨, 케네디, 나이스비트 등과 같은 세계적 석학들이 21세기의 새로운 문명패러다임에 대한 훌륭한 분석을 제공하였다. Daniel Bell, *The Coming of Post-Industrial Society*(New York: Basic Books, 1993); Paul Kennedy(저), 변도은·이일수(역), 『21세기 준비』(서울: 한국경제신문사, 1993); John Naisbitt & Patric Aburdence(저), 김홍기(역), 『메가트렌드 2000』(서울: 한국경제신문사, 1990); John Naisbitt(저), 박동진(역), 『메가챌린지』(서울: 국일증권경제연구소, 1999) 등 참고.

규모 도서관이 소장하고 있는 분량의 자료를 개인 휴대용 컴퓨터에 저장할 수 있고, 디지털 압축 기술의 발전으로 대용량의 자료를 극소화시킬 수 있으며, 한 가닥의 광섬유에 최고 32만 회선의 정보를 동시에 송출할 수 있고, 통신위성과 디지털 무선통신망을 통해 세계 어느 곳으로도 저장 · 압축된 정보를 보낼 수 있게 되었다는 것이다.[2]

요컨대, 컴퓨터혁명, 디지털혁명, 네트워크혁명으로 통칭되는 대변혁의 회오리가 산업문명 패러다임을 정보문명 패러다임으로 전환시키고 있다. 혁신적인 발전을 거듭하고 있는 정보통신기술이 개인, 시민집단, 기업, 국가, 초국가적 기구 등 다양한 행위 주체들을 서로 연결시켜 지구촌을 '디지털제국'으로 만들었다. 인터넷이 지구촌 전체를 초 단위의 단일 정보권으로 연결하여 시간 · 공간 · 거래 · 관계 등의 기존 개념 및 원리를 파괴하는 한편, 권력과 부를 창출하는 방식 및 수단을 변혁시켰으며, 일상의 생활뿐만 아니라 인간의 사고방식과 의식구조도 근원적으로 변화시켰다.

컴퓨터를 매개로 한 '사이버 커뮤니케이션'이 일상화되고, 일의 양태가 물리적 육체노동에서 '사이버 워크'로 급속히 바뀌었다. '사이버 타임'이 국가별 · 지역별 시간 편차를 넘어서서 이용되는가 하면, 한곳에 모여 있지 않고서도 회의를 개최하고 작업을 진행할 수 있는 '사이버 공간'이 마련되었다. 전자 상거래가 경제 행

---

2 Ronarld H. Brown and Others, *The Global Information Infrastructure: Agenda for Cooperation*, International Telecommunications Union Task Force Report(Washington DC: NTIA & OMB, 1994).

위의 중심으로 부상되고 '사이버 머니'가 새로운 지불 수단이 되었다. 그런가 하면, 인간은 정보를 찾아 광대한 '사이버 초원'을 뛰어 다니는 정보 유목민인 '디지털 인간'으로 바뀌었다.[3]

문명의 패러다임이 전환됨에 따라 국가의 생존 · 경쟁 · 번영 원리도 근원적으로 바뀌었다. '디지털 세계질서'(Pax Digitica) 속에서 대부분의 국가들은 정보 · 지식 기반의 국가 경쟁력을 확보하기 위한 전략적 비전과 방책을 다각적으로 모색한다. 미국은 20세기 동안 세계를 자신들의 시대로 전환시켰던 것에 만족하지 않고, 21세기에도 정치 · 경제 · 문화 등 모든 면에서 세계를 주도할 수 있는 글로벌 전략을 추구한다. 영국은 과거 '대국의 영예'를 되찾기 위해 21세기를 보다 젊게 디자인하는 국가 경쟁력 강화에 나섰다. 프랑스도 새 천년 앞에서 '문화 일변도의 이미지에서 벗어나 산업과 첨단 과학에서도 1등 국가가 되자'는 슬로건을 내걸었다. 일본은 '국가운영의 패러다임 자체를 바꾸자'는 테마를 잡고 미래를 개척하기 위한 '밀레니엄 프로젝트'를 수립하였다. 중국은 GDP 면에서 2020년 일본을 추월하고 2050년에는 미국을 따라잡는다는 원대한 국가발전전략을 추구한다.[4]

18세기 말 이래로 약 200년 동안 인류의 발전을 이끌어온 산업문명 패러다임이 정보문명 패러다임으로 전환됨에 따라 전쟁 수행의 방식과 양상도 본질적으로 변화되었다. 산업시대의 전쟁 방식 및 양상과는 근본적으로 다른 정보전쟁(Information Warfare) 및 네트워크 중심 전쟁(Network-Centric Warfare)

3 ≪전자신문≫, 2000년 1월 1일자.
4 ≪조선일보≫, 1999년 11월 16일자.

등과 같은 새로운 전쟁 형태가 발전되었다. 19세기에는 총과 대포가 전사들에게 지급되었고, 제1차 세계대전 때는 탱크와 폭격기가 등장하였으며, 제2차 세계대전 때는 원자폭탄이 선을 보였다. 21세기에는 인공위성, 컴퓨터, 전투로봇들이 전쟁터의 주역이 되고 있다. 특히, 정보가 흐르고 있는 사이버 공간이 새로운 전장으로 부각되면서 해커들도 전쟁의 주역이 되고 있다.

사이버 전사들은 반도체 칩과 소프트웨어가 주된 무기이다. 예를 들면, 특정 명령어를 접했을 때 전산망을 파괴시키는 '부비트랩형 칩'을 비롯하여 컴퓨터 바이러스를 강력한 파괴력으로 한 '논리폭탄'(Logic Bomb), 특정 신호를 받으면 전자기파를 발생시켜 컴퓨터시스템을 고철덩어리로 만드는 '전자기펄스(EMP: Electromagnetic Pulse) 폭탄' 등이 그것들이다. 사이버전사들은 컴퓨터 합성을 통해 상대국 지도자의 영상과 목소리를 만들어 상대국의 공중파 방송에 출연시킬 수도 있다.

전쟁 수행의 방식과 양상이 이처럼 파격적으로 변화되면 군사 패러다임도 근원적인 변환이 불가피하다. 세계 유일 초강대국인 미국은 이미 정보 · 지식 기반의 군사력을 창출하기 위한 '군사혁신'(RMA: Revolution in Military Affairs)을 추구하였다. 급속하게 발전을 거듭하고 있는 정보통신기술에 기반을 두고 전력시스템과 작전개념 및 조직편성을 혁신함으로써 전투력 발휘의 효과를 극적으로 증폭시킨다는 것이다.

이러한 군사발전 패러다임은 시차는 있지만 전 세계 국가들에게 확산되었다. 중국, 일본, 호주, 싱가포르 등이 군사혁신 연구조직을 설치 · 운영한 것으로 알려져 있다. 대부분의 국가들은 군사혁신을 추구함에 있어서 비약적으로 발전하고 있는 정보통신 기술을 이용, 전장 가시화 능력과 전장 정보의 공유 능력 및 장거리 정밀교전 능력을 시스템 개념에서 상호 연계 · 복합시켜 군사력의 상승 효과를 극대화하고, 그에 상응하여 디지털 전장에서의 싸우는 방법과 네트워크형 조직을 혁신적으로 발전시키는데 중점을 두었다.

제2절 정보통신혁명과 군사혁신

1. 군사혁신의 역사적 사례

인류의 역사를 돌아보면, 혁신적 차원에서 전쟁 및 군사 패러다임을 발전시킨 국가는 그렇지 못한 국가와 전쟁을 벌일 경우 항상 승리하였다는 사실을 교훈으로 보여주고 있다. 혁혁한 전승을 성취한 국가들은 대부분 기술 주도의(technology-driven) 군사 능력과 작전개념 및 교리를 개발 · 적용하였으며, 따라서 기술의 발전이 전쟁 성격 및 방식에 중대한 변혁을 가져 왔다. 특히, 새로운 기술을 활용하여 전투 시스템을 혁신적으로 창출함으로써 기존의 전쟁 패러다임을 진부화 내지 구식화시켜 불연속적 변화가 나타난 사례가 여럿 있는 것으로 분석되고 있다. 이러한 현상이 바로 군사혁신인 것이다. 물론 기술이 군사혁신의 필요 · 충분 조건은 아니다. 정치 · 경제 · 사회 · 지정학적 조건들도 기술적 조건과 병행하여 새로운 전쟁 및 군사 패러다임의 발전에 중요한 요인으로 작용한다.

미국 랜드연구소의 최근 연구는 군사발전의 역사적 사례에 기초하여 군사혁신이란 군사작전의 성격 및 방식에 있어서 그 기본적 패러다임이 획기적으로 전환되는 것이라고 정의하고 있다. 즉, 다음 [표 2-1]에서 보는 바와 같이 주도적 행위자(dominant player)의 핵심역량(core competencies)을 진부화시키거나 새로운 차원의 핵심역량을 창출하는 것이 군사혁신인 것이다.

[표 2-1] 군사혁신의 주요 사례와 특징

사 례	패러다임 전환의 성격	영향 받은 핵심역량	주도적 행위자
항공모함	해전의 새로운 작전적·전술적 모델 창출	전함의 함포 진부화	미국 및 영국의 전함
전 격 전	지상전의 새로운 작전적·전술적 모델 창출	고정적 진지 방어전을 위한 보병 및 포병 능력 진부화	프랑스 육군
ICBM	전쟁의 새로운 차원(대륙간 미사일전쟁) 창출	새로운 핵심역량으로서 핵무기의 장거리 운반체계 개발	

핵심역량이란 군사력의 기반을 제공하는 근본적 능력을 말한다. 공군의 경우를 예로 들면, 공중에서 이동하는 표적을 탐지하고 정밀 유도무기로 공격할 수 있는 능력이 핵심역량이 된다. 제1·2차 세계대전 기간동안의 해군은 20마일 이상 떨어져 있는 표적을 공격할 수 있는 함포가 그 핵심역량이었다. 주도적 행위자란 군사작전에서 지배적 능력(dominating set of capabilities)을 보유하고 있는 군사조직을 말한다. 예를 들면, 공군은 공중전과 공대지 공격을 수행할 수 있는 주도적 행위자이다. 제1차 세계대전 기간동안의 영국 함대와 제2차 세계대전 기간동안의 미국 항모전투단도 주도적 행위자였다.

패러다임 전환(paradigm shift)이란 군사작전을 구성하고 있는 여러 요소들의 기본적 원리가 근원적으로 변혁되는 것을 의미한다. 예컨대, 항공모함 패러다임의 태동은 당시까지의 전함 중심 해전 모델을 근원적으로 변혁시켰다. 함포 위주의 작전 원리와 모델을 진부화시킨 것이다. 또한 독일의 전격전 패러다임(blitzkrieg paradigm)은 당시까지의 지상전 기본 원리와 모델을 근본적으로 변화시켰다. 고정적 진지 방어전 원리 및 모델을 무기력하게 만들었던 것이다. 이러한 논리를 역으로 해석하면, 군사기술에 있어서 중대한 발전이 있더라도 주도적 행위자의 핵심역량을 진부화시키지 못하거나 새로운 핵심역량을 창출해내지 못하면, 이는 군사혁신이라고 할 수 없다.[5]

군사혁신의 역사적 사례는 분석의 시각과 기준에 따라 다양하게 분류된다. 토플러(Alvin & Heidi Toffler)는 문명의 차원에서 농경사회가 조직화될 때와 산업혁명이 일어났을 때 진정한 의미의 군사혁신이 발생한 것으로 보고 있다. 새로운 문명이 기존 문명의 사회질서를 전면적으로 붕괴시키고, 새로 형성된 사회가 군사체제의 변혁을 강요함으로써 전쟁양상이 근본적으로 변화되었다는 것이다.[6] 크레벨드(Martin van Creveld)는 기원전 2,000년부터 오늘날에 이르기까지 약 4,000년 기간 동안의 인류 역사를 도구시대(Age of Tools), 기계시대(Age of Machine), 체계시대(Age of Systems), 자동화시대(Age of Automation)로 구분하고 과학기술의 차원에서 군사혁신을 고찰하고 있다.[7] 러시아의 슬립쳉코(Vladimir I. Slipchenko) 장군은 무기체계 세대 차원에

5 Richard O. Hundley, *Past Revolutions Future Transformations: What can the history of revolutions in military affairs tell us about transforming the U.S. military?*(Washington, DC: National Defense Research Institute, RAND, 1999), p. 9.

6 Alvin & Heidi Toffler, *War and Anti-War: Survival at the Dawn of the 21st Century* (Boston: Little, Brown & Co., 1993) 참고.

7 Martin van Creveld, *Technology and War, From 2000 B. C. to the Present*(London: Collier Macmillan Publishers, 1989) 참고.

서 인류가 지금까지 겪은 수많은 전쟁들의 진화 과정을 5개 세대로 구분하고 오늘날 제6세대의 새로운 전쟁양상이 태동하고 있는 것으로 분석하였다.[8] 그런가 하면, 크레피네비치(Andrew F. Krepinevich) 박사는 전쟁사 차원에서 14세기부터 오늘날에 이르기까지의 기간 동안 군사혁신 성격을 지닌 사례들을 10개로 분류하였다.[9]

인류의 과거 역사에서 발생한 군사혁신은 이처럼 학자나 전문가들의 관점과 접근 중점에 따라 다양하게 분류되고 있으나, 그 저변에는 몇 가지의 공통적 특징이 깔려 있는 것으로 분석된다. 첫째, 인류문명과 과학기술이 변혁됨에 따라 군의 무기체계와 작전개념 및 조직편성도 급속하게 변화되어 왔으며, 현대로 올수록 그 주기가 단축되었다. 둘째, 역사상 기존 문명이 새로운 문명으로 전환될 때 가장 중요한 군사혁신이 발생하였다. 예를 들면, 농업문명이 산업문명으로 전환되었을 때 군사혁신의 혁명성과 충격성이 폭발하였다. 셋째, 기술적 요소가 군사혁신의 주된 견인력이 되었다. 논리적으로는 전쟁 수행 개념이 정립되고 그에 필요한 무기와 기술이 개발되어야 하나, 현대로 올수록 과학기술이 문명 발전의 원동력으로서 인류의 경제 · 사회구조와 인간의 생활방식을 파격적으로 변혁시킴에 따라 그 반대의 현상이 보편화되고 있다. 예를 들면, 핵무기의 출현은 국제정치의 역학 구조와

---

8 Vladimir I. Slipchenko, "A Russian Analysis of Warfare Leading to the Sixth Generation," *Field Artillery*, October 1993 참고.

9 Andrew F. Krepinevich, "Cavalry to Computer: The Pattern of Military Revolutions," *The National Interest*, Fall 1994 참고.

관계를 근본적으로 변화시켰을 뿐만 아니라 기존의 전쟁 패러다임에 단절을 초래하였다.

근대의 가장 전형적인 군사혁신은 나폴레옹에 의해 창출되었다. 나폴레옹은 프랑스혁명과 산업혁명을 새로운 전쟁 및 군사 패러다임의 창출에 활용하였다. 우선 그는 정치 · 사회적 변혁을 군사적으로 이용하였다. 즉, 프랑스혁명의 이념과 가치를 방호하기 위해 모든 시민들에게 권리에 상응하는 징집 의무의 감수를 요구하였고, 이러한 정치 · 사회적 분위기를 배경으로 대규모의 '시민군'과 군단 조직을 창출하였으며, 군대를 조직적으로 훈련시키는 체계도 획기적으로 정비하였다. 뿐만 아니라, 나폴레옹은 산업혁명과 함께 혁신적으로 발전한 기술을 군사적으로 활용하였다. 대포 등의 장비와 탄약을 표준화하고 포병의 기동성을 획기적으로 향상시켰다.

19세기 산업문명이 가속적으로 발전됨에 따라 전쟁 및 군사 패러다임도 새로운 차원에서 획기적으로 발전되기 시작하였다. 우선, 지상전혁명(Land Warfare Revolution)이 발생되었다. 남북전쟁 당시 북부군의 그란트(Ulysses S. Grant) 장군과 독일의 몰트케(Helmut Von Moltke) 원수는 증기기관을 사용한 기차와 선박 등 수송수단과 전신통신수단을 활용하여 군사작전 개념을 혁신시켰다. 그들은 공히 분산된 위치의 대부대들을 목표지역에 동시적으로 신속하게 기동시켜 공세작전을 수행할 수 있었다. 예를 들면, 남북전쟁에서 그란트 장군의 북부군은 버지니아주에서 테네시주까지 연결된 1,100마일의 철로를 이용하여 25,000명의 병력과 각종 전투장비들을 12일만에 이동시켜 남부군의 허를 찔렀다. 그란트와 몰트케 장군은 군단의 상위조직으로서 '군'(army) 조직을 만들어 전투 병종의 노력을 통합시킴으로써 기동작전의 동시성과 연속성을 향상시켰다.

19세기 중엽부터 20세기 초반 사이에는 함정의 성능이 비약적으로 향상됨에 따라 해전혁명(Naval Warfare Revolution)이 일어났다. 선체를 금속 철판으로 만들고 터빈엔진으로 추진되는 전함에 장사정 포를 탑재하였다. 예컨대, 프랑스는 영국의 제해권에 위협을 느끼고 '대양철갑함대'(seagoing ironclad fleet)를 창설하였다. 영국은 독일에 대항하기 위하여 거포를 탑재한 '대전함'(Dreadnought)을 건조하였다.

제2차 세계대전 기간에는 기계 · 항공혁명(Revolution in Mechanization and Aviation)에 힘입어 전쟁 수행 개념 및 방식의 발전에 획을 긋는 수 개의 군사혁신이 창출되었다. 내연기관과 항공기 및 레이더 등의 기술을 이용한 전격전, 항모전, 전략폭격 등이 속속 등장하였고, 그에 따라 판저사단(Panzer Division), 항모전단, 전략폭격부대 등 새로운 군사조직도 탄생하였다.

이 시기의 가장 대표적인 군사혁신 사례는 1940년 독일이 프랑스를 기습적으로 공격하여 순식간에 석권할 수 있게 한 전격전(Blitzkrieg) 교리와 판저부대의 발전이다. 당시 독일과 프랑스 양국은 전차, 항공기, 무전기 등 비슷한 기술 수준의 장비들을 보유하고 있었으나, 독일군은 이러한 장비들을 전격전 교리에 결합 · 응용하였음에 비해 프랑스는 제1차 세계대전의 연장선상에서 고정적 진지 방어전을 고수하였기 때문에, 독일군이 프랑스군을 단기간에 마비 · 석권할 수 있었다는 것이다. 다음 [표 2-2]에서 보듯이, 독일은 만슈타인계획(Manstein Plan)에 따라 3,200대의 전차와 3,900대의 항공기로 10개의 판저기갑부대를 편성하였음에 비해, 프랑스는 딜르계획(Dyle Plan)에 따라 3,400대의 전차와 700대의 항공기로 13개의 요새사단을 편성하였다.[10]

[표 2-2] 제2차 세계대전시 독일군의 군사혁신 사례

구분	프랑스	독일	비고
전쟁개념	•Foch 장군은 장차전 양상을 제1차 세계대전시의 진지 방어전 연장선상에서 예측 •125억 프랑을 투입, 마지노선(총 길이: 750km)을 구축	•동서전선에 대처하기 위해서는 속도전으로 각개격파 긴요 •영국 풀러(Fuller) 장군의 전차를 이용한 종심 깊은 교리 개념을 도입, Guderian이 전격전과 PANZER 부대를 발전시켜 기동 마비전 창출	•낡은 개념에 집착한 군대는 새로운 개념을 창출한 군대에 의해 완패
전쟁계획	딜르계획(Dyle Plan)	만슈타인계획(Manstein Plan)	
기술/체계	•전차: 3,400대 •항공기: 700대 •요새사단: 13개	•전차: 3,200대 •항공기: 3,900대 •판저기갑사단: 10개	기술과 장비는 독·불 양측이 비슷한 수준
작전개념	전차의 화력과 장갑력을 방어용으로 활용	전차의 기동/충격력을 중시, 공세·기동 마비용으로 활용	기동전 우세 실증
전투조직	•마지노선+요새사단 •전차, 항공기, 무전기를 방어의보조수단으로 사용	•판저기갑부대 •전차, 항공기, 무전기를 전격전의 주 수단으로 사용	독일은 작전개념과 수단을 조직화하여 전투효율 극대화

10 권태영, "새로운 미래 군사 패러다임: 군사혁신(RMA)," 권태영 외 다수, 『21세기 군사혁신과 한국의 국방비전: 전쟁 패러다임의 변화와 군사발전』(서울: 한국국방연구원, 1998), p. 84.

또 다른 사례는 항공모함을 이용한 해전 패러다임의 출현이다. 항공모함과 함재기는 상대의 전함을 격침시키고 지상표적을 파괴하는데 아주 효과적이었으며, 따라서 기존의 전함 중심 해전 패러다임을 진부하게 만들었다. 또한 잠수함도 해전의 혁신적 수단으로 부상되었다. 제2차 세계대전시 미국의 잠수함은 전 해군 전력의 2%에 불과하였으나 일본 해군 전체 피해의 55%를 담당한 것으로 알려지고 있다. 뿐만 아니라, 새로운 항공전 패러다임으로서 전략폭격이 등장하였다. 당시 미국은 장거리 중폭격기로 독일과 일본의 심장부와 산업시설을 직접 공격할 수 있었다.

20세기 중엽에는 핵무기혁명(Nuclear Revolution)으로 인해 기존의 전략 개념과 전쟁 방식이 근본적으로 변화되었다. 미국은 20KT 위력의 핵무기 두 발을 일본에 투하하여 항복을 받아냄으로써 인류를 참담한 재앙으로 몰아넣은 제2차 세계대전을 종결시켰다. 그 이후 다양한 운반수단에 핵탄두를 장착하여 원거리에 위치한 전략 표적들을 순간적으로 초토화시킬 수 있게 됨으로써 기존의 재래식 무기체계에 의한 전쟁 패러다임을 무색하게 만들었다. 핵무기의 등장과 함께 전쟁의 성격이 본질적으로 변혁된 것이다.

2. 정보통신혁명의 군사적 파장과 의미

인류의 역사가 21세기로 접어들면서 새로운 차원의 군사혁신이 태동하였다. 컴퓨터와 네트워크 기술의 혁명적 발전으로 인해 기존의 산업문명이 새로운 정보문명으로 전환되었기 때문이다. 앨빈 토플러는 인류의 경제 생활 방식과 전쟁 방식간에 불가분의 상관관계가 있음을 지적하였다. 인류가 전쟁을 수행하는 방식은 일을 하는 방식을 반영하여 왔으며, 새로운 문명이 오래된 기존 문명에 도전할 때 전쟁의 수행 개념과 방식 및 수단에 혁명적 변화가 발생되었다는 것이다.[11]

제1물결의 농업문명 시대에는 쟁이 · 괭이 · 삽 · 호미 등이 생산 수단이었고, 창 · 검 등이 전쟁 수단이었다. 농업이 경제의 기본이었기 때문에 전쟁 승리의 대가는 토지 · 곡물 · 노예로 지불되었다. 제2물결의 산업문명 시대에는 규격화 · 표준화된 제품이 조립 라인에 따라 대량으로 생산되고 대량으로 소비되었다. 전쟁의 방식도 표준화된 무기의 대량 생산, 표준화된 조직과 교리 및 군사훈련, 대규모의 군대와 대량의 징집, 대량의 파괴와 살육(섬멸전), 총력전 등으로 특징지어진다. 선진 산업국가들은 부의 확대 재생산을 위해 기관총 · 야포 · 전차 등 기계적 에너지를 이용한 무기를 대량으로 동원하여 식민지를 개척하고 제국을 팽창시키는 전쟁을 벌였다.[12]

그렇다면 제3물결 정보문명 시대의 전쟁 패러다임은 어떻게 변화되고 있는가? 제1 · 2물결 시대에서와 마찬가지로 정보문명 시대에도 전쟁 수행의 개념과 방식은 부의 창출 방법을 그대로 반영하게 된다. 정보통신기술이 문명 발전의 원동력으로서 새로운 전쟁 패러다임을 창출하는 데에도 가장 핵심적인 요인으로 작용한다. 쿠퍼(Jeffrey Cooper)는 정보혁명이 전쟁의 수행에 미칠 영향을 '군사기술혁명'(Military Technical Revolution), '군사분야혁명'(Revolution in Military Affairs), '안보분야혁명'

---

11 Toffler, *op. cit.*, pp. 3–5.

12 권태영, "21세기 정보사회와 전쟁양상의 변화," 권태영 외 다수, 앞의 책, p. 63.

(Revolution in Security Affairs) 등 세 차원에서 분석하였다.[13]

첫 번째 차원의 군사기술혁명은 정보통신기술이 기존의 무기체계와 연결되는 경우이다. 이는 인공위성의 감시 · 정찰, 각종 정보의 디지털 처리, 정보 데이터의 실시간 전송 · 분배 등과 관련된 새로운 정보통신기술이 개별 무기에 결합 · 적용되는 것을 말한다. 1991년 걸프전 당시 감시 및 표적 추적 위성의 지원을 받은 정밀 유도 탄두(smart bomb)가 바그다드 시내의 표적을 정확하게 파괴시킨 사례가 이에 해당한다. 정보통신기술과 무기체계의 결합은 개별 무기의 정확성과 파괴력을 증진시키는 효과를 가져오지만, 군사작전의 개념과 전쟁 수행의 기본적 속성을 바꾸는 것 등과 같은 보다 구조적인 변화를 수반하지는 않는다.

두 번째 차원의 군사분야혁명은 정보통신기술이 여러 개의 무기체계를 하나로 묶어 전장에서 운용하는 통합적 군사작전체계를 구축하는 것이다. 예를 들면, 미국의 합참차장을 역임한 오웬스(William A. Owens) 제독의 「감시 · 정찰(ISR: Intelligence, Surveillance, Reconnaissance)+통제(C4I)+타격(PGM: Precision Guided Munitions)」 복합체계(System of Systems) 구상이 그것이다.[14] 정보통신체계는 인공위성과 조기경보기 및 레이더 등 각종의 센서체계를 통해 획득된 정보를 컴퓨터시스템

---

13 Jeffrey R. Cooper, "Another View of Information Warfare: Conflict in the Information Age," Stuart J. D. Schwartzstein(ed.), *The Information Revolution and National Security: Dimensions and Directions*(Washington, DC: Center for Strategic & International Studies, 1997). pp. 109-131.

14 William A. Owens, "The Emerging System of Systems," *US Naval Institute Proceedings*, May 1995 참고.

으로 분석 · 처리하여 지휘통제 네트워크에 의해 지휘계통 및 작전부대에 제공함으로써 화력 · 병력에 의존한 군사작전을 지식에 기반을 둔 군사작전(knowledge-based military operations)으로 전환시킨다. 아울러 이러한 복합적 전력체계의 기능 발휘를 극대화하기 위해서는 그에 상응한 작전개념과 조직편성이 새로운 차원에서 창출되어야 한다는 것이다.

세 번째 차원의 안보분야혁명은 정보통신기술의 발전이 전쟁의 속성과 목표 및 범위 등 국가의 안보전략 차원에서 파격적 변화를 가져올 수 있다는 것이다. 국가안보 차원에서 보면, 정보는 병력과 무기체계 및 산업기반 등 전쟁을 수행하기 위한 물리적 수단에 필적하는 주요 전력요소로 작용할 뿐만 아니라 정보 자체가 분쟁 또는 전쟁의 목표가 된다. 다시 말하면, 정보의 획득과 교란 · 방해 및 파괴 · 마비를 목표로 하는 전쟁 패러다임이 발전되고 있는 것이다. 예를 들면, 전략적 정보전(Strategic Information Warfare), 네트워크전(Net War), 사이버전(Cyber Warfare) 등이 그것이다. 이러한 전쟁 패러다임은 전쟁이 발생할 경우 상대방의 컴퓨터시스템과 지휘통제 네트워크체계를 마비 · 무력화시키고 정보데이터를 교란 · 왜곡시킴으로써 물리적 강제력을 행사하지 않고도 전쟁을 종결할 수 있는 개념과 방책을 추구한다.

여기서 파악할 수 있는 것은 정보 · 지식이 전쟁 수행 방식과 군사력 존재 양태의 근간이 되고 있다는 점이다. 선진 강대국들은 위성 및 센서 기술을 이용하여 전장의 모든 상황을 정확하고 정밀하게 파악함과 동시에 자국의 군대와 원활한 통신을 꾀할 수 있을 뿐만 아니라 적국의 정보통신망을 파괴 · 마비시켜 군대를 무력화시킬 수 있다. 그런가 하면, 전장에서 벌어지고 있는 모든 전투 상황들이 TV 수상기를 통해 가정으로 실시간 중계된다. 1991년의 걸프전에서 그 가능성이 이미 확인되었다. 미국 주도의 다국적군은 제3물결의 정보기술 기반 첨단 군사력으로 이라크의 제2물결 재래식 군사력을 순식간에 파괴 · 무력화시켰다. 뿐만 아니라, 전투의 주요 장면들이 CNN을 비롯한 방송 매체들을 통해 전 세계로 생생하게 중계되었다. 걸프전과 코소보전 등 최근의 전쟁 사례와 군사전문가들의 분석에 비추어 보면, 정보문명 시대의 전쟁은 다음 [표 2-3]에서 요약한 것처럼 새롭고 파격적으로 변혁된다.[15]

첫째, 정보문명 시대에는 정보 · 지식이 전쟁의 승패를 결정짓는 핵심요소가 된다. 정보문명 사회에서는 정보 · 지식이 가장 중요한 생산 수단으로서 부의 원천이 되는 것처럼 정보 · 지식의 우위 여부가 전쟁 승패의 요체가 된다. 정보 · 지식이 경제에서는 생산성의 핵심 요소가 되고, 전쟁을 수행할 경우에는 파괴성(destructivity)의 핵심 자원이 되는 것이다. 이러한 맥락에서 미 육군은 이미 정보 · 지식에 기초한 전쟁 수행 개념과 방책을 정립 · 발전시켰다. '지식에 기초한 디지털 전쟁 개념 틀'(knowledge-based future digital framework)을 채택하였다.[16]

미국은 전장의 안개와 마찰(fog and friction)을 제거하기 위해

---

15 이하의 내용은 권태영, "21세기 정보사회와 전쟁양상의 변화," pp. 64-67을 중심으로 다시 요약·정리한 것임.

16 US TRADOC, *Force XXI Operations: A Concept for the Evolution of Full-Dimensional Operations for the Strategic Army of the Early Twenty-First Century*, Pamphlet 525-5, August 1994, pp. 17-18.

정보통신기술을 효과적으로 활용할 수 있는 다양한 방책을 발전시켰다.

[표 2-3] 전쟁 방식 및 양상의 발전 추세

구분	산업문명 시대의 전쟁	정보문명 시대의 전쟁
핵심 특징	•황금·철강·기계의 힘에 기초 •대량 파괴 및 살상 •탱크·항공기·함정 등 플랫폼 중시	•정보·지식의 힘에 기초 •탈대량화 및 비살상 •정보체계 및 정밀 유도무기 중시
전장 공간	•지·해 2차원 → 지·해·공 3차원으로 확장 ※ 전투공간·군별 독자작전 수행	•지·해·공 → 우주·사이버공간으로 확장 ※ 우주 통합작전 및 사이버전 수행
전투 수단	•탱크·항공기 같은 유인 기동 수단 발전 •화력 위주의 전력 발전	•무인 자동화 기동수단 등장 •정보·지식 중심의 전력 발전
전력 전개/운용	•선형/비선형 전력 전개 및 운용 •기동 화력전 수행	•비선형/입체형 전력 전개 및 운용 •정보 마비전 수행(사이버전 수행)
전 투 원	•기계 운용 전투원	•정보 활용 전투원(디지털 전투원)
전투 조직	•계층적 수직 명령 구조	•비계층적 수평 협력 구조
군수 지원	•대량 비축 지원	•소량 적시 지원

둘째, 정보문명 시대의 전쟁에서는 파괴의 탈대량화(demassification)가 추구된다. 정보 · 지식(C4ISR: C4I+ISR)과 장거리 유도무기의 연계 · 결합으로 정밀 공격이 가능해짐으로써 대량 파괴와 대량 살상 없이도 승리의 성취가 가능한 것이다. 이는 정보문명 사회의 경제에서 지식 · 지능의 고도 활용으로 생산 방식이 탈대량화되는 것과 맥락을 같이 한다. 첨단 스마트 유도무기는 고도로 정밀화 · 지능화되어 단 한 발로도 목표를 명중 · 파괴시킬 수 있기 때문에 폭탄의 대량 소요가 불필요하다. 무기체계의 이러한 발전 추세는 컴퓨터와 인공지능 기기를 이용한 자동화 생산 및 관리 시스템에 의해 원자재의 낭비를 줄이고 제품을 소형화하면서 재고와 운송비용을 절감하는 것에 비유될 수 있다.

셋째, 정보문명 시대의 전쟁에서는 전투 공간이 지상·해상·공중에 이어 우주 및 사이버 공간으로까지 확장된다. 이는 우주 공간과 사이버공간을 이용하는 국가가 전쟁을 벌이게 됨으로써 지구 대기권의 상층부뿐만 아니라 비물리적 인식의 영역까지 전쟁터로 활용됨을 의미한다. 이제까지는 소수의 선진 강대국들만이 우주 공간과 사이버 공간에서 전쟁을 수행할 수 있는 능력을 보유하고 있었는데, 점차 제3세계 국가들까지도 그러한 잠재력을 확보해 가고 있는 것으로 분석되고 있다.[17] 수없이 많은 인공위성들이 지구 주위를 돌면서 전 세계를 연결하여 하나의 커다란 정보통신 네트워크시스템을 구성하고 있다. 한 국가 또는 기업이 상업 전장(commercial battlefield)에서 승리하기 위해서는 우주 공간을 활용할 뿐만 아니라 사이버 공간도 최대한 이용할 수 있어야 한다. 전쟁 수행도 마찬가지이다. 항공·우주 및 사이버 공간을 활용·통제하지 못하면 작전지역에 대한 정보·지식을 실시간으로 수집·제공할 수 없으며, 정보통신 시스템이 적에 의해 파괴당하면 군사력 전체가 일시에 마비·무력화될 수 있다. 따라서 선진국들은 자신의 정보 흐름은 보호·보장하고 상대의 정보 흐름을 방해·교란할 수 있는 정보전의 개념과 방책을 활발하게 개발하고 있다.

넷째, 정보문명 시대의 전쟁에서는 인공지능 로봇에 의한 무

---

17 미국의 저명한 연구기관인 '외교정책분석연구소'(The Institute for Foreign Policy Analysis)의 한 연구 결과에 의하면, 오늘날에는 7개 국가가 우주 군사자산을 보유하고 있는데, 2025년경에는 최소 46개 국가가 우주계획을 발전시킬 것으로 전망되고 있다. Jacquelyn K. Davis & Michael J. Sweeney, *Strategic Paradigms 2025: U.S. Security Planning for a New Era*(Herndon: Brassey's, 1999), p. 20.

인화 전투가 전개된다. 로봇이 정찰 항공기 조종사와 전차 운전병을 대신하고, 정보 수집 및 표적 발견, 적의 레이더 교란, 지뢰 제거, 유독 환경 청소, 표적의 공격 및 파괴 등과 같은 다양한 역할을 수행한다. 따라서 선진국들은 이미 정찰 · 감시용 무인 비행기(Unmanned Aerial Vehicle; UAV)를 개발할 뿐만 아니라 공격용 무인 비행기(Uninhabited Combat Air Vehicle; UCAV)도 활발하게 발전시키고 있다.[18] 1999년 코소보전쟁 당시 나토는 표적 지역의 정찰과 인공위성 촬영 표적의 재확인, 전파의 중계와 적의 전파 방해 및 도청, 미사일 발사에 필요한 기상정보 수집, 코소보 민간인을 대상으로 한 선전물 살포, 적지 추락 전투기 조종사에게 비상식량 및 무기 공급 등 다양한 전술적 용도로 무인비행기를 활용하였다.[19] 그런가 하면, 미국은 약 500여기의 미사일을 적재한 전투함(Arsenal Ship)을 작전지역으로부터 수 천 마일 떨어진 워싱턴에서 원격 조종할 수 있는 방안을 구상하고 있는 것으로 알려지고 있다.[20]

다섯째, 정보문명 시대의 전쟁에서는 전투원(warrior)들이 고도의 정보와 지식으로 무장한다. 정보 · 지식 중심의 경제구조가 고도의 지식과 기능을 갖춘 스마트한 노동자들을 필요로 하는 것처럼 하이테크 무기체계로 무장한 군도 고도의 지식과 기능을 갖

---

18 Mark Walsh, "Air Force Chief Sees Pilotless JSF in Future," *Defense News*, April 28-May 4, 1997.

19 육군교육사령부, 『NATO의 유고 공습 분석』, 1999. 7월, p. 19.

20 John Mintz, "New Ship Could Be Next Wave in Warfare," *The Washington Post*, June 23, 1996.

춘 스마트한 전투원들을 요구한다. 이러한 관점에서 볼 때 지금까지 보편적으로 활용되어 온 대군 지향의 징집제도는 '자료와의 싸움'(data fight)이 전쟁의 승패를 좌우하는 정보전쟁에서는 더 이상 기능을 효과적으로 발휘할 수 없게 된다. 앞으로는 군 조직이 산업 시대의 대규모 형태에서 정보 시대의 소규모 형태로 변화되고, 중간 계층이 축소되거나 해체되며, 제복을 입지 않은 민간 인력이 군사작전에 참여하는 비중이 높아질 것이다.

여섯째, 정보문명 시대의 전쟁에서는 피를 흘리지 않고 최소 희생으로 깨끗이 최단 시간 내에 스마트하게 승리를 성취하는 전투가 추구된다. 이러한 전쟁 양상은 정보 · 지식 중심의 경제체제가 적은 생산 인력으로 로봇 자동화 방법과 유연한 생산 방식을 통해 짧은 시간 내에 고품질의 제품을 스마트하게 생산하는 것에 비유될 수 있다. 문명 사회에서는 인도주의적 가치가 매우 중요해지는 가운데 대부분의 가정은 남녀 구분 없이 한 자녀만을 두게 될 것이므로 피를 많이 흘리는 전쟁은 시민들로부터 거부당하게 되고, 정치지도자들도 정권을 유지하기 위해 그러한 전쟁을 기피할 수밖에 없다. 따라서 문명 사회의 전쟁에서는 적진 깊숙이 위치한 전략적 표적을 정확하게 감시 · 통제하고 정밀하게 파괴하여 적을 순식간에 마비시킴으로써 깨끗하게 승리를 성취하는 방책을 추구하게 되며, 그로 인해 비선형 · 비접적 전투, 무인로봇 전투, 소프트 킬(soft kill) 전투, 사이버 전투 등이 발전될 것이다.

3. 새로운 군사혁신의 태동과 발전

문명의 전환 시대를 맞이하여 세계 각 국가들은 전쟁 양상 변화에 대비할 수 있는 새로운 군사 패러다임을 발전시키는 추세이다. 특히, 미국은 1991년의 걸프전에서 21세기형 군사혁신의 단서를 발견하고 정보 · 지식 중심의 새로운 전쟁개념을 세계 최선두에서 개척하였다. 제3물결 정보화 문턱의 제6세대 전쟁 방식에 의해 제2물결 산업 시대의 제4세대 전쟁 방식을 구사하는 이라크를 최단 기간에 깨끗하고 완벽하게 패배시킴으로써[21] 새로운 군사 패러다임의 발전 가능성을 포착했다. 이를 계기로 미국 내의 군사기획 담당자들 및 안보문제 전문가들 간에 군사기술혁명(MTR) 또는 군사분야혁명(RMA) 개념이 새로운 군사 패러다임의 대안으로 논의되기 시작하였다.

군사기술혁명의 개념과 이론은 옛 소련의 군사이론가들에 의하여 발아되었다. 그들은 이미 1970년대부터 21세기에는 정밀전

---

21 러시아의 예비역 장군인 블라디미르 슬립첸코(Vladimir I. Slipchenko)는 인류가 겪은 수없이 많은 전쟁들의 진화·혁신 과정을 크게 5개 세대로 구분하여 설명하면서, 제6세대의 새로운 전쟁 양상이 태동하고 있는 것으로 분석하였다. ① 제1세대 전쟁: 봉건시대의 전쟁으로서 노예를 이용하고, 주로 창 · 칼 · 활로 무장한 보병과 기병으로 전투가 수행되었다. ② 제2세대 전쟁: 흑색화약(gun powder)과 활강총(smooth bore firearms)의 출현으로 용병술(산개대형)과 전투조직이 변혁되었다. ③ 제3세대 전쟁: 소총과 야포의 등장으로 사거리, 발사속도, 정확도 등이 획기적으로 향상되었고 대군주의(mass army)에 의한 군사체제가 탄생되었다. ④ 제4세대 전쟁: 자동화기, 전차, 전투기, 수송수단, 통신장비 등의 출현으로 기동력과 화력이 대폭 증가되고, 전장공간이 지·해·공으로 확장되었다. ⑤ 제5세대 전쟁: 원자력의 발견 등 과학기술 혁명에 의해 발전된 전쟁 양상으로서 절대무기인 핵과 미사일의 등장으로 상대측의 군사력뿐만 아니라 영토·인구·자원 등 모든 것을 일순간에 파멸시킬 수 있게 되었고, 그 폐해의 범위가 지상은 물론 해상·공중·우주까지도 망라하게 되었다. ⑥ 제6세대 전쟁: 정밀 유도무기, 정보 자동처리 기술, 지휘통제통신 기술, 전자 및 방공 능력의 획기적 향상으로 생태계에 재앙을 초래하지 않으면서도 핵무기 못지않게 군사표적을 파괴할 수 있게 되었으며, 이로 인하여 향후 군사력의 운용 형태와 방법 및 군사조직 편성 등이 근본적으로 혁신되고 전쟁의 성격 자체도 이제까지와는 전혀 다른 양상으로 변혁될 것이다. 권태영 · 노훈 『21세기 군사혁신과 미래전』(경기도 파주 : 법문사, 2008),pr.59-60.

자, 센서, 정밀유도, 자동통제체계, 지향성 에너지기술 등이 출현하여 전쟁양상에 파격적인 혁신이 발생할 것임을 예측하였다. 1980년대 초에는 군부 일각에서 가장 선진화된 국가를 중심으로 군사혁신이 추구될 것이라는 주장이 제기되었다. 오가르코프 원수(Marshal N. V. Ogarkov)는 1984년 핵무기의 정치 · 군사적 유용성이 감소하고 새로운 과학기술을 이용한 전투 능력이 혁신적으로 향상되고 있기 때문에 새로운 차원의 군사변혁(military revolution)이 촉진되고 있다고 역설하였다. 당시 옛 소련의 군사 사상은 새로운 군사기술이 군사교리, 작전개념, 교육훈련, 전력구조, 방위산업, 연구개발 우선 순위 등을 혁명적으로 변화시키고 있다는 데 중점을 두고 있었다.[22]

이러한 군사 사상은 유럽지역에서 옛 소련의 군사교리와 작전개념 및 전력구조가 NATO군에 대해 불리해지고 있다는 강박관념에서 비롯된 것으로 알려져 있다. 당시 옛 소련은 중부 유럽에서 서방 진영에 대처하기 위해 전방에 배치해 놓은 대규모 기갑부대가 NATO군의 장거리 탐지 및 미사일 타격에 취약해질 우려가 있음을 발견하였다. NATO군이 자신의 기갑부대들을 탐지 · 발견하고 즉각적으로 수백 km 떨어진 원거리에서 대전차 유도무기를 우박처럼 쏟아붓게 되면, 그 전력은 재래식이지만 작은 전술핵무기 못지않은 위력을 발휘하게 되어 자신의 기갑부대들을 결정적으로 파괴할 수 있게 된다는 것이다.[23]

---

22 Mary C. FitzGerald, *The New Revolution in Russian Military Affairs*, Whitehall Paper Series(London: Royal United Services Institute for Defense Studies, 1994), p. 1.
23 권태영, "새로운 미래 군사 패러다임: 군사혁신(RMA)," p. 74.

옛 소련은 그 이전까지는 '정찰'(reconnaissance)과 '화력'(fire)을 전술적 차원에서 연결 · 결합한 전투체계를 발전시켜 왔다. 적의 목표를 탐지 · 발견하고 화력으로 파괴하는 전투체계를 사용하였기 때문에 탐지 능력과 범위가 제한되었을 뿐만 아니라 화력의 사거리도 짧고 부정확하였다. 그러나 1970년대부터 군부엘리트와 군사전문가들 사이에서 새롭게 논의되기 시작한 전쟁 수행 개념과 방식은 종전의 것과는 차원이 다른 것이었다. 전략적 차원에서 위력을 발휘할 수 있는 '정찰 · 타격복합체'(reconnaissance-strike complex)의 창출에 핵심을 둔 군사기술혁명 추구 필요성이 제기되었다. 새로운 군사기술을 활용하여 새로운 제어체계(control system)를 개발하고, 정확도가 높은 장거리 정밀 타격무기(very accurate long-range precision weapon)를 연결 · 결합시키게 되면, 핵무기에 비견되는 혁명적 전투 위력을 발휘할 수 있게 된다는 것이다.[24]

옛 소련의 군사기술혁명 구상은 국가체제의 붕괴로 인해 실현되지 못하였으나, 1990년대 초부터 미국 내에서 연구되기 시작하였다. 미국은 냉전종식 이후 미래의 불특정 위협세력을 압도하고 전쟁 양상의 획기적 변혁에 대비하기 위해 새로운 차원의 군사혁신 방안을 논의하기 시작하였는데, 그러한 과정에서 옛 소련의 군사기술혁명에 눈을 돌렸다. 처음에는 옛 소련의 정찰 · 타격복합체와 유사한 개념에서 각종 센서와 타격 수단을 지휘통제 네

---

24 Thomas J. Welch, "Some Perspectives on the RMA," 1995(미발표 논문); Raymond E. Frank, Jr. & Gregory G. Hildebrandt, "Competitive Aspects of the Contemporary Military Technical Revolution," *Defense Analysis*, Vol. 12, No. 2(August 1996), pp. 239-258 참고.

트워크체계로 연결 · 결합시키는 구상을 발전시켰다.

그러나 점차 그 범위와 영역을 군사기술의 혁명에서부터 작전개념의 혁신과 조직편성의 혁신으로까지 확장시키기 시작하였다. 군사분야혁명 개념이 발아된 것이다. 군사기술의 변혁은 군사교리 및 작전개념, 지휘구조 및 조직편성, 리더십 및 교육훈련, 군수지원 등에도 충격적인 영향을 미치기 때문에 이러한 제반 요소들을 상호 조화 있게 연결 · 결합하여 동시적으로 혁신시켜야 전투 위력이 혁명적으로 발휘될 수 있다는 구상이다.

미 국방부의 총괄평가국(Office of Net Assessments)은 1992년 미래의 군사혁신과 관련하여 다음과 같은 예비적 평가를 내놓은 바 있다.[25] 첫째, 새로운 군사혁신의 출발에 기초를 제공하는 세 가지의 기술 분야가 있다는 것이다. 정보혁명, 장거리 정밀 유도무기, 시뮬레이션이 그것이다. 둘째, 중요한 첨단 기술은 대부분 민간 부문에서 아웃소싱할 수 있다는 것이다. 따라서 기술보다는 작전개념과 조직편성의 혁신적 발전에 더 많은 관심을 기울일 필요가 있다는 것이다. 셋째, 미국은 군사혁신의 초기 단계에 와 있다는 것이다. 조직편성과 작전개념의 근원적 변화는 없으나, 변혁의 초보적 징후가 나타나고 있다는 것이다. 넷째, 전력시스템과 조직 및 작전 절차에 있어서 중요성이 줄어드는 것이 있는가 하면 중요성이 증대되는 것이 있다는 것이다. 다섯째, 군사혁신 능력을 과신하는 경우도 있고 무시하는 경우도 있게 된다는

---

25 Thomas J. Welch, "Technology and Warfare," Keith Thomas, ed., *The Revolution in Military Affairs: Warfare in the Information Age*(Canberra: Australian Defense Studies Centre, 1997), pp. 30-31.

것이다.

미국은 옛 소련으로부터 도입한 군사기술혁명 개념을 군사분야혁명 개념으로 확장 · 발전시켰으나, 초창기에는 그 정의와 범위가 명확하게 구별되지 않았다. 미 육군 훈련 · 교리사령부(TRADOC)의 「21세기 군 작전」 책자와[26] 국제전략연구소(CSIS)의 「군사기술혁명」 연구보고서는[27] 군사기술혁명 개념을 사용하고 있는데, 작전개념과 조직편성의 혁신도 포함시킴으로써 군사분야혁명과 사실상 차이가 없었다.

이 두 개념은 1990년대 중반이후부터 구분되기 시작하였다. 군사기술혁명은 기술적 요소에 치중한 개념으로, 군사분야혁명은 기술적 요소와 함께 작전개념과 조직편성도 중시하는 개념으로 사용되었다. 즉, 「군사기술혁명 + 작전개념 혁신 + 조직편성 혁신 → 군사분야혁명」이라는 도식적 표현이 성립되었다. 이 분야의 가장 권위 있는 전문가인 크레피네비치(Andrew Krepinevich) 박사는 군사분야혁명을 ① 새롭게 발전하고 있는 기술(emerging technology)을 이용하여, ② 새로운 전력체계(new military system)를 개발하고, ③ 그에 상응하여 작전개념(operational concept)과 조직편성(organization)의 혁신을 조화 있게 추구함으로써 전투효과를 극적으로 증폭시키는 것으로 정의하고 있다.[28]

---

26 TRADOC, *op. cit.*

27 Michael J. Mazzar, *The Military Technical Revolution*(Washington, D. C.: Center for Strategic and International Studies, March 1993).

28 Andrew F. Krepinevich, "The Pattern of Military Revolutions," *The National Interest*, Fall 1994. 군사혁신에 대한 이론적 연구는 다음 문헌들을 참고. Michael J. Mazzar, *The Revolution in Military Affairs: A Framework for Defense Planning*(U.S. Army War

최근에는 '안보분야혁명'(Revolution in Security Affairs; RSA)이라는 광의의 개념이 새로 제기되고 있다. 이 개념을 주창하는 전문가들에 의하면, 군사문제는 정치 · 경제 · 기술 · 산업 · 심리 · 문화 등과도 밀접하게 연관되어 있기 때문에 안보 차원의 포괄적 개념에서 군사혁신에 접근하여야 한다는 것이다. 진정한 의미의 혁명적 군사발전은 새로운 문명이 낡은 문명에 도전하여 사회 전체가 변화되고, 그러한 문명사회의 변화가 군으로 하여금 전략 · 무기 · 기술 · 조직 · 훈련 · 제도 등 모든 것을 동시적으로 변화시키도록 강요할 때 발생된다는 것이다.

College, Strategic Studies Institute, June 1994); *Jeffrey R. Cooper, Another View of the Revolution in Military Affairs*(U.S. Army War College, Strategic Studies Institute, July 1994); Theoder W. Galdi, *Revolution in Military Affairs?: Competing Concepts, Organizational Responses, Outstanding Issues*, CRS Report for Congress, Washington, D.C., December 11, 1995; James R. Blaker, *Understanding the Revolution in Military Affairs: a Guide to America's 21st Century Defense*, Defense Working Paper No. 3, Progressive Policy Institute, Washington, DC, 1997; Frank Kendall, "Exploiting the Military Technical Revolution: A Concept for Joint Warfare," *Strategic Review*, Spring 1992, pp. 23-30; Andrew W. Marshall, Director of Net Assessment, OSD, *Revolutions in Military Affairs*, statement prepared for the Subcommittee on Acquisition & Technology, Senate Armed Services Committee, May 5, 1995 등.

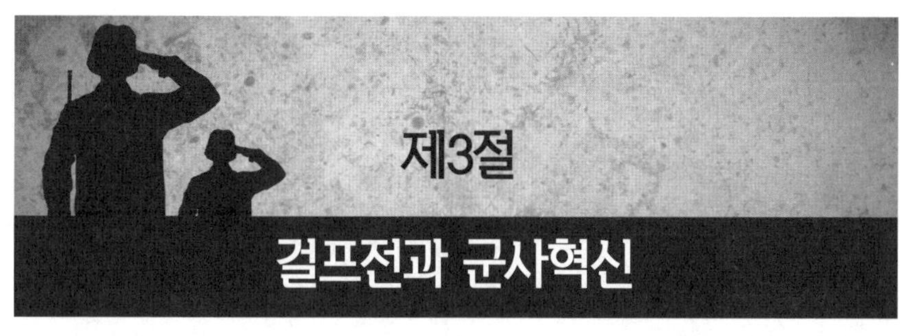

제3절 걸프전과 군사혁신

세계적 냉전구도의 붕괴에 이어 발생한 걸프전은 새로운 전쟁 수행 방식과 최첨단 무기체계 및 군사기술을 선보였다는 점에서 전쟁사적으로 매우 중요한 의미를 갖는다. 세계의 군사 전문가들은 걸프전에서 미래 전쟁 양상의 변화 방향이 나타난 것으로 분석하였다. 이 전쟁에서 미국은 각종 우주자산과 합동감시 · 표적공격레이더시스템(J-STARS) 및 공중조기경보통제기(AWACS) 등 전장관리체계를 이용하여 광범위한 작전지역의 피 · 아 상황을 손바닥 보듯이 샅샅이 파악하고, 토마호크미사일과 같은 장거리 정밀 유도무기로 이라크의 전략적 중심을 정확하게 순간적으로 파괴 · 무력화시켰다. 눈과 귀는 없고 육중한 몸체와 짧은 팔 · 다리만 가지고 있었던 이라크의 산업 시대 전통적 아날로그 군대는 디지털화 문턱에 있는 다국적군의 공격에 무기력할 수밖에 없었다. 걸프전은 첨단 우주센서체계와 전장관리체계 및 정밀유도무기가 결합된 스마트한 전쟁이었다는 점에서 새로운 전쟁 패러다임의 서곡이 되었고 군사력의 혁신적 발전 가능성을 보여주었다.[29]

---

29 권태영, "신세기 정보사회의 새로운 군사 패러다임," 한국국방연구원, 『국방정책연구』, 제47호(1999, 겨울), pp. 115-116.

첫째, 걸프전은 수직 좌표가 주가 되고 수평 좌표가 보조가 된 최초의 전쟁이었다. 이 전쟁에서는 군사 임무와 목표의 대부분이 항공 · 우주전력에 의해 달성되었다. 예를 들면, 11대의 조기경보통제기가 2,240대의 항공기들을 매일매일 통제하였는데, 이는 전쟁의 전 기간 동안 9만대 이상의 항공기를 통제하였음을 의미한다. 이처럼 수많은 항공기를 통제하는 과정에서 단 한건의 공중 충돌도 없었고, 우방국 항공기들 간의 공중 접전 사고도 발생하지 않았다. 뿐만 아니라, 미국 · 영국 · 프랑스 등이 보유하고 있는 우주자산을 이용하여 통신 · 항법 · 정찰 · 정보 · 조기경보를 제공하였다. 60여대의 인공위성을 이용하여 전구 내 또는 전구 안팎으로 전략 및 전술 통신을 고도의 보안을 유지하면서 보장할 수 있었다.

그런가 하면, 14대의 인공위성에 기반을 둔 GPS를 이용하여 공격할 표적의 위치를 정확하게 파악할 수 있었으며, 사막에서 자유롭게 이동할 수 있었고, 곤경에 처한 부대를 구조할 수 있었다. 항공 · 우주 전력이 절대적으로 우세한 다국적군 앞에서 이라크군의 중무장한 지상 기갑전력은 무용지물이었다. 그 결과 미국이 주도하는 다국적군은 총 43일의 작전기간 중 39일 동안 우주 · 항공력을 이용하여 이라크군의 지휘체계와 방공체계를 공격 · 파괴하고 지상군을 무용화시킴으로써 단 100시간의 지상작전으로 전쟁을 마무리 지을 수 있었다.

둘째, 걸프전은 파괴 및 살상의 탈대량화를 보여준 최초의 전쟁이었다. 이 전쟁에서 이라크군은 제2차 세계대전 당시의 일본군이나 독일군 못지않게 철저히 파괴 · 손실되었으나, 수도 바그

다드의 거리는 크게 파괴되지 않았다. 미국 주도의 다국적군이 군사표적만을 정확하게 식별하여 정밀하게 명중·파괴했기 때문이다. 제2차 세계대전 당시 영국 공군은 투하된 폭탄의 95%가 반경 3 마일 이내에 명중되는 것을 확인하고 아주 만족스러워 했다고 하는데, 걸프전에서는 정밀 유도무기의 85% 이상이 반경 10 피트 이내에 명중된 것으로 분석되고 있다.[30] 뿐만 아니라, 걸프전은 다국적군이 최소의 희생(138명)으로 최단기간 내에 상대인 이라크에게 최대의 손실(사상자 10만 명, 포로 10만 명 이상, 기갑전투차량 4,500 대 등)을 입히고 결정적으로 완승한 스마트한 전쟁이었다.

셋째, 걸프전은 소프트 킬(soft kill) 전력이 하드 킬(hard kill) 전력 못지않게 위력적임을 보여준 최초의 전쟁이었다. 이 전쟁에서는 정보·지식 기반의 연성적 전력으로 무장한 다국적군이 무기·장비 위주의 경성적 전력으로 무장한 이라크군을 마비·무력화시켰다. 이라크는 전차와 전투기 등 플랫폼 무기체계의 양적 규모 면에서 다국적군 못지않게 막강하였으나, 그 무기들은 도달거리가 아주 짧았고 각종 센서체계와 지휘체계의 질적 수준이 낮았다. 그에 반해 미국군은 바그다드 시가의 자동차 번호판을 식별할 수 있을 정도로 정밀한 센서체계를 보유하고 있었고, 전장의 모든 정보를 신속하게 전파할 수 있는 지휘통제 네트워크체계를 구축해 놓고 있었다. 이라크군은 눈과 귀는 없고 몸통만 비대한 상태에서 짧은 팔·다리만 허공에 휘저었음에 반해, 미국군은

---

30 Richard P. Hallion, *Storm Over Iraq: Air Power and the Gulf War*(Smithsonian Institute Press, 1992), pp. 248-268.

천리안을 통해 상대의 급소만을 골라서 정밀 타격 수단으로 일순간에 무력화시켰다. 센서체계와 지휘통제체계 및 지능화 무기 등 실리콘 전력의 위력이 입증된 것이다.

끝으로, 걸프전에서는 병렬전(Parallel War)이라는 새로운 전쟁 방식이 위력을 발휘하였다. 병렬전이란 적의 여러 시스템을 거의 동시적으로 공격하는 것을 말한다. 적의 전략적 · 작전적 · 전술적 목표들을 병렬적으로 공격할 경우, 적은 방어가 불가능할 뿐만 아니라 공격에 의한 피해를 복구할 수도 없다. 이는 신체의 여러 군데에 동시적으로 상처가 생길 경우 사망할 수밖에 없는 이치와 같다. 걸프전에서 미국 주도의 다국적군은 우주 자산과 항공 능력 및 정밀 타격 능력을 이용하여 이라크의 전략적 표적을 거의 병렬적으로 공격하였다.

다국적군은 전쟁을 개시한 지 몇 분도 되지 않아 이라크 내부에 위치하고 있는 수백 개의 전략적 표적을 동시적으로 공격하였다. 그 결과 이라크의 주요 시스템 기능이 모두 마비되었다. 발전 및 송전 시스템이 파괴되면서 이라크 전역이 암흑 세계로 변하였고, 통신망이 마비되어 방공 지휘부가 예하 부대를 지휘 · 통제할 수 없었다. 다국적군은 전쟁을 개시한 지 24시간도 채 되지 않은 짧은 순간에 1943년도 당시 미 8공군이 1년 동안 공격한 독일 내 표적의 3배에 달하는 표적을 공격하였던 것으로 알려져 있다.

과거의 전쟁에서는 순차적 개념의 공격을 통해 방어선을 돌파하는 전투를 벌인 것에 대해 그러한 돌파를 저지하려는 전투를 벌인 것으로 집약된다. 지휘통신 수단이 열악하고 원거리 타격 수단이 발전되지 않아 공격을 감행하기 위해서는 병력을 특정 지역으로 집중시켜야 했기 때문에 순차적 개념의 작전이 불가피하였다. 뿐만 아니라, 무기체계가 정밀하지 못하였기 때문에 상대 국가의 전략적 중심을 공격하기보다는 군사력을 대상으로 작전을 수행하였다. 이러한 상황에서 전투는 대부분 전선을 따라서 진행되었을 뿐만 아니라 전투 피해도 전선에 국한되었으며, 따라서 상대 국가의 핵심 체계 대부분은 안전할 수 있었다.

그런가 하면, 과거에는 아측이 특정 순간에 공격할 수 있는 목표가 몇 군데밖에 되지 않았기 때문에 상대측은 그곳에 방어력을 집결시킬 수 있었다. 상대측은 공격이 예상되는 표적을 중심으로 방어력을 집중시키고, 공격을 당한 소수의 표적을 복구하는 노력을 전개하며, 역공세를 통해 공격의 효과를 크게 상쇄할 수 있다. 그러나 걸프전에서는 전투 상황이 전혀 달랐다. 이라크는 수많은 국가 핵심 체계들이 아주 단시간에 치명적인 공격을 받아 방어 자체가 불가능하였을 뿐만 아니라 전략적 차원에서 복구할 수도 없었다. 다국적군이 병렬적 동시 공격을 감행하였기 때문에 이라크는 효과적으로 대응할 수 없었을 뿐만 아니라 전세 회복이 불가능하였다.

걸프전은 정보문명 시대의 새로운 전쟁 패러다임을 보여준 최초의 전쟁이라고 할 수 있다. 산업문명 시대의 전쟁 수행 개념과 방식 및 수단은 정보문명 시대에는 더 이상 유용하지 않음을 입증하였다. 산업문명 시대의 전쟁 수행 방식 및 수단을 사용한 이라크군은 정보문명 시대의 새로운 전쟁 수행 방식 및 수단을 활용한 다국적군 앞에서 무기력하였다. 다국적군은 도달 거리가 긴 정밀유도무기와 멀리 볼 수 있는 센서체계 및 넓은 지역을 통제할 수 있는 지휘통제 네트워크체계로 이라크군을 궤멸시켰다. 전력의 양적 규모는 의미가 없고 소프트 전력의 우위가 전쟁 승패의 관건이 되었다. 이러한 점에서 걸프전은 항공우주, 인공위성, 정보체계, 정밀유도무기, 수직좌표 등이 새로운 전쟁 패러다임의 핵심어(key word)가 될 것임을 예고해 주었다.

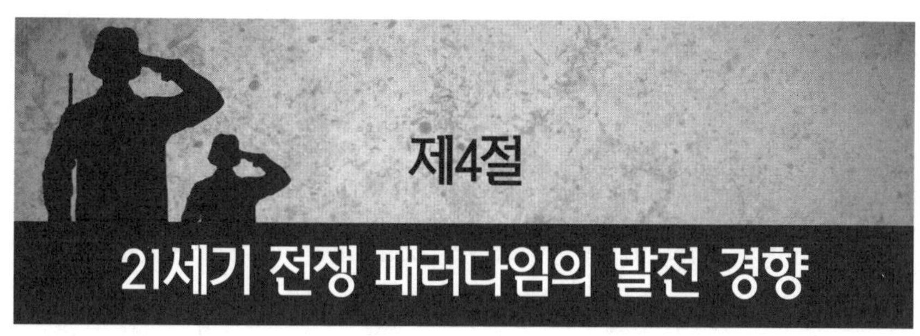

제4절
21세기 전쟁 패러다임의 발전 경향

정보문명 시대의 새로운 군사혁신은 '전쟁 패러다임 혁명'(Revolution in Warfare Paradigm)을 발생시켰다. 인공위성과 공중조기경보통제기 및 JSTARS 같은 우주 · 공중 정찰 · 감시체계, 무인항공기와 레이더 같은 지상 감시체계 등의 발전으로 정보 · 감시 · 정찰체계가 전쟁 수행의 핵심적 근간이 되고 있다. 또한 지구상 어느 곳이든 전송이 가능한 디지털 통신과 실시간 전송을 가능케 하는 광대역 대용량 전송체계의 발달로 지휘통제의 개념이 근본적으로 바뀌고 있다. 뿐만 아니라, 정밀유도무기와 지능화 폭탄 등 새로운 유형의 스마트 무기체계가 획기적으로 발전하면서 '발견한 것은 모두 공격 가능하고, 공격한 것은 100% 파괴시킬 수 있다'는 전투 방식이 출현하였다. 이처럼 과거에는 상상조차 할 수 없었던 새로운 기술과 무기체계가 발전하면서 장차 전쟁의 본질, 작전개념, 조직편성, 교육훈련, 리더십, 군수지원 등 전쟁 및 군사 패러다임이 혁명적으로 바뀌고 있다.

1. 전장의 가시화와 정보의 공유화

전통적으로 전투행위는 '찾기'(find)와 '숨기기'(hide) 간의 치열한 게임이었다. 자신은 상대측이 발견할 수 없도록 숨기거나 자신의 의도와 행동을 상대측이 파악할 수 없도록 기만하였다. 상대측의 약점을 발견하는 즉시 기습적 공격을 감행하여 주도권을 장악하는 측이 전투에서 승리를 거두었다. 클라우제비츠는 일찍이 자신의 역작인 『전쟁론』(On War)에서 전장의 안개와 마찰(fog and friction)을 슬기롭게 극복하는 지혜와 능력이 전쟁의 승패를 좌우한다고 역설하였다.[31]

오늘날 각종의 감시 · 정찰체계 등 정보기술의 혁명적 발전으로 인해 찾기와 숨기기 간의 경쟁이 한층 더 치열해지고 있으며, 정보력의 지배적 우세를 확보한 측이 전쟁에서 압도적으로 승리할 수 있게 된다. 정보의 지배적 우세를 확보하면 자신은 군사작전에 있어서 행동의 자유를 확보할 수 있게 되고, 반면에 상대측은 제반 군사작전의 수행을 방해받게 된다. 상대측이 정보를 지배하게 되면 자신은 장거리 타격체계의 위력을 상실하고 오히려 기동화 · 스텔스화된 전력체계에 의한 공격에 아주 취약하게 된다.

미래의 전쟁에서는 항공 · 우주기술과 정보기술이 결합되어 '전장 공간에 대한 주도적 인식'(Dominant Battlespace Awareness; DBA)이 가능할 것으로 예상되고 있다. 상대의 위치 및 특성에 대한 정보를 파악할 수 있을 뿐만 아니라 정밀 타격체계에 정보를 실시간으로 분배하고 전투 피해를 지속적으로 평가(Battle Damage Assessment; BDA)할 수 있게 된다는 것이다.

---

31 Carl Von Clausewitz, edited and translated by Peter Paret and Michael Howard, *On War*(New Jersey: Princeton University Press, 1976), pp. 117-121.

다시 말하면, 전장 공간을 주도적으로 인식하면, 적 위치 파악 → 공격 시기 결정 → 공격작전 수행 → 공격 피해 평가로 연결되는 전투의 전 과정을 스마트하게 이끌어 갈 수 있게 된다. 특히, 우세한 정보력을 통해 표적의 신속한 선정과 가장 적합한 무기체계의 선택 및 공격 피해의 실시간 평가가 가능하게 되면, 정밀 공격 능력을 획기적으로 향상시킬 수 있다. 뿐만 아니라, 전장 공간의 주도적 인식을 통해 적의 공격 방향을 정확하게 파악하게 되면, 보다 작은 규모의 군사력으로도 적의 예봉을 분쇄할 수 있다. 이러한 맥락에서 미국의 합동참모본부는 전장 공간에 대한 주도적 인식을 군사교리 및 전력기획에 반영하고 있다.

오늘날 상대측의 후방을 광범위하고 정밀하게 관찰 · 파악할 수 있는 우주 감시 · 정찰체계와 무인 항공기 정찰체계가 세계적으로 확산되고 있는 추세이다. 인공위성에 탑재되어 있는 센서체계와 JSTARS 및 AWACS는 광범위한 전장 공간을 완벽하게 파악할 수 있다. 또한 첨단의 센서체계를 탑재하고 장시간 체공할 수 있는 무인 항공기는 노출되지 않은 상태로 상공에서 적의 위치와 활동을 정밀하게 관찰할 수 있다. 이러한 감시 · 정찰체계에 의해 수집한 정보는 컴퓨터와 디지털 통신체계를 통해 실시간으로 융합 · 처리되어 지휘관과 야전부대들에게 분배된다.

걸프전 당시 미군은 의미 있는 표적의 15% 정도만을 기후에 무관하게 실시간으로 관찰할 수 있었으나, 그 수준이 1995년에는 20~30%로 증가되었고, 2000년도에는 50% 이상이 될 것으로 분석된 바 있다.[32] 이러한 추세대로라면 2005년 무렵이면 군

---

32 William A. Owens, "System of Systems," *Armed Forces Journal International*, January 1996, p. 47.

사적으로 중요한 표적의 90% 이상을 실시간에 규명할 수 있고, 2010년경이면 전장의 가시화가 실현될 것이라는 분석이 나오기도 했다.[33] 뿐만 아니라, 컴퓨터의 처리 용량 및 속도와 지휘통제통신체계의 전송 속도가 획기적으로 향상됨에 따라 대량의 정보를 전장의 모든 지휘관과 부대에 실시간으로 공유시킬 수 있게 되었다.

이처럼 전장의 가시화와 정보의 공유화가 가능해짐에 따라 네트워크 중심 전쟁 패러다임(Network Centric Warfare Paradigm)이 발전되었다. 네트워크 중심의 사고를 군사작전에 적용하여 전투 요소들의 상승효과를 극대화시키는 것이다. 이는 지리적으로 분산되어 있는 제반 전투 요소들을 네트워크로 연결·결합시켜 전장 정보를 공유한 가운데 새로운 전투력을 창출·운용하는 것을 말한다. 그렇게 함으로써 광범위한 지역에 분산되어 있는 전력을 적시에 통합적으로 사용할 수 있다. 이 경우, 병력이나 부대의 집중 없이 전력의 효과를 집중시킬 수 있기 때문에 군사작전이 지리적으로 제약받지 않게 되며, 센서체계와 타격 수단의 물리적 이동 내지 기동 없이도 다수의 상이한 표적에 대해 동시적으로 교전을 벌일 수 있다.

또한 전장 지식에 기반을 두고 협동적 전투를 수행할 수 있게 되었다. 제반 전투 부대 및 요소들이 네트워크체계를 활용하여 전장 정보를 공유하고 지휘관의 의도를 이해하게 되기 때문에 협

---

33 Kenneth Allard, "Information Warfare and the Challenge to Corporate Culture," Presentation to the Annual Convention of the Electronic Industries Association, Phoenix AZ, October 11, 1995.

동적 조화(orchestration) 속에서 자율적이고 효과적으로 작전을 수행할 수 있다. 뿐만 아니라, 이 전쟁 방식은 전장 전투 요소들간의 효과적 네트워크를 형성함으로써 전투력 발휘 효과를 획기적으로 향상시킬 수 있다. 네트워킹은 전투 요소들을 단순하게 연결하는 것이 아니라 정보 공유로 전투 능력이 향상된 각 전투 요소들이 상호작용을 통해 새로운 전투력을 창출하도록 하는 것이다.[34]

2. 장거리 정밀교전의 보편화

전장의 가시화 및 정보의 공유화, 무기체계의 사거리 증가 및 정확도 향상으로 인하여 장거리 정밀 교전이 보편화되고 있는 추세이다. 과거의 전쟁에서는 전장을 감시 · 정찰할 수 있는 능력이 제한되었고 무기체계의 정확도가 떨어졌기 때문에 표적을 파괴 · 무력화시키기 위해서는 가능한 한 많은 양의 폭탄을 투하하여야 했다. 그러나 이제 단 한대의 전투기가 정밀유도무기를 이용하여 임무를 완벽하게 완수할 수 있는 시대, 이동 중에 있는 기계화부대를 우주 자산을 이용하여 파악한 후 몇 발의 무기로 격파할 수 있는 시대, 지휘통제체계를 공격하여 상대방을 일거에 마비 · 무력화시킬 수 있는 시대에 접어들고 있다.

1943년도 1년 동안 미국의 8공군은 전략적 표적을 겨우 50회 정도 공격할 수 있었으나, 1991년도 걸프전에서는 연합 공군이

---

34 네트워크 중심 전쟁에 대해서는 David S. Albert and Others, *Network Centric Warfare: Developing and Leveraging Information Superiority*(Washington, DC: DoD C4ISR Cooperative Research Program, August 1999), pp. 87-114 참고.

전쟁 발발 하루만에 이라크 내의 전략적 표적을 150회 이상 공격한 것으로 분석되고 있다. 공격 능력이 1943년보다 천 배 이상 증가한 것이다. 2020년경에는 전쟁이 발발한 지 수 분 이내에 500여 개의 전략적 표적을 공격할 수 있게 되고, 대륙 간 거리에 위치한 표적도 정밀하게 공격할 수 있는 기술이 출현하였다. 걸프전에 비해 전략적 표적을 공격할 수 있는 능력이 5,000배 이상 급증하게 된 것이다.

오늘날 무기체계에 있어서 '정밀성의 혁명'(revolution in accuracy)으로 인해 하나의 목표물을 파괴하기 위해 수백 또는 수십 대의 폭격기로 수천 톤의 폭탄을 투하하는 일은 없을 것이다. 단 한대의 폭격기가 오직 한발의 폭탄을 투하하여 목표물을 정확하게 파괴할 수 있다.[35] 과거 제2차 세계대전 당시에는 3 마일 범위 내의 목표물을 95% 파괴할 수 있었으나, 걸프전 시에는 10 피트 범위 내의 목표물을 85% 파괴시킴으로써 무기체계의 정밀도가 최소 100배 향상되었다.

미래의 전쟁에서는 미사일이나 폭탄의 공산오차(CEP: Circular Error Probable)가 0(zero)에 가까울 것으로 분석되고 있다. 첨단 센서체계와 전장관리체계의 발전으로 상대방을 정확하게 파악할 수 있을 뿐만 아니라 무기체계의 정밀도가 획기적으로 향상되어 적의 핵심 표적들을 장사정 타격 수단에 의해 보다 많이 보다 정밀하게 공격 · 무력화시키는 것이 가능해졌다. 과거에는 적에 관한 정보가 부정확 · 불확실하였고 타격 수단의 정밀

---

35 Edward Mann, "One Target, One Bomb: Is the Principle of Mass Dead?" *Military Review*, September 1993, p. 37.

도도 크게 미흡하였기 때문에 목표물을 타격하기 위해서는 다량의 포탄을 특정 지역에 집중적으로 투하하여야 했다.

과거의 전쟁에서는 무기체계의 사거리와 정밀도가 제한되었기 때문에 다량의 재래식 무기를 특정 목표지역으로 운반할 수 있는 플랫폼이 아주 중요하였다. 당사자가 보유하고 있는 플랫폼의 성능에 의해 전투의 승패가 좌우되었다. 우수한 성능의 항공기 · 탱크 · 함정을 보유한 측이 상대방을 쉽게 제압할 수 있었다. 그러나 이제 플랫폼이 전쟁의 결과에 미치는 효과는 크게 감소하는 반면, 플랫폼에 탑재되어 있는 센서 · 자동화체계 · 탄약 · 전자장비 등이 전승의 중요한 요소가 되고 있다. 20년이 경과된 항공기일지라도 최신의 장사정 미사일을 장착하고 공중조기경보통제기로부터 전장 정보를 실시간으로 제공받게 되면 도입된 지 10년밖에 안되었지만 탑재 장비가 열악한 항공기보다 우수한 전투력을 발휘할 수 있다. 플랫폼의 숫자보다 탑재 장비의 질이 더 중요해지고 있는 것이다. 이제는 첨단 광역 정보체계와 장사정 스마트 유도무기 및 지능화 무기체계 등 원거리 정밀교전 능력의 확보 여부가 전쟁의 승패를 결정한다.

정밀교전 능력이 전쟁의 결과에 결정적 영향을 미친다는 사실은 걸프전에서 생생하게 입증되었다. 당시 미국 주도의 다국적군은 인공위성과 같은 감시 · 정찰체계를 통해 광범위한 지역을 지속적으로 정찰하여 실시간에 표적을 파악하였고, 첨단 지휘통제체계를 통해 지휘관의 신속 · 정확한 판단을 보장하였으며, 정밀유도무기로 목표 표적만을 정확하게 공격하였다. 감시 · 정찰에서 공격에 이르는 모든 과정이 거의 자동으로 연결되었고 장사정 정밀 타격 능력을 보유하고 있었기 때문에 대량의 플랫폼을 멀리 떨어진 지역까지 기동시킬 필요가 없었으며 적의 핵심 표적을 동시 다발적으로 공격할 수 있었다. 이라크의 야포는 대부분 최대 사거리가 40 ㎞ 정도였으나 다국적군의 각종 첨단 미사일은 사거리가 수백~수천 ㎞ 이상이었다. 예를 들면, 미군이 사용한 순항미사일은 사전에 입력된 프로그램에 의해 저공으로 비행하여 1,500~2,000 ㎞나 떨어진 지역의 목표물을 정확하게 명중시켰다.

이처럼 적의 무기체계 유효사거리 밖에서 전략적 목표를 명확하게 보고 정밀하게 공격할 수 있게 되었기 때문에 이제 근접 전투방식과 선형 전투방식은 무의미해지고 있다. 전장의 단위 면적당 병력 수가 대폭 감소하고 있는 추세가 이러한 사실을 입증해주고 있다. 전장 1㎢ 내에 배치된 병력 수가 나폴레옹전쟁 당시에는 4,970명이었고, 제2차 세계대전 당시에는 404명이었으며, 중동전 당시에는 25명, 걸프전 시에는 2.4명으로 대폭 줄어들었다.[36] 이와 같은 추세대로라면 2020~2025년경에는 그 수가 1~2명에 불과할 것으로 전망된다. 뿐만 아니라, 앞으로는 전략적 중심을 직접 타격하는 전투가 보편화되고 적의 종심을 정밀하게 공격할 수 있는 능력이 획기적으로 향상됨에 따라 전방과 후방의 구분이 거의 불가능하게 된다.

36 권태영·정춘일, 『선진국방의 지평: 21세기 국방발전의 비전과 방향』(서울: 을지서적, 1998), pp. 252-253.

3. 전장 공간의 확장과 중첩

전장 공간이란 군사력이 운용되는 물리적 공간(physical volume)을 의미한다. 전통적으로 전장 공간은 표적을 포착할 수 있는 거리와 무기체계의 사거리에 의해 그 경계가 정해졌다. 지상군은 항상 적의 지상군과 전투를 벌였고 해군과 공군도 마찬가지로 적의 해군 및 공군과 전투를 수행하였다. 따라서 지상군과 해군 및 공군은 각각 고유의 작전 영역을 가지고 있었고 전장 공간도 분리 · 구분되었다. 그러나 감시 · 정찰체계 및 전장관리체계의 발전과 무기체계의 사거리 확대 등으로 인하여 전장 공간이 지상 · 해상 · 공중에 이어 우주로까지 확장되고 육 · 해 · 공군의 작전 영역도 중첩되어 왔다.

우선, 지상의 전장 공간이 종 · 횡으로 확장되고 있다. 과거 깃발을 이용하여 부대를 지휘하던 시절에는 지휘관이 휘하의 장병들을 내려다 볼 수 있는 위치에서 지휘를 하였다. 이동형 라디오가 출현하면서 지휘관들은 자신이 교신할 수 있는 범위까지 지휘할 수 있었다. 그러나 오늘날에는 인공위성과 디지털통신의 발전으로 인해 광범위한 지역에 분산되어 있는 부대와 장병들을 지휘 · 통제할 수 있게 되었다. 앞으로는 정보통신기술의 가속적인 발전에 따라 분산의 정도 및 거리에 관계없이 부대를 지휘 · 통제할 수 있을 것으로 보인다.

전장 공간이 평면적으로 광역화되고 있을 뿐만 아니라 수직으로도 확장되고 있다. 제1차 세계대전 이전에는 전장이 지상 · 해상의 2차원 평면에 국한되어 있었다. 그러나 항공기가 출현하면서 전장이 지상 · 해상에 이어 공중의 3차원으로 확장되었다. 오늘날에는 우주를 활용하는 센서체계와 통신체계의 발달로 인해 전장 공간이 4차원으로 확장되었다. 예를 들면, 걸프전에서 미국 주도의 다국적군은 우주 자산을 이용하여 상대방을 완전히 파악하고 정보 및 영상의 자유로운 흐름을 보장하여 아무런 제약도 받지 않고 목표물을 공격할 수 있었다.

전장 공간이 이처럼 지상·해상에서 공중·우주로 확장됨에 따라 평면 좌표가 주된 역할을 맡고 수직 좌표는 보조적 역할을 담당하던 전쟁 수행 방식이 적실성을 상실하고 있다. 미래의 전장 공간에서는 수직 좌표가 주된 역할을 담당하고 평면 좌표는 보조적 역할을 맡게 될 것으로 분석되고 있다.

오늘날에는 전장 공간이 사이버 공간으로까지 확장되고 있다. 정보 우위를 달성하기 위해 상대방의 컴퓨터시스템과 정보통신 네트워크체계에 치명적인 영향을 미치는 무형적 공격행위(non-kinetic offensive actions)가 전쟁의 새로운 영역으로 부상되고 있는 것이다. 고도로 정보화된 국가는 군사 분야를 포함하여 사회의 모든 시스템이 정보통신체계에 기반을 두고 있기 때문에 정보통신체계의 마비는 곧 사회 전체의 위기와 혼란으로 직결된다. 따라서 자신의 정보 흐름은 완전하게 보장하고 적의 정보 흐름을 교란·마비시킬 수 있는 전략적 방책을 강구하는 것이 국가안보의 중요한 영역이 되고 있다.

정보통신체계는 크게 세 가지 차원의 공간을 가지고 있다. 첫째는 컴퓨터 및 통신망과 같은 물리적 실체를 갖고 있다는 측면에서 물리적 공간이 있다. 둘째는 컴퓨터 및 디지털 네트워크체계 내에서 저장·유통되고 있는 정보·데이터 측면에서 사이버 공간이 있다. 셋째는 정보를 이용하여 인간이 인식한다는 측면에서 인식의 공간이 있다. 상대방의 정보통신체계를 교란 · 파괴 · 마비시키기 위해서는 이 세 가지 공간을 모두 공격하게 된다. 물리적 공간은 정밀 유도무기와 전자기충격파로 파괴할 수 있고, 사이버 공간은 해킹을 통해 마비시킬 수 있다. 인식의 공간은 기만과 심리전을 이용하여 공격하게 된다.

앞으로의 전쟁에서는 군사력을 운용하고 전장을 관리함에 있어서 정보에 대한 의존도가 절대적이기 때문에 제반 정보전 방책을 통해 '정보 고지'를 점령할 수 있는 국가만이 승리를 성취할 수 있을 것으로 보인다. 미 합참차장을 역임한 제레미야(David E. Jeremiah)는 "앞으로는 정보의 역할과 지식의 위력을 제대로 이해하는 자가 지구를 지배하게 될 것이다"라고 주장한 바 있다.[37] 그런가 하면, 미 공군참모총장을 역임한 포글만(Ronald Fogleman)은 "정보전은 육 · 해 · 공군에 의한 전쟁 및 우주 전쟁에 이어 5번째의 전쟁 영역으로 분류하여도 전혀 손색이 없다. 미래의 전쟁에서는 누가 먼저 정보 공간을 지배하느냐에 따라 그 승패가 좌우될 것이다"라고 강조한 바 있다.[38]

감시 · 정찰체계 및 무기체계의 도달거리가 각 군의 전통적 전장 공간을 넘어서고, 전장의 각종 전투체계 및 요소를 상호 연결 · 결합시키는 네트워크체계가 획기적으로 발전됨에 따라 육 · 해 ·

---

37 John G. Roos, "InfoTec InfoPower," *Armed Forces Journal International*, June 1994, p. 31.

38 General Ronald R. Fogleman, "Information Operations: The Fifth Dimension of Warfare," in remarks to the Armed Forces Communication-Electronics Association, Washington, DC, April 25, 1995.

공군별 전장 공간의 구분이 모호해지고 있다. 따라서 작전개념과 조직편성도 혁신적 차원의 변혁이 요구된다. 이제까지는 지상·해상·공중의 전장 공간이 거의 분명하게 분리·구분되었기 때문에 작전개념과 조직편성의 발전이 대부분 각 군별로 추구되었다.

그러나 앞으로는 감시·통제·타격시스템의 도달 거리가 획기적으로 증대되고, 사이버 공간을 통한 공격이 전 지구적 범위에서 수행될 수 있기 때문에, 각 군별로 건설·유지하고 있는 전투력을 목표와 임무에 따라 통합시키는 것이 중대한 과업이 되고 있다. 예를 들면, 항공·우주전과 전자·정보전의 결합, 감시체계와 타격체계의 순간적 결합 등은 전통적인 전장 공간을 넘어서는 새로운 차원의 전력 운용과 조직 편성을 요구한다. 전략적·작전적·전술적 목표를 동시적으로 공격할 수 있는 전쟁 수행 개념의 발전이 필요하며, 조직체계의 합동성 및 통합성을 강화하는 것이 긴요하다. 특히 센서체계, 타격 수단, 데이터베이스, 정보를 유기적으로 연결하기 위한 각 군 간의 조화로운 협조와 결합이 무엇보다도 중요하다.

4. 전쟁 수행 수준의 중첩

전통적으로 전쟁은 전략·작전·전술의 세 가지 수준에서 수행되는 것으로 설명되어 왔다. 전략적 수준은 전쟁 지도자의 수준에서 달성하려는 전쟁 목표와 의도 및 의지에 직접적으로 영향을 미쳐 전쟁 계획 자체의 수정을 강요하는 군사 행동을 말하며, 작전적 수준은 전역 사령관의 수준에서 성취하려는 작전 목표와 의도 및 의지에 영향을 미쳐 전쟁 계획 일부 또는 작전적 행동의 수정을 강요하는 군사 행동을 의미한다. 그리고 전술적 수준은 전술 지휘의 중추 조직, 집결 부대, 병참기지 및 후방 보급선 등에 심대한 타격을 가하여 전술 지휘관의 의도에 영향을 미치는 것을 뜻한다. 앞으로의 전쟁에서는 이러한 구분이 모호해지고 의미를 상실할 것으로 예상된다.[39] 광역 원거리 감시 · 정찰체계와 장거리 정밀 타격 수단의 발전으로 전쟁 수행 수준 사이의 상호 연관관계가 증대되고 있기 때문이다.[40]

나폴레옹 시대의 전쟁에서는 어떤 한 차례의 전술적 승리가 다른 부문에서의 작전에 연동되지 않았고 전쟁 전체에 직접적인 영향을 미치지 못하였으나, 20세기 독일의 전격전 하에서는 전술 · 작전 · 전략적 수준의 일부가 중첩된 것으로 분석된다. 한 전장에서의 전술적 승리가 다른 전장에서의 전술 행동이나 차기 작전 수행에 유리하게 작용하였을 뿐만 아니라 상대국의 전쟁 계획 일부를 변경하도록 강요하였다. 걸프전에서는 그 중첩 현상이 더욱 심화되었다. 다국적군이 전술적 수준의 전투에서 거둔 승리가 이라크군의 작전 계획을 대폭 수정시켰고, 후세인의 전쟁 지도에도 직접적인 영향을 미친 것으로 알려져 있다.[41]

전쟁을 수행함에 있어서 전술적 · 작전적 · 전략적 수준의 중첩은 전장 정보의 수집 및 활용 능력이 향상되고 각종 첨단 무기체

---

39 Douglas A. MacGregor, "Future Battle: The Merging Levels of War," *Parameter*, Vol. 22, Winter 1992-93, p. 42.

40 David Jablonsky, "US Military Doctrine and the Revolution in Military Affairs," *Parameters*, Vol. XXIV, Autumn 1994, pp. 23-28 참고.

41 Henry C. Bartlett, et al., "Force Planning, Military Revolutions and the Tyranny of Technology," *Strategic Review*, Vol. XXIV, 1996, p. 32.

계가 발달함에 따라 더욱 심화될 것이다. 광역 원거리의 정찰·감시-통제-타격 복합체계를 구축하는 국가는 소규모 부대의 전술적 군사방책으로도 상대방의 작전적 또는 전략적 중심(center of gravity)을 파괴·마비시킬 수 있게 된다. 전역 전체를 훤하게 들여다 보면서 정확한 표적 정보를 수집할 수 있기 때문에 상대방의 전쟁 계획에 심대한 충격을 줄 수 있는 작전적 내지 전략적 수준의 중심을 선정할 수 있고, 이 목표를 원거리의 후방에 위치한 정밀 유도무기로 직접 타격하여 무력화시킬 수 있게 된다. 미래에는 어떤 수준의 군사방책으로든지 상대방의 전략적 중심을 파괴·마비시키는 것이 전쟁의 승패를 결정짓게 될 것이다.

오늘날 전쟁 수행 수준의 중첩 현상은 와든(John A. Warden, 미 공군대령)의 '5개 동심원 모델'(Five-Ring Model)로 설명할 수 있다.[42]

와든은 [그림 2-1]에서 보듯이 국가를 포함한 모든 조직은 다섯 개의 상호 의존적인 체계들로 구성되어 있다고 보고, 그 상호 의존적 체계들을 동심원으로 배열하였다. 가장 내부의 원은 국가통수/지휘체계이고, 그 다음은 핵심체계, 사회기반구조, 일반국민, 야전군대의 순이며, 각각의 원 역시 하위의 지휘체계, 핵심체계, 기반구조, 병력, 야전부대로 구성되어 있다는 것이다.

과거의 전쟁은 대부분 동심원의 외곽으로부터 중심을 향하여 순차적으로 전개되었다. 상대를 파괴하기 위한 전통적 방안은 가장 외곽의 원에 위치하고 있는 군사력을 공격하는 것이었으며,

---

42 구체적 내용은 Colonel John A. Warden, Ⅲ, US Air Force, "The Enemy as a System," *Air Power Journal*, No. 1, Spring 1995, pp. 40-55 참고.

그 다음에 중앙의 원에 있는 전략적 표적을 차례로 공격하였다. 외곽의 야전군대를 돌파하지 못하면 내부에 위치하고 있는 여러 표적들을 공격하는 것이 어려웠다. 예를 들면, 과거에는 왕국을 둘러싸고 있는 군사력을 격파하고 일반 국민의 저항을 뚫고 들어가야 궁성 안에 있는 제왕을 공격할 수 있었다. 상대의 전략적 핵심인 통수체계와 지휘체계를 무력화시키기 위해서는 전선에 배치되어 있는 야전군(Ⅴ)을 먼저 공격한 다음 중심부로 향해 Ⅳ→Ⅲ→Ⅱ→Ⅰ 순으로 파괴해 들어가야 했던 것이다.

[그림 2-1] 전쟁 수행의 5개 동심원 모델

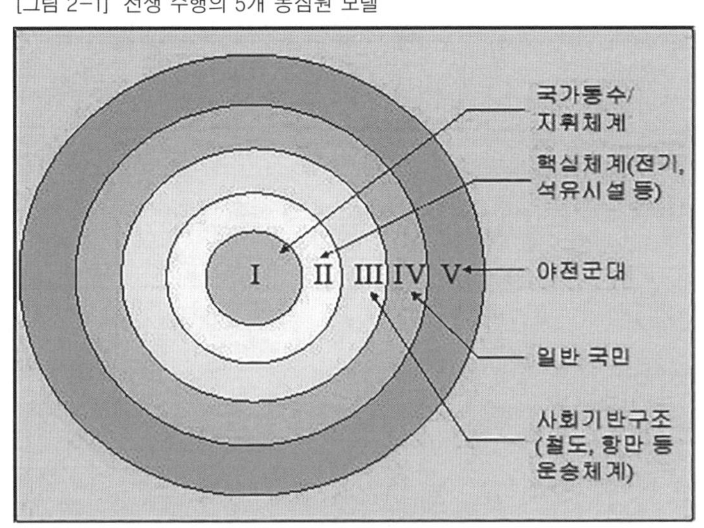

그러나 오늘날의 전쟁은 상황이 완전히 다르다. 첨단 감시 · 정찰체계와 지휘통제 네트워크체계 및 장사정 정밀 유도무기의 획기적인 발전으로 인하여 상대의 막강한 외곽 야전군대를 공격하지 않고도 내부의 전략적 중심을 직접 파괴할 수 있게 되었다. 단기간 내에 깨끗하게 전승을 거두기 위해서는 상대의 군사력을 뚫고 들어가기보다 장사정 정밀 타격 수단으로 국가통수 · 지휘체계를 직접 공격하여야 한다. 상대의 야전군대와 피를 흘려가며 지루하게 싸우지 않고 Ⅰ 또는 Ⅱ · Ⅲ · Ⅳ를 직접 파괴함으로써 전략적 목표를 단기간에 달성할 수 있는 것이다. 공격을 거의 병렬적으로 수행하여 상대를 일거에 압도적으로 무력화시킬 수 있게 됨에 따라 전쟁 수행의 전술적 방책과 작전적 방책 및 전략적 방책을 구분하는 것이 거의 의미가 없게 되었다.

5. 소프트 킬 위력의 증대

앞으로의 전쟁에서는 화력 · 기동력 등 하드 킬(hard kill)보다 정보력 등 소프트 킬(soft kill)의 위력이 더욱 중시될 것이다. 우세한 정보력을 확보하고 있는 나라가 21세기에 세계적 맹주로 부상함과 아울러 정보 · 전자전체계에 기반을 둔 지휘통제전과 전자전 및 사이버전이 위력을 발휘하게 될 것이다. '컴퓨터특공대'(Computer Commando)가 각종의 정보 · 전자무기를 통해 총 한 발 쏘지 않고 상대의 전쟁 수행 능력을 무력화시킬 수 있게 되는 것이다. 컴퓨터의 소프트웨어를 통해 상대방의 송전 시설을 무력화시키고 재정 · 경제시스템과 통신체계 및 운송체계를 전자적으로 교란 · 방해하는 등 상대의 전쟁 수행 체계를 일거에 순간적으로 마비시키는 것이 가능하게 되었다.

소프트 전력의 위력은 이미 걸프전에서 입증되었다. 미국 주도의 다국적군은 첨단 센서 · 지휘통제체계와 지능화 무기체계를 사용하여 눈 · 귀 · 두뇌 기능이 매우 열악한 플랫폼 위주의 이라크군을 무력화시켰다. 미국은 폭약 대신 전자장 무기를 장착한 토마호크 미사일을 발사하여 이라크의 통신 및 레이더체계를 공격하였다. 또한 전자파 폭탄을 사용하여 이라크의 발전 시설은 파괴하지 않고 송전 시설만을 무력화시켰다. 전자장 무기는 많은 양의 에너지를 방출하는 무기로서 컴퓨터 네트워크, 전화, 자동차 엔진의 작동을 멈추게 할 수 있다. 이러한 측면에서 미국 국방장관을 역임한 페리는 다국적군 대 이라크군의 전력 격차를 1,000 대 1로 평가한 바 있다.

오늘날에는 국가사회의 모든 조직 · 기능 · 체계들이 첨단 정보시스템에 크게 의존하고 있기 때문에 정보 보호 · 마비가 국가안보의 새로운 쟁점으로 부각되고 있다. 재정 · 산업 · 수송 · 통신 · 발전소 · 군대 등 국가사회의 모든 하위체계들은 유기적으로 연결되어 있으며 정보시스템이 원활하게 가동되어야만 제 기능을 발휘할 수 있다. 예를 들면 전기 시설이 두절되면 수송체계에 이상이 생기고, 식료품의 유통체계가 붕괴될 뿐만 아니라, 금융체계와 기업 활동이 중단되어, 결국은 도시 전체가 공황에 빠지게 된다. 특히, 상대방의 정보통신체계를 파괴 · 마비시키면 재정 · 상업 · 수송 · 발전소 · 군대 등이 차례로 붕괴되어 국가사회의 혼란은 상상을 초월할 정도이다.

중요한 것은 국가사회의 이러한 체계들을 공격하는데 포탄 및 미사일과 같은 하드 킬 수단이 반드시 필요한 것은 아니라는 점이다. 고도로 정보화된 국가사회는 제3의 국가나 단체가 비대칭적 방법과 수단으로 사이버 공간을 공격해 올 경우 순식간에 마비될 수 있다는 치명적인 취약점을 안고 있다. 따라서 전략적 차원의 정보전(Strategic Information Warfare)이 엄청난 위력을 발휘할 수 있다.

사이버 공간을 둘러싼 전쟁이 치열하게 전개될 가능성에 대비하여 세계 각 국가들은 이미 전략적 차원에서 정보전 방책을 다각적으로 발전시키고 있다. 미국의 국가안보국(National Security Agency)은 1999년 기준 약 120개 국가가 사이버전 기술을 개발하고 있는 것으로 추정한 바 있다. 사이버 전략 · 전술에는 상대방의 홈페이지에 침투하여 전자 공황 상태를 발생시키는 것, 상대방의 전자 · 정보시스템을 파괴 및 마비시키는 것, 상대방의 인터넷 정보를 교란 · 탈취하는 것 등이 포함된다. 미국은 이러한 취약점을 절감하고 그 대비책을 다각적으로 발전시키고 있다. 예를 들면, 사이버 정예 용사를 채용하여 적이 정보 공격을 감행해올 경우 즉각 반격할 수 있는 태세를 구축하고 있다. 이 팀은 이미 36개 국가의 정보 네트워크를 자유자재로 침투할 수 있는 통로를 마련하고, 그 침투로 상에는 '부비트랩'을 설치하여 적이 사이버 공격을 시도할 경우 자동적으로 폭발되어 적국의 시스템을 마비시킬 수 있도록 해놓았다는 것이다.[43]

중국도 '급소마비전략'(acupuncture strategy) 개념에서 미국의 아킬레스건을 공격할 수 있는 '독침'을 발전시키고 있다. 이미 1997년 약 100 명 수준의 정예 인력으로 구성된 해커부대를 창설하였고, 1999년 10월에는 북경군구가 역대 최대의 인터넷공간 전쟁 훈련을 실시한 것으로 알려져 있다. 또한 광주군구는 1999년 10월 무한대학(武漢大學)과 고급 군 간부 배양 계획을 체결, 우수한 대학생에게 매년 5,000 위안화를 지원하고 졸업 후 인터넷전쟁의 주력으로 활용할 예정이다. 한편, 일본 방위청은 2001

---

43 "사이버전쟁 이미 진행 중," ≪중앙일보≫, 1999년 11월 18일자.

년부터 2005년까지 추진되는 차기중기방위력정비계획에서 사이버전 연구에 착수하기로 했고, 사이버 테러에 대처하기 위해 사이버부대를 창설키로 방침을 정하였다.[44]

미래의 전쟁에서는 상대방의 정보통신체계를 마비시키는 전자 · 정보무기뿐만 아니라 대량 살상 · 파괴 없이도 상대방을 무력화시키는 다양한 방책과 수단들이 속속 등장할 것이다. 군사 전문가들은 미래의 무기로서 인간의 활동을 일시적으로 마비시키는 최면제, 인간의 방향 감각 상실과 구토 및 복통을 일으키는 초저주파 음파 발생 장치, 미사일 내부 기폭장치 안에 있는 고감도 전자부품을 녹이는 극초단파, 컴퓨터 · 전자통신 · 레이더 · 감지장치 · 전기차폐장치의 작동을 마비시키는 전자기펄스 등이 활용될 것이다. 그런가 하면, 유전자 조작에 의한 사이버 전사가 출현하고 적의 미사일 탄두를 불발탄으로 만드는 기술이 개발될 것으로 예측되고 있다.

6. 전투 의사결정 사이클의 가속화

정보통신기술의 혁신적인 발전과 함께 전장에서 시간의 개념이 획기적으로 단축되는 추세이다. 제2차 세계대전 당시 며칠이 소요되던 전투준비가 앞으로는 몇 시간 걸리고, 몇 시간 걸리던 전투준비는 몇 분으로, 몇 분 걸리던 전투준비는 몇 초로 단축될 것이다. 자동화 지휘통제 네트워크체계에 의해 감시 · 정찰체계와 타격체계를 연결(Sensor to Shooter)시킬 수 있게 됨에 따라

---

44 김진우·윤진석, "사이버전의 위협과 한계," 한국국방연구원, ≪주간국방논단≫, 2000. 4. 3, p. 2.

표적의 위치 파악으로부터 추적 · 식별 · 타격에 이르는 모든 전투 수행 과정이 고속으로 진행될 것이다. 앞으로는 미리 설치된 소프트웨어를 통해 전투를 전개할 것인지, 전투를 할 경우 사용할 체계는 무엇인지, 그리고 다시 전투를 전개할 것인지 등의 여부를 아주 신속하게 결정할 것이기 때문에 인간에 의한 의사결정은 사라지게 될 것이다.

존 보이드는 전장에서의 의사결정 및 시간 개념을 [그림 2-2]에서 보는 것처럼 「관찰(observe) → 상황판단(orient) → 의사결정(decision) → 행동(action)」으로 이어지는 모델(OODA 모델)로 설명하고 있다. 전쟁에서 스마트하게 승리하기 위해서는 정보 수집 체계를 통해 상황을 신속하게 관찰하여 문제의 본질을 파악하고, 정보 처리 체계를 통해 무엇을 어떻게 할 것인가의 대응 방안을 결정하며, 정보 분배 체계를 통해 의도하는 바를 휘하의 부대 및 장병들에게 적시에 전달한 후, 가용 자원을 활용하여 상대방보다 빠르고 동시적으로 행동을 취할 수 있어야 한다는 것이다.[45]

산업문명 시대의 전쟁에서 병력의 집중이 가장 중요하였다면, 정보문명 시대의 전쟁에서는 시간을 효율적으로 사용하는 것이 핵심 관건이 된다. 전투 의사결정의 시간을 단축하는 것이 전승의 요체가 된다. 보이드는 모든 합리적 인간들은 「O-O-D-A」를

---

45 존 보이드의 OODA 모델에 대한 자세한 내용은 Gregory M. Schechtman, Captain, USAF, *Manipulating the OODA Loop: The Overlooked Role of Information Resource Management in Information Warfare*, Thesis Presented to the Faculty of the Graduate School of Logistics and Acquisition Management of the Air Force Institute of Technology, Air University, December 1996, pp. 32-40 참고.

주기적으로 반복한다고 전제하고, 그 주기를 빠르고 정확하게 지속적으로 먼저 완료하는 측이 전쟁에서 승리한다는 논리를 전개하고 있다.

[그림 2-2] 존 보이드의 전투 의사결정 모델

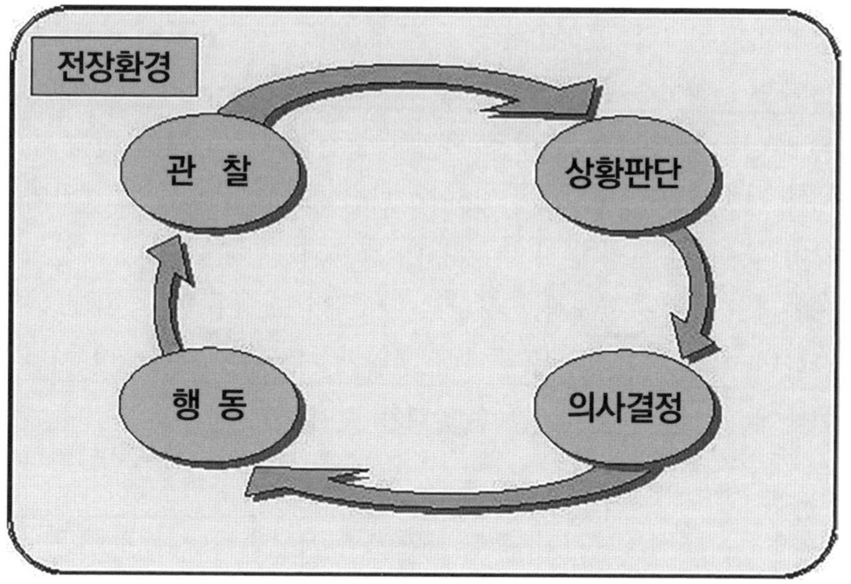

보이드는 "아측 입장에서 마찰을 유발할 가능성이 있는 요소를 최소화할 필요가 있다"는 클라우제비츠의 논리와 "상대방의 마찰 요소를 교묘하게 활용하면 전쟁을 유리한 방향으로 유도해 나갈 수 있다"는 손자의 논리에 기초하여 전장의 불확실성에 적응할 뿐만 아니라 전장 환경을 유리하게 조성해 나가야 전쟁에서 승리할 수 있다는 점을 강조하고 있다. 아측은 주도권의 장악과 다양한 군사 방책의 동시·통합적 운용을 통해 마찰 요소를 최소화함으로써 OODA 주기를 신속하고 탄력적으로 돌려야 한다는 것이다. 전투 의사결정과 행동에 소요되는 시간을 획기적으로 단축시킬 때 상대방의 전쟁 의지가 무기력하게 된다. 이와는 반대로 상대방에 대해서는 마찰 요소를 극대화시켜 OODA의 순환을 방해할 수 있는 군사 방책을 강구하여야 한다는 것이다. 마찰의 정도가 증가되면 전투 의사결정 및 행동에 소요되는 시간이 크게 지연되어 혼란과 무질서 및 공포에 빠지게 되고, 결국은 물리적 능력과 전쟁의지가 무기력하게 된다.

미 육군참모총장을 역임한 설리반(Gordon R. Sullivan) 대장은 보이드의 OODA 모델을 적용하여 전장에서의 시간 단축 추세를 설명하고 있다. 그에 의하면, 다음 [표 2-4]에서 보는 바와 같이 나폴레옹전쟁 당시 한 계절이 소요되었던 전투준비 기간이 1991년도의 걸프전에서는 하루로 단축되었고, 이러한 추세로 나간다면 미래의 전쟁에서는 적대 행위가 시작된 지 불과 몇 시간 이내에 전투준비가 완료될 수 있다는 것이다.[46]

[표 2-4] 전장에서의 시간 단축 추세

구분	나폴레옹전쟁	남북전쟁	제2차 세계대전	걸프전	미래 전쟁
관 찰	망 원 경	전 보	라디오/무선	거의 실시간	실 시 간
상황 판단	몇 주	몇 일	수 시 간	몇 분	지 속 적
의사 결정	몇 달	몇 주	몇 일	몇 시 간	즉 시
행 동	한 계 절	한 달	일 주 일	하 루	한 시간 내

전장 운영에 있어서 시간과 속도의 중요성은 다음 [그림 2-3]와 같은 '정보-의사결정-행동'(Information-Decision-Action;

46 General Gordon R. Sullivan and Colonel James M. Dubik, "War in the Information Age," *Military Review*, April 1994, p. 47.

IDA) 모델로 설명되기도 한다.[47] 이는 보이드의 '관찰-상황판단-의사결정-행동' 모델에서 '관찰'과 '상황판단'을 '정보'로 대체한 것이라고 볼 수 있으며, 정보가 관찰과 상황판단의 핵심이 되고 있음을 의미한다. 이 모델 역시 정보→의사결정→행동으로 연결되는 일련의 주기를 신속하게 순환시켜 어떤 특정 목표를 달성하는데 소요되는 시간을 단축하는 것이 전쟁의 승패를 좌우한다는 전제에 기초하고 있다.

[그림 2-3] 정보-의사결정-행동 모델

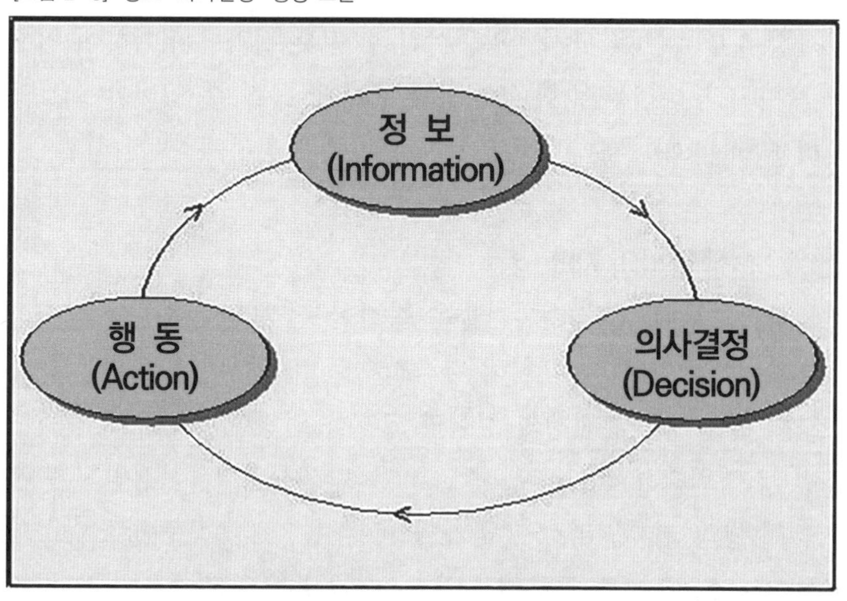

오늘날에는 정보체계가 혁신적으로 발전되고 무기체계의 기동성 및 정밀도가 획기적으로 향상됨에 따라 전장을 운영함에 있어서 시간의 압축이 가능해지고 있다. 정찰 · 감시 · 표적획득(Reconnaissance, Surveillance and Target Acquisition;

47 Ajay Singh, "The Revolution in Military Affairs: 4-Dimensional Warfare", *Strategic Analysis*, Vol. XXII, No. 2, May 1998, pp. 172-173.

RSTA)을 위한 센서체계의 발전은 전장 정보의 수집 · 처리 · 분배에 걸리는 시간을 단축시킬 뿐만 아니라 정확한 상황 판단과 신속한 전투 의사결정 및 작전임무 할당을 보장해주게 된다. 또한 무기체계의 기동성 향상은 공격 도달 거리를 대폭 확장시킴으로써 운반 시간의 압축을 가져오게 된다. 그런가 하면, 타격 수단의 정밀도 향상은 목표물을 파괴하기 위한 공격의 횟수를 감소시킴으로써 단시간 내에 스마트하게 전투를 종료할 수 있도록 해준다. 결국 앞으로의 전쟁에서는 먼저 표적을 멀리서 발견하고 장사정 정밀 무기를 발사 · 명중시킨 후 전투 결과를 평가하여 임무를 다시 부여하는 순환 주기를 신속하게 돌릴 수 있어야 최소의 희생 및 파괴로 보다 스마트하게 승리를 성취하게 될 것이다.

7. 전쟁원칙의 재조명

과거로부터 군사 이론가들은 복잡한 전쟁 양상을 논리적이고 체계적으로 이해하기 위해 다각적으로 노력하여 왔으며, 그 대표적 산출물로서 전쟁의 경험과 교훈을 간명한 격언으로 집약시킨 '전쟁원칙'(principles of war)을 탄생시켰다. 전쟁원칙은 전쟁 수행의 기본원리로서 국가별 또는 육 · 해 · 공군별로 다소의 차이는 있으나 그 근본적 내용은 대체로 유사하며 시대적 변화로부터 비교적 영향을 받지 않은 것으로 분석되고 있다. 미국 육군은 일찍이 ① 목표(Objective), ② 공세(Offensive), ③ 집중(Mass), ④ 병력절약(Economy of Force), ⑤ 기동(Maneuver), ⑥ 지휘통일(Unity of Command), ⑦ 보안(Security), ⑧ 기습(Surprise), ⑨ 단순성(Simplicity) 등 아홉 가지의 전쟁원칙을 정립 · 교리화하여 전략적 · 작전적 · 전술적 수준의 전투를 수행함에 있어서 최고의 준칙으로 적용하여 왔으며,[48] 합동 교리와 해 · 공군 교리에서도 전투 수행의 근본원리로 삼고 있다.[49]

그러나 정보문명 시대의 새로운 전쟁 패러다임이 발전함에 따라 전쟁원칙도 적용 가능성과 적실성을 재검토할 필요가 있다는 문제 의식이 제기되고 있다. 19~20세기 산업문명 시대의 전쟁 경험에 기반을 두고 있는 전쟁원칙은 정보문명 시대의 전쟁에서 적용되기 어려운 측면이 있다는 것이다.[50] 아직까지는 기존의 전쟁원칙이 여전히 유용하다는 논리에 무게가 실리고 있으나, 그 중점과 차원을 작전 · 전술적 관점에서 전략적 관점으로 전환하여야 한다는 주장이 점차 힘을 얻어가고 있다. 미국 육군의 전쟁원칙을 정보문명 시대의 전쟁 수행 개념 및 양상에 비추어 재조명해 볼 경우, 9개 원칙 중 5개 원칙은 전략적 차원에서 포괄적으로 다시 정립되어야 한다는 것이다.

집중보다는 초점(Focus)이, 병력절약보다는 노력절약(Economy of Effort)이, 기동보다는 결집 · 조정(Orchestration)이, 지휘통일보다는 노력통일(Unity of Command)이, 단순성보다는 명료성(Clarity)이 더욱 적실하고 타당한 의미를 갖게 된다

---

48 자세한 내용은 Walter P. Franz and Harry G. Summers, "Principles of War: An American Genesis," An Occasional Paper from the Strategic Studies Institute, US Army War College, February 20, 1981, p. 3 참고.

49 Joint Pub 3-0, *Doctrine for Joint Operations*(Washington, DC: U. S. Government Printing Office, September 1993), p. A-1.

50 Barry R. Schneider, "Principles of War for the Battlefield of the Future," Barry R. Schneider & Lawrence E. Grinter, eds. *Battlefield of the Future: 21st Century Warfare Issues*, Air War College Studies in National Security, No. 3, 1995.

는 것이다.[51]

전쟁양상의 변화와 함께 가장 많은 논란이 제기되고 있는 고전적 전쟁원칙은 '집중'이라고 할 수 있다. 이제까지는 집중의 원칙 하에서 대규모의 군사력(mass forces)을 축차 연속적 작전(sequential operation) 개념에 의해 운용하여 왔다. 군사력의 집중은 시대적 상황 변화에 관계없이 전 세계 군사 전략가와 전투원들이 신봉해온 근본 원칙이었다. 그러나 오늘날 광역 전장 감시 · 정찰 능력이 고도로 발전되고 타격 수단의 정밀도와 치사도 및 사거리가 획기적으로 향상됨에 따라 군사력의 대량 집중은 오히려 전투 효율성을 저하시키는 결과를 초래하게 되었다. 비교적 소규모의 정밀 타격으로도 공격의 효과를 충분히 거둘 수 있게 되었기 때문이다. 뿐만 아니라, 대규모의 병력과 부대를 집중시킬 경우 상대측에게 아주 좋은 표적이 되기 때문에 전투 피해를 감소시키기 위해서도 군사력의 분산 배치가 불가피해지고 있다.[52] 앞으로 디지털 전장이 완전하게 실현되면 병력의 분산은 더욱 심화될 것으로 전망된다.

[표 2-5] 병력 분산도의 변화

구분	고 대	나폴레옹	남북전쟁	1차대전	2차대전	4차중동전	걸프전
병력/㎢(명)	100,000	4,790	3,883	404	36	25	2.34

51 자세한 내용은 William T. Johnsen and Others, *The Principles of War in the 21st Century: Strategic Considerations*, Strategic Studies Institute, US Army War College, August 1, 1995, pp. 8-19 참고.

52 권태영·정춘일, 『선진국방의 지평』, pp. 252-253.

여기서 하나의 중요한 의문이 제기될 수 있다. 적으로부터의 공격 피해를 감소시킨다는 측면에서는 분산을 해야 하나 적을 파괴 · 손상시킨다는 측면에서는 집중을 해야 하는 모순이 있게 되는 것이다. 그렇다면 군사력을 분산 배치된 위치에서 어떻게 집중시킬 것인가? 산업문명 시대의 전쟁에서는 각종 화기의 사거리가 짧았기 때문에 이러한 문제를 주로 기동에 의해 해결하려고 노력하였다. 그러나 앞으로의 전쟁에서는 광역 전장 감시 · 정찰 체계와 장거리 정밀 타격 수단의 발전으로 인해 아측의 병력 및 부대가 소규모 단위로 안전한 후방지역에 넓게 분산 배치되어 있어도 적의 표적에 모든 전투력을 순간 동시적으로 신속하게 집중시킬 수 있게 될 것이다.

이러한 점에서 그동안 중시되어 온 '병력 · 부대 집중'의 원칙은 '타격효과(striking effect) 집중'의 원칙으로 대체될 필요가 있다. 집중의 목적도 적의 영토 점령 또는 부대 격멸에서 정보체계 및 지휘체계의 마비로 전환될 것이다. 전쟁 초기에 적의 군대 자체를 공격하는 것보다 정보체계를 방해 · 교란 · 파괴시키는 것이 훨씬 더 효과적이고 중요하다. 적의 정보체계와 지휘 · 의사결정 체계를 무력화시키면 모든 작전체계도 기능 발휘가 불가능해진다. 적의 몸체를 마비시키는 전략적 목표를 달성할 수 있게 되는 것이다.

이러한 맥락에 비추어볼 때, 기존의 전쟁원칙은 새로운 관점에서 재조명 · 보완 · 수정될 필요가 있다. 이미 여러 가지 후보 원칙들이 등장하고 있는 것으로 분석된다. 예를 들면, '정보지배'(Information Dominance), '동시 종심 공격'(Simultaneity & Depth of Attack), '정밀 타격'(Precision Targeting), '병렬전투'(Parallel Combat), 조화 · 협조(Orchestration), '동시 동기화'(Simultaneous Synchronization) 등이 그것들이다. 최근 중국 내 군사 전문가들의 미래전 연구에서는 장거리전투, 원격전투, 컴퓨터전투, 마비전투 등의 새로운 전투 수행 개념이 제시되고 있다.[53]

---

53 Michael Pillsbury, ed., *Chinese Views of Future Warfare*(Washington, DC: National Defense University Press, March 1997), pp. 393-396.

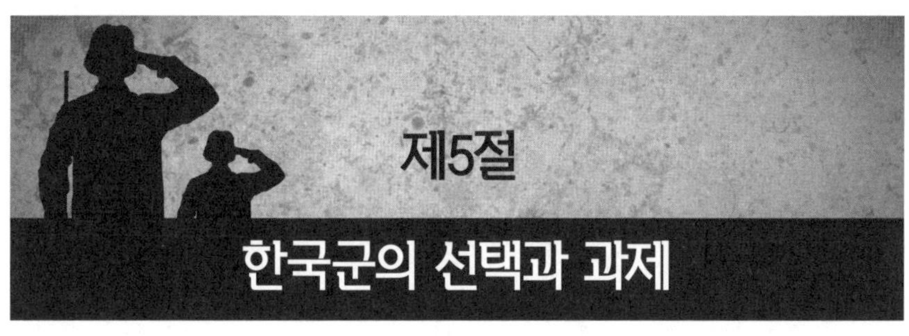

제5절 한국군의 선택과 과제

앞에서 21세기의 전쟁 패러다임과 군사력 존재 양식이 어떻게 전환될 것인지를 분석하였다. 우선, 오늘날 가속화되고 있는 정보 · 통신혁명의 군사적 파장 및 의미와 새로운 군사력 발전 패러다임으로 부상하고 있는 군사혁신의 개념을 살펴보았다. 다음으로 21세기의 전쟁 수행 개념과 방식을 예고해 준 걸프전쟁을 새로운 군사혁신의 관점에서 분석해 보았다. 끝으로 전쟁 및 군사 패러다임의 새로운 발전 경향을 구체적으로 고찰해 보았다. 이러한 분석을 통해 정보문명 시대의 전쟁 수행 개념 및 방식은 이제까지의 사고방식으로는 도저히 생각할 수 없을 정도로 바뀌게 될 것이라는 점을 발견하였다. 이미 정보 · 지식 기반의 전쟁 및 군사 패러다임이 보편화되고 있으며, 세계 각 국가들은 이러한 변화 추세에 부응하기 위한 비전과 전략 및 방책을 개발하고 있다.

한국 역시 이러한 세계 문명사적 변혁의 흐름에서 예외가 될 수는 없을 것이다. 한국만이 구시대의 전쟁 및 군사 패러다임에 고착되어 있다면 장래의 국가안보는 어떻게 될 것인가? 그 답은 구태여 언급할 필요가 없을 것이다. 한국에게 있어서도 군사혁신의 추구는 선택의 문제가 아니라 필연의 문제이다.

우선, 범세계적 관점에서 군사발전 패러다임의 변화에 적극적으로 부응해 나가야 할 것이다. 이제 정보 · 지식 기반의 전쟁 패러다임이 발전되는 가운데 재래식 무기에 의한 대량 파괴전 개념은 핵심 군사표적만을 정확하게 공격하는 정밀 타격전 개념으로 변환되고 있다. 특히, 광역 원거리 감시 · 정찰-통제-타격 복합 시스템의 구축이 군사력 발전의 근간이 되고 있다. 한국도 이러한 변화 추세에 능동적으로 대비하기 위해 혁신적 사고와 개념으로 군사력을 설계 · 발전시켜야 할 것이다.

둘째, 북한의 전략적 위협에 주도적으로 대처하고 통일 이후의 선진 정예군을 건설해 나가기 위해 새로운 차원의 군사발전 패러다임을 발전시켜야 할 것이다. 북한은 핵 개발 의혹, 화 · 생무기, 탄도미사일 등 대량살상무기를 중점적으로 발전시키고 있다. 한국은 이러한 위협을 전략적 차원에서 억제하기 위해 기존의 전력 발전 방식을 탈피하고 혁신적 대응 방책을 모색하는 것이 긴요하다. 뿐만 아니라, 통일구도의 전개 과정에서 조성될 수도 있는 남 · 북한 군비축소 상황에도 대처하여야 한다. 현재의 남 · 북한 군사력을 합칠 경우 병력 수준이 약 200만 명에 달하게 되는데, 주변국은 이러한 대규모 군사력을 바람직하게 보지 않을 것이다. 한국 역시 국가발전 차원에서 병력의 대폭적 감축이 불가피할 것이다. 이는 질 위주의 소수 정예군을 발전시키는 것이 불가피함을 의미한다.

셋째, 한반도 주변의 유동적 안보상황과 군사력 발전 추세에 능동적으로 대비하여야 할 것이다. 주변국들은 모두 세계 최강의 강대국들로서 이해관계의 상충과 합종연횡의 세력 재편 가능성을 안고 있으며, 한국은 그러한 유동적 안보상황으로부터 심대한 영향을 받지 않을 수 없다. 특히, 주변국들이 21세기형 군사혁신을 성취하거나 상당한 잠재력을 축적할 경우, 한국의 안보 · 군사적 위상은 더욱 왜소해질 가능성이 크다. 한국은 이러한 유동적이고 불안정한 역내 안보질서 속에서 국가의 생존을 지키고 국가이익의 자유 선택적 추구를 보장하기 위해서는 주변국에 상응한 군사혁신을 성취하여야 할 것이다.

끝으로, 한국의 국력 발전과 사회 변화에 걸맞은 군사 발전을 추구하여야 할 것이다. 한국은 20~25년 후면 세계 7~10위권의 선진국으로 발돋움하고, 국가의 외교 · 경제활동 범위도 세계로 확대됨에 따라 이해관계의 영역이 보다 원거리 · 보다 넓은 지역으로 확장될 것이다. 이는 세계 원거리의 국가이익을 보호할 수 있는 안보 방책이 요구됨을 의미한다. 그런가 하면, 사회가 민주화 · 정보화 · 복지화 · 핵가족화 · 노령화 양상으로 변모함에 따라 생명의 존엄성이 중시되고 개인의 위상이 높아지는 가운데 희생이 큰 전쟁을 거부하는 풍조가 현저하게 표출될 것으로 보인다. 최소의 희생 및 비용으로 최단기간 내에 전쟁을 종료할 수 있는 전쟁 방식 및 수단의 발전이 요구되는 것이다. 한국군은 이러한 국가사회의 요구에 능동적으로 부응하기 위해 혁신적 차원에서 군사발전을 추구하여야 할 것이다.

오늘날 한국의 국방은 여러 가지 복합적인 발전 과제를 안고 있다. 가장 당면한 것은 북한위협의 지속과 미래 불확실성 안보위험의 증대라는 이중적 안보상황에 대처해 나가야 하는 '전략선택의 과제'이다. 다음은 과학기술의 혁명적 발전에 따른 미래 전쟁 양상의 변화에 대비하여야 하는 '군사혁신의 과제'이다. 끝으로는 국방재원의 제약에 따른 방위력 개선 투자비 압박을 지혜롭게 극복하여야 하는 '운영혁신의 과제'이다. 한국은 이러한 국방발전 과제를 종합적으로 고려하면서 국가의 생존과 번영을 보장하기 위한 군사 패러다임을 확고한 신념과 강력한 의지를 가지고 발전시켜 나가야 할 것이다. 첨단 정보 · 기술군을 건설하기 위한 군사혁신은 이제 미룰 수 없는 당위적 과업이다.

제3장

4차 산업혁명과 한국적 군사혁신 방향

제1절 4차 산업혁명과 군사혁신 4.0

인류가 4차 산업혁명이라는 새로운 문명을 개척함에 따라 전쟁 · 군사 분야도 새로운 패러다임의 모색이 요구되고 있다. 4차 산업혁명을 견인하는 첨단 기술을 활용하는 새로운 차원의 군사혁신(RMA: Revolution in Military Affairs),[1] 즉 군사혁신 4.0 방책을 개발해야 하는 것이다. 미래학자 앨빈 토플러(Alvin Toffler)는 전쟁의 방법은 부(wealth)의 창출 방법을 반영하였고, 반전쟁(anti-war, 평화)의 방법은 전쟁의 방법을 반영한다고 주장한 바 있다.[2] 이는 새로운 과학기술의 급속한 발전에 기인한 문명 패러다임의 전환이 전쟁과 평화의 방식

---

1 군사혁신이라는 용어는 1990년대 중반부터 한국국방연구원의 권태영 박사와 정춘일 박사가 일련의 연구과제를 수행하면서부터 사용됐다. 원래 미국에서 사용하는 Revolution in Military Affairs라는 영문을 군사혁신으로 번역했다. 혁명이라는 말이 정치·사회적으로 오해될 수도 있다는 점을 고려한 것이다. 1996년 8월 미국 내 군사혁신 모색 동향을 파악해 『미국의 군사혁신(RMA/MTR) 발전 추세』 제하의 해외 출장 귀국 보고서를 제출했고, 이어서 같은 해 12월 『한국적 군사혁신의 비전과 과제』라는 연구보고서를 제출했다. 1998년에는 한국국방연구원 내·외부 분야별 전문가들이 공동으로 『21세기 군사혁신과 한국의 국방비전』이라는 책자를 발간했다. 급기야 1999년에는 국방장관의 특별 지시에 의거해 국방부 국방개혁추진위원회 내에 「군사혁신기획단」을 설치했고, 3년간의 연구 끝에 『한국적 군사혁신의 비전과 방책』 제하의 국방 발전 제안서를 발행했다.

2 Alvin and Heide Toffler, *War and Anti-War: Survival at the Dawn of the 21st Century* (Boston, New York, Toronto, Lodon: Little, Brown & Company, 1993), p. 3.

을 송두리째 바꾸어놓는다는 점을 의미한다. [표 3-1]에서 보듯이, 인류는 그동안 새로운 동력원의 등장과 생산 수단의 변화에서 비롯된 산업혁명과 그로 인한 문명사적 변혁을 여러 차례 목도하였다.

[표 3-1] 산업혁명과 문명 패러다임 전환

구분	1차 산업혁명 (18세기)	2차 산업혁명 (19~20세기 초)	3차 산업혁명 (20세기 후반)	4차 산업혁명 (21세기 초반)
특징	증기기관 기반의 기계화 혁명	전기에너지 기반의 대량생산 혁명	컴퓨터/인터넷 기반의 디지털 혁명	사물인터넷/빅데이터(사이버물리시스템) 기반의 초지능 혁명
영향	수공업 시대에서 증기기관을 활용한 기계가 물건을 생산하는 기계화 시대로 전환	전기와 생산 조립 라인의 출현으로 대량생산 체제 구축	반도체와 컴퓨터, 인터넷 혁명으로 정보의 생성·가공·공유를 가능하게 하는 정보기술 시대 개막	인간·사물·공간의 초연결 및 자동화·지능화로 디지털-물리적-생물학적 영역 경계가 사라지는 기술 융합 시대 개막

1차 산업혁명은 1780년대에 증기기관이 동력원으로 등장하면서 수공업 생산 수단을 기계화 생산 수단으로 전환시킨 혁명이다. 인간의 단순 노동력에 의한 생산을 기계에 의한 생산으로 바꾼 것이다. 2차 산업혁명은 1870년대에 전기 에너지가 보급되어 컨베이어 생산 라인이 구축되고 그에 따라 제품의 대량 생산이 가능해진 혁명이다. 3차 산업혁명은 1970년대 이후 반도체 · 컴퓨터의 급속한 발전과 인터넷의 보편화에 따라 발생된 정보화 혁명이다.

이제 인류는 또 한 번의 산업혁명에 직면해 있다. 이는 4차 산업혁명으로서 하드웨어가 아닌 소프트웨어 기술의 혁신적 발달에 기인한 스마트 혁명을 말한다. 3차 산업혁명이 생산과 소비, 유통 등 경제 · 산업 시스템의 디지털화를 의미한다면, 4차 산업혁명은 생산 방식은 물론 제품 자체가 지능을 갖는 수준의 파괴적 변화를 말한다.

4차 산업혁명은 이제까지 경험한 3차 산업혁명과는 차원이 다른 만큼 기존 삶의 방식을 근본적으로 바꿔놓을 것으로 전망되고 있다. 세계경제포럼의 슈밥 회장은 2017년 4월 18일 대법원이 개최한 2016 국제법률심포지엄에서 4차 산업혁명이 눈사태나 쓰나미처럼 몰려오고 있다고 강조한 바 있다. 그에 의하면, 1 · 2 · 3차 산업혁명은 사람들이 일을 쉽게 할 수 있도록 생산 수단을 바꿨지만, 4차 산업혁명의 경우 사물인터넷, 빅데이터, 인공지능, 로봇, 자율주행 등 여러 혁신이 통합되어 상호 연결됨으로써 생산 시스템에 파격적인 변화가 일어난다는 것이 기존 산업과의 차이점이다. 그는 4차 산업혁명은 3차 산업혁명의 연장이라고 생각할 수 없으며 단순한 디지털화에 국한되는 것이 아니라고 역설하였다.[3]

인류 문명 패러다임이 이처럼 전환되면 전쟁 및 군사 분야도 쓰나미처럼 밀려오는 파장을 피할 수 없을 것이다. 인류의 역사를 돌아보면, 혁신적 차원에서 전쟁 및 군사 패러다임을 개발 · 발전시킨 국가는 그렇지 못한 국가와 전쟁을 벌일 경우 항상 승리하였다는 사실을 교훈으로 보여주고 있다. 혁혁한 전승을 성취한 국가들은 대부분 새로운 기술 주도의 군사 능력과 전술을 개

3 http://blog.naver.com/harrisco99/220840253600.

발 · 적용하였으며, 기술의 발전이 전쟁의 성격과 방식에 중대한 변혁을 가져왔다. 새로운 기술을 활용하여 전투 시스템을 혁신적으로 창출함으로써 기존의 전쟁 패러다임을 진부하게 만든 경우가 많은데, 이러한 현상이 곧 군사혁신인 것이다. 그러나 기술이 군사혁신의 필요 · 충분조건이 되는 것은 아니다. 정치 · 경제 · 사회 · 지정학적 조건들도 기술적 조건과 병행하여 새로운 전쟁 및 군사 패러다임의 발전에 중요한 요인으로 작용하였다.

미국의 저명한 군사 분야 사학자이자 언론 사설 집필자이기도 한 맥스 부트(Max Boot)는 지난 500년에 걸쳐 발생한 화약혁명, 제1차 산업혁명, 제2차 산업혁명, 정보혁명 등 네 가지의 대변혁이 전쟁의 양상에 미친 영향을 분석하면서 다음과 같은 주제를 제기하였다.[4]

첫째, 기술 자체만으로는 압도적인 군사적 우위를 점하기 어려우며, 전술과 조직, 훈련, 리더십 등 효과적인 관리체계도 함께 발전되어야 한다.

둘째, 군사혁신을 적극 수용하고 이용했던 나라들은 역사의 승리자가 된 반면, 그에 뒤쳐졌던 나라들은 대부분 약소국으로 전락하거나 역사의 뒤안길로 사라졌다.

셋째, 자신이 가진 군사적 능력과 한계를 알고 실현 불가능한 프로젝트에 쓸데없이 군사력을 낭비하는 우를 범하지 않는 지혜가 필요하다.

넷째, 최상의 전략과 전술 및 기술을 보유하고 있는 군대에게

---

4 맥스 부트 지음, 송대범외 옮김, 『전쟁이 만든 신세계: 전쟁, 테크놀로지 그리고 역사의 진로』(서울: 플래닛미디어, 2008), pp. 61-62.

도 무한한 우위는 제공되지 않으며, 경쟁자들 역시 혁신을 추구한다.

다섯째, 혁신은 점점 더 빠른 속도로 진행되어 왔다. 화약혁명은 결실을 거두는데 최소 200년이나 걸렸지만, 1차 산업혁명은 150년, 2차 산업혁명은 40년, 정보혁명은 불과 30년 걸렸다. 변화의 속도를 따라잡는 것이 더욱더 어려워지고 그만큼 뒤처질 위험성도 커서 시행착오를 겪을 여유가 없다.

한국군 역시 이러한 역사적 사례와 교훈을 반추해 보고 4차 산업혁명에 기인한 새로운 문명의 도래에 능동적으로 대비해야 할 것이다. 새로운 군사혁신의 목표 및 방향과 주요 과업을 군사 기획 및 전략의 관점에서 도출하고 구체적 실현 방책을 개발해야 한다. 이 장에서는 4차 산업혁명의 본질 및 방향성과 과학기술의 혁명적 발달 및 전쟁 양상 변화 추세를 분석하고 새로운 군사혁신(군사혁신 4.0)의 동향을 논의한다. 궁극적으로는 한국적 상황과 여건에서 한국군이 모색해야 할 군사혁신의 방향과 방책을 제시한다.

제2절

4차 산업혁명의 본질과 방향성

4차 산업혁명이라 불리는 거대한 디지털 지능화 문명에 대한 공식적 논의가 2016년 1월 세계경제포럼에서 시작됐다. 이 포럼에서 슈밥(Klaus Schwab) 회장은 디지털 기기와 물리적 환경의 융합으로 펼쳐지는 4차 산업혁명의 거대한 시대가 개막되었음을 선언했다. 그는 4차 산업혁명을 3차 산업혁명을 기반으로 한 디지털과 바이오산업 및 물리학 등의 경계를 융합하는 기술혁명이라고 정의했다.[5]

전문가 일각에는 4차 산업혁명에 대한 논의의 진원지가 독일이라는 주장도 있다. 독일에서 컴퓨터 기반의 자동화와 함께 시작된 3차 산업혁명을 새롭게 정의하면서 4차 산업혁명이라는 용어를 사용했다는 것이다. 컴퓨터 기반의 자동화보다 더 심대한 생산 방식의 변화가 사물인터넷과 사이버-물리시스템 등을 기반으로 발생했는데, 이것이 4차 산업혁명이라는 주장이다. 그러나 독일의 경우에는 제조업 경쟁력의 강화와 스마트 서비스 및 디지털 전환(Digital Transformation)에 집중했기 때문에 4차 산업혁명이라는 용어보다 '산업 4.0'(Industrie 4.0)이라는 용어

---

5 클라우스 슈밥 지음, 송경진 옮김, 『클라우스 슈밥의 제4차 산업혁명』 (서울: 메가스터디, 2016), pp. 12-13.

를 주로 사용한다.[6]

4차 산업혁명은 진행 과정에 있는 현상이고 결과를 예단할 수 없으므로 개념 정의가 어려우나 일반적으로 첨단 과학기술과 정보통신기술이 다양한 산업들과 결합해 이제까지는 볼 수 없던 새로운 형태의 제품과 서비스 및 비즈니스를 만들어내는 것을 말한다. 세상의 만물로부터 무한대의 데이터가 수집 · 저장되고, 무한대의 정보가 클라우드를 통해 접속되며, 모든 인간과 사물이 초대용량 유 · 무선 네트워크를 통해 상호 연결되고 있다.

인공지능과 로봇, 사물인터넷, 빅데이터, 클라우딩, 양자 컴퓨팅, 3D 프린팅, 자율 주행 자동차, 나노기술, 바이오기술, 재료공학, 에너지 저장 기술 등 광대한 분야에서 새롭게 부상하는 과학기술의 융합이 새로운 차원의 산업혁명을 견인하고 있다. 이로 인해 인간 개개인의 삶과 일하는 방식, 사회적 가치와 존재양식뿐만 아니라, 인간관계, 기업 운영 방식과 사업 모델, 정부 위상과 역할, 국제관계 등 전 분야에 걸쳐 혁명적 변화가 가속되고 있다.

4차 산업혁명은 세 줄기의 방향으로 진행되고 있다.[7] 첫째의 방향은 현실 물리적 세계(physical world)의 디지털화와 네트워크화이다. 사물인터넷이 지능화 기술을 만나 만물의 수평적 연결성이 지수함수적으로 확장되는 초연결 디지털 생태계가 생성되는 것이다.

둘째의 방향은 초연결된 만물로부터 산출되는 빅데이터의 분

---

6 김은 외, 『4차 산업혁명과 제조업의 귀환』(서울: 클라우드나인, 2017), pp. 4-5.

7 하원규 외, 『제4차 산업혁명』(서울: ㈜콘텐츠하다, 2015). pp. 16-17.

석과 해석이다. 인공지능의 급속한 진화로 판단의 고도화와 자율제어가 가능해짐에 따라 수직적 지능성이 지수함수적으로 강화되는 인공지능 디지털 생태계가 생성되는 것이다.

셋째의 방향은 현실 세계와 사이버 세계(cyber world)의 상호 관련성이 심화된 사이버-물리 복합 시스템(CPS: Cyber Physical System)의 운용을 통해 미래의 불확실성을 감소시키고 합리성을 높이는 예측 가능성이 증가한다. 인간이 하드웨어와 소프트웨어 및 인공지능으로 구성된 디지털 브레인시스템을 통해 클라우드시스템에 축적 · 저장된 빅데이터에서 의미 있는 정보를 추출 · 분석 · 해석해 활용하는 것이다.

4차 산업혁명을 견인하는 핵심적 원리는 '초연결성'과 '초지능성'이다. 초연결성은 컴퓨팅과 통신의 대상이 사람과 사람을 넘어 사람 · 사물 · 공간으로 확장되는 것이다. 초지능성은 초연결성을 지닌 인터넷과 이동통신 플랫폼을 기반으로 사이버-물리 시스템과 인공지능을 활용해 사회 시스템 간의 상호작용을 심화하는 것이다.[8] 이는 인터넷과 이동통신의 공진으로 사물인터넷(IoT: Internet of Things)이 만물인터넷(IoE: Internet of Everything) → 만물지능인터넷(Ambient IoE) → 만물초지능인터넷(Extra-intelligence IoE)으로 진화하면서 생성된다. 2010년대 말에는 수백억 개의 디바이스가 통신시스템으로 연결된 사물인터넷 생태계가 조성되고, 2020년대 이후에는 수천억 개의 디바이스 및 센서가 통신시스템으로 초연결된 만물인터넷 생태

8 위의 책, p. 97.

계가 형성될 것으로 전망되고 있다.

인간과 수백억 개의 스마트디바이스가 초연결된 생태계에서는 막대한 빅데이터를 신속하게 처리하고 가치 있는 서비스를 창출하기 위해 인공지능의 분석력이 요구된다. 이제 물리적 세계의 모든 인간 행위와 사물 상태가 디지털 데이터로 전환돼 사이버 시스템의 클라우드에 축적되고, 인공지능의 분석에 의해 의미 있는 정보 · 지식으로 산출돼 현실 세계로 환류되는 사이버-물리 시스템이 발전된다.

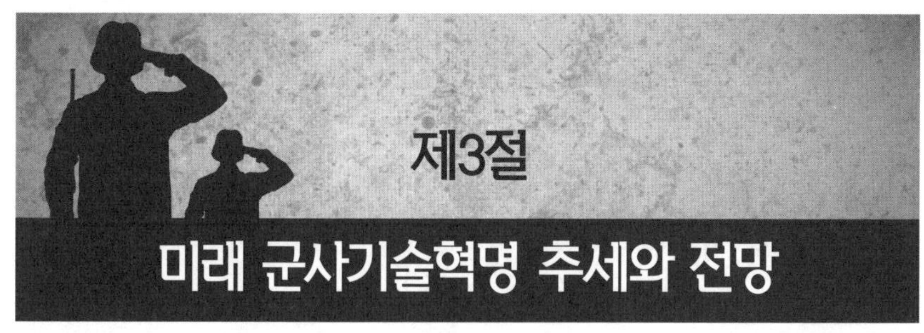

제3절 미래 군사기술혁명 추세와 전망

군사혁신의 바탕과 중심은 군사기술혁명이다. 인류 역사에서 군사기술은 항상 전쟁의 승패를 가르는 군사력과 무기체계 발전의 핵심 동력이었고, 인류의 성장을 추동해 온 가장 중요한 원동력이었다. 군사기술혁명을 이룬 나라가 언제나 패권을 장악했음을 알 수 있다. 15세기까지 세계질서를 주도했던 중국과 몽골은 군사기술혁명을 통해 군사력의 획기적 발전을 이룬 서양 국가들과의 전쟁에서 패함으로써 역사의 뒤안길로 밀려났다.

근대에서 현대에 이르기까지 군사기술혁명은 국가들의 흥망성쇠와 직결됐다. 20세기이후 과학기술 패권을 주도해온 미국의 경우에도 첨단 기술은 대부분 군사기술로부터 온 것이다. 오늘날의 군사력도 군사기술혁명이 판가름한다. 군사혁신은 새로 부상하는 첨단 과학기술을 군사전략 목표의 구현 차원에서 혁신적이고 획기적으로 활용하는 것이다. 민간 과학기술의 혁신적 성과에 군사적 목적과 요구가 반영된 군사기술혁명이 발생할 때 군사혁신이 이뤄진다.

인류는 지금 문명의 전환과 함께 새로운 과학기술 패권 시대를 맞은 것으로 분석되고 있다.[9] 과학기술혁명을 먼저 성취한 국가가 세계를 지배하는 시대가 온 것이다. 전 세계가 새로운 첨단 기술 선점에 뛰어들고 있어 이런 흐름에 뒤처질 경우 국가 경쟁력의 하락으로 이어질 수 있다. 미국과 중국의 과학기술 패권 경쟁은 기술 냉전 시대로 치닫고 있으며, 다른 선진국들도 첨단 기술을 확보하기 위해 잰걸음을 보이고 있다.

중요한 것은 새로운 과학기술의 발달과 함께 새로운 군사기술혁명이 끊이지 않고 출현한다는 점이다. 지난 3차 산업혁명에 이어 4차 산업혁명이 본격화하고 21세기 중반에 5차 산업혁명이 개척되면 새로운 군사기술혁명이 창출됨과 더불어 전쟁 · 군사 패러다임도 혁명적인 변화가 불가피할 것이다. 새로운 문명이 기존 문명의 사회질서를 전면적으로 붕괴시키고 새로운 사회를 형성하면, 군사 분야도 근본적으로 변화될 수밖에 없을 것이다.

2050년 전후에는 5차 산업혁명을 견인하는 첨단기술을 활용하는 새로운 차원의 군사기술혁명(군사기술혁명 5.0)이 출현할 것으로 전망된다. 이는 기술의 연속적이고 중첩된 진화와 신기술의 등장이라는 관점에서 볼 때 두 가지 양상으로 발현될 가능성이 크다. 하나는 4차 산업혁명 시대의 군사기술혁명(군사기술혁명 4.0)이 5차 산업혁명 시대의 새로운 첨단기술을 만나 더욱 고

---

9 매경미디어그룹은 2019년 3월 20일 안보와 성장을 동시에 도모할 수 있는 해법으로서 '밀리테크 4.0: 기술 패권 시대 신 성장전략을 발표한 바 있다. 향후 첨단 군사기술을 확보해 안보가 강화되면 최대 20%로 추산되는 코리아 디스카운트를 극복할 수 있고, 밀리테크 4.0 기반 차세대 무기 시장 개척으로 추가 성장이 가능하며, 밀리테크 4.0 기술이 가져오는 혁신 기업 증가와 일자리 창출로 1인당 GDP 5만달러에 도전할 수 있다는 것이다. "기술 패권 시대 新 성장 전략 밀리테크 4.0으로 소득 5만불 시대를," 2019년 3월 1일, https://www.mk.co.kr/news/culture/view/; 매일경제 국민보고대회팀 지음, 『밀리테크 4.0』(서울: 매경출판, 2019).

도화되는 것이다. 다른 하나는 전혀 새로운 군사기술혁명이 탄생하는 것이다. 결국 군사기술혁명 5.0은 이러한 두 가지 양상이 복합적 승수효과를 창출하게 될 것이다.

군사기술혁명 5.0은 그 당시까지 기하급수적으로 발전한 다양한 첨단 과학기술들을 활용함으로써 전쟁의 판도를 뒤엎을 수 있는 신개념의 무기체계를 창출할 것으로 전망된다. 레이 커즈와일에 의하면, 인공지능, 컴퓨터, 생명과학, 나노기술, 로봇공학 등 모든 분야의 과학기술이 기하급수적으로 진화해 스스로 이전보다 훨씬 더 우수한 과학기술을 만들어 낸다는 것이다. 기술의 진화 속도가 본질적으로 가속화되는 '수확가속의 법칙(The Law of Accelerating Return)이 있기 때문이다. 하나의 중요한 기술적 발명이 다른 기술적 발명과 연결됨으로써 다음의 중요한 발명이 탄생하기까지의 기간이 단축된다는 것이다.[10] 군사기술혁명에도 기술의 기하급수적 진화 원칙과 수확가속의 법칙이 적용될 수 있을 것이다.

3차 산업혁명 시대를 이은 4차 산업혁명 시대의 과학기술 및 군사기술 발전 추세, 미래 예상되는 5차 산업혁명 시대의 과학기술 및 군사기술 발전 전망, 주요 군사 선진국들의 첨단 무기체계 개발 동향 등을 종합해 보면, 다수의 군사기술혁명이 가속적으로 창출될 것이다. 이전과의 불연속과 단절이라는 관점에서 보면 군사기술혁명은 새로운 첨단 기술을 활용한 신개념 무기체계의 등장과 함께 종전까지 전쟁 수행의 핵심 역량을 제공했던 무기체계

---

10 사이토 가즈노리 지음, 이정환 옮김, 『AI가 인간을 초월하면 어떻게 될까?』(서울: 이퍼블릭, 2018), pp. 23-34.

들이 진부화 · 소멸되는 것을 의미한다. 지속성과 향상이라는 관점에서 보면 군사기술혁명은 종전의 핵심 전력체계가 새로운 첨단기술을 만나 그 전투력 발휘 성능이 획기적으로 발전되는 것을 말한다.

미래의 군사기술혁명은 이러한 두 가지 의미가 다 포함될 것이다. 수확가속의 법칙이 군사기술혁명에도 적용되기 때문이다. 군사기술혁명은 무기체계 하나하나가 혁명적으로 발전되는 현상을 일컫는 개념이 아니다. 첨단 군사기술과 전략 · 전술 개념이 밀접하게 결합하여 전투력 발휘가 극적으로 증폭되는 현상이 군사기술혁명인 것이다. 이러한 맥락에서 보면 군사기술혁명은 전쟁 수행 개념과 방식, 전장운영 개념, 전력체계의 기능과 역할 등을 망라하는 집합적 개념이다.

가. 정보·감시·정찰(ISR) 무기체계 혁명

고금을 막론하고 정보의 우위는 전쟁 승리의 필수적 요체이다. 적시적이고 정확하며 적절한 정보 파악은 실시간 속도 지휘통제를 통한 교전 우위 확보와 적의 공격 징후 조기 포착을 통한 선제적 방어 달성의 필수 불가결한 요소이다. 이에 군사 선진국들은 다양한 첨단 감시 · 정찰 수단의 확보에 많은 노력을 기울인다. 최상층의 우주공간에서는 정찰 · 감시 위성과 통신 위성 등 여러 용도의 군사위성체계를 운용한다. 예를 들면, 미국은 통신, 위치 · 항법, 기상 · 항해, 감시 · 정찰, 전자 · 신호, 우주감시, 조기경보 등을 위한 위성 137개를 운용하고 있으며, 특히 미사일 방어 및 우주전을 수행하기 위해 다양한 궤도의 위성으로 구성된 우주 기반 적외선 감시체계(SBIRS: Space-Based Infrared System)를 운용하고 있다. 고고도 공중에서는 광역을 감시하고 이동 표적을 식별하기 위해 고해상도 SAR(Synthetic Aperture Radar)와 EO/IR(Electro-Optical/Infrared) 센서를 탑재한 정찰 자산을 운용한다. 저고도 공중에는 중 · 소형 및 초소형의 무인 정찰 항공기가 운용된다.

지표면에는 병력이나 차량의 이동을 탐지하기 위해 음향, 진동, 자기감응 등의 센서가 내장된 정찰 수단이 운용된다. 특히 주목할 것은 인공위성의 해상도와 표적 탐지율이 혁신적으로 향상되고 있다는 점이다. 우주 감시체계는 우주에 떠다니는 10cm 이상의 물체 약 1만 7,000개를 확인 · 감시하고 있고, 무인 정찰 · 공격기의 카메라는 6만 피트 상공에서 우유 팩 크기의 물체를 식별할 수 있으며, 적외선 감시장치는 60km밖에 위치한 인체의 열을 감지할 수 있는 것으로 분석된다. 현재 운용되고 있는 X-band 레이더는 해상도가 이론상 15cm인데, 앞으로 개발되는 밀리미터파(mm Wave) 레이더는 해상도가 6cm 이하인 것으로 파악된다.

21세기 중반에는 나노기술을 활용한 극초소형 센서 시스템이 출현할 전망이다. 미국의 방위고등연구계획국(DARPA)은 새나 벌보다도 작은 이른바 '스마트 먼지'를 개발하는 것으로 알려져 있다. 겨우 핀 끝 정도 크기의 센서 시스템 수백만 개를 적진에 떨어뜨려 매우 정밀하게 정탐함으로써 나노 무기를 유포하는 등 공격 임무의 성공적 수행을 훌륭하게 뒷받침할 것이다. 스마트 먼지는 나노 연료전지를 동력원으로 이용할 것이며, 스스로의 움직임이나 바람 및 열 기류로부터 에너지를 얻을 수도 있다. 감지 방식은 열 감지나 전자기 영상을 활용할 수 있고 DNA를 확인하는 방법도 이용할 수 있다. 적의 주요 요인의 위치를 확인하고 숨겨진 무기의 위치를 알아내기 위해 스마트 먼지를 보이지 않는 스파이처럼 운용할 수 있다. 이 무기를 적진에 침입시켜 ㎠ 수준으로 샅샅이 탐색하면 사람이든 무기든 쉽게 찾아낼 수 있을 뿐 아니라 필요시 적진의 표적을 파괴하는 임무도 수행할 수 있다.

나. 초장거리·극한속도·초정밀 무기체계 혁명

앞으로 다양한 탄도미사일과 순항미사일은 사정거리의 초한계적 확장으로 원하는 곳 어디든지 타격할 수 있고, 정확도의 초정밀화로 원하는 표적 무엇이든지 파괴할 수 있으며, 속도의 극한화로 최단시간에 요격되지 않고 안전하게 목표 지점에 도달할 수 있을 것으로 전망된다. 세계 최대 군사 강국인 미국, 러시아, 중국이 이미 극초음속 무기 개발에 불을 댕겼다.

극초음속 무기는 2000년대 초반부터 개발되기 시작하였는데, 마하 5 이상의 속도로 1시간 이내에 전 지구적 목표를 타격할 수 있는 능력을 보유한 차세대 정밀타격 미사일로 정의된다. 러시아와 중국이 먼저 개발하자 미국은 사정이 급해져 패스트트랙으로 개발을 시작하였다. 미국 공군은 B-52H 전략폭격기에 AGM-183A(ARRW) 극초음속 무기를 장착해 성공적으로 시험하였다. 극초음속 무기는 워낙 속도가 빠른 데다 저고도 비행에 회피기동 능력까지 갖고 있어 현재 기술로는 막을 방도가 없다. 불가항력이다.

오늘날 개발되고 있는 극초음속 무기는 두 종류이다. 하나는 극초음속 비행체(글라이더)이다. 탄도미사일처럼 초기 추진력으로 마하 5~20 정도의 속도를 냈다가 비행체가 추진체와 분리돼 활강하는 방식이다. 비행체엔 재래식 또는 핵탄두가 장착된다. 다른 하나는 고체연료 또는 스크램 제트엔진으로 비행기처럼 날아가는 극초음속 미사일이다. 미국 DARPA가 개발하고 있는 스크램 제트엔진을 활용한 공기흡입형 극초음속 미사일은 마하 13까지 속도를 낼 수 있는 것으로 파악된다. 극초음속 무기의 속도 기준은 마하 5 이상이다. 극초음속 무기는 발사된 뒤 고도와 방향을 불규칙적으로 바꾸는 데다 극한속도로 날아가기 때문에 레이더로 탐지가 어렵고 설사 탐지를 해도 요격할 시간적 여유가 없다. 앞으로 극초음속 무기가 인공지능 기술과 결합하면 30기 이상이 서로 표적 정보를 공유하면서 임무를 분담해 타격할 수 있을 것으로 예측된다. 일단 개발이 끝나면 생산 단가가 탄도미사일보다 상대적으로 저렴할 것이기 때문에 앞으로 10~15년 후에는 전쟁이 극초음속 무기를 보유한 국가의 일방적 게임으로 끝날 전망이다.

2020년 3월 13일 미국 의회연구소(CRS)는 세계 주요 국가들의 극초음속 무기 개발·배치 및 대응 현황을 분석한 보고서를 발표하였다.[11] 이에 따르면 미국은 2000년대 초반부터 재래식 신속 글로벌 타격(CPGS) 계획을 추진하였는데, 극초음속 활공체(HGV)와 극초음속 순항미사일(HCM)로 나누어 개발하고 있

11 "Defense Primer: Hypersonic Boost-Glide Weapons", Congressional Research Service, March 13, 2020.

다. 육군의 첨단 신속타격 무기(CPS), 해군의 장거리 극초음속 무기(LRHW), 공군의 AGM-183 공중 신속대응 무기(ARRW), DARPA의 극초음속 공중전술활공체(HAWC) 등이며, 2020년에서 2028년 사이에 개발될 예정이다. 미국 DARPA는 극초음속 비행체 HTV 2를 개발했는데, 이는 로켓이 우주공간까지 솟구쳤다가 정점에 도달한 뒤 초고층 대기로 재진입하며 이때 로켓이 분리되면서 비행체가 극초음속으로 비행한다. 2010년 4월 최고 속도 마하 20으로 비행했는데, 우주에는 지상과 달리 공기가 없기 때문에 비행체가 공기 저항을 받지 않고 아주 빠르게 날 수 있는 것이다.

러시아는 2021년 아방가르드 HGV를 ICBM에 탑재하고, 2023년부터 3M22 Tsirkon HGV를 Yasen급 핵잠수함과 Project 22350 프리깃함에 탑재할 예정이며, Kh-47M2 Kinzhal을 이미 Tu-22M3 백파이어 전략폭격기와 Su-34 및 MiG-31 전투기에 탑재하는 것으로 알려져 있다. 중국은 DF-ZF HGV, Xing Kong-2(Starry Sky-2) 핵 HGV, DF-17 HGV를 실전 배치하는 것으로 파악된다.

인도, 프랑스, 독일, 일본도 극초음속 무기를 개발하는 것으로 알려져 있다. 인도는 이미 마하 7 극초음속 BrohMos-Ⅱ순항미사일을 운용하고 있으며, 앞으로 마하 10까지 개선할 예정이다. 프랑스는 V-max 계획에 의해 공대지 극초음속 미사일을 2022년 실전 배치할 예정이다. 독일은 SHFEX Ⅱ 계획에 의해 마하 5~6 극초음속 시험통로를 완성하였으며, 향후 마하 11의 극초음속 무기를 개발할 예정이다. 일본은 2019년부터 HVGP 계획을 추진하고 있으며, 2026년과 2033년 Block-Ⅰ 극초음속 미사일과 Block-Ⅱ 극초음속 미사일을 각각 실전 배치할 전망이다.

세계 주요 국가들은 이러한 극초음속 무기를 탐지·요격할 수 있는 극초음속 미사일 방어체계를 개발하고 있는 것으로 파악된다. 2019년 4월 6일 자 영국 이코노미스트(The Economists)지에 의하면 미국은 러시아와 중국의 각종 극초음속 활공체(HGV:Hypersonic Glide Vehicle)와 순항미사일 공격에 대비하여 고고도 미사일 방어체계(THAAD:TerminalHigh Altitude Area Defense)를 중심으로 한 극초음속 미사일 방어체계를 구축하고 있는 것으로 파악된다.[12] 국방부 미사일방어국이 주관하여 2018년부터 극초음속 미사일 방어체계의 개발을 추진해오고 있으며, 로스드롭 그루만사와 레이시온사 등 방위산업체가 참여하고 있다.

21세기 중반이 되면 극초음속 무기는 비행 속도의 가속적 발전으로 극한속도 무기로 바뀔 것이다. 극한속도로 비행하는 무기는 1시간 내에 지구 반대 편에 도달함은 물론, 요격을 피하고 정밀하게 공격한 후 또 다른 임무 수행을 위해 귀환할 수 있다는 주장도 있다.오늘날 극초음속 무기를 개발할 수 있는 나라는 전 세계에서 10개국 미만이며, 벌써부터 국제적 군축 이슈가 제기되고 있다.

---

12 "세상을 바꿀 '극초음속 비행체' 경쟁: 미·중·러, 2020년 전후 실전 배치 예고", ≪The Science Times≫, September 30, 2019, https://www.sciencetimes.co.kr/?news

다. 우주 무기체계 혁명

21세기 중반이 되면 우주에 기반을 둔 전쟁이 지상전 · 해상전 · 공중전처럼 본격적으로 개척되고 다양한 첨단 우주무기가 전쟁의 판도를 바꿔놓는 군사기술혁명이 발생할 것으로 전망된다. 우주공간이 새로운 전쟁터로 부상하면서 우주무기 경쟁이 이미 본격화한 모습이다. 미래의 전쟁에서 우주는 지휘통제의 핵심 기지이자 정찰 · 감시와 정밀 타격 기지가 될 것이다. 동서고금을 막론하고 전쟁의 승리를 위해서는 지휘관이 전쟁에 대한 완벽한 지식을 갖춰야 한다. 전쟁터의 지휘와 통제는 적이 무엇을 하고 있고 아군을 어떻게 배치해야 할 것인지에 대한 지식과 결합되어야 한다.

우주는 전장에 대한 완벽한 지식을 토대로 지휘와 통제를 실시간으로 수행할 수 있는 군사기지를 제공한다. 유리한 고지를 점령하여 시계를 확보하는 것은 전쟁의 필수 원리이며, 우주는 곧 유리한 고지이다. 우주는 이미 전 세계 국가들의 정찰위성으로 초만원이다. 미국의 우주 기반 센서는 이미 전략적 목표를 파악하고 공습이나 순항미사일을 요청할 수 있다. 우주 무기체계는 아직 개발되지 않았으나 우주 플랫폼은 완성 단계에 있는 것으로 파악된다.

지구 표면으로부터 다층에 우주 플랫폼을 구축하면 그곳에서 무인 로봇 무기체계와 유인 무기체계가 지 · 해상에서의 적 공격을 피해 자유롭고 안전하게 작전을 수행할 수 있다. 자신의 시야는 확보하고 적의 시야를 가리기 위해 아측의 우주 기반 시스템은 방어하고 적의 우주 시스템은 파괴하는 공 · 방전이 벌어지게 될 전망이다.

앞으로 20~30년 후에는 우주전투단이 출현할 것으로 예측된다. 이 전투단은 우주 시스템을 방호하기 위해 중세 갑옷과 비슷한 장갑을 두르거나 적의 공격을 기만해 빛나가도록 하고, 자체 미사일이나 고에너지빔 무기 등으로 적의 무기체계를 파괴하며, 항공모함전투단이 구축함과 잠수함 등 다른 선박들의 호위를 받는 것처럼 여러 부속 방어 위성들에 의해 중요한 위성을 보호할 수 있어야 한다. 방어 위성들은 적이 발사한 레이저빔을 차단하고 적이 운용하는 위성을 공격하는 등 다양한 임무를 수행하게 된다. 위성이 대위성 무기가 되는 셈이다. 소형 위성이라도 그보다 큰 위성을 가릴 수 있고, 전시에는 파괴하거나 무력화할 수 있다. '킬러 위성' 또는 '자살폭격기'로 사용되는 것이다.

그 밖에도 적의 위성을 무력화하는 방법은 여러 가지가 있다. 표적 위성의 정보 송신을 방해하거나 레이저나 스프레이 페인트로 감지를 못하게 할 수 있으며, 번개와 비슷한 초음파 에너지 폭발로 전자기기를 파괴할 수 있고, 조금씩 밀어 지정된 궤도를 이탈시킬 수 있다.

21세기 중반에는 정지궤도의 위성을 둘러싼 우주전을 넘어 달 기지를 기반으로 한 우주전이 전개될 것으로 전망된다. 전략적으로 정지궤도보다 달 표면이 더 중요해지는 것이다. 유럽우주국(ESA)은 달에 '문 빌리지'(Moon Village)라는 이름의 기지를 건설하는 프로젝트의 로드맵을 밝혔다. 2040년 100명 안팎의 사람이 달에 상주하는 것을 핵심 목표로 삼고 있다. 달 기지에는 우선 2030년을 목표로 6~10명 규모의 과학자 · 기술자 · 엔지니어들로 구성된 개척단을 보내고, 상주 인력을 2040년에 100명으로,

2050년에 1천명 안팎으로 늘린다는 계획이다. 이 프로젝트에 의하면, 달의 얼음을 물로 녹여 자원으로 활용하고 달 기지의 여러 시설물과 도구들은 3D 프린터로 현지에서 직접 제작해 조달한다는 것이다. 3D 프린팅 재료로는 달에 있는 현무암이 거론되고 있다.[13]

달 표면에 군사기지를 구축하면 대기에 의해 방해를 받지 않고 지구 표면과 우주에서 발생하는 어떤 전투도 관찰할 수 있는 안전한 플랫폼이 된다. 달에서 발사된 무기가 지구에 도달하는 데는 긴 시간이 걸리고 며칠이 걸릴 수도 있지만, 신호는 우주 시설을 파괴하기 위해 접근하는 헌터 킬러 위성에 수초면 도달한다. 이제 우주전은 저궤도 및 정치궤도 우주를 넘어 달 표면을 장악하는 양상으로 전개될 것으로 예측되고 있다.

우주전은 이미 미 · 중 · 러 등 강대국들 간의 치열한 경쟁 영역이 되었다. 1967년 체결된 유엔(UN)우주개발조약은 우주의 평화적 이용을 목표로 삼고 있지만 현실과는 거리가 있다. 중국은 2007년 수명이 다한 기상위성을 탄도미사일로 요격했던 사례가 있으며, 이로 인해 우주 안보 문제가 부각되었다. 미국 국방부는 지상에서 고도 100km 이상인 우주 공간을 활용한 각종 군사 활동을 통해 작전을 수행하는 것을 우주군의 영역으로 정해놓고 있다. 우주군은 우주작전을 수행하는 데 필요한 우주정보를 인공위성을 통해 생산한 다음 공중 · 지상 · 해상 작전에 제공하는 임무를 수행한다. 미국은 우주 패권 경쟁에서 우위를 점하는 한편, 우

13 20년 후에는 달에 거주한다", ≪The Science Times≫, 2018년 10월 12일, https://www.sciencetimes.co.kr/news/.

주에서도 우세권을 장악하기 위해 우주군을 창설하였다. 중국과 러시아도 우주전 전력을 확보하는 데 박차를 가하고 있는 것으로 파악된다.

우주전에서 가장 실현 가능한 기술은 우주를 비행하고 있는 미사일을 직접 타격하는 것이다. 탄도미사일은 발사되면 상공을 가로질러 높이 상승해 대기권 밖 우주공간까지 나가 최고점을 찍고, 다시 대기권에 진입해 지상에 있는 목표지점으로 떨어진다. 현재 미국, 러시아, 중국, 이스라엘 등에서 우주 비행 중인 탄도미사일을 요격하는 기술을 갖고 있는 것으로 알려져 있다. 탄도미사일은 우주까지 올랐다가 포물선 궤도를 그리며 자유낙하하는 방식이기 때문에 경로를 예측해 요격하는 것이 비교적 쉽다. 요격 방식은 고속으로 날아가 탄도미사일에 직접 충돌해 파괴하는 히트투킬(hit to kill)이다. 우주공간에서 미사일과 분리된 뒤 적외선으로 탄도미사일을 추적하고 궤도 및 자세 제어용 로켓을 이용해 탄도미사일과 충돌해 요격하는 것이며, 저궤도위성을 요격하는 무기로도 개량할 수 있다. 위성은 직접 요격뿐 아니라 자기장이나 전기장을 이용해서도 무력화할 수 있다. 대표적인 무기로 전기 및 전자시스템을 무력화시키는 전자기펄스(EMP) 폭탄이 있다.

21세기 중반에 도달하면 공상과학영화에 등장하는 우주무기가 현실로 등장할 것으로 전망된다. 미국은 1980년대에 '신의 지팡이(Rods from God)' 라고 불리는 인공위성 무기를 계획한 바 있다. 공군은 '초고속 지팡이 묶음(Hypervelocity Rod Bundles)이라는 정식 명칭을 사용하였다.[14] 인공위성에서 무거운 물건을 떨궈서 그 물건에 실린 운동에너지로 지상의 목표 지점을 파괴하는 슈퍼 폭탄인 것이다. 아직 실현되지는 않았으나 시간이 지날수록 실현될 가능성이 있는 것으로 파악된다.

이러한 무기의 개념은 1950년대에 '프로젝트 토르'로 등장하였다. 가늘고 긴 텅스텐 기둥을 수백 킬로미터 상공에서 발사하여 지상에 충돌시키면 순간 속도가 음속의 32배에 달하며 지하 아주 깊은 곳까지 뚫고 들어갈 수 있다는 것이다. 전신주 크기의 탄화텅스텐 기둥이 위성궤도에서 떨어져 지면을 강타하면 얼마나 많은 피해를 입히고 얼마나 깊은 곳까지 관통할지 상상할 수 없을 만큼 끔찍하다. 초기의 구상은 100여 톤 가량의 무거운 구체를 떨구는 방식이었으나 무게가 무거우면 궤도 배치 비용이 많이 들기 때문에 궤도상에서 가느다란 열화우라늄이나 텅스텐 막대를 떨어뜨려 그 운동에너지를 이용해 파괴력을 내는 방식으로 바뀌었다. 5m짜리 막대기 12개를 쏟아부어 광역 지역에 피해를 입힌다. 실제로 제작에 들어가지는 않았다. 중국은 최근 신의 지팡이 핵심 기술을 확보한 것으로 알려져 있다.

이러한 무기가 현실화되면 전쟁 양상은 파격적 변화가 불가피할 것이다. 우주 기반 운동에너지 무기는 극한속도로 낙하하기 때문에 탐지가 불가능하다. 위성 궤도 상에서 지표면까지 도달하는 데는 11km/s로 약 15분이 걸리며, 이처럼 초고속으로 움직이는 물체는 요격은 고사하고 일반적 방공망 수준으로는 포착조차

---

14 "신의 지팡이", ≪나무위키≫, https://namu.wiki/

불가능하다. 위성궤도의 물체는 광학 식별이 곤란하기 때문에 포구를 약간만 위장하더라도 발사 순간을 파악하는 건 불가능에 가깝다. 위성의 위치 자체는 대우주레이더로 탐지할 수 있을 것이나 발사 순간을 놓친다는 것은 목표를 추격하는 것이 어렵다는 것과 마찬가지이다. 공격에 대비할 시간과 수단이 거의 없는 것이다.

위성궤도의 물체는 현행 무기체계로는 요격이 불가능에 가깝고, ABM 무기로 요격한다 해도 핵탄두로 증발시키지 않는 이상 요격 시점에서 운동에너지 자체가 상당해 잔해 자체의 파괴력을 무시할 수 없다. 현재의 미사일방어체계는 수평으로 날아가는 미사일을 주 타겟으로 개발된 것으로 수직 낙하하는 표적에 대한 요격은 장담하기 어렵다. 항공기 탑재 레이저(ABL)를 비롯한 레이저무기는 미사일의 연료를 태우거나 탄두를 손상시켜 정상적인 격발이 불가능하도록 하는 방식인데, 신의 지팡이 무기는 연료도 없고 병기로서의 위력도 탄두가 아닌 순수한 운동에너지에서 나오는 것이므로 대응이 어렵다.

이 무기는 지면에 텅스텐 막대가 도달함과 동시에 그 운동에너지로 인해 지표면이 플라즈마 상태로 기화해 상당한 위력으로 폭발하지만, 기폭 과정에서 방사능이 방출되는 핵무기와 달리 그냥 온전히 폭발만 일으킨다. 향후 지휘부와 전략무기 시설 등이 들어있는 지하 벙커가 더 깊게 구축되는 상황에서 벙커버스터를 비롯한 종래의 재래식 무기들은 효용성이 없을 것이며, 신의 지팡이 무기가 비핵무기 중 유효하게 적의 지하시설을 타격할 수 있는 유일한 수단이 될 수 있을 것이다.

21세기 중반에는 1978년 처음으로 미국에서 TV로 방영된 공상과학영화(SF) 시리즈 '배틀스타 갈락티카(Battlestar Galactica)'에서 나오는 '우주전함'이 출현할 것으로 전망된다. '21세기의 노스트라다무스'라고 불릴 만큼 세계적 명성을 얻고 있는 조지 프리드먼(George Friedman)은 이러한 우주전함과 유사한 것으로 '배틀스타(Battle Stars)'라는 우주기반사령부를 제시하였다.[15]

미국은 우주에서의 우위를 활용해 지구에서의 지배력을 강화하는 방안으로 정지궤도에 우주기반사령부를 구축한다는 것이다. 세력을 투사하기 위해 중무장한 군대를 파견하는 고비용 저효율의 전략적 방안을 지양하고 극초음속 항공시스템을 구축하고 우주기반사령부가 이 시스템을 통제한다는 구상이다. 지휘 및 통제 시설이 우주에 설치되는 것이다. 배틀스타는 작전 임무를 수행하고 시스템을 유지할 수 있는 수십~수백 명을 수용하는 대형 플랫폼이 될 것이다. 이 시스템은 첨단 자재로 구성되며 다중선체이기 때문에 레이저나 고에너지빔이 파괴하지 못하며, 아주 원거리에서 다가오는 물체를 확인할 수 있는 센서시스템이 장착되어 있고 자신을 위협하는 모든 것을 파괴할 수 있는 발사체와 에너지빔으로 중무장한다.

우주에서 영상을 획득해 일련의 위성을 통해 지구로 전송하고 명령을 극초음속 무기체계로 전달한다. 지상에서의 지휘통제는 연결 지점이 많아 단절될 가능성이 많고 통신이 방해받을 뿐만

---

15 조지 프리드먼, 손민중 옮김, 『100년 후』(경기도 파주: 김영사, 2010), pp. 247-250.

아니라 지휘통제시스템 자체가 공격받을 수 있지만, 우주에 있는 지휘통제시스템은 통신이 방해받을 가능성이 적고 안정성과 생존성이 확보될 수 있다. 우주사령부는 지상 어느 지역에 기지를 둔 극초음속 미사일을 지휘통제해 아주 원거리에 있는 해안의 선박이나 지상의 탱크를 20~30분만에 명중시킬 수 있다. 엄청난 파괴력과 빠른 속도로 지구에 있는 목표를 타격할 수 있는 우주 미사일도 개발될 것으로 전망되고 있다.

배틀스타 같은 우주 기반 시스템은 오늘날의 과학기술 발전 동향, 미래 기술에 대한 합리적 추론, 미래 전쟁 양상의 발전 추세, 군사 강대국들의 전쟁 수행 개념 및 계획 등을 종합적으로 고려할 때 2050년을 전후한 시기에 구축될 것으로 전망된다. 우주 기반 플랫폼은 탁월한 정찰 · 감시 시스템뿐 아니라 지휘통제시스템을 완비할 것이며, 자신을 지원하는 무인 보조 플랫폼을 통제한다. 이 플랫폼은 지구 표면을 정밀하게 관찰하고, 필요할 경우 무인 극초음속 항공기에 공격 명령을 내려 수분 내에 지상 목표물과 해양 목표물을 명중시킬 수 있다.

라. 무인 자율 무기체계 혁명

무인무기체계는 무인 장비의 운용으로 전투의 효율성을 증대시키고 인력을 절감하며, 기존 인간 위주의 전투체계를 보완하기 위한 체계라고 할 수 있다. 이러한 무인무기체계는 주로 인명중시 사상 구현을 위한 3D(Dangerous, Dirty, Dull) 분야 운용에 쓰여지고 있다. 위험한(Dangerous) 임무는 생명의 위험성이 높은 과업으로 무기체계의 성능 향상과 정밀도 증가로 위험 노출

가능성이 증대되는 임무에 무인체계가 투입되는 것이다. 더러운 (Dirty) 임무는 전투원을 위험한 조건에 불필요하게 노출시킬 가능성이 있는 임무로서 화생방 탐지와 지하 공간 내 적 수색 등의 임무를 무인로봇이 대체하는 것이다. 지루한(Dull) 임무는 단순한 작업이 장기간 반복 수행되는 점에서 무인체계에 적합하다고 할 수 있다. 실시간 관찰이 수반되는 감시 · 정찰 임무 등은 사람이 한다면 집중력 저하 및 감시 사각지대 등이 존재하지만 무인체계는 그러한 역할을 잘 수행할 수 있다. 또한 통신 중계 등 단순하고 지루한 역할을 무인로봇으로 대체할 수 있다.

유전학기술과 나노기술 및 로봇공학기술은 전쟁 · 군사 분야에서도 혁명적 변화를 가져올 것으로 전망된다. 이러한 기술은 더 작고, 더 가벼우며, 더 빠르고, 더 치명적이며, 더 똑똑한 신개념 무기체계를 만드는 데 활용될 수 있을 것이다. 21세기 중반으로 다가갈수록 초소형 미세 기계 · 전자 기술과 인공지능 기술과 같은 과학기술의 지수함수적 발전, 인구의 급속한 감소와 인명 중시 사조의 지속적 강화, 극단적 테러집단과 같은 전투행위자의 다양화와 전투 · 비전투의 경계 모호화와 같은 전쟁 특성의 변화 등이 서로 상승작용을 일으켜 무인 자율 무기체계가 전투공간의 주역으로 부상할 것이다.

무인 무기체계는 전투 성능 및 효과가 이미 실전에서 검증되었으며, 미국이 선두주자의 자리를 지키고 있는 가운데 이스라엘을 비롯한 40여 개 국가들이 그 뒤를 따르고 있는 것으로 파악된다. 미국은 2003년 이라크 전쟁에 여섯 가지의 무인항공기를 실전 운용하였다. 공군의 프레데터(MQ-1 Predator)와 글로벌호크(RQ-4 Global Hawk), 육군의 헌터(Hunter)와 섀도우(Shadow), 해병대의 파이오니아(Pioneer)와 드래곤 아이(Dragon Eye)가 그것이다.

무인항공기는 처음에는 주로 감시 · 정찰에 특화되었으나 곧이어 전투용으로 투입되고 새로운 무인전투기가 개발되기 시작하였다. MQ-1 Predator는 주로 감시 · 정찰용으로 운용되었지만 MQ-1C Warrior는 헬파이어 미사일을 탑재하고 MQ-9 Reaper은 JDAM이나 재래식 폭탄까지 장착한다. 2000년대 중반 미국의 DARPA는 공군과 해군용 합동 무인전투기 획득 계획인 'J-UCAS(Joint Unmanned Combat Air Systems)를 시작하였고, 보잉사의 X-45 무인전투기와 노스롭그루만사의 X-47 무인전투기가 개발 경쟁을 벌였다. 미국 공군은 보잉사에게 초기 버전 X-45A, 후속 버전 X-45B, 성능 향상 버전 X-45C를 개발하도록 했다. 미국 해군은 노드롭그루만사에게 X-47B를 개발하도록 했다.

미국 국방부는 두 업체가 각각 2대의 시제기를 제작하면 운영성능을 평가한 후 2010년 최종적으로 단일 업체를 선정할 계획이었다. 그러나 이 계획은 2006년 발표된 4년주기 국방태세검토(QDR: Quadrennial Defense Review) 보고서에서 중단이 발표되었다. 그 이유는 향후 20년에 걸쳐 공군이 보유하고 있는 타격 항공기를 현대화하는 새로운 계획이 결정되었기 때문이다. 이에 보잉사는 자체의 자금을 투입해 정보 · 감시 · 정찰, 대공방어망 제압을 위한 지상 공격, 전자전, 헌터 킬러(hunter killer), 자율 공중 급유(autonomous aerial refueling) 등의 임무를 수행하는 '팬텀 레이(Phantom Ray)라는 차세대 다목적 무인전투기를 개발하였다. 해군은 무인전투기 사업의 지속을 위해 별도로 'UCAS-D'라는 프로그램을 준비하여 노스롭그루만사에게 X-47B의 개발을 지속하도록 요구하였다. 2008년 첫 시제기를 공개하고 2010년부터 3년간 시험 비행을 진행한다는 계획이다.[16]

X-45는 F-15처럼 지상에서 이륙하고 X-47은 F/A-18처럼 항공모함에서 이륙한다는 차이점이 있으나 두 기종 모두 레이더에 거의 포착되지 않고 적의 방공망 제압과 같은 위험한 임무를 수행하도록 설계되었다는 점에서 공통점이 있다. 아파치 헬기처럼 공격 기능을 보유한 회전익 무인항공기(Unmanned Combat Armed Rotorcraft)도 개발되고 있다. 미국 해군과 해병대는 파이어 스카우트(Fire Scout)라는 무인 헬리콥터를 운용하는 것으로 알려져 있다. 이들 무인항공기는 프레데터와는 달리 사람이 계속해서 통제할 필요가 없으며 스스로 날고 폭탄을 투하하도록 프로그램될 수도 있다.

중국과 러시아 역시 미국의 뒤를 이어 무인항공기 개발에 박차를 가하는 것으로 알려져 있다. 중국은 2018년 11월 6일 광둥(廣東)성 주하이(珠海)에서 개막한 중국국제항공우주박람회(주하이 에어쇼)에서 신형 스텔스 무인항공기 '차이훙(彩虹, CH 7'의 실물 크기 모형을 처음 공개하였다. 미국의 최신예 무인항공기에 육박하는 성능을 가진 것으로 평가되고 있다. 2022년부터 대량 생산이 시작될 예정이다. CH 7은 최고 시속 920㎞로 비행할 수

---

16 보잉(Boeing), 스텔스 무인전투기 팬텀 레이(Phantom Ray)", blog, 2011년 1월 14일, https://m.blog.naver.com/

있으며, 10~13㎞ 고도를 비행해 대부분의 방공미사일을 피할 수 있고, 작전 반경은 약 2,000㎞에 달하는 것으로 파악된다.[17]

러시아군은 3종의 첨단 무인항공기 체계를 전력화하는 계획을 추진하는 것으로 알려지고 있다. 첫째는 중고도용 오리온(Orion)으로서 정보 · 감시 · 정찰 · 타격 등 다양한 군사적 용도로 사용될 수 있고, 곧 전력화될 예정이다. 둘째는 고고도용 알티우스(Altius)로서 대폭적 개량을 추진하고 있다. 셋째는 제트엔진 탑재 및 스텔스 성능의 종심타격용 S-70 오크호트니크(Okhotnik)로서 비행 시험 중에 있다.[18]

향후 20~30년의 미래에는 불가능의 영역에 가까운 무인항공기가 출현할 수 있을 것이다. 그 대표적인 사례로서 핵추진 무인항공기가 거론된다. 영국의 일간지 가디언이 2012년 4월 2일 보도한 바에 따르면, 미국은 핵에너지로 추진 동력을 얻는 차세대 '핵 드론(무인 정찰 · 폭격기)'의 개발에 나섰다는 것이다. 핵 드론은 수시로 급유를 해야 하는 기존 드론보다 오래 날 수 있기 때문에 작전 반경이 넓어질 뿐 아니라 동력도 강해 추가 무기 탑재가 가능해지는 등 위력이 매우 커질 것으로 분석되고 있다. 핵잠수함이 강한 동력을 바탕으로 디젤 연료를 사용한 재래식 잠수함보다 선체를 키우고 속도를 늘리는 등 성능을 대폭 개선한 것과 마찬가지이다.

---

17 "中 최신예 무인 스텔스 전투기 차이훙 7 모델 첫공개", ≪NEWSIS≫, 2018년 11월 6일, https://www.msn.com/ko-kr/news/world/

18 "러시아군, 3종의 첨단 무인항공기 전력화 추진", ≪뉴스항공우주≫, 2019년 1월 25일, https://m.post.naver.com/viewer/postView.nhn?.

미국 정부의 핵 연구 · 개발 프로젝트를 맡고 있는 샌디아 국립연구소와 노스롭그루먼사가 핵에너지로 가동하는 드론 시스템 연구를 진행한 것으로 알려져 있다. 드론이 핵 연료를 쓰면 성능과 운용에 획기적 개선을 기대할 수 있다. 한 번 이륙해 수개월 동안 비행할 수 있기 때문에 장거리 · 장시간 작전이 어려웠던 기존 드론의 한계를 일거에 극복할 수 있다. 중간 급유를 위해 필요한 드론 기지 수를 줄일 수 있기 때문에 비용 절감 효과도 크다.

무기와 감시 · 통신 장비도 더 많이 실을 수 있기 때문에 파괴력과 정찰 능력도 획기적으로 개선할 수 있다. 핵 드론에 대한 우려도 제기된다. 추락할 경우 방사능 오염 가능성이 있고 테러리스트 손에 들어가 무기로 악용될 수도 있다는 것이다. 미국 과학자 연맹의 핵 드론 관련 보고서에 의하면, 반대 여론과 안전성 우려 등을 감안하면 단기간 내에 핵 드론을 생산하기는 어렵겠지만 지금까지의 연구 결과를 보면 상용화는 그리 어렵지 않다는 것이다.[19]

앞으로 작전 지속성의 획기적인 강화로 전쟁 혁신을 가져올 수단으로서 군수지원 무인항공기의 개발이 본격 추진될 것으로 전망된다. 비행 중인 무인항공기에 연료를 공급하는 무인공중급유기와 전투지역의 부대에 군수품을 공수하는 수직 이착륙 무인화물기가 개발되는 것으로 알려져 있다. 미국 내 안보전문매체 내셔널인터레스트(The National Interest)는 2019년 12월 31일자에 지상관제소 조종사들의 통제로 운항하는 MQ-25 스팅레이

---

19 한 번 뜨면 수개월 비행… 美, 核드론(무인 정찰·폭격기) 개발 추진", 『chosun.com』, 2012년 4월 4일, http://news.chosun.com/site/data/html_dir/.

(Stingray)라는 무인공중급유기를 분석한 기사를 게재하였다. 무인 공중급유기는 전투기의 항속거리를 늘리는 것은 물론 공중전의 양상까지 바꿀 수 있다. 무인기는 실질적인 국제 규범이 없기 때문에 공중급유가 어려웠던 적의 영공까지 깊숙이 침투할 수 있고, 무인기인만큼 장시간 공중에 머물러도 조종사의 피로도를 걱정할 필요가 없다. 조종석을 없애 그 공간까지 연료를 탑재할 수 있어 기체의 크기를 줄일 수 있는 것도 큰 장점이다.

미국 해군은 2006년부터 항공모함용 무인기 개발 사업을 진행하던 중 2016년 차세대 공중급유 및 정찰용 무인기 사업으로 변경하였고, 2018년 8월 보잉사를 MQ-25 스팅레이 우선협상 대상자로 선정해 2024년까지 4대를 개발하는 계약을 체결하였다. 1년여가 지난 2019년 9월 19일 시제기가 육상 공항 이착륙 시험에 성공하였다. 이 무인기는 스텔스 기능도 갖추고 있기 때문에 스텔스 전투기와 짝을 이루어 보다 은밀하고 치명적인 임무 수행이 가능하다. 공중급유 외에 정보 · 감시 · 정찰 기능도 갖출 예정이다.[20]

미국에서는 수직 이착륙이 가능한 화물드론이 개발되는 것으로 알려져 있다. 2018년 1월 11일(현지시간)자 로이터통신에 따르면, 보잉사는 이날 홈페이지에 게재한 성명을 통해 무인 전기 수직 이착륙(eVTOL) 화물기(CAV: Cargo Air Vehicle)의 첫 비행 시험을 성공적으로 마쳤다고 밝혔다. 이는 초대형 수퍼 드론으로서 한 번에 화물을 500파운드(약227kg)까지 나를 수 있으

---

20 "中 군사굴기 맞서… 美, 항모에 '무인 공중급유기' 탑재한다", ≪한국일보≫, 2020년 1월 3일, https://www.hankookilbo.com/News/.

며, 길이 4.57m, 폭 5.49m, 높이 1.22m, 무게 747파운드(약 339㎏)이다. 이제 자율 화물 운송 및 배달의 새로운 가능성이 열리는 것이다.[21] 보잉사는 이 프로젝트에 이어 초대형 무인항공기와 무인우주선을 본격 개발할 계획이다. 민간에서 개발되는 신개념 대형 무인항공기는 군의 요구 성능을 추가하면 군수물자 수송작전에 매우 긴요하게 활용될 수 있을 것이다.

4차 산업혁명의 도래와 함께 무인항공기는 드론이라는 명칭으로 광범위하게 개발되고 있다. 드론은 무인 비행 장치로 사람이 탑승하지 않고 원격 조종으로 비행하며 경우에 따라 사전에 입력된 프로그램 경로에 따라 자동으로 비행하는 장치를 말한다. 드론은 인공지능, 사물인터넷, 센서, 3D프린팅, 나노 등 4차 산업혁명의 공통 핵심기술이 모두 적용되는 종합적 산물이며, 초연결 기술과 초지능 기술이 적용된 사이버-물리 시스템을 기반으로 혁신적 발전을 거듭하고 있다. 5G 통신 기술을 넘어 6G 통신기술이 발전하면 드론이 수집한 데이터를 끊김 없이 실시간으로 전송할 수 있기 때문에 초연결성은 더욱 강화될 것이다. 드론은 강화된 인공지능에 의한 초지능 기술이 적용되면 자율적 비행 및 임무 수행이 가능할 것이다.

드론은 처음에는 군사적 용도로 출현하였으나 점차 산업적 용도로 광범위하게 다양한 모델이 개발되고 있어 가속적으로 발전될 전망이다. 오늘날 드론은 완구류에서 대형 항공기급까지 크기 · 형식 · 운영범위 · 체공시간 · 중량 · 제품주기 등 수요에 따

---

21 혼자서 227㎏ 나른다… 보잉, 대형 화물 드론 공개, ≪한국경제≫』, 2018년 1월 11일, https://www.hankyung.com/economy/article/

라 제품의 스펙트럼이 다양하다. 이는 군사적으로 사용할 수 있는 드론 관련 핵심기술이 가속적으로 발전하고 드론 활용의 선택 폭이 매우 넓어지고 있음을 의미한다.

미래에는 자율 지능형 네트워크 시스템 기술이 발전함에 따라 자기조직적 소형 드론 떼가 전장에 등장할 것으로 예측된다. 드론 떼는 인간이 하늘에 뜬 난공불락의 인터넷을 이용해 통제하는 바에 따라 자유롭게 움직일 것이다. 이를 위해 집단 지능이 연구되고 있다. 집단 지능이란 수많은 개별 객체들이 각각은 단순한 규칙만 따르는데 이로부터 복잡한 패턴의 행동이 나타나는 것을 말한다. 곤충 무리처럼 각각은 단순하게 움직이지만 전체는 군락을 형성한다. 미국 국방부의 DARPA는 120대의 군사용 로봇에 곤충의 집단 행동을 모방한 자기조직적 집단 지능 원리를 적용하는 연구를 진행한 바 있다.[22]

지상의 무인 무기체계는 주로 무인 로봇차량으로서 아직은 무인항공기만큼 광범위하게 활용되지는 않으나 앞으로 많은 역할을 수행할 수 있을 것이다. 이라크 전쟁과 아프가니스탄 전쟁에서 미국 육군과 해병대는 숨어있는 적과 설치된 폭발물을 찾기 위해 팩봇(PackBot), 마틸다(Matilda), 안드로스(Andros), 스워즈(Swords)라는 이름을 가진 로봇으로 터널, 동굴, 빌딩 등을 수색하였다. 어떤 것들은 굴착기만큼 크고, 어떤 것들은 배낭에 붙여 전투원이 가지고 다닌다. 로봇들은 궤도나 바퀴로 움직이고, 물갈퀴로 장애물을 넘고 계단을 오르며, 카메라와 적외선 센서

---

22 김명남·장시형 옮김, 레이 커즈와일 저, 『특이점이 온다』, 1판 15쇄(경기도 파주: 김영사, 2019), pp. 459-460.

로 창문을 들여다보고 동굴을 훑어본다. 화학제품의 냄새를 맡고 심지어 작은 지반 침투 레이더를 작동시킨다. 지상 로봇은 주로 정찰을 위해 사용되었으나 이제 무기를 장착하기 시작하였다. 텔론(Talon)은 폭발물 처리를 목적으로 설계된 2피트 6인치(약 76.2cm) 크기의 로봇으로 모형 전차처럼 생겼고, 비디오 스크린과 조이스틱을 사용하여 원격 조종하며, 기관총과 수류탄 발사기를 탑재하였다.

지상에는 이동을 막는 장애물이 많기 때문에 정교한 무인 지상 차량을 개발하는 것은 매우 어려움에도 불구하고 빠르게 발전하고 있는 모습이다. 미국 국방부는 다목적 병참 장비 차량(MULE: Multifunction Logistics and Equipment Vehicle)과 같은 지상 로봇 개발 계획을 추진하고 있다. 이 차량은 2.5톤 트럭으로 전장에 군수품을 나르거나 후방으로 부상자를 나르는 무인지상차량이다. 이 계획에는 5톤 정도의 소형 전차로서 미사일이나 체인건(Chaingun)을 탑재한 무장로봇차량(Armed Robotic Vehicle)과 무기 및 센서를 장착한 휴대용 정찰 장비인 병사무인지상차량(Soldier Unmanned Ground Vehicle)의 개발도 포함되어 있다.

전투원들이 훨씬 더 무거운 짐을 나르게 하고 훨씬 더 빠르게 움직이게 하며 한번 도약해 높지 않은 빌딩을 뛰어넘을 수 있게 하는 자가 충전 외골격(robotic suit)도 개발되는 것으로 알려져 있다. 그 외에도 전투지역, 위험 또는 오염 지역, 접근 곤란 지역에서 보급 지원과 환자 구출 및 후송 등의 임무를 수행할 수 있는 무인수송차량과 무인구조차량이 발전되고 있다.

해양에서도 다양한 임무를 수행하는 무인 무기체계가 개발되고 있다. 함재용 무인항공기 외에 무인수상정과 무인잠수정이 개발되고 있다. 해양 무인 무기체계는 대부분 바다 위를 항해하지만 게처럼 해저를 기어다니고 대잠수함전, 기뢰 제거, 해저 지도 제작, 연안 해역 감시 등과 같은 다양한 임무를 수행할 것이다. 해상무인무기의 경우 해상 및 수중 감시, 적 수상 · 수중 세력 공격, 기뢰 탐색 및 제거, 통합 항만 방호 등에 활용된다. 유인 플랫폼이 접근하기 어려운 위험 해역에서는 무인장비를 운용함으로써 유인수상함과 유인잠수함 및 유인항공기의 주요 임무를 대행한다.

적의 기뢰 부설 의도를 감시하기 위해서는 무인정찰기를 운용한다. 연안의 기뢰를 제거하고 함대 작전영역을 탐색 · 확인하여 대기뢰전 임무 시간을 단축하기 위해 무인수상정을 운용한다. 소해함 탑재 무인소해정과 무인기뢰탐색잠수정을 이용하여 주요 항만 접근로 상의 기뢰를 탐지한다. 상륙작전 시에는 잠수함 탑재 무인정찰잠수정을 이용하여 상륙작전해역 및 해저지형 · 수중 장애물 등 해양 정보를 수집한다. 주요 항만 및 상륙작전지역의 기뢰를 탐색하기 위해 무인정찰기와 무인정찰헬기가 운용된다.

군사 선진국들은 공중 무인무기체계 개발 경쟁 못지않게 해양 무인무기체계 개발 경쟁을 치열하게 전개하고 있다. 미국 해군은 중국의 반접근 · 지역 거부(A2AD:Anti-Access, Area Denial) 전략에 맞서 무인수상함 등 무인함정의 확보에 박차를 가하고 있는 것으로 파악된다. 우선적으로 추진하고 있는 사업은 시험용 무인함 '씨 헌터(Sea Hunter)'의 개발인데, 2018년 샌디에이고에서 출항해 9,600㎞를 성공적으로 항해한 것으로 알려졌다. 시험을 마치면 곧바로 대 · 중 · 소 · 초소형 무인함 건조에 들어갈 계획이며, 이 가운데 대 · 중 무인함은 원해작전에 활용하고 나머지는 미 본토 연안 방어에 투입할 예정이다.

미국 해군은 중국의 반접근 · 지역 거부(A2AD) 전략에 대응하는 최전선에서 운용할 대형 무인수상함(LUSV: Large Unmanned Surface Vehicle)과 초대형 무인잠수정(XLUUV: Extra Large Unmanned Undersea Vehicle)을 개발하고 있다. LUSV는 선체 길이 60~90m, 만재 2,000t, 최대 속력 38 노트이며 2020년 건조에 착수한 것으로 파악된다. 대함 · 대잠 · 대공용 무기체계를 모듈형으로 탑재할 수 있는데, 수직발사대에 대함미사일 SM-2, 탄도미사일 요격용 SM-3, 지상 타격용 미사일 토마호크, 로켓형 대잠 어뢰 등을 장착한다. 사실상 원격 무기고로서 유 · 무인 복합 무기체계로 운용된다. XLUUV는 2019년 건조되기 시작하였으며, 선체 길이 15.5m, 만재 50t으로서 바닷속에서 무인자동항법으로 항해한다. 원자력 공격잠수함과 기타 잠수함이 함께 운용되며, 기뢰 제거와 수상함 및 지상 표적 타격을 위해 어뢰 · 대함미사일 · 토마호크 미사일 등을 장착한다. 러시아와 중국 등 군사 강대국들도 개발을 서두르고 있기 때문에 장차 해저 전쟁 혁명을 가져올 것으로 전망된다.

러시아는 '포세이돈'(Poseidon)[23] 이라는 명칭의 대륙간 전략핵 무인 수중드론과 함께 이를 탑재할 신형 핵추진 전략잠수함 벨고

---

23 포세이돈은 바다, 지진, 폭풍의 신으로 잘 알려져 있으며, 가장 성질을 잘 내고 기분 변화가 심하며 매우 탐욕스러운 신의 하나로서 모욕을 당했을 때 잊지 않고 복수를 하는 것으로 전해지고 있다.

로드(Belgorod)의 진수 및 시험 운항에 돌입한 것으로 파악된다. 적의 해군과 연안 도시에 대해 최대 200메가톤의 열핵 코발트 폭탄을 투하해 방사선 쓰나미를 일으킬 수 있으며, 잠수함 발사 탄도미사일 크기의 두 배이고 일반 헤비급 어뢰 크기의 30 배에 달한다는 것이다. 벨고로드 잠수함은 24,000톤급(크기 178m)으로서 6기의 포세이돈 수중드론을 탑재할 수 있다. 2018년 초 유출된 펜타곤의 핵 태세 검토 보고서에 따르면 러시아는 대륙간 · 핵무기 · 핵발전 · 수중 자율 어뢰로 지칭한 신무기를 개발하고 있다는 것이다. 러시아 해군은 2019년 1월 북부 함대 2척과 태평양 함대 2척 등 최소 4척의 잠수함에 배치할 포세이돈 전략핵 수중 무인드론을 30기 조달한다는 계획을 발표한 것으로 알려져 있다. 이어서 2월에는 푸틴 대통령이 이 수중드론 테스트의 핵심 단계 완료를 선언하였고, 그 결과가 러시아연방 방송국에 공개되었다. 포세이돈은 오스카급 핵잠수함에 4기까지 탑재해 이동 발사가 가능하고, 해저 특수 상자에서 무기한 보관한 후 해저에서 발사할 수 있다.[24]

무인 무기체계의 최종적 모습이 자율적으로 운용되는 것이라고 보면 아직은 발전의 초기 단계에 있는 것으로 진단된다. 전투 기능에서 무인체계가 수행할 수 있는 역할이 제한적이고 인간이 무인체계를 통제하는 역할을 담당해야 하기 때문이다. 인간이 통제하는 유인체계를 중심으로 무인체계가 협업 · 지원하는 방식으로 전투가 수행되는 것이다. 무인체계는 주로 위험 지역, 인간 능

24 "러시아 전략핵, 자율어뢰 '포세이돈'과 신형원잠 벨고로드", ≪The Science Monitor≫, 2019년 5월 31일, http://scimonitors.com/.

력 초월 영역, 반복 임무 등 4D(Dirty, Difficult, Dangerous, Dull) 임무 수행에 집중 운용되고 있다.

가까운 미래의 기술력으로는 완전히 자율화된 무인체계의 개발이 어려울 것이라는 분석이 지배적이다. 미국조차도 완전한 자율체계(Autonomous Systems)로 운용되는 무인체계는 없는 것으로 파악된다. 자동화체계(Automatic Systems)로 운용되는 무인체계가 있을 뿐이다. 자동화 무인체계는 사전 입력된 논리에 따라 외부의 통제를 최소화한 채 독립적 · 반복적으로 활동하는 체계이다. 무인체계의 자율화 기술 한계로 인간의 통제 역할이 필수적인 것이다. 향후 10~20년 동안에는 신개념의 유인체계와 증강된 자동화 무인체계가 유 · 무인 시스템 복합체계로 발전되어 전투력의 승수효과를 창출할 것으로 예상된다.

기술적 특이점이 도래하는 21세기 중반에는 무인 무기체계가 나노 기술, 인공지능 기술, 신소재 기술, 에너지 기술 등 다양한 첨단기술을 만나 고성능화 · 자율화 · 지능화 성능을 갖출 것으로 전망된다. 새롭게 출현하는 신개념 무인 무기체계들은 인공지능 기술 기반 자율 능력의 가속적 발전으로 오늘날 실용화 단계에 근접한 무인 자율 자동차처럼 전기 · 연료 · 태양 에너지를 자율적으로 공급받아 작동하면서 정찰 · 교란 · 타격 임무를 수행할 수 있는 무인 자율 무기체계로 진화해나갈 것으로 전망된다. 그렇더라도 인간의 역할과 개입이 완전 배제되고 유인 무기체계와 완전 독립된 무인 자율 무기체계는 출현하지 않을 것으로 예상된다. 기술의 한계가 존재할 뿐만 아니라 전쟁은 궁극적으로 기계가 아닌 인간의 영역이기 때문이다. 인간의 통제를 벗어나 스스로 돌아다니면서 심지어 인간 세상을 공격하는 인공지능 자율무기는 윤리적으로 허용되지 않을 것이며 그러한 전투는 공상과학 영화에서나 나오는 장면일 것이다.

호주군의 믹 라이언(Mick Ryan) 장군은 로봇 시대를 무인화·자동화 무기체계에 의해 전쟁이 수행되는 시대로, 기계 시대를 인간–기계 팀에 의해 전투가 수행되는 시대로 정의하면서 무인 자율 로봇과 인간–기계 팀의 중요성을 강조하였다. 앞으로 인간–기계 팀이 전쟁의 성격을 변화시킬 것이기 때문에 군은 인간–기계 협동군의 발전에 대비해 교리, 인력, 장비, 훈련, 정비, 군수지원, 하부구조 측면의 주요 이슈들을 사전에 식별하고 해결 방책들을 개척해야 한다는 것이다.[25] 그에 의하면, 인공지능 자율 로봇 기술의 비약적인 발전으로 전쟁의 성격이 파격적으로 바뀐다는 것이다. 로봇과 관련된 연산 기술, 데이터 저장 기술, 상호 소통 기술 등이 지수함수적으로 발전되는 가운데 새로운 클라우드 로봇(Cloud Robotics) 기술과 심화학습 기술이 개발되고, 이러한 기술들이 상호 융합됨에 따라 새로운 로봇 기술 능력이 폭발적 성장 사이클을 형성하면서 급속히 발전되고 있다는 분석이다. 각 개별 로봇은 심화학습 알고리즘에 의해 다른 모든 로봇의 경험을 빠르게 학습해 능력을 매우 빠르게 성장시킨다는 것이다. 수백만의 운용 사례들을 탑재하고 있는 거대한 훈련 세트에 기반을 둔 로봇 연합으로부터 배우고 귀납한다.

---

25 Mick Ryan, "Building a Future: Integrated H-M Military Organization", December 11, 2017, https://thestrategybridge.org/the-bridge/2017/12/11/. 미군은 자율 무기를 한번 활성화된 이후에는 인간 운영자의 간섭 없이 표적들을 선정하고 교전하는 무기체계라고 정의한다. Mathew Hipple, "Autonomous Weapons: Man's Best Friend", December 9, 2017, https://thestrategybridge.org/ the-bridge/2017/12/9/.

군용 로봇은 민간 사회의 로봇 기술, 인공지능 기술, 증강현실 기술에 힘입어 발전을 거듭한다. 민간 사회의 기계학습 로봇이 일의 성격을 파격적으로 변화시키고 있으며, 군은 사회의 로봇 기술을 직접 활용해 군사용 로봇을 발전시키고 있다. 인간-로봇-인공지능의 결합은 인구가 작은 국가들과 인구 절벽을 겪는 국가들에게 군사력 발전의 유용한 대안이 된다. 파괴적 벌떼기술(Disruptive Swarm Technology)을 활용한 로봇은 새로운 작전 패러다임을 창출한다. 인공생명, 인공지능, 복잡적응체계, 부분 군집 최적화 등에 대한 학계의 다학제적 연구 성과를 토대로 전투에서 활용 가능한 자체 조직화 로봇 군집을 발전시키면 전장 운영이 혁명적으로 바뀔 수밖에 없다. 소형 자율 로봇은 적을 움직이도록 유도해 표적화하는 데 이용할 수 있고, 저성능의 소형 로봇군집으로 적의 강점을 무력화할 수 있다. 소형 저가 · 저성능의 무인 자율 가미가제 드론떼로 항공모함을 비롯한 함정들과 지상 중요 전략 시설들을 공격할 수 있다.

무인 무기체계의 진화에서 핵심적 이슈는 어느 수준의 자율성이 달성될 수 있을 것인가이다. 완전히 자율화되어 스스로의 인식으로 판단해 움직이는 무인 무기체계가 과연 탄생할 수 있을 것인가, 탄생한다면 그 시기는 언제일 것인가의 문제에 대한 답을 내야 하는 것이다. 근래 무인이동체(로봇) 전문가들은 무인 항공기 조종 방식을 통해 자율성 수준을 다음과 같이 구분하고 있다.

① 인간 직할 방식(Direct Human Operation): 지상의 조종사가 통제 콘솔을 통해 무인 항공기의 이륙 · 비행 · 착륙의 전 과정

을 통제 · 조종한다.

② 인간 지원 방식(Human-assisted Mode): 무인 항공기의 이 · 착륙은 지상의 조종사가 직접 담당하고 비행 상태에서는 로봇이 스스로 운항한다.

③ 인간 위임 방식(Human Delegation Mode): 인간은 무인 항공기의 이 · 착륙 명령을 내리고 비행 지점의 설정에만 개입하며, 다른 임무는 무인 항공기 스스로 수행한다.

④ 인간 감독 방식(Human-supervised Mode): 인간은 조종사 역할에서 벗어나 비행에 일체 관여하지 않고 무인 항공기가 전송하는 정보의 모니터링만 담당한다.

⑤ 혼합 방식(Mixed-initiative Mode): 인간은 무인 항공기에게 특정 임무와 보고 조건 지정 등의 주요 명령만 지시한다.

⑥ 완전 자율 방식(Fully Autonomous Mode): 무인 항공기가 보고 내용과 비행 장소 등 모든 것을 스스로 결정하고 행동하며, 학습 능력과 적응력을 갖춘 경우에는 무인 항공기가 직접 목표를 갱신하거나 변경할 수 있고, 새로운 방식으로 정보를 수집할 수 있다.[26]

국방대학교 김경수 교수는 무인 무기체계의 자율성 수준을 [표 3-2]과 같이 구분하고, 군사 선진국들 모두 아직은 완전 자율 무인 무기체계를 개발하지 못한 현실이며 Level 1~2에서 더 높은 단계로 올라서기 위한 기술 개발에 매진하고 있는 것으로 분석하였다.[27]

---

26 진석용, “스스로 판단하고 행동하는 지능형 로봇의 현주소”, ≪LGERI 리포트≫, LG Business Insight, 2014년 4월 2일, p. 7. http://www.lgeri.com/.

27 김경수·이용운, “무인무기체계 및 인간의 역할 구분과 유·무인 복합체계”, 『월간 국방과 기술』,

[표 3-2] 무인 무기체계의 자율성 수준

자율화 수준	주요 내용
Level 1(원격조종)	Remotely Controlled: 조종과 경로 계획 모두 외부 운용자에 의해 수행
Level 2(원격운용)	Teleoperation: 운용자가 경로를 계획하고 조종 항목을 선택, 세부 조종 항목은 자동화
	Scripted Teleoperation: 자동화된 각각의 세부 조종을 묶어 하나의 명령어로 수행, 운용자에 의한 중단·변경 가능
Level 3(원격감독)	Semi-Autonomous: 스스로 경로 계획과 조종을 담당, 운용자는 임무 설정·계획 및 감독 수행
Level 4 (완전자율)	Autonomy without Learning: 스스로 세부 임무를 계획·할당하고 경로 계획과 조종을 담당, 인간의 감독이 필요 없는 단계
	Autonomy with Learning: 완전히 자율화된 조종과 경로 계획 수행, 스스로 학습에 의해 효율적으로 임무 수행, 적합한 항법 및 조종 방식 등 고도화

20~30년 후 자율성 목표가 어떤 수준에 도달할 것인지를 예측하는 것은 매우 어렵다. 예측 가능한 것은 관찰(observe)−판단(orient)−결정(decision)−행동(action)으로 이어지는 전투행위 사이클의 각 단계에서 인간의 결심과 통제에 의해 임무를 수행하는 '인간 결정 관여(Human in the Loop)'[28] 개념의 낮은 자율 수준 무인 무기체계가 점차 인간의 결정적 통제 · 지시를 바탕으로 자율적 임무 수행이 가능한 '인간 감독 관여(Human on

2019년 7월 22일, http://bemil.chosun.com/.

28 Human in the Loop는 결정에 관여한다는 뜻이다. 자율 자동차의 경우 자동차 스스로 판단하기 어려운 상황을 사람이 돕는다는 것을 말한다. 인공지능의 불완전성을 사람이 보완해 완벽한 결정에 이를 수 있도록 하는 것이다. 최첨단 인공지능이 99.9% 모든 임무를 수행해도 0.1%의 어쩔 수 없는 상황이 발생할 수밖에 없기 때문에 결국 사람의 도움이 필요한 불가피한 순간이 찾아온다.

the Loop)'[29] 개념의 높은 자율 수준 무인 무기체계로 진화해갈 것이라는 점이다. 무인 무기체계가 '인간 개입 배제(Human-out-of-the-Loop)'[30] 개념에서 완전한 자율성을 갖추고 전장을 누비는 일은 기대하기 어려울 것으로 전망된다.

무인 무기체계는 완전한 자율성을 갖추게 된다고 하더라도 윤리적 · 법적 측면에서 인간의 통제가 불가피할 것으로 판단된다. 자율화된 무인 무기체계는 치명적 무기 사용 권한을 부여받게 되어 스스로 표적을 식별 · 공격하거나 자체 방호를 위해 무기를 사용할 수 있다. 이 경우 민간인에게 피해를 줄 수 있는 표적을 공격하고 전쟁법과 교전규칙을 위반한 공격을 감행하는 등 법적 · 윤리적 문제가 개입된 상황이 발생할 수 있다. 이러한 맥락에서 무인 무기체계의 행동 여부를 인간이 결정하고 통제하는 역할은 필수적이다.

마. 초지능 무기체계 혁명

인터넷 혁명 · 컴퓨터 혁명 · 디지털 혁명의 결합이 탄생시킨 정보문명 시대에 군사 분야에서는 감시 · 정찰을 위한 각종 센서

---

29 무인 무기체계의 자율성 측면에서 Human on th Loop는 로봇이 인간의 관리·감독 하에 표적을 선정하고 전력을 운반할 수 있는 것을 뜻한다. 로봇은 인간의 지휘를 받지 않고 표적 획득 과정을 독립적으로 수행할 수 있지만, 인간이 로봇의 어떤 공격 결정도 중지시킬 수 있다는 점에서 로봇은 인간의 실시간 감독 하에 있는 것이다.

30 human-out-of-the-loop는 무인 무기가 인간 운영자에 의한 실시간 통제 없이 표적을 탐색·식별·선정·공격할 수 있는 것을 말한다. 무인 무기가 제한·사전정의·통제된 전장 운영 환경 하에서 표적을 자동적으로 탐색·공격할 수 있는 능력을 보유하면 자동화된(automated) 것으로 설명된다. 무인 무기가 제한되지 않고 예측할 수 없는 전장 운영 환경 하에서 탐색·공격 임무를 수행할 수 있게 되면 완전 자율화된(fully autonomous)된 것으로 설명된다.

체계와 기동 · 타격을 위한 교전체계를 지휘 · 통제를 위한 정보통신 네트워크체계로 연결 · 운용하는 시스템 복합 무기체계가 전쟁의 성격을 바꾸어 놓았다. 오늘날 사물인터넷 혁명 · 클라우드 컴퓨팅 혁명 · 빅데이터 혁명 · 이동통신 혁명 · 인공지능 혁명의 융합에 의해 가속적으로 발전하고 있는 지능문명 시대에 군사 분야에서는 초연결 및 초지능 기술 기반 신개념 무기체계가 전쟁의 성격을 바꾸어 놓을 것으로 분석된다.

향후 20~30년 시대에는 유전학 혁명과 나노기술 혁명 및 로봇공학 혁명이 중첩적으로 발생해 또다시 인류 문명의 전환을 가져올 것이며, 그에 따라 군사 분야도 혁명적 변화가 불가피할 것으로 전망된다. 그중 가장 대표적인 것이 인공지능 기술을 활용한 초지능 무기체계 혁명일 것이다. 인공지능은 인간의 지능을 갖춘 컴퓨터 시스템이며, 인간의 지능을 기계 등에 인공적으로 구현한 것이다.

초지능(Superintelligence)이란 강인공지능(Strong AI)이 지능 폭발을 일으켜 만들어낼 궁극의 지능을 의미한다. 강인공지능이란 어떤 문제에 대해 인간처럼 사고하고 학습 · 추리 · 적응 · 논증함으로써 특정 문제를 스스로 해결할 수 있는 인공지능을 뜻한다. 앞으로 인공지능은 스스로 연쇄적인 개량을 통해 더욱더 고도화된 인공지능이 됨으로써 인간의 지능 수준을 월등히 뛰어넘는 수준으로 폭발적 발전을 일으키게 될 것으로 분석되고 있다. 기계적 능력의 근본적 속성 상 하나의 강인공지능은 곧 수많은 강인공지능들을 낳을 것이고, 그것들은 스스로의 설계를 터득하고 개량함으로써 자신보다 탁월하고 지능적인 인공지능으로 빠르게 진화할 것이다. 진화 주기가 무한히 반복될 것이며, 각 주기마다 더욱 지능적인 인공지능이 탄생함은 물론, 주기에 걸리는 시간도 단축될 것이다. 순식간의 지능 폭발로 말미암아 강인공지능은 더 이상 인간이 분석하기 어려운 기이한 단계로 발전하게 되며 결국은 초지능이 된다.

물리학자이면서 인공지능 시대의 인류와 생명을 연구하는 맥스 테그마크 MIT 공대 교수는 범용인공지능(AGI: Artificial General Intelligence)[31] 이 새로운 지적 생명을 탄생시킬 것이라 예측하고, 이를 '생명 3.0(Life 3.0)'으로 설명하고 있다. 생명은 자신의 복잡성을 유지하고 복제할 수 있는 일련의 과정을 의미한다. '생명 1.0(LIFE 1.0)'은 하드웨어와 소프트웨어 모두 스스로 설계할 수 없는 단계의 생명이다. 단세포 생물이 그것이다. '생명 2.0(LIFE 2.0)'은 소프트웨어를 스스로 설계할 수 있는 단계의 생명이다. 인간(human)이 그것이다. 생명 3.0(LIFE 3.0)은 하드웨어와 소프트웨어 모두를 스스로 설계할 수 있어 끊임없이 자기 자신을 업그레이드할 수 있는 새로운 생명 형태이다. 인공지능이 그것이다. 인류는 이제까지 하드웨어와 소프트웨어 모두 진화라는 과정을 통해 발전할 수밖에 없었던 생명 1.0 시대를 지나 소프트웨어를 설계하면서 문명을 발달시킨 생명 2.0 시대를

31 범용인공지능이 무엇인지에 대한 정의는 아직 확고하게 정립되지 않았으나 대체로 인간처럼 다양한 업무를 동시에 수행하면서 스스로 알아서 해결책을 찾아나가는 시스템으로 이해된다. 그 이전 단계의 인공지능은 한정된 범위에서 특정 업무를 수행하는 협용인공지능(ANI: Artificial Narrow Intelligence)이다. 오늘날 활용되는 인공지능은 협용인공지능으로서 번역 기능을 수행하는 인공지능, 얼굴 인식 기능을 수행하는 인공지능, 무인자동차 기능을 수행하는 인공지능 등이 그 예이다.

이룩하였다. 앞으로 인간은 범용인공지능의 가속적 발전으로 자기 자신을 끊임없이 업그레이드하면서 능력을 향상시키는 생명 3.0 시대를 개척할 것이다. 이러한 시대의 인류 사회는 지금과는 전혀 다른 체제로 전환될 수밖에 없으며 정치, 법률, 군사, 산업, 경제, 노동 등의 분야에서 가히 생각할 수 없는 혁명적 변화가 초래될 것이다.[32]

테그마크의 생명 3.0을 탄생시킬 범용인공지능은 커즈와일의 강인공지능보다는 약한 것으로 볼 수 있다. 커즈와일은 강인공지능을 인간의 뇌 모델에 기반을 둔 것으로 설명한다. 뇌의 스캔 및 영상화 가능한 기술과 도구들이 가속적으로 발전해 뉴런 등의 신경물질들을 탐지 · 분석할 수 있게 되면 인간 뇌의 전 영역을 모방하는 상세한 모델을 만들 수 있고, 이를 통해 협용인공지능을 강인공지능으로 발전시킬 수 있다는 주장이다. 인간 뇌의 전 영역을 역분석하여 인간 지능의 작동 원리를 알아내고, 그 원리를 인간 뇌와 비슷한 용량의 연산 플랫폼에 입력한다는 것이다. 뇌의 역분석에서 얻은 도구들, 뇌를 통해 간접적으로 얻은 통찰들, 다년간의 인공지능 연구에서 얻은 지식 등을 종합적으로 활용하면 강인공지능을 만들어낼 수 있다는 것이다.

강인공지능은 학습의 속도가 인간보다 훨씬 빠르기 때문에 인간 지능을 초월하게 된다. 인간이 몇십 년 걸려 배울 수 있는 기초적 소양과 지식을 기계는 아주 짧은 시간에 습득할 수 있다. 기계 지능(비생물학적 지능)끼리는 학습한 지식 패턴을 쉽게 공

32 맥스 테그마크 저, 백우진 역, 『LIFE 3.0: 인공지능이 열어갈 인류와 생명의 미래』(서울: 동아시아, 2017).

유할 수 있기 때문에 하나의 인공지능만 학습하면 다른 인공지능도 학습하는 것과 마찬가지이다. 컴퓨터 하나가 음성을 인식하면 학습된 음성 패턴을 음성 인식 소프트웨어로 만들어 수많은 컴퓨터에 다 공유시킬 수 있다. 뇌 역분석 모델 기반의 학습으로 인간의 언어와 지식을 상당 부분 습득한 기계는 지능 폭발의 과정을 거쳐 튜링 테스트(Turing Test)[33] 를 통과할 것으로 전망된다. 기계가 인간 지능의 융통성, 미묘함, 유연함을 거의 그대로 모방하게 된다.[34]

강인공지능이 발현되기까지는 20~30년이 걸릴 것으로 전망되고 있다. 오늘날 인공지능이 과학기술의 핵심 키워드가 되어 있지만 그 수준은 약인공지능(Weak AI)에 머물러 있다고 할 수 있다. 다만 기계가 인간 지능과 동등한 작업을 할 수 있는 영역이 증가하고 있을 뿐이다. 이는 오직 인간만이 할 수 있는 일이 점점 줄어들고 있음을 의미한다. 약인공지능은 기계가 인간과 비슷한 수준으로 세상을 인식하고 정보를 조합하며 이해하는 정도의 인공지능을 말한다. 이는 미리 정의된 규칙의 집합을 이용해 지능을 흉내내는 컴퓨터 프로그램이기 때문에 어떤 문제를 실제로 사고하거나 해결할 수는 없다.

약인공지능은 일상생활에서 쉽게 접할 수 있다. 심전도 진단, 얼굴 인식, 미사일 유도, 바둑 두기, 주식 추천하기, 재즈 즉흥 연주, 영문 번역 등이 그 예이다. 산업 분야의 스마트 팩토리

---

33 튜링 테스트는 기계가 인간과 얼마나 비슷하게 대화할 수 있는지를 기준으로 기계에 지능이 있는지를 판별하는 것을 말한다. ≪위키백과≫, https://ko.wikipedia.org/wiki/

34 김영남 외 옮김, 앞의 책, pp. 401-403.

(Smart Factory)도 약인공지능 적용 사례이다. 공장 내 설비와 기계에 설치된 센서를 통해 데이터가 실시간으로 수집 · 분석되어 작업장 내 모든 상황들이 일목요연하게 보여지고, 이를 분석해 목적된 바에 따라 모든 설비가 제어된다.

전쟁 및 군사 분야에서 강인공지능이 전략 · 전술적 필요에 따라 각종 물리적 전투 수단들과 결합되면 기존 전장의 모습을 뒤엎는 신개념 무기체계 혁명이 발생할 것으로 전망된다. 인공지능의 무기화가 급속하게 추진되면서 기계가 스스로 전장을 누비는 날이 가까워지고 있는 것이다. 초지능 무기체계 혁명은 강인공지능이 발현되는 시기에 성취될 수 있을 것으로 전망된다. 향후 물리적 전투시스템이 약인공지능을 만나 점차 가속적 발전을 거듭하는 양상으로 21세기 중반경 절정기에 도달할 것으로 예상된다. 물리적 전투시스템 자체는 지속적으로 개선될 것이나 폭발적 도약은 한계가 있다.

초지능 기반 신개념 전투시스템은 지수함수적 발전으로 기술적특이점을 가져올 수 있는 핵심기술인 인공지능을 탑재하여야 탄생될 수 있을 것이다. 오늘날 세계적 군사 강대국들은 약인공지능 기반 무기체계의 개발을 둘러싼 군비경쟁을 벌이는 것으로 진단된다.[35] 초보적 단계의 인공지능 무기체계가 본격적으로 개발되기 시작한 것이다. 무기체계에 기계학습(Machine Learning) 기술을 적용하는 수준이다.

기계학습은 별도의 프로그래밍 없이 스스로 학습할 수 있는 능

---

35 인공지능 무기 경쟁… '핵무기보다 싸고 더 위험', ≪ChosunBiz≫, 2017년 8월 6일, https://biz.chosun.com/site/data/html_dir/

력을 컴퓨터에 부여하는 것을 말한다. 주요 방식으로 지도학습(Supervised Learning), 자율학습(Unsupervised Learning), 증강학습(Reinforcement Learning)이 있다. 지도학습은 올바른 입·출력 쌍으로 된 훈련 데이터로부터 입·출력 간의 함수를 학습한다. 자율학습은 데이터의 무리짓기(clustering) 또는 일관된 해석을 도출한다. 증강학습은 계속된 행동으로 얻은 보상으로부터 올바른 행동을 학습한다. 이 가운데 증강학습 관련 기술이 가장 활발하게 연구되고 있으며, 최근에는 신경망을 기반으로 하는 딥 러닝(Deep Learning) 기계학습 기술이 각광을 받고 있다.

딥 러닝 기술은 인간의 인지를 기반으로 수행되는 업무를 컴퓨터가 방대한 양의 데이터를 통해 학습하여 대신 처리하거나 의사결정에 도움을 주는 등 일의 효율을 높이는 최첨단 기술로서 기초 업무 지원뿐 아니라 업무 지시 및 감독, 제조업의 자동화 공정 등 다양한 분야에 활용된다. 인간의 능력을 확장하고 올바른 의사결정을 지원하는 인지 컴퓨팅(Cognitive Computing) 기술도 개발되고 있다. 최근 인간과 같이 사랑과 감정 그리고 마음을 지닌 로봇을 개발하기 위해 인간 뇌 피질의 구조와 작동 원리를 모사하는 연구가 진행되고 있으며, 미국과 유럽 선진국들에서는 범국가적 차원의 뇌 연구 프로그램에 대규모 자원이 투입되고 있는 것으로 파악된다.[36]

세계 최고의 군사강국인 미국은 기술적 절대 우위를 통해 군

36 이에 대한 자세한 내용은 다음 자료 참고. "인지컴퓨팅이 인공지능의 미래", ≪동아사이언스≫, 2016년 3월 17일, http://m.dongascience.donga.com/; 배창석, "인공지능 및 인지 컴퓨팅 기술 동향", 『주간기술동향』, 2016년 3월 23일, https://docsplayer.org/; 윤장우, "뇌과학 기반 인지컴퓨팅 기술 동향 및 발전 전망", 『주간기술동향』, 2016년 5월 4일, file:///C:/ Users/choon/.

사력의 압도적 우세를 유지한다는 전략 기조 하에서 인공지능 무기의 개발에 조바심을 갖고 속도를 내고 있는 모습이다. 국방부 산하 '국방과학위원회'는 미군이 인공지능 분야의 군비경쟁에서 뒤처질 수 있다고 경고한 바 있다. 중국과 러시아 등의 국가들이 무기 시스템에 인공지능 기능을 적극 채택하려는 움직임을 보이고 있으나 미군은 그에 대응할 수 있는 체제가 미흡하다는 것이다.[37]

이처럼 인공지능의 군사적 활용에 대한 필요성과 중요성이 강화되는 상황에서 미국 국방부는 2019년 2월 정보 수집 활동에서부터 군용기와 선박 수리에 이르기까지 군사 분야에서 인공지능 활용의 가속화를 촉구하는 보고서를 발표하였다. 중국과 러시아 등 다른 국가들이 군사적 사용을 위해 인공지능 분야에 상당한 투자를 하고 있기 때문에 미국은 그러한 국가들이 기술적 우위를 점하기 전에 관련 기술 발전에 신속하게 나서야 한다는 것이다.[38] 미국 DARPA는 인공지능에 기반을 둔 차세대 전투기 전자전 체계를 연구하는 것으로 파악된다. 성능을 강화하고 있는 러시아와 중국의 레이더에 인공지능으로 작동하는 신형 전자전 체계로 대응한다는 전략을 추진하고 있는 것이다. 이 전자전 체계는 인공지능을 활용해 실시간으로 적 레이더 활동을 파악하고 새로운 방해 신호 프로파일을 생성하는 등 감지 · 파악 · 대응 등

---

37 미국, 인공지능 무기 경쟁에서 뒤쳐질 수 있다", ≪로봇신문≫, 2016년 8월 29일, http://m.irobotnews.com/news/.

38 "미 국방부, 군사 분야 인공지능 기술 강화해야", 『VoA』, 2019년 2월 13일, https://www.voakorea.com/world/us/

의 전 과정이 연속으로 진행된다. 현재 운용하고 있는 전투기의 전투체계는 새로운 종류의 레이더 신호에 따라 방해 신호 프로파일을 통합해 작전비행 계획을 수립하기 때문에 상당히 많은 시간이 걸린다. 이와는 달리 미래의 항공기는 전장에서 실시간으로 획득한 새로운 레이더 위협에 대응해 방해 신호를 보내기 때문에 시간이 소요되지 않는다. 신형 인공지능 기반 전자전 체계가 도입되면 시간과 비용의 절감은 물론 조종사의 인명도 구할 수 있을 것으로 기대되고 있다.[39]

미국 공군과 해군은 2030년경까지 5세대 F-35 전투기를 뛰어넘는 6세대 전투기를 선보인다는 계획에 따라 어떤 기술을 적용할지, 어떤 능력을 갖추게 될지 등 초기 개발 개념 및 계획을 논의하고 있는데, 인공지능 기술을 적용할 것으로 알려져 있다. 인공지능 기술을 적용해 조종사의 개입 없이 데이터를 분류하고 위협을 분석하도록 한다는 구상이다. 필요할 경우에만 조종사가 탑승해 조종하고 평상시에는 무인 조종이 가능한 선택탑승(Optional Manning) 개념도 6세대 전투기의 주요 특징이다.[40] 최근 미국은 하푼 미사일을 대체할 신형 장거리 대함미사일(LRASM: Long Range Anti-Ship Missile)에 인공지능 기능을 채용한 것으로 알려져 있다. 적 함정을 목표로 날아가다가 공격 목표를 변경하거나 요격미사일을 회피해야 할 경우 인공지능

---

39 "미국 인공지능 활용, 중·러 레이더 대응 전략 추진", ≪이야기 속 방위산업≫, 방위사업청, 2016년 6월 23일, https://blog.naver.com/dapapr/

40 "美, 벌써부터 6세대 전투기 개발 착수…F-35기 능가", ≪연합뉴스≫, 2017년 12월 18일, https://www.yna.co.kr/view/

기술을 활용해 실시간으로 비행 방향과 속도를 조절할 수 있다는 것이다.[41] 미국은 자율 비행 능력을 갖춘 대규모 드론 무기의 시험 비행에도 성공한 것으로 파악된다. 인공지능형 드론의 개발이 성공적으로 이루어지고 있는 것이다.

인공지능과 불가분의 관계에 있는 대표적 분야는 로봇이다. 인공지능이 탑재되지 않은 로봇은 한낱 장난감에 불과하다. 인공지능 로봇은 공상과학영화에서도 빠지지 않고 늘 등장하는 주인공이다. 인공지능 로봇이 탄생하기도 전에 벌써부터 그 위험성을 경고하는 목소리가 커지고 있다. 2017년 8월 21일자 주요 외신들에 따르면, 116명의 로봇 전문가들이 UN에 킬러 로봇(Killer Robot) 개발을 막아달라는 서신을 전달하였다는 것이다. 서신 작성 인물들은 '제3의 전쟁 혁명(third revolution in warfare)'을 예고하면서, 치명적 자율무기(Lethal Autonomous Weapons Systems)가 재앙을 몰고 올 판도라의 상자가 되고 있다고 주장하였다.[42] 킬러 로봇은 전장에서 적군을 살상할 수 있는 인공지능 로봇이다. 국제인권감시기구는 킬러 로봇을 인간의 의지 없이 공격하는 무기라고 정의한다. 감정 없이 기계적 판단에 의해서만 움직이는 로봇인 것이다.

군사용 로봇(Military Robot)은 많은 전문가들이 우려하는 킬러 로봇과는 다른 차원에서 개발되고 있는 것으로 분석된다. 세

---

41 인공지능 무기 경쟁… 핵 무기 보다 싸고 더 위험", ≪ChosunBiz≫, 2017년 8월 6일, https://biz.chosun.com/site/data/html_dir/

42 '킬러 로봇' 어디까지 왔나?", ≪The Science Times≫, 2017년 8월 22일, https://www.sciencetimes.co.kr/news/

계 최선두에서 군사용 로봇 개발에 박차를 가하는 미국은 인공지능 로봇이 아닌 지능 확장(Intelligence Augmentation)형 로봇을 개발하고 있다. 인간이 최종 판단과 결정의 주체가 되고 기계적 장치나 알고리즘으로 인간에게 도움을 주는 로봇들을 발전시키고 있는 것이다. 폭발물 제거, 물자 보급, 기지 방호, 정찰용 로봇들이 그러한 예이다. 군 지도자들은 기본적으로 로봇에게 인간의 생명을 결정하는 권한을 주어서는 안된다는 입장을 견지하고 있다. 그렇더라도 미국은 적국들이 인공지능 무기를 개발할 경우 앉아서 보고만 있지는 않을 것으로 예상된다.

러시아는 적국의 방어 레이더망을 실시간으로 탐지하고 데이터를 분석하면서 스스로 방향 · 고도 · 속도를 바꾸고 목표물을 골라 파괴할 수 있는 장거리 인공지능 미사일(사정거리 7,000km)을 개발하는 것으로 알려져 있다. 발사된 후 비행 도중 목표물을 바꾸는 미사일은 새로울 것이 없지만 목표물을 스스로 설정하고 독자적 판단으로 자율 비행하는 인공지능 미사일은 차원이 다른 위력을 가진 무기이다. 러시아 방위산업체 대표인 아르멘 이사키안(Armen Isaakyan)은 2017년 1월 무인 항공기용 인공지능 소프트웨어를 개발하고 있으며, 가까운 미래에 자기들끼리 연락하고 상호 작용하면서 자율 판단에 따라 임무를 수행하는 인공지능 미사일과 드론 및 로봇이 출현할 것이라고 주장한 바 있다.[43]

러시아는 스텔스 탐지도 가능한 머신러닝 기반 테라헤르츠

---

43 “인공지능 무기 경쟁… 핵무기 보다 싸고 더 위험”, ≪ChosunBiz≫, 2017년 8월 6일, https://biz.chosun.com/site/data/html_dir/

(THz, 초당 약 10억번) 레이더를 개발하고 있으며, 2020년 말까지 미사일 공격 경보 시스템의 레이더 스테이션에 인공지능을 적용하는 계획을 완료할 예정이다. 각 레이더 스테이션마다 데이터센터 수준의 컴퓨팅 기능, 빅데이터 분석 기능, 인공지능 머신러닝 기능을 구현한다는 것이다. 머신러닝은 비행 방향과 함께 탐지 물체의 특성 및 유형을 식별하는 속도를 크게 향상시키게 된다.[44]

중국군은 시진핑 국가주석이 2017년 10월 중국 공산당 제19차 당 대회에서 경제 · 사회 · 군사 영역의 인공 지능화를 공식화한 이후 인공지능의 군사화에 박차를 가하기 시작하였다. 인공지능, 빅데이터, 바이오테크놀로지, 나노기술 등에 기반을 둔 무기개발, 작전 교리 개발, 인재 양성, 부대 편제 개편 등을 군 현대화의 핵심 요소로 인식하고 있다. 이는 머지않은 장래에 인공지능 기술이 전쟁의 승패를 결정할 것이라는 분석에 따른 것이다. 전쟁의 속성이 정보 우세에 따라 승패가 결정되는 정보화 전쟁에서 지능 우세가 승패를 좌우하는 스마트 전쟁으로 전환되고 있기 때문이다. 제해권 및 제공권과 같은 범주의 제지권(制智权) 개념이 추가되고 인공지능이 군사력 발전의 핵심 과제로 설정된 것이다. 중국군은 인공지능 기술을 활용한 첨단무기의 개발에 그치지 않고 인공지능을 군사전략이나 작전에도 적극적으로 활용하고 있다. 그 예로서 인공지능을 활용한 알고리즘 게임을 개발한 것으로 알려져 있다. 미래전에서 인공지능 알고리즘을 통해 전장의

---

44 "인공지능으로 무장하는… 러시아 미사일 공격 경보시스템 '레이더 스테이션', ≪인공지능신문≫, 2020년 2월 1일, http://www.aitimes.kr/news/

상황을 빠르고 정확하게 이해하고 전투의 최적화 방법을 혁신함으로써 결국은 '전쟁 전 승리'라는 궁극적인 전쟁 목표를 달성할 수 있다는 것이다.[45]

중국은 미래의 지능화전에 대비하고 미국과의 군사력 경쟁에서 밀리지 않기 위해 인공지능 무기의 개발 역량을 강화하고 있다. 자가 학습하는 인공지능 칩을 탑재한 잠수함부터 사람의 혈관에도 침투가 가능한 초소형 로봇에 이르기까지 치명적인 인공지능 무기를 개발하는 데 미국 등 여러 국가들과 경쟁하는 것으로 알려져 있다. 인공지능 무기 개발의 경쟁력을 강화하기 위해 도전 및 창의 정신이 왕성한 청소년 인재들을 양성하고 있기도 하다. 베이징이공대학(BIT: Beijing Institute of Technology)은 2018년 인공지능 무기체계 실험 프로그램에 18세 이하 청소년 31명을 모집하였으며, 중국 최대 방위산업체 중 하나인 노린코(Norinco.北方工业) 본사에서 이 프로그램을 시작한 것으로 알려져 있다.

중국 최고의 무기체계 연구기관 중 하나인 베이징이공대학에서 이러한 프로그램이 시작한 것은 중국이 인공지능 무기 기술의 개발에 지대한 관심을 갖고 있음을 의미한다. 이 프로그램의 안내문에 따르면, 학생들은 학계와 방위산업계로부터 온 두 명의 무기 전문 과학자들에 의해 지도를 받는다. 1학기 동안의 특별과정 후에 학생들은 기계공학, 전자공학, 무기디자인 등과 같은 특수 분야를 선택 과목으로 이수하고, 실험실에 배정되어 실제

45 중국의 '인공지능 군사화' 박차", ≪The Science Times≫, 2019년 5월 7일, https://www.sciencetimes.co.kr/news/

경험을 쌓는다. 이렇게 4년 과정을 마친 후 학생들은 박사과정을 계속하면서 중국 인공지능 무기 프로그램의 차세대 지도자로 육성된다. 이는 인공지능 군사 연구에 차세대 인재를 배치하는 세계 최초의 대학 프로그램이다.[46]

전쟁 양상이 파격적으로 진화하고 미 · 중 군사 경쟁이 갈수록 치열해지면서 중국 군부는 인지과학 기술을 포함한 첨단 과학기술 연구 개발 역량을 더 높이면서 싸우지 않고 적을 굴복시킬 수 있는 군대 양성에 박차를 가하고 있다는 분석이 나오고 있다. 미국 내 신미국안보센터(Center for a New American Security)의 엘사 카니아(Elsa Kania) 선임 연구원은 미국 국방대학교 정기 간행물 「프리즘(Prism)」에 기고한 글을 통해 중국 군부가 인지과학 연구를 통해 어떻게 군사력을 증강하고 있는지 설명하였다. 그녀에 의하면, 중국군은 1990년대 이후 정보화 전략에 따라 지휘 · 통제 · 통신 · 컴퓨터(C4)와 정보 · 감시 · 정찰(ISR)을 통합한 C4ISR 시스템을 성공적으로 개발해 사이버전 · 전자전 · 심리전 등 다방면의 정보작전 능력을 극대화하였으며, 이제는 정보전에서 지능화전으로 점차 전환하고 있다는 것이다.

인지과학을 통한 정신/인지 지배(mental/cognitive dominance)와 지능 지배(intelligence dominance)가 중국군의 중요한 발전 방향이라는 주장이다. 인간 뇌 작동 원리를 모방해 개발한 지능이 인공지능의 기술적 한계를 극복할 수 있는 중요한 방법이며, 이 방법이 군사 기술과 장비의 발전을 견인할 수 있다는 것이다.

---

46 "중국 최고 영재들, AI 신무기 개발에 투입", ≪미션투데이≫, 2018년 11월 9일, http://www.missiontoday.co.kr/news/

중국 국방과학기술대학 인지과학 기초 연구팀이 20년 동안 연구한 결과에 의하면, 뇌파를 해석한 코드를 이용해 외부 기기의 동작을 제어하고 외부 신호로 신경세포를 자극하는 기술인 뇌-컴퓨터 인터페이스(BCI: Brain-Computer Interface) 기술을 활용함으로써 뇌파 센서로 로봇을 조종하고 차량을 운전하거나 컴퓨터를 조작할 수 있다는 것이다.[47]

초지능 무기체계 혁명은 강인공지능의 군사적 활용이 본격화할 때 발현될 수 있기 때문에 20~30년의 기간이 걸릴 것으로 예상된다. 인공지능은 기계에 탑재된 알고리즘이기 때문에 인간의 목적과 의지에 따라 어디엔가 적용되어야 의미가 있고 발전될 수 있다. 공상과학 영화나 소설에서 인간과 기계의 결합을 설정하고 스스로 판단하여 움직이는 인공지능 무기를 출현시키고 있으나 그 가능성은 기대하기 어려운 영역이다. 이제 겨우 약인공지능의 군사적 활용이 시작되는 수준이다. 미국을 비롯한 러시아와 중국 등 세계적 군사 강국들은 약인공지능을 무기체계에 적용하는 이른바 무기체계의 지능화를 위한 다양한 프로젝트를 추진하는 가운데 장기적 관점에서 강인공지능의 군사적 적용 방안을 연구·개발하고 있는 모습이다. 기술적 특이점 이후에도 인간의 개입이 전혀 없이 관찰-판단-결정-행동으로 연결되는 전투행위 사이클을 완벽하게 돌리면서 인간을 살상하는 무기체계는 출현할 수 없을 것으로 전망된다.

---

47 中, 인지과학과 생명공학 활용해 군사력 증강", ≪비아이 뉴스≫, 2020년 3월 8일, https://www.beinews.net/news/

바. 비운동 에너지 무기체계 혁명

인류 문명의 발전과 함께 대량 파괴 · 살상을 초래하는 전쟁 양상이 설 땅을 잃어가는 가운데 전투 · 비전투 구분이 명확하지 않은 중 · 저강도 분쟁이 증가하고, 인구와 산업이 밀집된 대도시에서의 전투가 불가피해짐에 따라 주민 생활 기반 시설을 파괴하지 않고 인명을 살상하지 않는(non-lethal) 새로운 유형의 무기체계가 속속 개발되고 있다. 또한 전자 장치와 소프트웨어 알고리즘이 탑재된 첨단 지능화 무기체계들이 전장의 주역이 됨에 따라 물리적 파괴보다 기능적 무력화를 목표로 하는 무기체계가 증가하고 있는 추세이다.

인명 살상과 물리적 파괴는 전적으로 운동 에너지 무기(KEW: Kinetic Energy Weapon)에 의한 것이었다. 인명 살상의 회피와 기능적 무력화를 지향하는 것은 이른바 비운동 에너지 무기(NKEW: Non-Kinetic Energy Weapon)이다. 운동 에너지 무기는 화학적 작용체로부터 얻은 운동 에너지로 탄두를 이동시켜 표적을 공격하는 무기를 말하며, 목표물에 탄두를 직접 충돌시키기 때문에 탄두의 속도를 극대화함으로써 강력한 운동에너지를 얻는다. 비운동 에너지 무기는 주로 지향성 에너지 무기(DEW: Directed Energy Weapon)를 말한다.

지향성 에너지 무기는 전자기파(EMP: Electro-Magnetic Pulse)나 입자 빔을 한 곳에 집중시켜 고출력을 생성해 표적에 발사함으로써 표적을 파괴하거나 무력화시키는 새로운 형태의 첨단 무기체계이다. 레이저 빔, 전자 빔, 고출력 마이크로웨이브(High Power Microwave), 입자 빔(Particle Beam), 플라즈마

무기체계 등이 주류를 이루고 있다. 지향성 에너지 무기는 극도로 빠른 빛의 속도로 표적의 국소를 30cm 이하의 빔 크기로 정밀하게 타격할 수 있는 특장점을 가지고 있다. 강력한 에너지 빔을 표적의 특정 지점에 가하면 수초 이내에 무력화된다. 목표의 운동 상태에 따른 예상 조준이나 지구 중력의 영향을 받지 않고, 대량 발사와 다중 표적 연속 요격이 가능하며, 단위 발사 당 비용이 매우 저렴하다. 공격용과 방어용으로 동시 사용이 가능한 이점도 있다. 이러한 점에서 지향성 에너지 무기는 기존 운동 에너지 방식의 재래식 무기와 전혀 다른 새로운 차원의 무기체계로서 전장 운영 개념을 획기적으로 전환시킬 수 있는 잠재력을 가지고 있다.

비운동 에너지는 달리 말하면 고출력 에너지(high powered energy)이다. 레이저와 전자기파 및 플라즈마 등의 에너지를 고출력으로 발생시키는 것이 핵심이다. 가장 대표적인 비운동 에너지인 레이저(LASER: Light Amplification by Stimulated Emission of Radiation)는 복사의 유도 방출에 의한 빛의 증폭으로 만들어진 강력하고 퍼지지 않으며 멀리 전달되는 단색광을 말한다. 단일 파장 동위상의 빛으로서 분산되지 않고 일직선으로 뻗어가는 특성을 가지고 있기 때문에 산업과 분광학 분야의 연구에 활용되며, 군사적으로는 표적을 식별하거나 미사일 등의 무기를 유도하는 데 사용된다. 고에너지 레이저(HEL: High Energy Laser)는 직접 타격 무기를 대체하여 미사일이나 비행체 등의 요격에도 사용된다. 오늘날 연구 · 개발 · 응용되고 있는 고에너지 레이저 기술은 화학 레이저, 광결정 고체 레이저, 광섬유 레이저,

알칼리 레이저, 자유전자 레이저 등으로 구분된다.

전자기파는 핵폭발에 의해 발생하는 전자기 충격파를 말한다. 감마선 광자가 대기 중으로 확산되면서 원자핵에서 전자가 방출되고, 이로 인해 강력한 전기장과 자기장이 형성된다. 강력한 전자기파는 전자회로에서 전류가 되어 과전류를 발생시킴으로써 각종 전자기기를 무력화시킨다. 첨단 전자기기들은 반도체 집적회로 기술의 발달로 갈수록 소형화되기 때문에 전자기파에 취약할 수밖에 없다. 첨단 전자기기들을 채용한 군 무기체계 역시 전자기파에 의한 공격을 받으면 순식간에 무력화될 수 있다.

이러한 점에 착안해 군사 선진국들은 전쟁 양상을 바꿀 신개념 무기로서 전자기파를 이용한 무기(EMP 무기)를 개발하고 있다. EMP 무기는 핵폭발 시 방출되는 막대한 전자기파를 이용하는 핵 EMP(NEMP: Nuclear EMP) 무기와 전자기파를 기계적으로 방출하는 장치를 통해 핵폭발 없이 유사한 효과를 거두는 비핵 EMP(NNEMP: Non-Nuclear) 무기로 구분된다. 핵 EMP 무기는 광범위한 영향을 미치고 통제할 수 없기 때문에 자칫 아군에게도 큰 피해를 입힐 수 있지만, 비핵 EMP 무기는 그러한 위험을 감소시키고 효과적으로 사용할 수 있는 장점이 있기 때문에 여러 국가들이 미래의 핵심 무기체계로 개발하고 있다. 1962년 미국 해군이 태평양 상공에서 핵무기를 실험할 때 1000㎞ 정도 떨어진 곳의 관측 장비와 감시 · 지휘 시스템 등이 작동을 멈췄는데, 그 원인이 핵폭발로 인해 발생된 전자기파였던 것이다.

플라즈마란 제4의 물질 상태라고 알려져 있는 물질의 형태로서 강력한 전기장이나 열원으로 가열되어 기체 상태를 뛰어넘어 전자, 중성입자, 이온 등 입자들로 나누어진 상태를 말한다. 전자는 열을 받아 원자로부터 자유로워지면 끝이기 때문에 어떤 원소든 플라즈마 상태가 될 수 있다. 전자는 탈출하면서 전기 현상의 근원인 전하를 띠게 되는데, 이 전하를 전자기장으로 가두거나 특정 방향으로 가속시킬 수 있다. 열을 가진 플라즈마를 전자기장으로 가두는 것이 토카막(tokamak)[48]이며, 전하를 특정 방향으로 가속하는 방법을 이용한 것이 우주선 등에 쓰이는 이온 엔진이다.

플라즈마는 대기 중에서 방사되므로 직진성을 부여하기 위한 연구가 진행되고 있으며, 플라즈마에서 발생된 입자빔을 인공위성에 탑재해 지구상의 목표를 타격하는 방안이 연구된 바 있는 것으로 파악된다. 미국의 경우 플라즈마를 이용한 고섬광 발생탄과 우주용 입자무기 등 미래형 특수무기 개념을 제안 및 특허 등록했으나 아직 실전 배치 수준에는 이르지 못한 것으로 알려져 있다. 러시아는 비행기 주위를 플라즈마 공기로 에워싸 레이더파를 아예 없애는 방식을 적용한 플라즈마 스텔스기 개발을 완료하였다고 발표한 바 있으나 아직 검증이 어렵다.[49]

가까운 미래에 전장의 새로운 게임 체인저로 등장할 수 있는 지향성 에너지 무기는 고에너지 레이저(HEL: High Energy

---

48 토카막은 플라즈마를 가두기 위해 자기장을 이용하는 도넛형 장치이다. 가두어진 플라즈마를 안정화시키기 위해서는 자기장뿐만 아니라 내부에 전류가 흐르게 하여야 하며, 플라즈마가 벗어나지 않게 하기 위한 또 다른 자기장이 필요하다. 자기장을 이용하여 플라즈마를 가두는 많은 장치들 중 토카막이 핵융합 발전의 최적 장치로 활용되고 있다. ≪위키백과≫, https://www.google.com/

49 러시아 '플라스마 스텔스기' F-22도 두려워할 비장의 무기", ≪중앙SUNDAY≫, 2011년 5월 29일, https://news.joins.com/article/

Laser)를 이용한 각종 무기체계이다. 레이저 무기 개발 각축전이 새로운 양상의 군비경쟁을 초래하고 있다. 전통적 군사 강대국인 미국과 러시아뿐 아니라 독일과 이스라엘도 이미 레이저 무기의 전력화에 성공한 것으로 알려져 있다. 군사굴기에 나선 중국의 레이저 무기화 수준도 상당한 것으로 파악된다. 레이저 무기는 더 이상 개념이나 계획에 머물러 있지 않고 실전화가 가속화하는 모습이다. 레이저 광선으로 비행기나 미사일을 격추하는 장면이 공상과학 영화에나 등장하는 것이 아니라 이제는 실제 상황으로 벌어지는 시대에 들어선 것이다.

벌써부터 레이저 무기 개발 경쟁이 또 다른 신형 무기 개발을 부추긴다는 지적도 제기되고 있다. 미국 내셔널인터레스트(The National Interest)는 2019년 11월 9일 전 세계가 강력한 레이저 무기 개발을 위해 분투하는 사이에 펜타곤은 전투용 레이저를 파괴할 무기를 바라고 있다고 주장하였다. 고에너지 레이저 무기(HELW)를 무력화할 대응 고에너지 레이저 무기(Counter-HELW)를 개발한다는 것이다. 탱크가 대전차 미사일을 낳고, 미사일이 요격 미사일을 낳았듯이, 레이저 무기도 언젠가는 대응 레이저 무기라는 적수와 마주하게 될 것이라는 분석이다.[50]

미국 공군연구소(AFRL: Air Force Research Laboratory)는 전투기용 고에너지 레이저 무기를 개발하고 있는 것으로 파악된다. 록히드 마틴사와 함께 2021년까지 방호용 레이저 체계를 개발할 예정이며, 이러한 계획 아래 자체 방어 고에너지

50 "눈 깜짝할 새 드론 잡는 '레이저 무기' 개발 경쟁", ≪한국일보≫, 2019년 12월 5일, https://www.hankookilbo.com/News/Read/

레이저 실증기(SHiELD: Self-protect High Energy Laser Demonstrator) 사업의 일환으로 고출력 광섬유 레이저를 설계 · 개발하고 있다.[51]

중국도 미국에 맞서 전투기에 탑재할 레이저 무기 개발에 나선 것으로 알려져 있다. 홍콩 사우스차이나모닝포스트의 2020년 1월 8일자 보도에 따르면, 중국군의 무기 · 장비 구매 사이트인 '전군 무기장비 구매정보망'에 최근 공중 레이저 공격체와 레이저 공격 플랫폼을 위한 통제 소프트웨어 모듈과 관련된 구매 계획이 올라왔다. 중국 관영 매체인 글로벌타임스는 이러한 구매 계획이 기존의 미사일 레이저 유도장치가 아닌 새로운 형태의 전술 공격형 무기와 관련된 것이며, 공중 레이저 무기는 적군이 발사한 미사일을 요격하거나 공중전에서 적군 전투기를 격추하는 데 사용될 수 있는 것으로 분석하였다. 중국항공공업그룹(AVIC) 산하 연구소 등이 작성한 논문에 의하면, 100㎾ 출력의 레이저 무기를 위한 전력 공급 장치 원형의 개발과 환경 실험을 마무리하였다는 것이다.[52]

미국 해상전투센터(NSWC: Naval Surface Warfare Center)는 2010년부터 무인 항공기 대응용 레이저 근거리 무기체계(CIWS: Close-in Weapon System)를 개발해온 것으로 알려져 있다. 32㎾급 레이저 무기를 함정에 탑재해 2㎞ 범위에 있는 무인기나 소형 선박 등을 타격한다는 것이다. 미국 CNN의 2020

---

51 국방기술품질원, 『4차 산업혁명과 연계한 미래국방기술』, 2017년 12월, p. 354

52 "中 공군, 전투기 탑재할 레이저 무기 개발한다", ≪연합뉴스≫, 2020년 1월 8일, https://www.yna.co.kr/view/

년 5월 22일자 보도에 따르면 미국 해군은 강습 상륙함 포틀랜드호(USS Portland)에 탑재된 레이저 무기체계(LaWS: Laser Weapon System)에서 고출력 레이저를 발사해 비행 중인 드론을 파괴하는 시험에 성공하였다.[53]

일본도 고출력 레이저를 북한 탄도미사일의 요격에 활용하는 방안을 본격적으로 강구하는 것으로 알려졌다. 요미우리신문의 2017년 9월 3일자 보도에 따르면, 일본 정부는 북한의 핵 · 미사일 개발 진전을 지켜보면서 탄도미사일을 요격하기 위한 새로운 시스템의 개발을 검토하였으며, 이는 북한이 탄도미사일을 발사하려는 사전징후를 포착해 대기하고 있다가 발사 직후 상승단계에서 고출력 레이저를 조준해 무력화하고 파괴한다는 것이다. 이 레이저 무기는 자위대 항공기나 함선에 탑재할 계획이다.[54]

적의 미사일, 로켓포, 대포, 박격포 등을 공중에서 요격할 수 있는 전술 고에너지 레이저(THEL: Tactical High Energy Laser) 무기도 활발하게 개발돼 전장에서 운용되고 있는 것으로 파악된다. 미국과 이스라엘은 1996년 7월 18일 레이저 무기를 공동으로 개발하는 협약을 맺었고, 이에 따라 이스라엘방위군은 2000년 6월 6일 미국 뉴멕시코주의 화이트 샌드 미사일 사격장에서 고에너지 레이저를 발사해 날아오는 카츄사 로켓포를 정확히 파괴하는 시험에 성공하였다.

---

53 "미 해군, 레이저 무기 시험 성공…'하늘 나는 비행기 격추'", ≪MK≫, 2020년 5월 23일, https://www.mk.co.kr/news/politics/view/

54 日 '레이저로 北 미사일 요격하겠다'... 새 공격무기 개발 우려도", ≪중앙일보≫, 2017년 9월 3일, https://news.joins.com/article/

미국은 고기동성 대형 전술 트럭(HEMTT: Heavy Expanded Mobility Tactical Truck)에 탑재된 고에너지 레이저 이동 실증기(HEL-MD: High Energy Laser Mobile Demonstrator)에서 10kW 고출력 레이저를 발사해 박격포탄과 무인 항공기를 무력화하는 시연을 마쳤다. 이스라엘은 '아이언 돔(Iron Dome)'로켓 방어 포대가 요격하기에는 크기가 작은 단거리 로켓, 야포, 박격포탄 등을 효과적으로 공격해 격추할 수 있는 레이저 방공체계인 '아이언 빔(Iron Beam)'을 개발하는 것으로 알려져 있다. 이 체계는 광섬유 레이저 빔을 이용해 7km 거리 내에서 탄도를 가진 로켓이나 미사일을 요격할 수 있으며, 이동식 감시 · 추적체계에 의해 신호를 받아 공중 표적을 5초 이내에 파괴할 수 있다.

앞으로 전쟁의 개념과 성격을 송두리째 바꿔놓을 것으로 거론되고 있는 신개념 비운동 에너지 무기는 EMP탄이다. 이는 가공할 제6세대 무기가 될 것으로 예상되고 있다. EMP탄은 복잡한 첨단 전자장비가 탑재된 수많은 국가사회 인프라 시설과 군 방어체계를 순식간에 무너뜨릴 수 있다는 점에서 대량파괴무기로 분류되기도 한다. 미국 의회가 2018년 7월 공개한 「핵 EMP 공격 시나리오와 복합무기 사이버 전쟁」이라는 연구 보고서에 따르면, 핵무기가 폭발하면 매우 빠르게 확산되는 강력한 감마선과 그 밖의 방사선이 공기 중의 산소 및 질소 원자와 상호 작용해 극도로 강력한 전자기 충격파를 발생시키는데, 이 충격파가 폭발 반경 내의 모든 전기 · 전자 기기를 무력화시킨다. 이른바 전력망, 컴퓨터시스템, 전자시스템 등이 모두 무기능 · 무력화되는 블랙아웃 전쟁이 벌어지는 것이다. EMP탄은 폭발의 범위가 매우 광대하기 때문에 투하 시 정확성이 필요하지 않다. 30km 상공에서 폭발할 경우 지상 약 600㎞에 달하는 폭발 반경을 갖는다. 서울 상공에서 폭발된다면 한반도 전체가 피해를 입는 영향권에 들어가게 된다. 400㎞ 상공에서 폭발하면 반경은 2,200㎞에 이르는데, 이는 뉴욕에서 샌프란시스코까지의 지역을 뒤덮기에 충분하다. 사이버-물리 시스템(Cyber-Physical System)의 불능화로 각종 전자 제어 장치가 작동을 멈추면 폭발과 화재가 발생할 수 있다. 화학공장이 폭발한다면 생성된 유독성 구름이 공기, 물, 토양을 오염시키고 생태 환경을 파괴시킬 수 있다. 원자로의 비상 전원이 모두 소모되어 폭발한다면 주변 지역까지 방사능 구름 기둥이 확산될 수 있다. 이 보고서에 의하면 핵 EMP탄이 폭발할 경우 1년 내에 미국인 10명 중 9명이 기아, 질병, 사회 시스템 붕괴 때문에 사망할 것이며 미국이 지구상에서 사라지게 될 수도 있다는 것이다.[55]

미국의 안보 · 군사 전문가들은 북한이 새로운 전략무기로 EMP탄을 확보할 가능성이 있다는 우려를 제기하고 있다. ICBM에 EMP 탄두를 탑재해 태평양 상공에서 폭발시키는 것이 가장 우려된다는 것이다.[56]

미국은 2003년 이라크전에서 EMP탄을 실제 전장에 사용한 적이 있다. 개전 첫날 이라크군의 주요 지휘통제 · 통신 · 정보 체계와 모든 전자장비를 무력화해 전장에서 주도권을 확보하기 위

---

55 중국과 일부 국가, 인구 90% 몰살 가능한 'EMP탄' 개발 중", 『The Epoch Times』, 2019년 1월 31일, https://kr.theepochtimes.com/

56 단 한 발로 석기시대… '북한 핵 EMP탄 터지면 최악'", ≪채널A≫, 2020년 1월 3일, http://www.ichannela.com/news/main/

한 용도로 EMP탄을 사용한 것으로 알려졌다.[57] 최근 미국은 새로운 EMP탄의 개발을 완료하였으며, 2030년쯤 전력화할 것으로 알려졌다. 국방기술품질원이 2020년 5월 31일자로 발간한 『국방과학기술조사서』에 따르면, 미국은 합동 공대지 장거리미사일의 사거리 연장 개량형인 JASSM-ER에 탑재하는 EMP탄의 개발을 완료하였다는 것이다. EMP탄을 전력화하는 사업은 '대전자 고출력 극초단파 첨단 미사일사업(CHAMP)'의 후속 사업으로 진행된다. CHAMP는 B-52 전략폭격기에서 발사하는 AGM-86 항공기 발사 순항미사일(ACLM)을 변형 제작한 마이크로파 발생 장치를 개발하는 사업이다.[58]

최근 들어 새로운 군사위협으로 부상하고 있는 군사용 드론을 파괴 · 무력화하기 위한 효과적 방책으로서 고출력 마이크로파(HPM: High Powered Microwave)를 이용한 무기가 본격적으로 개발되고 있다. 마이크로파는 1㎓에서 30㎓까지의 주파수를 가지는 전자기파를 말하며, 이 주파수대역에서의 전자기파는 1㎜에서 30㎝까지의 파장을 가지는데, 이를 이용하여 신개념 무기를 만드는 것이다. 이른바 HPM 무기는 미사일을 비롯한 첨단 무기체계의 지능화 · 자동화 · 무인화된 부품만을 선별해 빛의 속도로 파괴하거나 오작동을 야기함으로써 순식간에 무력화시킨다. 재래식 요격 미사일이나 레이저 무기는 목표물을 정밀하게 추적하기 위해 고성능 레이더가 필요하나, HPM 무기는 저성능 레이

---

57 김충남·최종호 공저, 『미국의 21세기 전쟁』(서울: 도서출판 오름, 2018), p. 170.

58 미국, EMP탄 개발 완료, 2030년 실전 배치", ≪문화일보≫, 2020년 1월 31일, http://www.munhwa.com/news/

더를 사용하더라도 요격이 가능하고 반복적으로 사용할 수 있다는 장점이 있다. 미국과 러시아 및 중국을 비롯한 군사 선진국들은 20~30년 전부터 HPM 무기를 미래전의 핵심 무기로서 집중적으로 개발해 왔는데, 전력화될 경우 기존의 미사일 및 항공기 방어 개념에 획기적인 변화가 초래될 것이다.[59]

군사용 드론은 속도가 매우 빠르고 여러 대가 한꺼번에 기동하면서 작전을 수행하기 때문에 일시에 순간적으로 무력화하는 기술이 필수적이며, 그 최적의 방안으로서 HPM 무기의 개발에 박차가 가해지고 있다. 레이저 무기는 빠르게 움직이는 소형 드론의 추적이 쉽지 않고 전소시키는데도 수초의 시간이 필요하나, HPM 무기는 고속의 소형 무기를 재빨리 추적해 순식간에 파괴할 수 있다. 미국 국방부는 최근 HPM을 이용해 드론을 순식간에 격추할 수 있는 기술을 공개한 바 있다. 미국 방산업체 레이시온(Raytheon)이 2013년부터 개발해 시험을 완료한 '페이저(Phaser)'라는 무기이다. 이 무기는 디젤 엔진으로 동작하는 HPM 포로서 트레일러 모양의 이동 차량에 탑재된다. 고속 비행하는 드론뿐 아니라 전자장치로 동작하는 자동차나 차량의 파괴에도 효과가 있으며, 2016년 당시로부터 1~2년 내에 실전 배치가 가능할 것으로 전망되었다.[60]

러시아 역시 고주파를 이용해 10㎞ 밖의 무인항공기(드론)를

---

59 국방부 국방개혁위원회 군사혁신단, 『한국적 군사혁신의 비전과 방책』, (서울: 국방부, 2003), p. 148.

60 "미군, 드론 격추용 마이크로웨이브 실전 배치한다", 《로봇신문》, 2016년 11월 29일, http://www.irobotnews.com/news/

격추하고 미사일을 무용지물로 만들 수 있는 HPM 포를 개발한 것으로 알려져 있다. 안테나와 고주파 장치를 통해 강력한 전자파를 발생시켜 전자시스템을 교란시키는 것이다. 러시아 방위산업체 UIMC가 기존의 지대공 미사일 시스템 부크(BUK)에 맞춰 제작한 것으로 파악된다. 부크는 우크라이나의 친러시아 반군이 말레이시아 여객기를 격추시킬 때 사용하였던 것으로 추정되는 장비이다. HPM 포는 부크의 이동식 발사대에 장착 가능하도록 설계되었으며, 부크 외의 다른 플랫폼에 장착할 경우 360도 전체를 감시하고 방어하는 것도 가능하다.[61]

4차 산업혁명에 이어 5차 산업혁명이 도래하고 기술적 특이점 시대가 개막되면 경제 · 산업 · 사회 패러다임뿐 아니라 전쟁 · 군사 패러다임도 파격적으로 변화될 것이 분명하다. 미래학자들은 5차 산업혁명이 어쩌면 인류 역사상 마지막 산업혁명이 될 수 있다는 주장을 내놓고 있다. 산업 자체가 사라지거나 인간이 아닌 기계가 변화를 주도할 가능성이 높기 때문이다. 인공지능이 적용된 자율적 기계가 세상을 지배하는 초지능 시대가 도래하는 것이다.

이러한 시대의 전쟁에서는 이제까지와는 전혀 성격이 다른 무기체계가 효과를 발휘할 것이다. 대량 살상 · 파괴를 지향하는 운동 에너지 무기체계보다 비살상 · 불능화를 지향하는 비운동 에너지 무기체계가 훨씬 유용하게 활용될 것으로 예상된다. 비운동 에너지 무기체계로 운동 에너지 무기체계를 저비용으로 순식

---

61 "전자파로 항공기 격추하는 마이크로웨이브 건 나와", ≪중앙일보≫, 2015년 6월 17일, https://news.joins.com/article/

간에 파괴하거나 무력화하는 전쟁이 추구될 것이다. 운동 에너지 무기체계는 한번 발사하면 소모되지만 비운동 에너지 무기체계는 반복 지속적 발사가 가능하기 때문에 상대적으로 저렴하다는 장점이 있다. 이에 따라 비운동 에너지 무기체계는 앞으로 혁신적 발전이 거듭되고, 비운동 에너지 무기체계를 파괴 · 무력화하는 대응 비운동 에너지 무기체계(Counter-NKEW)를 증강하는 새로운 개념의 군비경쟁이 격화될 것으로 전망된다.

사. 초인간 전투원체계 혁명

전투원(warrior)은 군대 편성의 중심(centerpiece of armed forces formation)으로서 동서고금을 막론하고 전장의 주역이었으며, 미래의 전쟁에서도 마찬가지일 것이다. 중요한 것은 민주주의 문명사회에서는 인간의 생명 존중이 윤리의 절대적 가치이기 때문에 전장에서 전투원의 생존성 및 안전성 확보가 승전의 필수적 고려 요소가 된다는 점이다. 전쟁을 수행하는 과정에서 전투원의 살상이 과도하면 화려한 승리를 거두더라도 국민의 환영을 받지 못하고 엄중한 지탄을 받을 것이 분명하다.

미래에는 인구의 지속적 감소로 최소 필수적 병역자원조차도 확보하기 어려울 수 있기 때문에 전투원이 생존성 및 안정성을 보장받으면서 전투 임무를 능히 수행할 수 있도록 하는 일이 군의 핵심적 과제가 될 것이다. 이러한 점에서 군사 선진국들은 첨단 과학기술을 활용한 전투원 체계를 개발하고 있다. 인간 전투원이 일종의 무기체계(WaaS: Warrior as a System)로 발전되고 있는 것이다. 미래 전장에서 전투원은 화포나 전차 등과 같은 단위 무기체계로서 다른 전투체계(combat system)와 연동 운용된다.

미국은 DARPA가 주도하여 혁명적 차원의 신개념 전투원 체계를 연구 · 설계하는 것으로 알려지고 있다.[62] 전장에서 전투원의 보호와 부상 치료를 위한 다각적 방법들이 모색되고 있다. 생물학 기술을 이용하여 세균뿐 아니라 총탄으로부터도 전투원을 보호할 수 있는 방안이 연구되고 있다. 전투원이 총탄을 맞았을 때 통증을 완화시키는 통증 백신(pain vaccine)이 개발되고 있다. 통증 백신을 접종 받은 전투원은 처음 총탄을 맞았을 때는 충격을 느끼지만 시간이 흐르면서 통증이 사라지고 염증과 붓기가 상당히 완화된다. 신체에서 분비되는 천연화학물질을 활용해 출혈을 막고 의지력으로 상처를 봉합하는 방안도 연구되고 있다. 올챙이의 재생 능력을 이용하여 인간의 잃어버린 팔과 다리를 다시 자랄 수 있게 하는 방안을 찾는 연구도 시도되고 있다.

초인간적 능력과 초지능을 가진 전투원을 만들어내기 위한 연구도 활발하게 진행되고 있다. 세계 최고의 운동선수처럼 폭발적 힘과 강한 인내심을 가진 전투원을 만든다는 목표로 세포 조율(cellular tuning)에 대한 연구를 진행하고 있다. 잠을 자지 않고도 1주일을 버텨낼 수 있는 전투원을 만들기 위해 뇌의 일부분을 이용하고 동시에 또 다른 일부분은 쉬게 할 수 있는 고래와 돌고래의 유전자 배열 복제에 대한 연구도 시도되고 있다. 아무것도 먹지 않고도 여러 날을 지낼 수 있는 전투원을 만들기 위한 방안

---

62 이하의 내용은 송대범·한태영 옮김, 『전쟁이 만든 신세계: 전쟁, 테크놀로지 그리고 역사의 진로』(서울: 플랫미디어, 2007), pp. 861-862에서 발췌했다.

을 찾기 위해 신체에 저장된 지방으로 생명을 유지하게 하는 유전자 배열에 대해서도 연구되고 있다. 초지능을 갖는 전사를 만들기 위해 마이크로칩을 뇌 속에 심어 인지능력을 향상시키는 방법도 연구되고 있다. 이러한 연구들이 가시적 성과를 거두면 어떤 신체적 · 생리학적 · 인지적 제약도 없는 초인간적 능력의 전사들이 전장의 주역이 될 것으로 전망된다.

그동안 인류는 줄곧 기술을 통해 타고난 수명을 연장해온 것이 사실이다. 약물이나 영양보충제를 통해 인체의 건강이 획기적으로 개선되었으며, 병에 걸려있는 모든 신체기관은 비생물학적 기기로 교체될 수 있는 단계에 도달한 것으로 주장되고 있다. 엉덩이, 무릎, 어깨, 팔꿈치, 손목, 턱, 이빨, 피부, 동맥, 정맥, 심장 판막, 팔, 다리, 발, 손가락, 발가락 등을 대신할 기기들이 이용되고 있으며, 심장처럼 좀 더 복잡한 기관을 대체할 기술도 속속 개발되고 있는 것이다. 몸과 뇌의 작동원리가 적용된 기기들도 개발되고 있다. 나노봇 같은 기기들은 망가지지 않고 병에 걸리거나 노화하지도 않기 때문에 인간은 건강하게 오래오래 생존할 수 있는 기회를 맞게 될 것이다.

유전학과 나노기술 및 로봇공학 기술의 중첩적 발전으로 인해 기술적 특이점이 도래할 것이라고 예고한 커즈와일은 이제까지의 인체(버전 1.0 인체)와 전혀 다른 개념의 '버전 2.0 인체'를 제시하고 있다.[63] 향후 20년이 지나면 나노봇을 이용하여 인체의 장기를 보강하고 치료하며 교체하는 포스트휴먼(posthuman)이 탄

---

63 이하의 내용은 김명남 외 옮김, 앞의 책, pp. 416-427에서 발췌·요약하였다.

생할 것이라는 예측이다. 그는 그 근거로서 다각적이고 다양하게 연구 또는 개발되고 있는 과학기술 프로그램들을 적시하고 있다. 인공지능을 구현한 인공 신피질로 광역 통신을 할 수 있는 보조뇌가 출현한다. 바이오 센서로 색깔과 질감을 바꾸고 태양빛을 막아 주는 스마트 피부가 만들어진다.

나노봇 감지기가 소화기나 혈류에 투입돼 영양소를 정확하게 분석하고 연산해 실시간으로 개인마다의 무선망을 통해 추가적으로 필요한 영양소를 주문하는 신호를 보낸다. 바이오 마이크로기계가 혈류를 타고 돌아다니면서 지능적으로 병원체를 몰아내고 정확한 진단을 통해 최적의 처방을 제공한다. 나노 기기가 파킨슨씨병에 걸린 환자의 뇌에 도파민을 정확히 전달하고, 혈우병 환자에게 혈액 응고 물질을 주입하며, 종양 발생 지점에 암치료제를 전달한다. 나노 기기가 여러 가지의 물질을 싣고 혈관을 흐르다가 미리 계산된 정확한 시점에 정확한 지점에서 물질을 분비한다. 나노 탐침 기기가 신경질환을 앓는 환자의 전기적 활동을 정밀하게 감시하고 뇌의 특정 지점으로 약물을 전달한다. 미세 스크류 추진 기기가 작은 종양 지점에 약물을 배달한다. 작은 턱과 이빨 같은 것이 있는 미세 기계가 세포를 물었다 놓았다 하면서 DNA나 단백질, 약물 같은 물질들을 세포에 이식한다.

인체의 혈관을 돌며 산소와 영양분을 공급함으로써 생명을 유지하는 혈액의 재설계 프로그램이 진행된다. 나노기술을 이용해 혈액을 역분석함으로써 적혈구, 혈소판, 백혈구를 재설계하는 것이다. 로봇 적혈구가 산소화 임무를 최적으로 수행한다. 인공 호흡 세포를 사용하면 몇 시간이고 산소 없이 버틸 수 있다. 산소의 저장과 운반을 수백 또는 수천 배 효과적으로 할 수 있는 것이다. 미크론 규모의 인공 혈소판은 기존의 혈소판보다 천배 이상 빠르게 항상성을 유지한다. 미생물 포식자 세포라는 나노봇은 백혈구를 대체할 물질로서 기존의 항생 물질보다 수백 배 빠르게 감염 물질을 파괴하는 소프트웨어를 장착하며 모든 종류의 박테리아, 바이러스, 균류 감염, 심지어 암에 적용할 수 있다.

인체의 심장을 인공심장으로 교체하는 기술이 발달하고, 아예 심장을 없애는 방법도 연구된다. 심장은 여러 가지 양상과 형태로 고장이 나고, 다른 신체 부위보다 일찍 망가지기 시작하며, 장수에 절대적인 영향을 미친다. 스스로 움직이는 혈구 나노봇을 통해 피가 저절로 흐르게 되면 막대한 압력을 내뿜는 심장이라는 중앙 펌프는 필요 없게 된다. 나노봇은 혈액에 넣었다 빼는 기법이 완성되면 끊임없이 교체할 수 있다. 유사 혈관계 역할을 하는 나노봇은 액체 매질 없이 직접 영양분과 세포들을 운반하고 혈관계 자체를 대체한다. 탁월한 산화 능력을 가진 인공 호흡세포 나노봇은 산화와 동시에 이산화탄소까지 제거하기 때문에 폐를 대체할 수 있다. 인공 호르몬 장기가 생산된다. 피부 밑에 이식하는 인공 췌장은 혈당 수치를 확인한 뒤 필요한 만큼 인슐린을 내보내며, 컴퓨터 프로그램을 활용해 생물학적 췌도세포와 동일한 기능을 수행한다. 지능적 생체 자기제어 나노봇은 호르몬을 비롯한 여타 물질들의 농도를 감시하며 균형을 맞춰준다.

기술적 특이점 시대에는 '버전 3.0 인체'가 탄생할 것으로 예측되고 있다. '버전 2.0 인체'의 경험을 발판 삼아 인체의 하부구조들을 총체적으로 개량하는 것이다. 분자 나노기술 조립법을 활용하면 육체의 미세한 부분까지 순간적으로 바꿀 수 있다. 생명공학 기술을 이용해 유전자와 신진대사 과정을 재편함으로써 질병과 노화를 방지할 수 있다. 게놈 연구, 유전 정보학, 유전자 치료, 질병 및 노화 예방 의약품 설계, 치료용 복제 등을 통해 세포나 조직 및 장기를 회춘시킬 수 있다. 수명의 연장이 점점 더 급속하게 늘어난다. 질병 등에 의한 인체의 의학적 문제를 50% 정도만 막아도 기대 수명이 150년까지 늘어나며, 90%를 막는다면 그보다 100년이 연장되고, 99%를 막는다면 천년을 넘길 수 있다는 것이다. 가속적으로 발전을 거듭하는 생명공학과 나노기술을 본격적으로 활용하면 모든 의학적 사망 원인이 극복될 수 있다는 예측이다. 다양한 나노봇들의 활용으로 인체가 생물학적 존재에서 비생물학적 존재로 바뀌면 스스로 자신을 백업할 수 있기 때문에 모든 사망 원인이 사라지게 된다.

기술적 특이점 시대로 가까이 갈수록 인간 지능의 폭발적 발현이 있을 것으로 예측되고 있다. 2030년대에 나노봇을 이용해 인간의 생물학적 지능과 기계의 비생물학적 지능을 융합함으로써 인간의 마음을 확장한다. 100조 개에 달하는 개재뉴런의 기능에 나노봇을 이용하면 초고속 뉴런 통신이 가능하다.[64] 패턴 인식 능력, 기억력, 사고력이 획기적으로 향상되고 비생물학적 지능과 직접 소통한다. 인간의 생물학적 뇌가 처리할 수 있는 연산

---

64 뉴런(neuron, 신경세포)은 신경계와 신경조직을 구성하는 기본 세포이다. 개재뉴런은 중추신경계의 뉴런과 뉴런 중간에서 흥분 전도를 중계하는 뉴런이다. 신경계의 모든 작용은 시냅스(연접) 구조를 통해 뉴런과 뉴런이 통신함으로써 이루어진다. 뉴런은 나트륨과 칼륨 등의 이온 통로로 전기적 신호를 전달한다. 인간 대내 피질에만 약 100억 개의 뉴런이 존재한다.

능력은 한계가 있으나, 비생물학적 지능의 처리 용량은 기하급수적으로 증가해 2040년대 중반 생물학적 지능을 뛰어넘는다. 그 무렵이면 생물학적 뇌에 나노봇을 집어넣는 수준을 넘어 수십억 배 강력한 비생물학적 지능이 발현된다. 비생물학적 지능도 인간-기계 문명에서 비롯됐고 인간 지능의 역분석 설계에 기반을 두고 있다는 점에서 인간의 범주에 있는 것이다.

생물학적 지능과 비생물학적 지능이 합쳐진다는 것은 사고의 방법과 구조가 바뀌고 인간의 마음이 무한히 확장되는 것이다. 비생물학적 지능이 사고 처리 과정의 대부분을 담당하게 되면 인간은 뇌 신경 영역이라는 기초 구조의 제약을 초월한다. 광범위하게 분포한 지능적 나노봇들이 뇌 기능을 보강해 기억력을 높여주고, 감각과 패턴 인식 및 인지 능력을 향상시킨다. 나노봇들은 서로 소통하기 때문에 신경의 새로운 연결을 만들어 내고, 생물학적 신경망과 비생물학적 신경망을 연결하며, 생물학적 신경망에 비생물학적 망을 덧씌우고, 다른 종류의 비생물학적 지능과 쉽게 결합시킨다. 나노봇들은 수술 없이 혈관에 주입되고, 자유롭게 분포되기 때문에 뇌 어디에서나 제약 없이 사용된다.[65]

기술적 특이점 시대에는 인간 뇌의 비생물학적 지능 혁명에 힘입어 마음인터넷(IoM: Internet of Minds) 시대가 개막될 것으로 예측되고 있다. 인간이 오감을 사용하지 않고 생각이나 감정을 주고받는 심령현상인 텔레파시(telepathy)로 의사소통하는 시대가 열리는 것이다.[66] 신경공학의 발달로 뉴런에 뇌의 활동

---

65 김명남 외, 앞의 책, pp. 435-437.

66 이하의 내용은 이인식, "마음 인터넷", ≪나라경제≫, 2014년 9월호, KDI 경제정보센터, http://eiec.kdi.re.kr/publish/을 발췌·요약한 것이다.

을 기록하고 뉴런의 정보를 무선신호로 바꿔 뇌 밖으로 송신하는 장치가 개발됨과 동시에 무선신호를 신경정보로 변환하는 수신장치가 뉴런에 삽입된다. 뇌에서 뇌로 정보를 전달하는 무선텔레파시(radiotelepathy) 통신 방식이 출현하는 것이다. 자체적으로 조절과 제어가 가능한 기계 장치와 인간이 결합된 사이보그(Cyborg: Cybernetics Organism)들이 네트워크를 통해 생각신호(thought signal)만으로 뇌에서 뇌로 정보를 전달한다.

무선텔레파시를 실현하기 위해서는 한 인간의 생각이 다른 인간의 몸을 통해 행동으로 옮겨지도록 하는 뇌-기계 인터페이스(BMI: Brain-Machine Interface) 기술을 개발하여야 한다. 신경과학자 미겔 니코렐리스는 2011년 3월 펴낸『뇌의 미래(Beyond Boundaries)』에서 앞으로 20년 안에 인간의 뇌와 각종 기계장치가 연결된 네트워크가 실현될 것이며, 인간은 생각만으로 제어되는 아바타를 통해 접근이 불가능하거나 위험한 환경에서 필요한 임무를 수행할 수 있을 것으로 전망하였다.

그는 BMI 기술이 발전하면 궁극적으로 사람의 뇌끼리 연결되어 말을 하지 않고 생각만으로 소통하는 뇌-뇌 인터페이스(BBI: Brain-Brain Interface) 시대가 올 것이라고 예측하고, BBI 기능을 가진 뇌끼리 연결된 네트워크를 '뇌 네트(brain-net)'라고 명명하였다. 그에 의하면, 뇌 네트가 실현되면 개별적 인간을 정의해주던 신체적 경계가 느슨해지거나 소멸될 수 있으며, 집단적 마음 융합(mind meld)이 발생해 오늘날의 인류가 상상조차 하기 어려운 놀라운 세계가 펼쳐진다. 물리학자 미치오 카쿠는 2014년 2월 펴낸『마음의 미래(The Future of the

Mind)』에서 뇌 네트를 '마음인터넷(Internet of the Mind)'으로 명명하고, 인류가 마음인터넷으로 생각과 감정을 실시간 교환하게 되면 미래 사회는 상상할 수 없을 정도로 혁명적 변화를 겪게 될 것이라고 전망하였다.

유전학과 나노기술 및 로봇공학 기술의 중첩 · 폭발적 발전과 함께 사이보그형 인간이 탄생되면 전장터의 전투원도 혁명적으로 바뀔 수밖에 없을 것이다. 아직까지 초능력을 보유한 초인간 개념을 전투원체계의 개발에 적용하는 시도는 찾아볼 수 없다. 첨단 정보기술을 전투원에 접목하는 개인전투체계 개발 프로그램이 진행되는 단계에 머물러 있다. 전투원을 무기체계의 한 부분으로서 소부대 전술 네트워크와 연동해 효과적으로 전투 임무를 수행할 수 있도록 지휘통제, 치명성, 생존성, 임무 지속성 및 기동성을 획기적으로 향상시키는 것이다. 전투원의 몸에는 첨단 전자 통신장비, 센서, 화기, 방호장비 등이 통합적으로 탑재된다. 소부대 전투원들은 네트워크 중심 작전환경 하에서 센서-슈터(Sensor to Shooter) 기능을 수행할 수 있다.

미국을 비롯한 주요 선진국들은 홀로그램 고글 헬멧, 야간 투시 보병용 전투 피복, 첨단 개인 장비 시스템 등 최첨단 기술을 이용해 전투원의 아이언 맨화를 추구하고 있다.[67] 인공지능, 가상현실(VR) 및 증강현실(AR) 기술, 차세대 무기 등을 전투원과 결합하는 계획이 추진되고 있다. 예를 들면, 미국의 '퓨처 포스 워리어(FFW: Future Force Warrior)' 플랫폼은 초소구경 개인화

---

67 5G 시대, '아이언 맨' 군인 등장", ≪The Science Times≫ , 2019년 7월 4일, https://www.sciencetimes.co.kr/news/

기, 초소형 유도무기, 일체형 헬멧, 입체 영상, 위성통신, 통역 기능, 동력 공급 장치 등 최첨단 기술이 적용된다. 가상현실 및 증강현실 안경 '홀로렌즈'를 도입해 야간 투시 및 열감지가 가능한 '통합 시각 증강 시스템(Integrated Visual Augmentation System)'을 발전시킨다. 홀로렌즈는 헤드셋 안의 초소형 컴퓨터와 센서를 활용한다. 차세대 분대화기와 통합 시각 증강 시스템이 결합되면 영화 '아이언 맨'의 초기 형태가 된다. 프랑스의 '펠린(FELIN)'과 독일의 '글라디우스(idZ-ES Gladius)'도 유사한 수준의 전투원 플랫폼이다.

기술적 특이점 시대의 도래와 함께 버전 2.0 인체를 넘어 버전 3.0 인체가 발전되면 전투원체계도 초인간 · 초지능 능력을 강화할 수 있을 것이다. 전투원은 지칠 줄 모르는 강인한 체력과 험난한 상황도 버텨내는 인내력을 갖추게 될 뿐 아니라 부상을 스스로 치료해 회복하는 자기조직적 능력을 보유하게 된다. 전투원은 망막 디스플레이나 신경망에 직접 연결된 기기를 통해 전장 공동 운영 상황도를 공유하고 공유 정보를 수신한다. 평상시에는 매우 유연하지만 압력을 받으면 즉각 단단해져서 무엇으로도 뚫지 못하는 신물질로 전투원의 외부 근육을 만든다. 전투원이 무거운 장비를 운송하거나 조작할 수 있는 물리적 힘을 주는 근골격이 탄생한다. 전투원은 자기조직적 분산형 통신망 속에서 민첩하게 전투를 수행한다. 통신망의 일부가 훼손되면 정보는 알아서 그 부분을 에둘러 간다. 마음인터넷이 실현되면 전투원은 생각만으로 다른 전투원과 소통하고 지능화된 전투장비들을 제어한다.

제4절

군사혁신 4.0의 개척과 발전

4차 산업혁명 시대의 전개와 함께 데이터 · 지능화 기반 전쟁이 추구되고, 이를 위한 초연결 지능화 네트워크중심전 패러다임이 발전됨에 따라 새로운 차원의 군사혁신에 대한 관심이 커지고 있다. 미국은 1990년대 초반 이후 3차 산업혁명 시대의 정보기술 기반 군사혁신(군사혁신 3.0)을 세계 최선두에서 개척한데 이어 오늘날에는 4차 산업혁명을 이끄는 지능 · 정보기술 기반 군사혁신(군사혁신 4.0)을 3차 상쇄전략(Third Offset Strategy)에 담아 추구하고 있다. 향후 20~30년 후에도 중국과 러시아 등 잠재적 군사 위협 세력을 압도할 수 있는 군사력을 창출하기 위한 전략으로서 세계의 어떤 국가보다도 우위에 있는 기술 분야를 더욱 발전시켜 경쟁국들을 멀찌감치 따돌리겠다는 구상을 추진하고 있다.

지난 오바마 행정부의 척 헤이글(Chuck Hagel) 국방장관은 '국방혁신구상'(Defense Innovation Initiative)으로서 전쟁 · 군사 판도를 일거에 바꾸는(game-changing) 3차 상쇄전략을 공식화했다.[68] 상쇄전략이란 이제까지 자신만이 보유해온 첨단

68 Reagan National Defense Forum Keynote, As Delivered by Secretary of Defense Chuck Hagel Ronald Reagan Presidential Library, Simi Valley, CA, https://dod.defense.gov/News/Speeches/Speech-View/Article/, November 15, 2014.

기술을 경쟁 국가도 보유하게 되고 오히려 수적으로 우위를 차지할 경우 새로운 기술적 혁신과 전쟁 방식 창출을 통해 수적 우위를 기술적 우위로 상쇄시키는 것을 말한다. 미국의 전략적 인식에는 자신만이 보유해온 첨단 기술이 잠재적 위협 세력에게 확산돼 군사력 우위가 급속히 무너지고 있다는 우려가 깔려 있다.

헤이글 장관은 미국이 향후 20~30년 동안 러시아 및 중국보다 압도적 군사 우세를 유지할 수 있는 기술로서 로봇, 자율시스템, 소형화, 빅데이터, 3D 프린팅 등을 제시했다. 로봇에 인공지능을 탑재해 무인 로봇이 스스로 상황을 평가하고 의사결정을 할 수 있으면 인간의 육체적 노동뿐만 아니라 정신적 노동도 경감시켜 줄 수 있다. 기계(로봇)가 인간(장병)을 대체하는 능력이 향상될수록 전투력 발휘 수준이 높아지고 인건비를 절감할 수 있을 것이다. 무기체계의 탄두, 센서, 전자부품 등을 소형화하고 비용도 더욱 줄여야 소모성의 소형 자율 무기들을 많이 확보해 벌 떼처럼 유연하고 신속한 전술을 취할 수 있다. 빅데이터 분석 기술을 활용하면 모든 전투공간 정보를 인간의 개입 없이 용도에 적합하게 걸러내는 알고리즘을 만들어내고, 시간 압박을 심하게 받는 인간 정보 분석가들에게 징후를 알리는 패턴들을 제공할 수 있다. 개개의 전함이나 지상군 부대들은 긴 보급 지원 라인에서 기다릴 것이 아니라, 3D 프린터로 필요한 수리 부속품들을 맞춤형으로 직접 제조해서 사용할 수 있다.

3차 상쇄전략은 로버트 워크(Robert O. Work) 부장관에 의해 그 구체적 구현 방책이 마련됐다. 그 요체는 미국이 세계 최첨단의 인공지능과 자율 기술을 활용해 '합동 인간-기계 전투 네트워크'를 구축하면 중국과 러시아 같은 대규모 강대국들에 대응하는 압도적 재래식 억제력을 확보할 수 있다는 것이다. 그는 이를 위한 5대 핵심 기술을 제시했다.[69]

첫째는 학습하는 기계(Learning Machine) 기술이다. 사이버 공격, 전자전 공격, 우주 시스템과 미사일 공격에 대응하는 작전을 수행하기 위해서는 스스로 학습해 대응할 수 있는 기계를 개발할 필요가 있다는 것이다.

둘째는 인간과 기계의 협동(Human-Machine Collaboration) 기술이다. 기계가 인간의 신속하고 적절한 결심을 도와주는 기술이다.

셋째는 기계 보조 작전 활동(Machine Assisted Human Operations) 기술이다. 인간이 효과적으로 작전을 수행할 수 있도록 보조해 주는 기술이다.

넷째는 인간-기계 전투 조합(Human-Machine Combat Teaming) 기술이다. 각종 로봇 및 기계들과 인간 전투원이 하나의 전투 임무 팀을 편성해 작전 임무를 수행할 수 있도록 하는 기술이다. 다섯째는 자율 무기(Autonomous Weapon) 기술이다. 각종 지상 기동 무기에 자율 무기 기술을 적용하고, 공중과 해상 무기체계에도 무인 자동 항해와 자동 임무 수행 기술을 적용할 것으로 분석되고 있다.

워싱턴에 소재한 전략예산분석연구소는 4차 산업혁명 시대의

---

69 "Work: Human-Machine Teaming Represent Defense Technology Future," U.S. Department of Defense, https://dod.defense.gov/News/Article/Article/628154/, November 8, 2015.

초연결 지능화 복합 전력체계로서 전 지구적 감시-타격 네트워크(GSSN: Global Surveillance and Strike Network) 체계를 제시하는 보고서를 발간한 바 있다.[70] 전 세계의 광범한 지역에 산재해 있는 정보 · 감시 · 정찰체계와 통신네트워크체계 및 정밀타격 능력 등 지 · 해 · 공 · 우주 · 사이버 5차원 전투공간의 가용 자산을 모두 결합 · 운용하면 어느 곳에서 위협이 발생하더라고 즉각적으로 타격할 수 있다는 구상이다. 새롭게 부상하는 첨단 기술들을 효과적으로 활용해 강건한 초연결 지능화 네트워크체계를 구축하고, 5차원 전투공간에 분산 배치된 다양한 스텔스 장거리 유인체계들과 자율무인체계들을 긴밀하게 연결해, 다수의 작전선(lines of operations)을 동시 병렬적으로 운용함으로써 매우 빠른 속도로 작전을 수행할 수 있게 된다는 것이다. 이 보고서는 3차 상쇄전략을 구현하는 데 활용할 수 있는 5대 기술 분야로서 ① 무인 작전, ② 장거리 공중 작전, ③ 저탐지(Low Observable) 공중 작전, ④ 수중전, ⑤ 복합 시스템 엔지니어링 및 통합 등을 제시했다.

전략환경과 군사위협이 전략 목표 · 임무의 설정과 군사대응 개념 · 방책의 선택에 영향을 미친다면, 전쟁 양상의 변화는 군사대응 능력의 발전에 직결된다. 전쟁 양상은 과학기술의 발달을 반영한다. 한반도 주변 전략환경을 구성하는 국가들은 모두 세계 최고 수준의 군사 선진국으로서 새로운 첨단 과학기술을

70 Robert Martinage, *Toward a New Offset Strategy: Exploiting U.S. Long-Term Advantages to Restore U.S. Global Power Projection Capability*, CSBA(Center for Strategic Budgetary Analysis), 2014, p. 49.

활용해 신개념의 첨단 전력체계를 개발하고 그에 적합한 전투공간 운영개념과 조직구조를 파격적으로 발전시키는 군사혁신을 추구한다. 군사혁신의 도전은 피할 수 없는 과업이다. 시대에 뒤진 군사력은 덩치만 크고 최첨단의 군사력 앞에서 무기력하므로 국가의 생존과 국민의 안전을 보장할 수 없다. 걸프전, 코소보전, 아프간전, 이라크전 등 최근의 전쟁에서 산업화 시대의 군대는 정보화 시대의 군대 앞에서 속절없이 패배한다는 사실이 확인되었다. 첨단 과학기술 기반의 군사혁신은 국방력을 강화하기 위한 핵심 과업 중의 핵심이라 할 수 있다.

제5절
한국적 군사혁신의 지향 방향과 주요 과업

1. 한국적 군사혁신의 개념과 방향

군사혁신은 미국이 정보화 시대에 개척한 전쟁 · 군사 발전 패러다임을 일컫는 개념이다. 세계 군사 선진국들도 대부분 용어를 달리하고는 있으나 군사혁신의 본질과 원리를 전쟁 방식과 군사력의 발전에 적용하는 것으로 파악된다. 미국의 대척점에 있는 중국이 아이러니하게도 서방식의 군사혁신 개념을 적극적으로 수용하고 있다. 시진핑(習近平) 중국 국가주석은 2014년 8월 29일 공산당 중앙정치국 집체학습을 주재한 자리에서 전 세계 국방 · 군사 분야의 변화를 '신 군사혁명'으로 규정하면서 시대 조류에 맞춰 중국군의 혁신과 개혁을 밀고 나아가야 한다고 역설한 바 있다. 그는 국제적으로 전대미문의 대변화가 일어나고 있으며, 그중 군사분야의 변화는 매우 커 세계 대발전 · 대변혁 · 대조정의 중요한 내용을 차지한다고 지적했다. 군사 분야 변화 추세는 속도, 범위, 정도, 영향력 등의 측면에서 제2차 세계대전이 끝난 이후 매우 찾아보기 드물 정도로 전방위적이고 심층적으로 이뤄지고 있다는 것이다.

특히, 그는 "세계 군사혁명의 엄중한 도전과 기회를 맞아 중국군이 시대와 함께 나아가고 군사혁신을 힘 있게 추진할 때에만 세계와의 격차를 줄이고 새로운 도약을 실현할 수 있다"고 강조하면서, "정보화 전쟁에 대응하고 사명을 이행하기 위해 새로운 군사이론과 시스템 편제, 장비 체계, 전략 · 전술, 관리 방식을 수립해 나아가야 한다"고 적극 대응을 주문했다. 그는 군의 혁신 방향에 대해 ① 강군 목표를 결연히 견지하고, ② 전쟁에 대한 고정 관념에서 탈피해 정보화 전쟁 및 모든 병과의 공동작전을 중시하는 방향으로 사상 해방을 추진하며, ③ 군사혁신을 체계적이고 중점적으로 추진하고, ④ 중국 특색의 자주적인 군사혁신을 추진해야 한다고 요구했다.[71]

그렇다면, 한국은 무엇을 할 것인가? 한국적 군사혁신의 추구는 선택적 과업이 아니라 필수적 과제이다. 한국적 군사혁신은 군사혁신의 보편적 개념과 원리를 한국의 전략 환경과 국방 여건에 부합시켜 구현하는 것이다. 선진국의 군사혁신을 창조적으로 모방하면서 한국의 전략 환경과 여건에 적합한 군사혁신을 성취해야 한다. 한국의 전략 환경은 안보위협의 이중성이라는 특수성이 내재해 있다. 북한에 의한 핵 · 미사일 위협 등 당면 전쟁 도발 위험이 엄중한 가운데, 주변 불확실성 · 불안정성 안보 위험이 증가하고 있다. 한 · 미 동맹의 변화 가능성도 한국 안보 · 국방의 중요한 고려 요소이다. 한국이 미국에 의존하고 있는 전략적 군사 자원을 자주적으로 발전시켜야 한다. 가용 재원의 제한 등 국방 운영 여건이 악화되고 있다는 점도 반영해야 한다. 비용 절감형 군사력 발전을 추구하되 범정부적 자원을 최대

---

71 시진핑 "세계는 군사혁명 중…軍 혁신해야", ≪MK≫, https://www.mk.co.kr/news/politics/ view/, 2014. 8. 31.

한 활용해야 한다. 인구절벽의 심화에 따른 병력자원의 감소에도 대비해야 한다. 병력 절감형 전투발전이 절실히 요구된다.

한국의 군사혁신 목표와 가치는 이런 다중적 안보 · 국방 도전을 극복하는 것이다.

첫째, 북한의 군사위협에 대응하기 위해 전략적 즉응성 및 압도성을 반영한 억제력을 확보해야 한다. 북한의 핵 · 미사일 위협에 즉각적이고 압도적으로 대응할 수 있는 선제적 첨단 비핵 억제전력체계를 확보해야 한다. 한반도형 감시-타격 네트워크(KPSSN: Korean Peninsular Surveillance Strike Network) 체계를 구축하는 가운데 북한의 핵 · 미사일 공격 징후를 발사 이전에 탐지해 제거하는 선제공격체계(Kill Chain), 북한의 핵 · 미사일 발사 이후 공중에서 요격미사일로 방어하는 미사일방어체계(KAMD), 핵 · 미사일로 공격받은 이후 대량으로 보복 · 응징하는 대량응징보복체계(KMPR), 필요시 예방전쟁 성격의 작전에서 북한의 수뇌부를 무력화하는 참수작전체계(KDO: Korea Decapitation Operations)를 발전시켜야 할 것이다.

둘째, 주변 불확실성 잠재 위협에 대비해 응징 보복 치명성을 반영한 전략형 억제력을 발전시켜야 한다. 영토 관할권 등 사활적 국가이익 침해 징후 포착 시 적극적 억제를 달성할 수 있는 독침형 무기를 확보하고, 운동에너지무기(KEW: Kinetic Energy Weapon) 중심의 하드-킬 전력체계와 비운동에너지무기(Non-KEW) 및 자율 무인체계를 결합한 광역형 감시-타격 네트워크체계를 구축해야 할 것이다.

셋째, 한 · 미 동맹의 변화 가능성을 고려해 전략적 정찰체계와 중 · 장거리 정밀타격체계를 결합한 첨단 시스템 복합체계를 독자적으로 구축해야 한다.

넷째, 인구 절벽 심화 추세를 고려해 무인화 무기의 활용 등 병력 절감형 무기체계를 개발하고 전력체계의 통합적 운영 방책을 모색하며 4차 산업혁명 시대의 전쟁 양상 변화에 대비한 지능화 전투발전(교리, 구조 · 편성, 무기 · 장비 · 물자, 교육훈련 등)을 추구해야 할 것이다.

한국이 지금부터 추구해야 할 4차 산업혁명 기술 기반 군사혁신은 이런 목표와 가치를 구현할 수 있는 방책을 개발하는 데 중점을 둬야 한다.

첫째, 영역 교차 승수효과 최대화 개념에서 초연결 지능화 전력체계를 발전시킨다. 정보 · 감시 · 정찰 · 지휘 · 통제 · 통신(C4ISR=ISR+C4I) 및 정밀 유도무기(PGM) 체계에 사물인터넷, 클라우드, 빅데이터, 이동통신, 인공지능 기술을 접목하는 방안을 적극적으로 모색한다.

둘째, 전력시스템 및 군사기술뿐만 아니라, 그와 연계된 전투공간 운영 개념과 조직 편성 등을 시스템 개념에서 종합적으로 혁신한다.

셋째, 한반도 차원의 전투공간과 지리적 여건 및 경제 · 기술 능력을 고려한 국지형 군사혁신을 추구한다.

넷째, 범정부적 장기 비전 · 전략 · 계획과 연계하고 민간 부문의 기술 혁신 성과(4차 산업혁명 기술 잠재력)를 최대한 활용해 저비용 · 고효율의 자원 절약형 군사혁신 방책을 발전시킨다.

한국적 군사혁신의 지향점은 스마트 국방력의 건설이다. 스마트 국방은 ① 4차 산업혁명을 견인하는 첨단 정보·지능화 기술을 융·복합적으로 활용, ② 관찰–판단–결정–행동(O–O–D–A)으로 연결되는 전투 행위 순환 주기를 데이터 기반으로 똑똑하고 지능적이며 빠르게 순환시켜, ③ 최소 희생으로 깨끗하게 압도적 승리를 성취할 수 있는 국방력을 발전시키는 것으로 정의할 수 있다. 이를 위한 몇 가지 군사혁신 과제를 다음과 같이 제시해 볼 수 있다.

첫째, 전투공간의 영역 교차 승수효과를 최대화하기 위한 초연결·초지능 전력체계를 구축한다. 초연결 감시·정찰–타격 시스템 복합 전력체계를 발전시키고, 데이터 기반 전투 의사결정을 보장할 수 있는 빅데이터·인공지능 기반 지휘통제체계를 구축하며, 사물인터넷 기반 전술 통신망 체계를 발전시킨다.

둘째 초정밀 타격을 위한 첨단 지능화 무기체계를 발전시킨다. 전투 게임판을 뒤엎을 수 있는 신개념 무기체계를 개발하고, 이미 전력화된 아날로그 무기체계를 지능화한다.

셋째, 인구 절벽의 심화와 병 복무 기간의 단축에 대비한 과학화 교육훈련체계를 발전시킨다. 최근 발전을 거듭하고 있는 가상현실(VR), 증강현실(AR), 혼합현실(MR) 기술을 활용한 첨단 모의훈련시스템을 개발한다.

2. 군사혁신 4.0의 주요 과업[72]

군사혁신 4.0은 전력체계 혁신과 전력운용 혁신을 동시 병행적으로 추구해 최대의 전투력 가치를 창출하는 것이 그 목적이다. 전력체계 혁신은 미래전 패러다임의 전환에 대비해 군사기술혁명 차원에서 고기술 · 고지능 · 고위력의 무기와 장비를 확보하는 것이다. 4차 산업혁명을 견인하는 첨단 기술을 활용해 초연결 지능화 기반 네트워크중심전을 수행할 수 있는 전력체계를 구축해야 한다. 전력운용 혁신은 초연결 네트워크 기반의 싸우는 방법(How to Fight)과 지휘 · 부대구조를 발전시키는 것이다. 전투공간의 지 · 해 · 공 · 우주 · 사이버 영역에 배치된 모든 전투 요소를 교차적으로 통합 운용함으로써 전투력 발휘의 승수효과를 최대화해야 한다. 전력체계 혁신과 전력운용 혁신은 불가분의 관계에 있다. 아무리 탁월한 전력체계라도 운용 개념이 그에 상응하도록 설정되지 않으면 승수효과를 발휘할 수 없다.

군사혁신 4.0의 첫째 과업은 초연결 지능화 전력체계를 개발 · 구축하는 것이다. 정보화 기반의 3차 산업혁명에 이어 초연결 지능화 기반의 4차 산업혁명이 진행됨에 따라 전쟁 패러다임에 파격적 변혁이 초래될 것으로 전망된다. 3차 산업혁명 시대 정보 기반 전쟁 패러다임의 본질은 재래식 무기에 의한 대량 파괴전 개념이 핵심 군사 표적만 정확하게 공격하는 정밀 타격전 개념으로 변환됐다는 것이다. 우주 · 정보 과학기술을 이용한 광

---

72 이하의 내용은 정춘일, "영역교차시너지 최대화를 위한 한국군의 전력체계 혁신 방안", 『한국군사』, vol. 4(2018. 12), 한국군사문제연구원, pp. 113-127; 권태영 외, 앞의 책, pp. 148-151 내용을 기초로 요약·보완 작성한 것임.

역 원거리 정찰-통제-타격 복합체계의 구축이 전력체계 발전의 근간이다. 4차 산업혁명 시대 초연결 지능화 기반 전쟁 패러다임은 전투공간 내의 모든 전투원과 무기 · 장비가 초연결된 지능형 정찰-지휘통제-타격 복합체계를 지향한다. 정찰-통제-타격 복합체계에 첨단 스마트 디바이스 및 센서, 무한대 네트워크 기술, 빅데이터와 인공지능 기술을 활용하는 것이다.

4차 산업혁명 시대의 전쟁 패러다임은 3차 산업혁명 시대의 전쟁 패러다임에 초연결성과 초지능성을 부여함으로써 실현된다. 정보 기반 네트워크중심전은 정보격자망(information grid), 센서격자망(sensor grid), 교전격자망(engagement grid)의 복합적 연결 · 결합에 의해 구현된다. 정보격자망은 센서격자망과 교전격자망을 연결해 수집된 정보를 전파 · 공유 · 분석 · 처리함으로써 센서-슈터 복합체계(sensors to shooters)를 형성한다. 센서격자망은 다양한 유형의 센서들을 연결해 고도의 전투공간 상황 인식을 창출한다. 교전격자망은 다양한 기동 · 타격 전투 수단들이 지휘통제를 받아 고도의 전장 상황 인식을 활용해 통합 전투력을 발휘한다.[73] 이러한 네트워크중심전의 구성요소에 4차 산업혁명을 견인하는 사물인터넷, 클라우드, 빅데이터, 이동통신, 인공지능 등의 기술이 활용되면 정보격자망의 초연결성과 자동화가 강화되고, 센서격자망의 정보 수집을 통한 전투공간 상황 인식이 더욱 고도화되며, 교전격자망의 초연결성 · 초지능성에 의한 정밀성 · 통합성이 획기적으로 향상된다.

---

73 권태영 외, 『21세기 군사혁신과 미래전: 이론과 실상, 그리고 우리의 선택』(경기도 파주: 법문사, 2008), p. 176.

군사혁신 4.0의 둘째 과업은 네트워크중심전의 정보격자망을 구성하는 핵심 체계로서 빅데이터·인공지능 기반 지휘통제 체계를 구축하는 것이다. 정보의 폭발 시대에 흩어져 있는 수많은 데이터에서 필요한 정보를 수집해 목적에 맞게 처리·사용하는 일이 중요하다. 초연결 사회에서는 데이터가 급속하게 기하급수적으로 폭증함과 더불어 대용량 데이터의 저장·처리·분석 능력이 획기적으로 발전됨에 따라 빅데이터가 크게 주목받고 있다. 데이터가 제2의 원유 또는 제2의 천연자원이라는 표현에서 알 수 있듯이, 매 순간 생성되는 데이터 자원 속에서 유용한 가치를 찾아내는 일이 정부 및 공공 기관과 기업 등 모든 조직의 필수 핵심 업무가 됐다. 『포춘』지가 선정한 세계 최고의 경영학 교수 50인 중의 하나이자 정보기술 업계에서 가장 영향력 있는 100인 중의 하나인 토마스 데이븐포트(Thomas H. Davenport) 박사는 '분석 3.0 시대'의 도래를 선언하면서 분석이 생활 속에 스며들어 의사결정도 빅데이터에 기초해 자동화될 것이라고 역설했다. 이제까지는 어떤 문제가 왜 발생했는지 과거의 자료를 분석하고 의사결정을 했다면, 빅데이터 분석은 정보가 자동으로 모여 지시하고 방향성까지 알려준다는 것이다.[74]

군사 분야도 이런 트렌드를 적극적으로 활용해야 할 것이다.

---

74 데이븐포트 박사에 의하면, 분석가가 밀실 같은 공간에서 소량의 데이터를 다루던 '분석 1.0 시대'와 데이터를 토대로 제품과 서비스의 향상을 시도했던 '분석 2.0 시대'와는 달리, '분석 3.0 시대'에는 데이터를 인위적으로 다루지 않아도 분석이 자동으로 이뤄진다는 것이다. "의사결정도 빅데이터로 하는 시대다," 《중앙일보》, http://news.joins.com/article/, 2015. 10. 18; Thomas H. Davenport, "Analytics 3.0," *Havard Business Review*, December 2013, https://hbr.org/, 2013. 12.

전투공간에서 정보 우위를 교전 우위로 전환함으로써 승리를 성취하는 데 결정적인 역할을 담당하는 지휘통제체계를 빅데이터와 인공지능 기술을 최대한 활용해 지능화할 필요가 있다. 지휘통제체계는 다양한 감시 · 정찰 자산으로부터 수집된 많은 양의 정보를 융합하고 분석해 지휘관이 최적의 의사결정을 내릴 수 있도록 지원하는 핵심 체계이다. 먼저 보고(See first: 전투공간 상황 인식), 먼저 이해하며(Understand first: 결심의 완전성 · 신속성), 먼저 행동해야(Act first: 작전 템포 고속화) 결정적 승리를 성취하는데, 지휘통제체계는 이런 전투 수행 과정에서 핵심 역할을 담당한다.

한국군의 현 지휘통제체계는 단순히 정보를 보여주고 유통하는 체계에 불과한 것으로 지적되고 있다. 대량의 정보를 분석하고 최적의 방책을 제공하는 기능은 결여돼 있어 지휘관의 의사결정을 자동적으로 지원하기에는 매우 미흡한 수준으로 평가된다. 그동안 합동참모본부와 육 · 해 · 공군, 각급 전술제대에 걸쳐 여러 가지 지휘통제체계를 구축 · 활용해 왔으나, 분야별 · 제대별 · 무기체계별로 연통(stovepipe)처럼 분리돼 있어 연계 · 통합이 절실하고, 빅데이터와 인공지능 기술을 적용한 고도화가 요구된다. 전투 의사결정 및 지휘의 완전성 · 신속성 · 신뢰성 · 예측성을 보장하기 위해서는 빅데이터 · 인공지능 기반의 지능화 지휘통제체계의 발전이 필수적이다. 초연결 · 초지능 네트워크 중심 전쟁을 수행하기 위한 데이터 기반 의사결정(Data-driven Decision) 시스템을 구축해야 한다. 전투공간에서 생성되는 빅데이터를 인공지능 기술로 처리하지 않고는 의사결정의 필수 핵심 요소인 숨어있는 정보와 지식을 채굴할 수 없으며, 이 경우 지휘통제는 자동화된 지원을 받기 어렵고 편견과 한계를 지닌 인간의 직관에 의존할 수밖에 없다.

빅데이터와 인공지능 기술은 이미 민간 부문에서 탁월하게 발전시켜 다양한 용도로 활용되고 있다는 점을 고려해 군은 비교우위의 민간 기술 기반을 최대한 활용하기 위한 방책을 모색할 필요가 있다. 데이터 기반 자동화 의사결정을 구현하기 위해 빅데이터와 인공지능 기술을 어떻게 지휘통제체계에 적용할 것인지 그 구체적 방안을 서둘러 찾아야 할 것이다. 사이버 공간에서는 고도의 보안 대책이 요구되므로 군이 아키텍처를 설계하고 마스터플랜을 수립한 다음, 전문 연구기관과 기업들이 협력 플랫폼을 구축해 시제 시스템을 개발하고 실증 과정을 거쳐 구축하는 것이 바람직하다. 민간의 혁신적 과학기술 성과를 적시에 신속하게 활용하기 위해서는 개방 협력적 획득제도를 도입하는 것이 매우 긴요하다.

군사혁신 4.0의 셋째 과업은 초연결 지능화 시스템 복합 전력체계의 기반이 되는 전투 클라우드 플랫폼을 구축하는 일이다. 전투공간의 다양한 센서 전력체계, 지휘통제 전력체계, 기동·타격 전력체계를 영역 교차 승수효과의 최대화 보장 차원에서 연결·결합하기 위해서는 필수적으로 초연결 플랫폼 기반의 네트워크체계를 구축해야 한다. 한국군은 그동안 네트워크 중심 작전 환경(NCOE: Network Centric Operational Environment)을 조성하기 위해 첨단 센서체계 도입 및 정보통신체계 구축 등 다양한 전력증강 노력을 기울여 왔다.

그러나 이제까지는 주로 분야별 · 기능별 · 무기체계별 연통형 정보통신체계를 구축 · 운용함으로써 네트워크 중심 작전의 수행이 거의 유명무실한 것으로 평가된다. 정보통신 하드웨어 기반은 구축했으나 데이터 기반 전투 의사결정은 매우 미흡한 수준이다. 데이터 활용 측면에서 보면 한국군의 정보체계 및 지휘통제체계는 빈 깡통과 마찬가지이며 제한된 인위적 데이터에 의존하고 있기 때문에 전투 참여 주체들의 전장 정보 및 상황 인식 공유와 자기 동기화의 자동적 실현은 거의 불가능하다. 서로 다른 장소에 위치한 감시체계 및 타격체계 간의 전술 정보 공유를 통해 상황 인식, 위협 평가, 지휘 결심, 교전 통제 등의 전투 행위를 지원하는 전술 데이터링크가 구축돼 있으나 전투공간 영역 간 교차는 매우 제한된다. 특히, 네트워크 기능과 시스템이 없는 구형 무기체계의 경우 네트워크 중심 작전에 참여하는 것이 거의 불가능하므로 전력의 통합적 발휘는 제한될 수밖에 없다.

이러한 제한점들은 4차 산업혁명의 핵심 기술을 최대한 활용해 극복할 필요가 있다. 사물인터넷 기반 초연결 클라우드 플랫폼을 구축해 기존 지휘 · 통제 · 통신 · 정보시스템을 통합 운용함으로써 전투공간의 교차 영역 승수효과를 최대화해야 할 것이다. 사물인터넷 환경에서 실시간으로 산출되는 엄청난 빅데이터를 수집 · 분석 및 활용해 O-O-D-A 고리의 순환 속도를 가속화해야 한다. 구형 무기체계의 경우 스마트 디바이스(센서)를 장착해 사물인터넷 환경 속으로 통합해야 할 것이다.

전투공간 사물인터넷 환경은 완전 무결성과 고도 보안성을 요구하는 전력체계로 구성되기 때문에 핵심 전력체계 발전 차원에서 국방연구기관 주관으로 아키텍처를 설계하고, 방위산업 기업들이 개발 협업 플랫폼을 구축 · 운영해 시제를 개발하는 것이 바람직하다. 4차 산업혁명 핵심 기술들은 민간 연구기관들과 대학들이 원천기술들을 개발하고 있고, 산업 분야에서 우수한 중소 벤처기업들이 요소별로 경쟁력 있는 솔루션을 개발 · 보유하고 있기 때문에 이런 잠재 능력을 충분히 활용할 필요가 있다. 국방연구개발을 넘어 범정부 차원의 과학기술 역량을 최대한 활용해야 할 것이다.

군사혁신 4.0의 넷째 과제는 인공지능과 무인화 기술을 활용해 신개념 첨단 무기체계를 개발하는 것이다. 초연결 지능화 정찰 · 감시-타격 시스템 복합체계는 지능화 정밀타격 전력체계에 의해 완성된다. 첨단 센서 전력체계, 지능화 정밀타격 전력체계, 빅데이터 · 인공지능 기반 지휘통제 전력체계가 초연결 네트워크 중심 작전환경 속에서 유기적으로 복합돼야 한다.

군사 선진국들은 전투공간이 지상 · 해상 · 공중 중심의 전통적 영역을 넘어 우주와 사이버 영역까지 확장되고 있다는 판단에 따라 우주 전력체계와 사이버 전력체계를 전략적으로 집중 개발하고 있는 모습이다. 첨단 과학기술의 혁신적 발달 추세에 맞춰 장거리 정밀타격 무기체계, 무인 자율 무기체계, 비운동에너지(non-kinetic energy) 무기체계, 생명공학 무기체계 등도 다양하게 발전시키고 있다. 특히, 사물인터넷, 클라우드 컴퓨팅, 빅데이터, 이동통신, 인공지능, 자율 등의 기술을 다양한 유 · 무인 무기체계에 접목해 초연결 · 초지능 센서-슈터 복합 전력체계를 구축할 것으로 전망된다.

한국군에서도 최근 4차 산업혁명의 핵심 첨단 기술을 활용한 신개념 무기체계를 개발해야 한다는 논의가 제기되고 있다. 국방기술품질원은 인공지능, 사물인터넷, 3D 프린팅 등 4차 산업혁명 기술뿐만 아니라 과학기술 발전 추세 및 미래 전장 환경 등을 종합적으로 반영해 주요 미래 국방 기술을 도출하고 이를 통해 구현 가능한 신개념 무기체계들을 제시한 바 있다.[75]

무기체계의 혁신적 발전을 이끄는 과학기술은 광범위하고 다양하다. 그러나 앞으로 전투공간을 지배할 미래 신개념 무기체계는 4차 산업혁명을 견인하는 핵심 기술과 불가분의 관계에 있다. 가장 대표적인 기술은 사이버-물리시스템, 인공지능, 무인자율 기술 등이다. 사이버-물리 시스템이란 센서나 액츄에이터(작동 장치)가 장착된 물리적 요소와 이를 실시간으로 제어하는 컴퓨팅(사이버) 요소가 결합한 복합시스템을 말한다. 컴퓨팅 및 통신 기능에 실시간으로 물리 세계의 객체를 모니터링하고 제어하는 기능을 결합시킨 시스템인 것이다. 민간 분야의 차세대 자동차와 항공기 및 전력시설 등은 고성능화 · 복잡기능화 · 자동화 · 지능화 · 상호연동성 · 실시간성 · 신뢰성 · 보안성 등이 요구되기 때문에 인간의 논리력과 지능으로는 한계가 있으며, 따라서 임베디드 소프트웨어 기반 복합체계로 발전되는 추세이다. 이런 기술은 군에서도 전력체계뿐만 아니라 전력지원체계에 매우 유용하게 활용될 수 있다.

오늘날 가장 활발하게 개발되고 있는 신개념 무기체계는 인공

---

75 국방기술품질원, 『4차 산업혁명과 연계한 미래 국방 기술』, 국방과학기술조사서, 2017년 12월, p. 12.

지능을 활용한 무인 자율 무기체계이다. 무인 자율 무기체계는 소수의 인원으로 다수의 무기체계를 운용할 수 있고, 인명 피해를 최소화할 수 있는 장점이 있다. 첨단 정밀 제어 기술을 활용한 무인 무기체계는 인간이 수행하는 위험한 임무 및 작전을 대신하고, 유인 무기체계가 접근하기 어려운 작전지역을 자유롭게 이용할 수 있도록 한다. 데이터링크 및 임무 컴퓨터를 탑재한 무인 자율 무기체계는 여러 대가 편대로 운용될 수 있으므로 부대 단위의 직접적 전투를 대체할 것으로 전망된다. 앞으로 무인 자율 무기체계는 정찰 · 감시 기능을 넘어 무장한 공격 플랫폼으로서 전력 투사가 가능해짐으로써 전투 환경을 근본적으로 바꿔 놓을 것으로 전망된다.

미래전에서는 무인 자율 무기체계 간의 전투가 보편화할 것으로 전망된다. 지 · 해 · 공 · 우주 영역에서 운용할 수 있는 각종 무인 자율 무기체계들이 경쟁적으로 개발되는 모습이다. 지능화 무인 로봇체계가 인간 전투원을 대신하거나 인간 전투원과 함께 협동하는 전투 방식이 개척되고 있다. 미래의 전투공간에서는 첨단 지능의 군사용 로봇을 먼저 활용하는 쪽이 승리할 것이라는 판단에 따라 인공지능과 로봇공학을 기초로 다양한 로봇 무기체계가 개발되고 있다.

인공지능 기술을 활용해 유 · 무인 전투기를 복합한 전투체계도 출현할 것이다. 유인 전투기 한 대가 무인 항공기 여러 대를 이용해 공격작전을 벌이는 형태이다. 향후 10~15년 기간에 인간을 닮은 인공지능형 살상용 로봇이 대량 생산돼 전투공간에 투입되고 부상당한 장병이나 민간인을 구출하는 구호 로봇이 출현할 것이라는 전망도 있다. 기존의 무기체계가 인공지능을 만나 새로운 차원의 무기체계로 탄생하기도 한다. 적국의 방어 레이더망을 실시간으로 탐지하고 데이터를 분석하면서 스스로 방향·고도·속도를 바꾸고 목표물을 골라 파괴할 수 있는 인공지능 미사일이 그 예이다. 인공지능 대함 미사일은 적 함정을 목표로 날아가다가 공격 목표를 변경하거나 요격 미사일을 회피해야 할 경우 실시간으로 비행 방향과 속도를 조절할 수 있다.

한국군으로서도 4차 산업혁명 시대의 전쟁 양상 변화와 군사기술 및 무기체계 발전 추세에 부응한 신개념 첨단 무기체계의 개발은 필수적 과업이다. 지금은 운동에너지 및 하드-킬(hard-kill) 무기 위주의 현실·물리적 무기가 중심을 이루지만, 미래에는 비운동에너지 및 소프트-킬(soft-kill) 무기 성격의 가상·전자적 무기와 현실·물리적 무기가 전투공간에서 공존하면서 통합적 전투력을 발휘해야 한다. 현실·물리적 전투공간은 지·해·공·우주 영역으로 분리돼 있지만, 앞으로 초연결 지능화 시스템 복합 무기체계의 급속한 발전과 함께 사이버 영역이 현실·물리적 4개 영역 모두에 개입돼 전투공간의 전 영역은 상호 밀접히 연결·결합될 전망이다. 따라서 5차원 영역의 가용한 모든 현실·물리적 무기와 가상·전자기적 무기들을 복합적으로 통합 운용해 영역 교차 승수효과를 최대화해야 한다. 유·무인 플랫폼에 탑재된 현실·유인·물리적 속성의 공격·방어 무기들과 가상·무인·전자적 속성의 공격·방어 무기들을 초연결·초지능 센서-슈터 시스템 복합체계 속에 조화롭게 구성해 상대방보다 우월한 통합 전투력을 발휘하도록 해야 한다.

군사혁신 4.0의 다섯째 과제는 초연결 지능화 복합 전력체계의 효과적 운용을 보장할 수 있는 전투공간 운영개념과 부대구조를 혁신적으로 발전시키는 일이다. 사물인터넷혁명, 디지털통신혁명, 빅데이터혁명, 인공지능혁명, 자율체계혁명 등 새로운 첨단 기술혁명의 융·복합적 발생에 따른 지능·창조문명의 본격화는 불가피하게 전쟁 수행 개념과 방식의 파격적 변화를 초래할 것이다. 초연결 지능화 네트워크중심전이 완벽하게 구현될 수 있을 것으로 기대된다. 지상·해상·공중의 물리적 영역과 우주 영역 및 사이버 영역이 효과 기반의 전투력 발휘 차원에서 통합되는 것이다.

미국은 최근 초연결 지능화 복합 전력체계의 발전을 토대로 영역 교차 승수효과를 전투력 운용 및 발전의 중심적 개념으로 설정해 놓고 있다.[76] 영역 교차 승수효과는 전통적인 전투력 운용 영역의 경계를 넘어 통합적 승수효과를 최대화하는 군사력 운용개념이다. 지상·해상·공중·우주·사이버 영역에서 활동하는 전투 주체가 서로 다른 영역에 자신의 능력을 단순히 부가해 주는 것을 넘어 다른 영역의 취약점을 상쇄하고 효과를 보완적으로 증진하는 것이다. 제한된 시간과 한정된 장소에서 몇 가지 전투력 운용 영역들에서는 상대방에 대한 우세를 달성함으로써 전투 임무 수행에 필요한 행동의 자유를 얻게 된다.

전통적으로 무기체계들은 통신이나 유효 사정거리의 제한을

---

76 *Cross-Domain Synergy in Joint Operations*, U.S. Joint Chief of Staff, Joint Force Development, Future Joint Force Development, 14 January 2016; William O. Odom and Christopher D. Hayes, "Cross-Domain Synergy: Advancing Jointness," *Joint Force Quarterly*, vol. 73, October 2014, pp. 123-128.

고려해 소속 군이나 조직을 중심으로 운용됨으로써 상대방의 공격에 취약할 뿐만 아니라 적을 집중 공격할 수도 없었던 것이 사실이다. 그러나 영역 교차 승수효과 개념은 분야별 전투 조직과 관계없이 각 전투공간 영역으로 널리 분산 배치된 각개의 무기체계들을 보다 효과적으로 통합 운용하는데 목적이 있다. 이러한 전투력 운용 개념 및 방책은 미국 국방부가 2012년에 발간한 『합동 작전적 접근 개념』(Joint Operational Access Concept)에 나타나 있으며, 앞으로 군이 중점을 두고 노력해야 할 다섯 가지 사항을 제시하고 있다.[77]

첫째, 보다 더 낮은 하위제대에서 작전 능력과 행동을 통합하는 것이다. 이는 작전 수행 과정에서 순간적으로 포착되는 국지적인 기회를 이용해 결정적인 작전 템포를 확보하는데 기여할 수 있다.

둘째, 전통적 작전 영역인 지상 · 해상 · 공중에 새로운 작전 영역인 우주와 사이버를 통합 운용함으로써 작전의 융통성을 높이는 것이다.

셋째, 합동작전의 고유한 특성인 작전 영역 간의 비대칭적 이점을 더욱 창의적으로 구현하는 것이다. 아군의 항공력으로 적의 대함 무기체계를 공격한다든지, 아군의 지상군으로 적의 방공무기 등 해 · 공군 위협 세력을 무력화시킨다든지, 사이버 작전으로 적의 우주체계 기반을 마비시키는 것 등이다.

넷째, 전투력을 접적 지역으로 전개할 경우 또는 이미 전개된

---

77 *Joint Operational Access Concept(JOAC)*, Version 1.0, U.S. Department of Defense, 17 January 2012.

전투력을 운용할 경우 우주나 사이버 영역을 이용해 외부에서 지원함과 동시에 그 역으로 작전지역에 이미 전개된 전력들이 그 외부의 전투력을 지원하기 위해 적의 주요 핵심 시설을 무력화시키는 등 교차적 노력을 추구하는 것이다.

다섯째, 미군 자체의 능력뿐만 아니라 미국 내의 각종 관련 기관과 동맹국의 능력을 폭넓게 활용해 승수효과를 상승시키는 것이다. 작전을 수행할 때 보다 세분화된 전투 관련 주체들이 다양한 영역에서 교차적 활동을 통해 협력을 추구해야 한다.

한국군에게도 이러한 전쟁 수행 개념 및 방식의 도입 · 발전은 필수적이다. 전투공간의 군별 · 기능별 영역 구분은 이제 의미가 없다. 그동안에는 군별 소유 · 전담 개념의 전투공간 영역과 전투 수단을 연결하는 합동전장운영개념과 합동작전을 견지했다. 이제는 합동(jointness) 개념을 초월하고 전투공간의 전 영역을 서로 사용하는 영역 교차 승수효과 개념을 지향해야 한다. 각 군이 전투공간의 특정 영역에 머무르지 않고 전 영역을 가로질러 전투 수단들을 유기적으로 통합 운용해야 하는 것이다. 합동전장운영개념을 영역 교차 전투공간 운영개념으로 전환할 필요가 있다. 아울러 이러한 개념에서 기존의 중 · 장기 전력 발전 계획을 재검토하고 수정 · 보완해야 할 것이다. 전투발전도 혁신해야 할 것이다. 전투발전의 주요 분야인 군구조 및 편성, 교리, 무기 및 장비, 교육훈련 등을 근원적으로 재검토하고 바꿔야 할 것이다. 정보, 지휘통제, 기동, 화력, 방호, 지원 등 전투 수행 기능도 재정립해야 한다.

전투공간의 전 영역을 종횡으로 교차하면서 초연결 지능화 전투력을 운용하는 다차원 영역 전투(MDB: Multi-Domain Battle)가 발전됨에 따라 군종 및 병종과 함께 지휘 · 부대구조도 본질적 혁신이 불가피하다. 전투공간을 전통적인 3차원 영역에서 우주 · 사이버 및 정치 · 경제 · 심리 등 다차원 영역으로 확장하고 다른 군종 및 병종과 함께 자기 동기화 및 조직 동기화에 의해 영역 교차 승수효과를 최대화해야 한다. 지휘 · 부대구조가 군별 · 병종별 · 기능별 칸막이 속에서 수직적 통제를 위해 다단계 연통형 모습으로 유지되면 자기 동기화와 영역 교차 승수효과는 최대화할 수 없다. 전투공간의 영역이 다차원으로 확장되고 위협 스펙트럼이 다양해지며 비군사적 요소들도 다양한 형태로 군사작전에 개입되는 비선형 전투공간에서 승리하기 위해서는 군별 구분 없이 전투공간의 전 영역을 서로 사용하는 사고가 긴요하고, 부대구조도 이런 사고를 수용해야 할 것이다.

앞으로 군의 정보 · 지식화, 초연결 · 지능화, 자율 · 무인화가 가속화되면 지휘 · 부대구조도 임무 중심, 속도 지휘, 자기 동기화, 승수효과 최대화, 수평적 소통 · 협업 최대화, 민첩성 · 유연성 · 융통성, 소규모 · 모듈화 · 편조성 등의 개념을 반영해야 할 것이다. 요컨대, 유 · 무인 복합 전투체계를 기반으로 민첩성 · 유연성을 갖추고 다중 영역의 복합적 전투 임무를 수행할 수 있는 지휘 · 부대구조를 발전시켜야 한다.

지휘구조는 다중 영역의 복잡성이 심화하더라도 지휘관에게 항상 상대보다 우월한 적시(right time) · 적소(right place) · 적결(right decision) · 적동(right action)의 능력을 제공하고 결정적 승리를 보장해 줄 수 있어야 한다.

부대는 초연결 지능화 전력체계로 무장하고 선형 및 비선형적으로 넓게 분산돼 작전을 수행하면서도 다중 영역의 상황 인식을 공유함으로써 민첩하게 임무 중심으로 전투력을 집중 · 통합할 수 있는 구조를 구비해야 한다. 미국이 전투공간의 복잡성 문제를 해결하기 위해 무인체계, 사물인터넷, 인공지능 등 첨단 과학기술을 활용한 신개념 무기체계를 개발하고, 이를 담을 수 있는 부대구조도 함께 발전시키는 사례를 참고할 필요가 있다.

미래에는 위협이 다차원으로 복잡해지고 전투공간이 다중 영역으로 확장되며 전력체계가 초연결 지능화됨으로써 임무 중심의 민첩한 속도 지휘가 요구될 것이므로 합리적 지휘통제 범위와 적절한 지휘계층이 유지되는 부대구조를 발전시켜야 한다. 지휘계층의 증가는 정보의 공유 시간을 증가시켜 신속성과 반응성을 감소시킨다. 지휘통제 범위를 넓혀 템포를 증가시키기 위해서는 중간 지휘제대를 제거하는 등 편성을 단순화해야 하고, 단위 부대구조의 모듈화로 지휘관이 작전적 융통성을 확보할 수 있도록 해야 한다. 부대 지휘관에게 중요한 점은 지휘 축선을 짧고 간명하게 정의해 누가 무엇을 담당하고 있는지를 분명히 알 수 있도록 하는 것이다. 이러한 점에서 다단계 지휘계층의 근본적 변화가 필요하다.

산업화 시대의 개별 단위 플랫폼 체계 중심 전쟁 패러다임에서는 상급 지휘관의 명령 · 지시에 하급 전투원의 행동을 맞추는 하향식 강요적 동기화 및 협업이 불가피했기 때문에 부대구조도 수직적 다단계의 위계를 유지했다. 이제 정보 · 지능화 시대의 초연결 지능화 복합체계 중심 전쟁 패러다임이 발전함에 따라 전투공간 상황 인식의 공유를 통한 전투원들의 상향식 자발적 동기화 및 협업이 필수적으로 요구되므로 부대구조도 수평적 소단계의 유연성을 구비해야 한다. 이러한 차원에서 부대구조는 소규모 경량화되면서 치사성 · 민첩성 · 자율성을 구비하고 임무에 따라 신속히 편조될 수 있어야 하며, 수직적 계층은 단축돼야 한다. 자발적 동기화와 수평적 협업을 통해 민첩한 속도 지휘를 구현할 수 있는 상하좌우 소통의 네트워크형 부대구조를 발전시키는 것이 중요하다.

제6절 한국적 군사혁신과 학문적 담론

지금까지 한국군이 4차 산업혁명 시대에 성취해야 할 군사혁신의 방향과 주요 과업을 논의했다. 일반 개념적 논의와 사례 분석보다 한국군의 혁신 목표와 가치를 구현하기 위한 방향과 과제를 살펴보았다. 한국적 상황과 여건에서 한국군이 모색해야 할 군사혁신의 주요 과업을 다음과 같이 제시했다. 한국적 군사혁신의 요체는 군사기술혁명 차원에서 정보화 기반 네트워크중심전을 넘어 초연결 지능화 기반 모자이크전을 수행할 수 있는 능력을 발전시키는 것이다.

첫째, 초연결 지능화 전력체계를 구축한다.

둘째, 빅데이터 · 인공지능 기반 지휘통제체계를 발전시킨다.

셋째, 초연결 지능화 시스템 복합 전력체계의 기반이 되는 전투 클라우드 플랫폼을 구축한다.

넷째, 인공지능과 무인화 기술을 활용해 신개념 첨단 무기체계를 개발한다.

다섯째, 초연결 지능화 시스템 복합 전력체계의 효과적 운용을 보장할 수 있는 전투공간 운영개념과 부대구조를 혁신적으로 발전시킨다.

이러한 과업의 적합성과 가능성 및 실현성에 대해서는 추가적인 심층 논의가 필요하다. 그 과업들의 구체적 실행 방책에 대한 연구도 후속적으로 있어야 할 것이다.

군이 군사혁신을 성취하기 위해서는 사회적 공감대와 학문적 연구도 뒷받침돼야 할 것이다. 군사혁신은 최근의 현상만은 아니다. 역사적으로 국가들은 전쟁의 승리를 위해 독특한 방식의 전력을 발전시켰다. 다만 군사혁신이라는 개념으로 연구가 본격 시작된 것은 그리 오래되지 않았고, 한국의 경우 심층적이고 체계적으로 연구된 사례가 많지 않다.

군사혁신 개념은 미국이 걸프전 이후 1990년대 초반부터 3차 산업혁명 시대의 군사혁신을 개척하면서 도입한 것이다. 한국의 경우 1990년대 중반 한국국방연구원에서 최초로 연구가 시작됐다. 1999년 국방부 「국방개혁추진위원회」 산하에 「군사혁신기획단」이 창설됨으로써 '한국적 군사혁신의 비전과 방책' 개발이 국방정책의 공식 영역으로 추진됐다. 그 이후 학계와 연구기관 일각에서 군사혁신을 주제로 한 연구가 산발적으로 진행됐으나 연구의 깊이와 구체성은 매우 제한될 수밖에 없었으며, 본질적 내용보다 개념과 사례 분석에 치중하는 경향이 강했다. 2018년에는 육군이 「미래혁신연구센터」를 창설하고 군사혁신을 미래 육군 발전의 핵심 정책 영역으로 추구하기 시작했다. 이제 4차 산업혁명의 가속화와 함께 전쟁 · 군사 패러다임의 본질적 변혁이 불가피하므로 그에 대비한 노력의 일환으로 한국적 군사혁신에 대한 본격적 연구를 진행할 필요가 있다.

군사혁신의 핵심 요소는 과학기술이며, 그 요체는 군사기술혁명이라 할 수 있다. 과학기술 역량은 산업 · 경제력의 결정 요소로서 국가 번영의 핵심 기반을 제공함과 동시에 첨단 군사력 창출의 필수 요소로서 국가 생존 수호와 세력 균형 유지 등 권력정치의 구현에 기여한다. 이제 과학기술은 국가의 지전략적 이익과 대외적 행위, 국가 간의 갈등 구조, 영토 분쟁 및 영유권 다툼 등을 분석하는 지정학의 기반으로서 자유주의 국제관계 패러다임이 중시하는 저위 정치(low politics)의 쟁점이 아니라 현실주의 국제정치 패러다임이 중시하는 고위 정치(high politics)의 쟁점으로 부상했다. 대표적인 사례로서 미국과 중국은 무역 패권 경쟁과 군사 패권 경쟁에 이어 기술 패권 경쟁을 격렬하게 벌이고 있다.

군사혁신은 과학기술혁명 기반의 전쟁 · 군사 패러다임으로서 기술 기반 지정학의 핵심 요소로 작용한다. 역사를 반추해 보면 과학기술의 혁신적 발달에 기인한 산업혁명과 함께 군사혁신이 창출됐고, 그 결과로 전쟁의 양상과 국제정치의 구조가 급격하게 전환됐음을 알 수 있다. 새로운 과학기술과 전술의 결합을 통해 군사혁신을 성취한 나라는 전쟁에서 승리해 세력의 균형을 와해시켰고, 전쟁에 패배한 국가나 제국은 권력 경쟁의 낙오자가 됐다. 어떤 국가도 문명 패러다임의 전환에 대비한 군사혁신에 뒤처지면 뜻밖의 섬뜩한 패배를 맞을 수 있는 것이다.

이러한 맥락에서 군사혁신에 대한 학문적 연구의 지평을 넓히고 군 차원의 추진 방책을 모색할 필요가 있다. 군사혁신은 과학기술, 정치, 경제, 사회, 경영, 군사 등 다양한 분야와 밀접하게 연계되기 때문에 종합 학제적 접근과 연구가 필요하다. 국방 · 군사 관련 교육 과정을 설치한 대학들은 군사혁신 과목 및 강좌를 개설해 연구와 토론의 공동체를 만들어야 할 것이다. 국방부를 포함한 군은 군사혁신의 개발 주체 조직을 설치하고 관련 업무 과정과 절차를 정립해야 할 것이다. 국방 연구기관은 정책 연구 및 기술 개발로서 군의 군사혁신 노력을 지원해야 할 것이다. 학계는 학문 연구와 지식 확산의 메카로서 군사혁신의 이론적 연구와 세계 여러 국가들의 사례 분석을 통해 학교의 교육과 정부의 정책 개발을 선도적으로 이끌어야 할 것이다.

제4장

선진형 기술 강군 건설과 군사기술혁명 과업

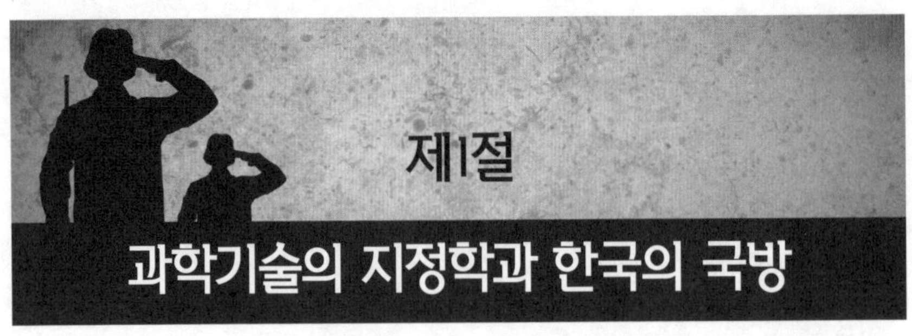

제1절 과학기술의 지정학과 한국의 국방

시대적 전환기를 맞이하여 한국군의 미래지향적 발전에 대한 요구와 담론이 확산하고 있다. 가장 중요하고 핵심적인 주제는 군의 골격을 전면적으로 바꾸는 것이라고 할 수 있다. 북한의 대규모 재래식 군사력에 대응해 불가피하게 선택할 수밖에 없었던 병력 중심의 대규모 군사력 구조를 전략 환경 변화와 경제 · 사회적 발전 추세에 부응한 과학기술 기반 정예 군사력 구조로 전환해야 하는 것이다. 북한은 6 · 25 전쟁 이후 휴전선 일대에 대규모 병력을 전진 배치했고 한국도 경제력과 기술력이 열악한 상황에서 병력의 희생을 담보로 북한의 군사위협에 대응할 수밖에 없었다.

이제 시대적 상황이 근원적으로 변했기 때문에 군사력 모습도 다시 설계하고 발전시켜야 한다는 요구가 커지고 있다. 북한은 핵 · 미사일을 비롯한 전략 무기 위협을 가중하고 있다. 문명의 전환과 함께 군사력의 존재 양식이 바뀌고 있으며, 주변국들은 전쟁 판도를 일거에 뒤엎을 수 있는 첨단 기술 기반의 신개념 무기체계를 개발하고 있다. 한국의 국력과 기술력이 선진권에 도달함에 따라 군도 그에 상응한 발전을 요구받고 있다. 인구 절벽의 심화와 함께 병력 중심의 양적 군사력을 유지하는 것은 어렵다. 군 자체도 대규모 병력의 유지는 인력 운영비의 증가 등 많은 부담이 수반된다. 이러한 점에서 기술 중심 정예군의 발전은 선택이 아니라 필수인 것이다.

역사를 되돌아보면, 과학기술의 지정학이 역사를 관통해 존재했다는 사실을 알 수 있다. 과학기술은 경제의 커다란 파동을 만들어내고 궁극적으로 국제정치 패권의 부침을 가져왔다.[1] 과학기술이 경제력과 군사력의 원동력이 됐다. 과학기술은 경제 · 산업을 움직이고, 경제 · 산업력은 국력을 높여 국가를 부흥하게 한다. 과학기술을 통한 경제 · 산업력의 발전은 자연스럽게 군사력의 증강을 가져온다. 과학기술 패권은 곧 경제 패권, 군사 패권, 국력 패권, 국제정치 패권으로 연결되는 것이다. 영국 주도 세계 질서(Pax-Britannica), 미국 주도 세계질서(Pax-Americana), 미국과 구소련 지배의 냉전 세계질서, 미국 유일의 탈냉전 세계질서, 미국과 중국의 패권 경쟁 세계질서 모두 과학기술 기반의 산업력과 군사력이 뒷받침한다.

첨단 과학기술은 군사력 경쟁의 우위를 결정하는 핵심 요소이다. 경쟁 중에 있는 상대를 전략적으로 기습하고 전쟁의 판을 뒤엎기 위해서는 첨단 과학기술 기반 전력을 확보해야 한다. 냉전

1 국제정치를 보는 기존의 시각은 주로 세력균형과 경제 관계에 머물렀다. 정치 권력의 관점은 주로 세력균형과 무력 분쟁에 초점을 맞춘다. 경제 관계의 관점은 과거 영국에 의한 중상주의나 자유무역주의 질서, 제2차 세계대전 이후의 GATT·IMF·WTO 체제하의 세계질서처럼 경제문제를 국제관계의 아주 중요한 영역으로 간주한다. 이 두 관점이 간과한 아주 중요한 또 하나의 관점으로서 기술의 관점이 있다. 기술의 관점은 정치 권력의 관점 및 경제 관계의 관점과 불가분의 관계에 있다. 세력균형의 핵심 수단인 전쟁은 무기 기술의 영향이 절대적이며, 경제는 기술에 기반을 둔다. 영국 지배의 국제질서(Pax-Britannica)와 미국 지배의 국제질서(Pax-Americana) 저변에는 기술에 기반을 둔 경제적·군사적 패권에 의한 것이다. 야쿠시지 타이조 저, 김박광 편역, 『테크노 헤게모니와 중국의 포효』(서울: 도서출판 일진사, 2012), pp. 30-32.

시대 미국은 일명 '별들의 전쟁' 계획으로 불린 '전략방위구상'(SDI: Strategic Defense Initiative)에 의해 구소련과의 과학기술 패권 경쟁과 군비경쟁에 종지부를 찍었다.

미국과 구소련은 수천 개의 핵탄두와 대륙간탄도미사일로 서로를 겨눈 채 창과 방패의 군비경쟁을 치열하게 전개했으나, 이러한 구도는 미국의 과학기술적 기습으로 무너지기 시작했다. 1983년 3월 23일 미국 레이건 대통령은 TV 연설을 통해 우주 공간에서 첨단 무기로 구소련의 미사일을 파괴하는 계획을 발표했다. 구소련의 핵 · 미사일 위협에 핵무기에 의한 보복으로 대처하는 전략을 바꾼다는 것이다. 이 구상은 인공위성으로부터 고에너지 레이저 빔(High Eenergy Laser Beam)과 하전입자 빔(Charged Particle Beam)을 이용해 구소련의 대륙간탄도미사일을 발사 초기 단계에서 요격한다는 것이다. 전략방위구상은 핵 · 미사일 경쟁의 균형을 깨는 파격적 아이디어로서 실전화될 경우 기존의 상호확증파괴(MAD: Mutual Assured Destruction) 기반 억제전략을 무력화시킬 수 있다.

세계적 냉전체제가 해체된 후 30년이 지난 오늘날, 세계는 과학기술 패권을 둘러싼 '신 냉전'의 모습을 보이고 있다. 미국과 중국이 경제 패권 경쟁과 군사 패권 경쟁을 벌이고 있는데, 그 한 가운데 과학기술 패권 경쟁이 자리하고 있는 것이다. 미국은 경제력 · 과학기술력 · 군사력의 최선두자(first mover)로서 패권적 지위를 어떤 경우에도 절대로 중국에 내줄 수 없다는 태세를 견지하고 있다. 중국은 신흥 패권 국가로 빠르게 부상하는 추격자(fast follower)로서 과학기술 굴기를 통한 과학기술 강국 · 과학기술 강군 건설로 미국의 패권에 도전하고 있다.

중국의 과학기술 굴기 노력은 우수 과학기술자를 유치하는 '글로벌 인재 블랙홀 전략'으로 실현되고 있다. 중국 정부는 1994년 해외 우수 청년학자 10~200명을 유치한다는 '백인(百人) 계획'을 수립했고, 2008년부터는 '천인(千人) 계획'을 시행했으며, 이러한 계획은 2012년 시진핑 국가주석이 천하의 인재를 모두 데려오라고 주문한 이래 향후 10년 간 특출 인재 100명, 과학기술 발전 선도 인재 2천 명, 청년 혁신가 8천 명을 지원 · 양성한다는 '만인(萬人) 계획'으로 확장됐다.[2] 2022년까지 1만 명 수준의 전문가를 자연과학, 공학, 사회과학 등 다양한 분야에 배치한다는 것이 목표였지만 신청자가 매년 넘쳐나면서 그 목표는 2020년 조기 달성될 전망이다. 천인계획 시행 이래 지금까지 중국으로 돌아온 고급 두뇌는 약 8천 명에 달한 것으로 알려져 있다.[3]

미국은 중국의 이러한 과학기술 굴기에 위협을 느끼는 것으로 나타나고 있다. 트럼프 행정부가 2017년 내놓은 국가안보전략 보고서[4]와 2018년 발간한 국방전략 보고서[5]는 2011년 벌어진 9 · 11 사태 이후 처음으로 글로벌 테러리즘이 아닌 강대국 간 경쟁이 국가안보의 최우선 순위라고 밝혔다. 특히, 중국을 현상 변경 국가

---

2 "중국의 글로벌 인재 블랙홀 전략", http://blog.naver.com/PostView.nhn?

3 '인재 블랙홀' 중국, 연봉 8억원까지 내걸고 인력 끌어들여", http://news.chosun.com/site/data/ html_dir/2019/11/26/.

4 *National Security Strategy of the United States of America*, The White House, December 2017.

5 *2018 National Defense Strategy of the United States of America*, January 2018.

로 지목하고 미국의 경쟁자로 규정했다. 미국 내 전문가 일각에서는 중국이 미국과의 무역에서 번 돈으로 기술 개발을 강화하고 군비를 확충함으로써 미국의 안보를 위협한다는 주장도 제기되고 있다.

미 · 중 무역 전쟁은 중국의 제조업 굴기를 견제하기 위한 것으로 볼 수 있다. 중국의 제조업 굴기를 소홀히 하면 미국의 산업 경쟁력이 침해받을 뿐만 아니라 세계패권 지위마저 위협받을 수 있다는 인식이 깔려있다. 이런 점에서 미국은 중국의 '제조 2025' 산업 발전 계획에 대해 경계하고 있다. 이 계획은 2025년까지 제조업 강대국이 되겠다는 포부를 담고 있다. 첨단 의료기기, 바이오 의약 기술 및 원료 물질, 로봇 통신장비, 첨단 화학 제품, 항공우주, 해양 엔지니어링, 전기차, 반도체 등 10개 하이테크 제조업 분야 각각에서 대표 기업을 육성하겠다는 것이다.[6]

오늘날 한반도의 상황은 어떤가? '한국판 스푸트니크 충격'으로 안보의 지각판이 요동치고 있다.[7] 북한의 핵무기 개발에 의한

---

6 이 계획은 주요 국가를 1등급 미국, 2등급 독일·일본, 3등급 중국·영국·프랑스·한국으로 분류한 다음 1단계 2016~2025년에는 제조업 강국 대열에 들어서고, 2단계 2026~2035년에는 독일과 일본을 넘어 강국의 중간 수준에 진입하며, 3단계 2030~2049년에는 최선두에 서겠다는 원대한 구상을 담고 있다.

7 '스푸트니크 충격'(Sputnik Shock)은 1957년 10월 4일 구소련이 스푸트니크 1호의 발사에 성공하면서 미국이 받은 과학기술·교육부문의 충격을 말한다. 1950년대 미국과 구소련은 제2차 세계대전이 끝난 뒤 두 냉전 세계의 중심축였다. 그러나 당시까지만 해도 미국을 비롯한 서방 국가들은 구소련을 미국에 대항할 만한 위협적인 존재로 느끼고 있지는 않았다. 당시 미국은 장거리 미사일과 같은 무기체계와 과학기술 전반에 걸쳐 당연히 자신들이 앞서 있다고 생각하고 있었다. 그런 와중에 1957년 10월 4일 구소련은 스푸트니크 1호 발사에 성공했다. 이전까지 구소련은"수소폭탄을 실은 대륙간탄도미사일을 보유하고 있다"고 주장했으나 미국을 비롯한 서방 진영은 단순한 체제선전용 허풍으로 치부했다. 이런 상황에서 구소련이 인공위성의 발사에 성공하자 미국을 비롯한 서방 국가들은 엄청난 충격을 받았다. 구소련이 세계 최초로 인공위성을 쏘아 올렸다는 사실 뿐만 아니라 대륙을 넘어설 수 있는 로켓 기술을 먼저 보유하면서 핵탄두를 장착한 미사일의 선제공격을 가할 수 있다는 사실이 공포와 위기감을 준 것이다.

기술적 기습에 의해 한반도 군사력 균형이 전도되고 있다. 북한이 군사기술혁명 경쟁에서 한국을 앞서고 있는 것이다. 북한은 핵 · 미사일 능력과 사이버전 능력에 기반을 둔 비대칭적 군사력 우위를 확보함으로써 한반도의 전략적 균형을 자신에게 유리하도록 바꿔가고 있다. 김정은 정권은 핵 · 미사일 등 이른바 '주체무기'의 조기 개발을 국정 제1의 과업으로 설정하고 개발을 진두지휘했으며 시험 현장에서 직접 참관했다. 또 우수 과학자를 국가 차원에서 조기에 발굴 · 선발 · 육성하고, 경제적 어려움에도 불구하고 과학기술자들의 위상과 복지를 파격적으로 높여 줬다. 핵 · 미사일의 성공적 개발에 기여한 과학자들을 '영웅 중의 영웅'으로 대우하고, 그들에게 려명거리, 미래과학자거리, 김책공대아파트, 연풍과학자휴양소, 위성과학자거리, 과학기술자 전당 등을 마련해 줬다.

북한정권은 극심한 경제난에도 불구하고 핵무기를 지렛대로 이용한 전략적 지위를 강화하고 그 실현 수단으로 대륙간탄도미사일(화성-14/15)을 시험 발사했다. 최근에는 한국을 직접 타격할 수 있는 신형 전술미사일(KN-23; 북한판 이스칸데르 미사일)과 신형 대구경 조종 방사포 및 신형 잠수함발사탄도미사일(북극성-2)을 시험 발사했다. 북한정권은 핵 · 미사일 능력을 카드로 한국을 위협하면서 세계 최강의 미국과 전략적 협상을 벌이고 있다.

그렇다면 한국은 어떻게 할 것인가? 냉전 시대 미국과 구소련의 첨단 기술 중심 군비경쟁은 과거의 역사로 지나갔을 뿐인가? 북한의 핵 · 미사일 개발은 한국의 문제가 아니고 국제적 문제일 뿐인가? 미국과 중국 간의 기술 패권 경쟁은 한국과는 아무런 관계가 없는 남의 일일 뿐인가? 최근 선진국들이 추구하고 있는 신 군사기술혁명은 한국이 추구할 수 없는 불가능한 영역일 뿐인가? 그 답은 한국이 교훈으로 배워야 할 역사적 사례이고, 한국의 대외관계에 심대한 영향을 미치는 지정학적 국제정치 현상이며, 한국의 생존을 직접적으로 위협하는 중차대한 안보 문제이고, 미래전에 대비해 반드시 성취해야 하는 군사력 발전 패러다임이다. 이제 한국은 신 패권 경쟁 시대의 국제정치 변화와 4차 산업혁명 시대의 전쟁 양상 변화에 대비해 초연결 · 초지능 기술 기반 군사혁신을 반드시 개척해야 한다.

한국은 미국의 스푸트니크 충격 이상으로 북한에 의한 핵 · 미사일 충격을 받았다. 북한은 그동안 한국과의 군사력 경쟁 판을 뒤엎을 수 있는 군사기술혁명 방책을 은밀하고 집요하게 추진했으며, 그 결과 오늘날의 핵 · 미사일 전력을 일궈냈다. 이에 반해 한국은 국가안보를 책임지는 정부기관 어디에서도 미국의 전략방위구상 같은 특별 과학기술 프로젝트와 군사적 방책을 내놓지 않은 것으로 보인다. 한국은 이제부터라도 미래를 대비해 선진형 기술 중심 강군 건설 전략을 모색하고 그 핵심 방책으로서 군사기술혁명을 추구해야 한다.

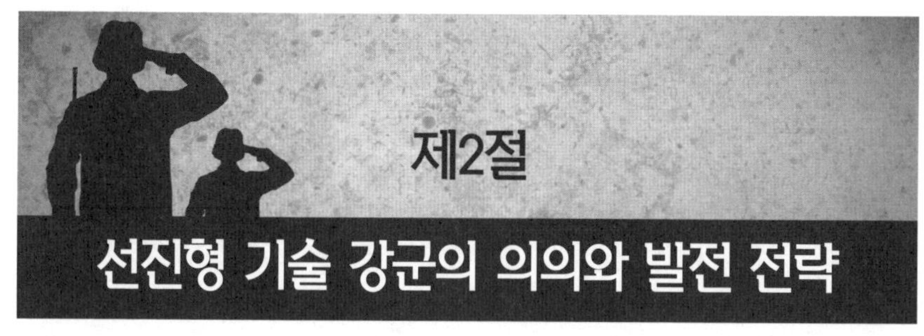

제2절 선진형 기술 강군의 의의와 발전 전략

1. 선진형 기술 강군의 의의

한국이 발전시켜야 할 선진형 기술 강군은 세 가지의 의미를 함축하는 것으로 정리해 볼 수 있다.

첫째는 미래 비전 측면에서 선진국의 군사태세를 벤치마킹하는 것이다. 선진국들은 대체로 자주적 방위태세를 유지하는 가운데 병력과 부대의 전투 기량(전술 및 전기)이 탁월하고 장병의 사기 · 복지 수준이 높으며 무기체계의 질적 기반이 튼튼하다.

둘째는 질적 기반 측면에서 기술적 자립을 추구하는 것이다. 국방에 필수적인 무기체계는 스스로 개발해 확보할 수 있는 첨단 과학기술 기반을 확충해야 한다. 핵심 기술을 개발할 역량이 없어서 외국에 의존하면 국방의 진정한 자립은 기대하기 어렵다.

셋째는 전력 체계 및 능력 측면에서 어떤 위협에도 능히 대응할 수 있는 매서운 전력을 발전시키는 것이다. 질적으로 우수한 무기체계, 적정 규모의 정예 병력, 잘 편성된 부대가 삼위일체 개념에서 유기적으로 균형 · 조화를 이루는 전력구조를 발전시켜야 한다.

군사력은 광의적 관점에서 정의하면 병력과 화력 등 물리적 투사 능력, 첩보 등 정보 능력, 군수 · 방산 지원 등 경제력, 동맹 ·

우방 지원 등 외교력을 종합한 총체적 전쟁 수행 능력을 말한다. 이 중에서 전투력의 직접적 · 핵심적 요소는 병력과 물리적 투사 능력의 원천인 무기 · 장비이다. 대량 살상과 대량 파괴를 추구한 산업 시대의 전쟁에서는 대규모의 병력과 무기 · 장비가 동원됐다. 두 차례의 세계대전은 그런 군사력의 전형적 모습을 보여줬다.

그러나 제2차 세계대전 이후 강대국 간 전면전 가능성의 감소, 국민 일반의 경제 · 복지와 같은 평화 배당금 요구 증대, 과학기술의 급속한 발달에 따른 첨단 무기 · 장비의 출현 등으로 인해 병력보다 무기체계를 중시하는 군사력 발전이 추구됐다. 고도 첨단 무기체계를 증강하는 대신 병력은 적정 규모로 줄이는 병력-무기체계의 대체관계가 성립됐다. 대체로 후진국들은 경제력과 기술력의 열악성으로 인해 첨단 무기체계의 도입이 어려워 병력 중심의 노동 집약형 군사력 구조를 유지하는 경향이 강하다. 이에 반해 선진국들은 적정 정예 병력을 유지하면서 첨단 무기 중심의 기술집약형 군사력 구조를 발전시키고 있다.

역사적으로 보면 과거에는 병력의 규모가 군사력의 강 · 약을 결정했다. 육체 · 백병전 시대에는 병력이 곧 군사력이라는 등식이 성립됐다. 산업화 시대에는 기계 · 화학전의 발전으로 병력보다는 무기체계가 더 중요해졌다. 병력 집약형 군사력이 자산 집약형 군사력으로 전환되기 시작했음에도 불구하고 대량 파괴와 대량 살상의 전쟁 양상으로 인해 대규모의 재래식 무기체계를 유지해야 했다.

그러나 정보 · 지식 시대를 거쳐 초연결 지능화 시대가 개막됨과 더불어 정밀 타격과 중심 마비를 통해 소량 살상 · 파괴를 추구하는 전쟁 양상이 발전하고, 전력구조가 정보 · 지능 집약형으로 변환됨에 따라 병력의 규모보다 무기 · 기술의 질이 전승의 결정적 요소가 되고 있다. 더욱이 선진국 대부분은 인구 절벽의 심화와 인력 운영비의 급속한 증가로 대규모 병력의 유지가 어려워지고 있는 가운데 소수 정예화된 고지식 · 고능력 · 고기능 · 고기술의 병력으로 첨단 무기 · 기술 중심 전력을 운용하는 군사력 발전을 모색하고 있다.

한국의 경우는 어떤가? 한국은 6 · 25 전쟁 이후 휴전선을 사이에 두고 북한의 대규모 병력 위주 군사력에 대응하기 위해 불가피하게 지상군 중심의 병력 위주 군사력 구조를 유지할 수밖에 없었다. 경제력과 기술력의 열악성으로 인해 첨단 무기의 확보가 제한될 수밖에 없었던 여건에서 선택할 수 있는 유일한 방안은 병력의 증강뿐이었다. 이제는 인구 재앙으로까지 불리는 인구 절벽으로 인해 병력의 감축이 불가피한 국면을 맞고 있다.

현역병 입대 자원은 2037년까지 두 번의 급격한 감소로 인해 병역 인구의 절벽이 발생할 것으로 전망된다. 2010년 28.8만 명에서 2022년 22.0만 명으로 6.8만 명 줄어들고, 2035년 18.8만 명에서 2038년 15.2만 명으로 3.6만 명 줄어든 이후 이러한 감소 추세는 지속될 것으로 전망된다. 현역병 소요는 2022년 이후 21.3만 명이나 병역자원은 부족 현상이 심화될 것으로 분석된다. 2023~2030년 기간 동안 연평균 1.0만 명이 부족하고, 2031~2038년 기간 동안 연평균 2.9만 명이 부족할 것으로 예상된다. 현역병 소요 대비 과부족은 2023년부터 2037년까지 15년 동안 누적인원 30+α만 명(최대 37만 명)이 부족할 것으로 예상된

다. 연평균 2.0만 명 수준이 부족한 셈이다.[8]

이러한 상황에서 한국이 선택할 수 있는 길은 병력의 양적 제한을 기술의 질적 증강으로 상쇄하는 것이다. 새로운 과학기술의 발달과 함께 발생하는 세계적 군사기술혁명(MTR: Military Technical Revolution) 추세를 적극적으로 활용해 '한국형 군사기술혁명'을 성취할 필요가 있다.[9] 북한은 여전히 병력 중심의 대규모 재래식 군사력을 유지하고 있는 가운데 핵 · 미사일을 포함한 전략무기 전력을 대폭 증강하고 있으나, 한국은 병력의 감축이 불가피하기 때문에 첨단 무기체계의 증강이 더욱 절실하다. 북한에 의한 전면전 위협에 대응할 수 있는 확고한 군사태세를 유지하는 가운데 전략무기 위협에 대응할 수 있는 압도적 억제전력과 첨단 타격 전력을 발전시켜야 한다. 아울러 절대 우위의 군사력을 보유하고 있는 주변 강대국들 사이에서 생존을 지킬 수 있는 독침형 거부적 억제력을 확보해야 한다.

인류의 역사를 되돌아보면 군사와 문명은 불가분의 관계에 있었음을 알 수 있다. 전쟁의 방법과 수단은 사람이 일하고 부를 만들어내는 방식을 반영했다. 한국은 이제 세계 10위권의 국력 수준에 걸맞은 선진형 군사력을 발전시켜야 한다. 선진국의 군은

---

8 박무춘, "선진형 기술 강군 전략과 군사기술혁명 방향", 한국전략문제연구소 주관 정책토론회 토론 자료, 2019년 11월 26일.

9 주요 군사 선진국들의 첨단 무기체계 개발 동향을 분석해 보면 그 핵심에 정보·감시·정찰 혁명, 원거리·초정밀·초고속 미사일 혁명, 정찰-타격 복합체 혁명, 미사일 방어 혁명, 우주무기 혁명, 사이버전 혁명, 비운동 에너지 무기 혁명, 무인 자율 무기체계 혁명 등의 군사기술혁명이 자리 잡고 있다. 자세한 내용은 권태영·정춘일·홍기호, 『신개념 무기체계 개념 발전을 고려한 부대구조 설계 연구』, 한국전략문제연구소, 2018 ADD 용역연구 결과보고서, 2018년 5월, pp. 47-52 참고.

양적 규모를 지양하고 질적 수준을 중시한다. 한국도 과학기술의 발전에 따른 첨단 기술 중심의 전쟁 양상 발전, 인구 절벽의 심화에 따른 가용 병역자원의 제한, 장병 사기 · 복지비 증대에 따른 병력 유지 비용의 지속적 증가 등의 시대적 격변으로 인해 병력 구조의 합리적 조정이 요구된다. 기술 기반의 강군 건설은 세계적 대세이므로 선택적 과업이 아니라 필수적 과업인 것이다. 과학기술은 부국강병 패러다임의 핵심적 요소로서 무기체계 패러다임, 작전 운영 패러다임, 군사력 유지 · 운영 패러다임 등을 근본적으로 변화시키는 주축이 된다.

2. 한국의 선택과 전략

부국강병(富國強兵)은 세계 대부분의 주권국가가 추구하는 지고의 목표이자 가치이다. 부국은 국민 생활의 물질적 기반(경제 · 복지)을 풍요롭게 하는 것이다. 강병은 국가의 존립과 국민의 안전을 지키는 무력 기반(국방 · 치안)을 튼튼하게 하는 것이다. 국가를 스스로 지킬 수 있는 힘이 없거나 국민이 제대로 먹고살지 못하면 국가로서의 모습과 정체성이 소멸할 수밖에 없다. 부국과 강병 중 어느 하나라도 소홀히 하면 국가는 끝없는 싸움과 치열한 경쟁이 벌어지는 무정부적 국제사회에서 생존할 수 없다. 경제력이 부족하거나 피폐하면 국가 주체인 국민의 사기와 전의가 상실되고 국가의 생존을 지킬 군사력을 만들어낼 수 없다. 군사력이 없으면 국가의 생존을 지킬 수 없어 경제력을 만들 수 있는 기반이 붕괴하고 경제력 자체가 의미를 상실한다. 이러한 점에서 부국강병은 불변의 진리이다.

한국군이 앞으로 나아가야 할 길은 기술 입국의 선진권 경제력에 걸맞은 기술 강군의 군사력을 발전시키는 것이다. 특히, 한국의 특수한 전략 환경과 제한된 경제 · 사회적 여건이 기술 중심의 군사력 발전을 요구한다. 북한의 핵 · 미사일을 앞세운 군사위협에 대처하고 주변국들의 세계 최첨단 전략적 군사력에 대비하기 위해서는 첨단 무기체계 중심의 군사태세를 발전시켜야 한다. 문명의 전환에 따른 전쟁 양상의 변화는 과학기술 중심의 전쟁 패러다임을 요구한다. 특히, 대량 살상과 대량 파괴 전쟁의 종말은 정밀타격 무기체계의 발전을 요구한다. 가용 국방 재원의 제한은 선택과 집중의 군사력 발전을 요구한다. 인구 절벽의 심화는 병력 절감형 군사력 발전을 요구한다.

이러한 맥락에서 병력집약형 양적 군사력을 기술집약형 질적 군사력으로 전환하는 것은 선택이 아닌 필수이다. 그렇다면 그렇게 하는 것이 가능한가? 그런 사례를 찾아볼 수 있는가? 어떤 국가들을 모델로 참고할 수 있을까? 첨단 기술 기반의 강군을 발전시켜야 하는 한국에게 유럽의 전통적인 강대국이자 세계적 수준의 선진국 대열에 있는 프랑스와 독일 및 영국은 매우 유익한 사례들을 시사하고 있다. 이 국가들은 공통적으로 병력의 규모는 적지만 무기체계의 질적 성능은 높은 군사력을 유지하는 점에서 참고할 점이 많다. 이 국가들은 현재로서는 인구의 규모, 국토의 크기, 경제력 수준, 국방비 규모 측면에서 한국을 다소 넘어선다. 그러나 앞으로 한반도가 평화적 통일을 이루면 한국도 최소한 그 국가들과 대등한 수준에 도달할 수 있을 것으로 전망된다.

한국과 유럽 선진국들의 가장 큰 차이점은 병력의 규모와 무기체계의 수준이다. 지정학적 위치와 전략 환경이 근본적으로 다르다는 점에서 단순 비교는 어려우나 군사력의 구조와 성격이 너무 크게 차이가 난다는 사실을 발견할 수 있다. 병력의 규모는 한국이 프랑스의 3배, 독일의 3.5배, 영국의 4.2배이다. 무기체계의 구성과 질적 성능은 유럽 국가들이 한국을 크게 앞선 것으로 분석된다. 프랑스와 영국은 핵무기 등 전략무기를 보유하고 있으며, 통신위성과 정보 · 감시 · 정찰 위성 등 우주전력을 운용하고 있다. 독일은 전략무기는 없어도 통신위성 등 우주전력을 보유하고 있다. 이 국가들은 일찍이 산업혁명을 선도했고 오늘날에도 세계적 선진 기술 강국이며, 이러한 경제 · 기술력에 바탕을 둔 군사력으로 미국과 함께 NATO 동맹을 주도하고 있다.

한국은 그동안 북한이 휴전선 가까이에 전진 배치한 대규모 지상군 전력에 대응하는 것이 다급했기 때문에 전략무기보다 전차와 장갑차 및 야포 등 지상군 중심의 양적 재래식 전력을 유지할 수밖에 없었다. 선택의 여지가 없었던 것이다. 이제 상황은 바뀌고 있다. 한국은 두 가지의 안보 · 군사적 과업을 수행해야 한다. 당면한 과업은 북한 군사위협에 확고하게 대처하는 것이다. 이와 동시에 절대 우위의 국력과 군사력을 보유한 세계 최대 강대국들이 국가이익을 놓고 치열하게 경합 · 충돌하고 있는 지정학적 환경 속에서 국가의 생존과 번영을 보장해야 한다. 그렇다면 무엇을 어떻게 할 것인가? 답은 있으나 실현의 길은 멀고도 험한 것이 현실이다. 전략 환경의 변화, 전쟁 양상의 전환, 가용 병역자원의 감소, 국가 경제 · 사회의 발전 추세 등을 종합적으로 고려할 때 작지만 강한 기술 기반 선진형 국방력을 발전시켜야 한다.

[표 4-1] 주요 서방 선진국과 한국의 군사력 현황 비교

구분		프랑스	독일	영국	한국
인구(명)		약 6,736만 4천	약 8,045만 8천	약 6,511만	약 5,142만
국토(㎢)		543,965	357,104	242,495	100,364
GDP(달러)		2조 7900억	4조 300억	2조 8100억	1조 6600억
국방비(달러)		534억	457억	561억	392억
상비병력(명)		203,900	179,400	148,350	625,000
주요 무기체	전략 무기	핵무기 보유, 전략 핵잠수함 4척, 지상공격기 20대	없음	핵무기 보유, 전략 핵잠수함 4척, SLBM 48문	없음
	우주 전력	통신위성 3기, 정찰위성 4기	통신위성 2기, 정찰위성 5기	통신위성 8기	없음
	육군	주력 전차 200대, 보병전투장갑차 627대, 병력수송 장갑차 2,338대, 야포 273문, 헬기 185대 등	주력 전차 236대, 보병전투장갑차 578대, 병력수송 장갑차 1,246대, 야포 223문, 헬기 263대 등	주력 전차 227대, 보병전투장갑차 623대, 병력수송장갑차 1,291대, 야포 598문 등	주력 전차 2,514대, 보병전투장갑차 540대, 병력수송 장갑차 2,790대, 야포 11,067+문, 헬기 595대 등
	해군	전략 핵잠수함 4척, 전술 핵잠수함 6척, 핵 추진 항공 모함 1척 외 주력 수상 전투함 24척, 대잠초계기 15대, 공중조기경보통제기 3대, 헬기 83대 등	재래식 전술 공격 잠수함 6척, 주력 수상 전투함 14척, 대잠초계기 8대, 대잠헬기 22대 등	전략 핵잠수함 4척, 전술 핵잠수함 6척, 항공모함 1척 외 주력 수상 전투함 20척, 대잠헬기 58대 등	재래식 전술 잠수함 22척, 주력 수상 전투함 26척, 주력 상륙함 5척, 군수지원함 7척, 대잠초계기 16척, 헬기 49대, 해병 주력 전차 100대 등
	공군	전투기 41대, 지상공격기 167대, 급유/수송기 12대, 공중급유기 3대, 정찰기 17대, 전자전기 2대, 조기경보통제기 4대 등	전투기 129대, 지상공격기 68대, 지상공격기 20대, 급유/공중급유기 4대 등	지상공격기 154대, 정찰기 9대, 전자전기 3대, 조기경보통제기 6대, 공중급유/수송기 14대, 공격헬기 66대 등	전투기 174대, 지상공격기 336대, 조기경보통제기 4대, 정찰기 24대, 전자전기 6대, 헬기 49대 등

(출처) IISS, *The Military Balance 2019*.

3. 이스라엘형 자조 국방력 발전

한국은 1960년대 말부터 1970년대 초에 이르는 기간에 북한의 빈번한 군사 도발, 베트남전 패배와 월남의 패망, 미국의 닉슨 독트린 발표와 주한미군 7사단 철수 등 일련의 충격적인 안보 상황 변화를 겪으면서 1974년 율곡사업으로 불린 전력 증강 계획을 추진하기 시작했다. 북한과의 전력 격차를 해소하는 것이 주된 목적이었다. 지난 40여 년 동안 국방비의 1/4~1/3 수준을 투자해 육군의 초전 대응 능력, 해군의 전투함과 유도무기, 공군의 항공기와 방공무기 등을 증강해 왔으며, 오늘날에는 미국과 중국 및 러시아를 제외하면 세계 선진권 수준의 군사력을 유지하고 있다. 이제 한국은 전략적 환경과 경제 · 사회적 여건의 변화와 함께 새로운 패러다임의 군사력 발전을 요구받고 있다. 북한의 전략적 군사 위협의 증강, 주변의 절대 우위 군사력 포진, 첨단 과학기술 중심의 미래 전쟁 양상 발전 등에 비춰볼 때 양적 규모에 치중한 군사력 존재 양식과 발전 방책은 근본적 전환이 불가피하다. 아무도 해결할 수 없는 인구 절벽 문제는 병력의 충원 자체를 불가능하게 한다.

이러한 현상은 비단 한국에게만 해당하는 일은 아니다. 세계 주요 선진국들은 탈냉전 국제질서 형성과 안보 패러다임 전환, 경제 침체와 금융위기 등 일대 변혁의 시대를 맞으면서 국방 혁신의 이름으로 군의 구조와 성격을 전면적으로 바꿔왔다. 그 기조는 간단하다. 첫째, 병력을 감축하고 조직을 슬림화하는 것이다. 둘째, 군의 구조와 편성을 수평적 협업을 보장하고 민첩성을 강화하기 위해 칸막이를 걷어내고 수직적 계층을 줄이는 것이다. 셋째, 미

[표 4-2] 이스라엘과 주요 아랍·이슬람 국가의 국력/군사력 비교

구분	이스라엘	이집트	이란	사우디아라비아
국토(㎢)	21,643	996,603	1,628,771	2,149,690
인구(명)	842만 5천	약 9,941만	약 8,302만	약 3,309만
GDP(달러)	3,660억	2,490억	4,300억	7,700억
상비병력(명)	169,500	438,500	523,000	227,000
국방비(달러)	185	29억	196억	829억
주요 무기 (대, 문, 척)	핵탄두 중거리 미사일 발사대 24, 주력 전차 490, 병력수송장갑차 1,300, 야포 530, 전술 잠수함 5, 연안 전투함 45, 상륙함 2, 전투 항공기 352 등	주력 전차 2,480, 보병전투장갑차 405+, 병력수송장갑차 1,560, 야포 4,468, 전술 잠수함 6, 주력 수상 전투함 9,상륙함 20, 전투 항공기 578 등	주력 전차 1,513+, 보병전투장갑차 610+, 병력수송장갑차 640+, 야포 6,798+, 전술 잠수함 21, 연안 전투함 67, 상륙함 23, 전투 항공기 336 등	주력 전차 900, 보병전투장갑차 760, 병력수송장갑차1,340, 야포 761, 주력 수상 전투함 7, 연안 전투함 32, 상륙함 10, 전투 항공기 407 등

(출처) *The Military Balance 2019.*

래전에서 최소 손실의 최대 승리를 성취하기 위해 새롭게 부상하는 첨단 과학기술을 활용한 군사기술혁명을 추구하는 것이다. 선진국들이 추구하는 이러한 국방 변혁 모델은 한국에게도 필수적 과업이다. 선진국들의 군사력 발전 패러다임을 면밀하게 분석·참고하면서 한국의 상황과 여건에 적합한 군사혁신을 이뤄야 할 것이다.

한국으로서는 작지만 강한 군사력과 필승의 전투력을 보유한 이스라엘을 본받을 필요가 있다. 미국과 중국 및 러시아는 세계적 군사 대국이다. 한국은 이러한 세계적 초강대국들의 군사기술 발전 추세에서 시사점과 이이디어를 배울 수는 있으나 군사력 발

전을 따라갈 수는 없을 것이다. 이스라엘은 자신보다 규모가 훨씬 더 큰 주변 아랍 · 이슬람 국가들로부터 항상 위협을 받고 있다는 점에서 한국과 유사한 지정학적 환경에 처해 있다. [표 4-2]에서 보듯이, 이스라엘은 군사력이 주변 아랍 국가들보다 턱없이 작지만 전면전을 포함해 크고 작은 군사적 충돌에서 연전연승했다. 이스라엘의 군사력은 외형적 규모와 재래식 무기 · 장비 측면에서 아랍 · 이슬람 국가들보다 매우 열세하나 질적 성능 측면에서는 훨씬 탁월한 것으로 분석된다. 이러한 맥락에서 한국은 이스라엘의 군사전략 개념과 군사력 증강 방식을 면밀하게 분석하고 교훈과 시사점을 활용할 필요가 있다.

한국은 이스라엘군이 가지고 있는 다음과 같은 특장점을 참고해 한국형 자조 기술 강군을 발전시켜야 할 것이다.

첫째, 국방전략으로서 어떤 국가도 자신의 안보를 보장해 주지 않는다는 역사적 교훈과 냉엄한 국제정치 현실에 바탕을 둔 자주적 국방 노선을 견지한다. 미국으로부터 정치 · 외교뿐 아니라 군사적으로도 전폭적 지지와 지원을 받고 있으나 공식적 동맹 관계는 없는 특수한 지위를 유지하고 있다.

둘째, 군사전략 및 전쟁 기획으로서 영토가 협소해 전장을 적에게 내줄 수 없는 지정학적 특성을 고려해 방어보다는 선제공격 개념을 추구한다. 적으로부터 공격을 당하면 혹독한 응징보복을 감행하고, 전쟁 징후를 발견하면 선제공격 차원에서 조속히 전장을 적의 영토로 옮기며, 전쟁 발발 초기 단계부터 속전속결을 추구해 자국의 피해를 최소화한다.

셋째, 전력 발전으로서 적의 전력을 압도할 수 있는 기술 기반

질적 전력 우위의 확보를 추구한다. 적은 예산으로 최대의 안전을 확보하기 위해 자신의 전략 환경과 전장 특성에 적합한 필수 무기체계를 선택과 집중 개념으로 개발하고, 무기의 상당 부분은 자체 개발 · 제조한다.

넷째, 전력체계의 복합 운용 방안을 발전시켰다. 이스라엘군은 1973년의 10월 전쟁에서 이집트 · 시리아 주축 아랍연합군의 대공무기에 의해 많은 전술 항공기가 격추된 경험을 교훈 삼아 정찰-통제-타격 복합 개념의 항공력 운용 방안을 창출했다. 조기경보통제기, 무인정찰기, 첨단 전투기를 결합해 복합적으로 운용한 것이다.[10]

다섯째, 정보력 및 특수 전력의 운용으로서 적의 공격 징후를 사전에 확실하게 파악하기 위해 독자적 정보 수집 자산을 보유하고 있고, 미국의 국가안보국(NSA: National Security Agency)과 영국의 정보통신본부(GCHQ: Government Communications Headquarters)에 상응한 8200 첩보 부대를 운영하고 있다.

이스라엘은 한국에 비해 국토 1/4.6, 인구 1/6, GDP 1/4.5, 상비병력 1/3.7, 국방비 1/2.1에 불과하나, 군사과학기술과 무기체계의 질적 수준은 세계 최선진국 수준인 것으로 평가된다. 이스라엘은 다량의 핵무기를 보유하고 있다. 영국 제인스 그룹의 판단에 따르면, 영국과 비슷한 수준인 300개의 핵탄두를 보유하고 있으며, 대부분은 조립하지 않은 채 며칠 만에 조립할

---

10 권태영·심경욱, 『작지만 강한 '전투형' 이스라엘군』, 한국전략문제연구소, 2011년 6월, p. 16.

수 있는 상태로 보관하고 있다. 국제전략문제연구소(IISS)는 탄도미사일에 탑재할 수 있는 핵탄두 수를 200개로 추산한다. 핵탄두를 탑재할 수 있는 중·장거리 미사일도 확보하고 있다. 예리코-3(Jericho-3)으로 명명된 대륙간탄도미사일은 사거리 11,500㎞, 탄두 중량 1,000~1300㎏이다. 1개의 750㎏ 핵탄두 또는 2~3개의 MIRV 핵탄두를 탑재한다. 예리코 2호라는 중거리탄도미사일(MRBM)은 사거리 1,300~5,000㎞이며 1,000㎏의 핵탄두를 장착할 수 있다. 300개의 핵탄두 대부분이 며칠 만에 조립할 수 있는 상태로 보관 중이라는 주장에 따르면 미사일도 그만큼의 수량이 제작돼 발사대에 장착돼 있을 것으로 분석된다. 또 핵탄두 탑재 순항미사일을 발사할 수 있는 잠수함도 3척 보유하고 있다. 이 순항미사일은 2002년 시험발사에서 1500㎞의 사거리를 비행했으며, 200㎏의 핵탄두를 탑재할 수 있는 것으로 알려져 있다.

이스라엘은 주변의 미사일 위협에 대응할 수 있는 세계 최첨단 전략 방위 전력을 보유하고 있다. 이스라엘산 THAAD 미사일이라고 할 수 있는 애로우(Arrow) 탄도탄 요격 미사일을 확보한 것이다. 이 미사일은 1991년 걸프전 기간 패트리엇 미사일이 이라크가 발사한 스커드미사일을 요격하는 데 실패한 후에 미국의 재정적 지원을 받아 자체적으로 설계·개발했으며, 성층권에서 목표물을 요격할 수 있는 유일한 것으로서 2000년 3월 처음 실전 배치됐다. 이보다 성능이 개량된 애로우-2 미사일도 개발된 것으로 알려져 있다. 2008년부터는 이스라엘 국방부와 방위산업체(IAI)가 미국 미사일방어국과 협력해 애로우-3 미사일을 개발하기 시작했으며, 2019년 7월 알래스카에서 실제 미사일을 요격하는 시험에 성공한 것으로 파악된다. 이 미사일은 대기권 밖 높은 고도에서 적의 탄도미사일을 파괴하도록 설계됐다.

이스라엘은 국가안보에 필수적인 정찰용 인공위성과 레이더 분야에서 세계적 기술력을 인정받고 있다. 소형 인공위성을 우주로 쏘아 올리는 샤비트(Shavit) 발사체는 중거리탄도미사일(IRBM)을 개조해 만든 것이다. 이는 1988년 처음 개발 당시 탑재 중량이 100㎏ 정도였으므로 이후 7년 동안 개발한 인공위성 대부분이 100㎏에 맞춰졌다. 그 후 1995년 탑재 중량이 200㎏인 샤비트-1 발사체가 개발됐고, 2007년에는 300㎏의 인공위성을 우주 궤도에 올려놓을 수 있는 샤비트-2 발사체가 개발됐다. 그동안 샤비트 발사체의 탑재 중량에 맞춰 최대한 가볍고 성능이 뛰어난 인공위성을 쏘아 올리는 노력이 반복됐고, 그런 과정에서 인공위성의 중량을 줄이면서도 모든 첨단 기술을 집약해 성능을 높이는 소형화 기술이 극한까지 발전된 것으로 평가되고 있다. 샤비트 발사체에 의해 1988년부터 2016년까지 11차례에 걸쳐 군사용 소형 정찰위성 오페크(Ofeq)가 우주 궤도에 쏘아 올려졌다. 이 위성은 기상 조건과 주야 관계없이 영상을 획득할 수 있는 레이더(SAR: Synthetic Aperture Radar) 체계와 낮 시간대에 영상을 획득할 수 있는 광학(EO) 체계를 갖추고 있다. 아모스(Amos) 통신위성 3개와 정보 · 감시 · 정찰위성 6개가 운용되고 있다.

이스라엘은 자신의 독특한 전략 환경과 전장 여건에 적합한 신개념 무기체계를 스스로 개발해 운용하고 있다. 가장 대표적인 사례는 2007년부터 실전 운용하고 있는 아이언 돔(Iron Dome)이라는 포병 로켓 방어체계로서 주로 로켓과 단거리 미사일을 요격하기 위해 개발됐다. 2018년 11월 12~13일 동안 가자지구에서 팔레스타인 이슬람 지하드 조직인 하마스(Hamas)가 이스라엘 아시케론 지역으로 발사한 약 460 발의 단거리 로켓 중 민간인 지역을 향한 약 100여 발의 로켓 대부분을 아이언 돔으로 요격함에 따라 그 성능이 인정됐다. 전차와 장갑차에 날아오는 적의 대전차 미사일을 조기에 탐지 · 추적해 무력화하는 트로피(Trophy)라는 대전차 방어 시스템도 운용되고 있다. 이는 미사일의 속도와 발사 거리를 고려할 때 1~2초 안에 모든 대응 과정을 마무리해야 한다는 점에 그 특장점이 있다. 또 적의 단거리 로켓 공격을 조기에 탐지하고 발사 원점을 순식간에 파악해 조기 대응능력을 제공하는 이동형 레이더(Mobile Radar)가 부대 단위별로 운용되고 있다.

이스라엘은 무인 무기체계의 원조로서 오늘날 세계 최고 수준의 기술력을 확보한 것으로 평가되고 있다. 주변 아랍 · 이슬람 국가들과의 숱한 전쟁 속에서 원거리 관측의 중요성이 인식됐고, 마침내 1982년 레바논 전쟁 때 스카우트 무인 항공기가 최초로 투입됐으며, 현재 다양한 유형 · 종류 · 용도의 첨단 무인 항공기가 실전 운용되고 있다. 바다에서는 일종의 무인 수상정(USV: Unmanned Surface Vehicle)이라 할 수 있는 프로텍터(Protector)라는 무인 고속정이 운용되고 있다. 이는 연안 · 항만 · 도서 핵심시설 근해에서 감시 · 정찰 · 대테러 · 부대보호 등을 목적으로 개발됐으며, 기관총과 유탄 발사기 및 스파이크(Spike) 미사일 시스템이 탑재돼 있다. 다양한 전술적 용도의 무인 지상 차량(UGVs: Unmanned Ground Vehicles)도 운용되고 있다. 2016년 로배틀(RoBattle)이라는 전천후 무인 전투 차량이 개발됐는데, 작전지역 감시 · 정찰, 적 유인, 원격 화력 지원 등 다양한 목적으로 활용될 예정이다.

이스라엘이 자국만의 독특성과 특장점을 지닌 첨단 무기체계를 확보할 수 있었던 것은 절박한 생존 의식과 강한 자조 자강 의지가 담긴 방위산업과 연구개발이 뒷받침됐기 때문이다. 이스라엘은 1967년 6일 전쟁 후 당시까지 군수물자의 상당 부분을 공급해온 프랑스가 무기 금수 조치를 감행함에 따라 자주국방의 중요성을 절감했고, 이때부터 해외 기업과의 전략적 제휴를 통해 첨단 기술을 축적하기 시작했다. 방위산업체들은 소형 군사위성, 레이더, 센서, 미사일, 첨단 전자장비 등 작지만 첨단 기술을 기반으로 한 핵심적 무기체계들을 개발했다. 방위산업 선진국들이 소홀히 하는 틈새시장을 개척하는 선택과 집중 전략을 구사했고, 이런 분야에서 세계 선두를 점령했다. 항공기나 전차 같은 완제품보다는 통신장비, 소프트웨어, 레이더 같은 부품 개발에 집중했다. 기존 장비의 성능개량과 체계 통합 능력도 탁월하다. 스톡홀름국제평화연구소(SIPRI) 연례보고서에 의하면, 이스라엘 방위산업체들은 세계 방위산업체 순위 30~50위에 포진해 있다. 세계 방위산업 수출 8위이다. 연구개발도 강하다. 연간 연구개발 지출 규모가 국내총생산의 4.4%로 세계 최고 수준이다. 방위산업체는 매출액의 5%를 연구개발에 투자한다.

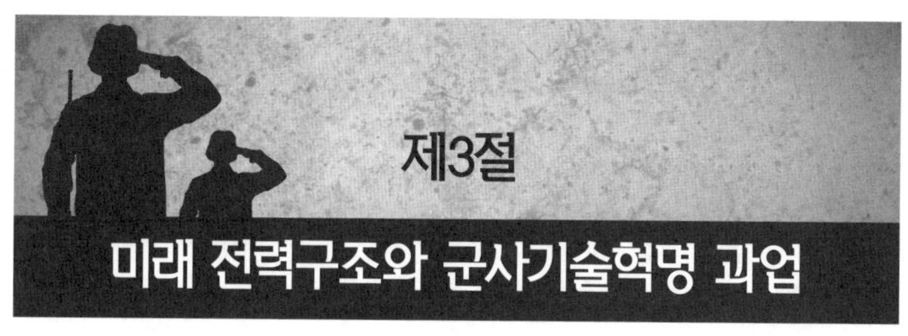

제3절 미래 전력구조와 군사기술혁명 과업

1. 선진형 기술 강군의 전력구조 구상

향후 20~30년을 지향한 미래의 전력구조 구상은 진화적·단계적 접근을 지양하고 혁명적·목표지향적 접근을 추구해야 할 것이다. 구상의 혁명이 필요하다. 현재로부터 미래로 향해 갈수록 국방의 상황과 여건은 예상을 뛰어넘는 복합적 문제들이 발생할 것이기 때문이다. 인구 절벽에 따른 가용 병역자원의 급격한 감소는 적정 병력 규모의 대폭적 하향화를 요구할 것이다. 새로운 첨단 과학기술의 급속한 발달과 혁명적 군사기술의 발전은 전쟁 패러다임의 전환과 함께 군사전략·전술의 판을 뒤엎는 신개념 무기체계의 개발을 가속화할 것이다.

한반도 주변국들의 군사기술혁명 추구와 첨단 전력구조(무기체계+군구조) 발전은 한국과의 군사력 격차를 더욱 벌려놓을 것이다. 민간 분야 재정 소요의 지속적인 확대는 국방 재원 분배의 축소 압박을 강화할 것이다. 이러한 상황에서 한국은 어떤 길을 선택할 것인가? 이스라엘과 같은 전쟁 패러다임과 군사전략 및 전력구조를 발전시킬 수는 없는 것인가?

이제 한국은 현실 안주적 사고와 도전 회피적 자세를 과감히 버리고 창의적 발상과 능동적 개척 자세로 목표 지향적 관점에서 소수 정예의 기술 강군을 발전시켜야 한다. 병력 중심의 방대하고 둔중한 재래식 전력구조는 유지 자체가 어려울 뿐만 아니라 시대적 요구에도 부응할 수 없다.

이제 긴 안목에서 새로운 전력구조를 목표 지향적으로 설계하고 지도층의 강고한 의지와 구성원의 인식 공유 하에 상황 적응적으로 지혜롭게 실현해 나가야 할 것이다. 전력구조는 무기체계와 병력구조 및 부대편성이 삼위일체로 발전돼야 하기 때문에 일순간에 새로운 모습으로 바뀔 수 있는 것이 아니다. [그림 4-1]에서 보듯이, 한반도의 전략 환경과 경제 · 기술 능력 등을 고려하면서 현재의 대규모 상비병력을 유지하는 양적 재래식 전력구조를 군사혁신 차원의 목표 지향적 접근 개념에서 소수 정예의 상비병력을 유지하는 기술 중심 질적 첨단 전력구조로 전환해 나

[그림 4-1] 전력구조의 미래 발전 구도

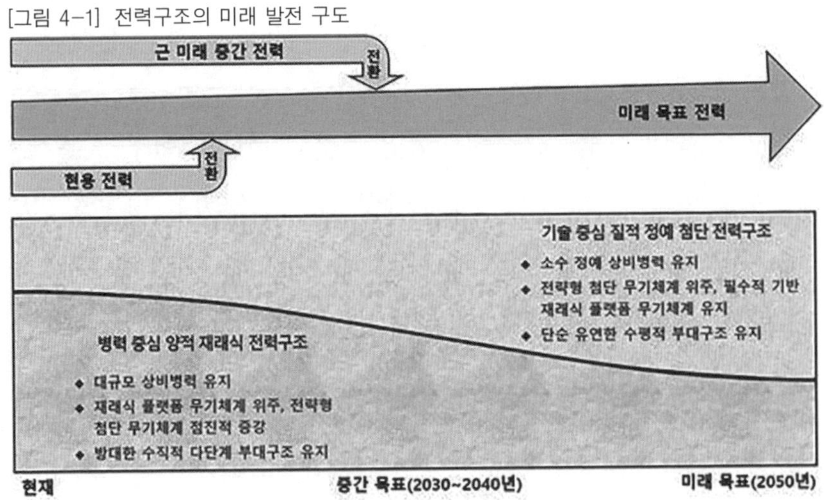

가야 한다.[11]

소수 정예의 기술 강군은 궁극적으로 통일한국의 거부적 적극 방위 전략을 실현할 수 있는 다재다능하고 치명적인 전력으로 무장한다. 그 중간 과정에서는 북한의 군사위협에 압도적으로 대처하고 한반도의 통일을 주도할 수 있는 능력을 갖춰야 한다. 한반도 통일 후에는 불특정 · 불확실성의 잠재 위협세력에 의한 무력도발을 예방 · 억제하고, 국지적 수준의 제한전에서 독자적으로 군사 목표를 성취할 수 있어야 한다. 주변국과의 대규모 군사 충돌이 발생할 경우에는 자조 방위력을 주축으로 동맹국과 연합해 생존권을 확보할 수 있어야 한다. 이러한 차원에서 앞으로 발전시킬 전력 수준은 서울 중심 일정 범위로 구획된 세 권역의 군사 목표와 역할을 담당할 수 있어야 한다. 첫째는 국가이익에 심대한 영향을 미치는 의사결정이 이뤄지는 권역으로서 상대방에게 방위의 관심과 의지를 표현하는 감시권이다. 둘째는 상대의 군사 개입 및 활동을 적극적으로 저지 · 격퇴해야 하는 권역으로서 방위의 목표와 의지를 관철하는 방위권이다. 셋째는 상대의 침략을 총력으로 거부해야 하는 권역으로서 국가의 주권 및 생존권을 수호하는 결전권이다.[12]

---

11 한국 국방부는 ① 전방위 안보위협에 주도적 대응이 가능한 군, ② 첨단 과학기술 기반의 정예화된 군, ③ 선진화된 국가에 걸맞게 운영되는 군의 발전을 국방개혁의 목표로 설정해 놓고 있다. 대한민국 국방부, 『2018 국방백서』, 2018년 12월, p. 38. 국방부의 이러한 목표는 중·단기적 차원에서 설정된 것으로 볼 수 있으며, 장기 궁극적 목표 지향성과 혁명적 변화 수용성은 미흡한 것으로 평가된다.

12 이 부분의 논리는 국방부, 『정보·지식 기반 국방력 창출을 위한 한국적 군사혁신의 비전과 방책』, 국방발전 제안서, 2003년 1월, pp. 78-94 내용을 활용해 정립했다.

감시권은 최고 안보 · 군사 의사결정을 담당하는 핵심 지휘 통수 기구와 전략무기를 운용하는 군 사령부 등 전략적 중심을 포함하고 있으며, 이 권역에서는 상대의 군사적 도발 징후를 조기에 포착해 적시에 경고하고 분쟁에 대비할 수 있는 시간적 여유를 최대한 보장할 수 있어야 한다. 정보 · 감시 · 정찰 활동의 강화를 통해 위협 국가의 군사 도발 움직임을 조기 경보하고 국제적 외교 및 정치 · 심리전을 수행한다. 적의 군사 도발 징후를 포착할 경우 군사적 예방 활동을 전개해 우리의 의지와 능력을 상대에게 인식시킨다. 특히, 비대칭 전력과 전략적 옵션 전력을 효과적으로 운용해 상대에게 군사 도발시 감수해야 할 정치 · 군사적 손실을 인지시킨다.

감시권의 군사전략 목표를 달성하기 위해서는 전략적 억제전력의 확보가 필수적이다. 주변국의 국력과 군사력이 절대 우위에 있기 때문에 한국의 의지를 관철시킬 수 있는 능력보다는 상대가 한국에게 강요하는 것을 예방 · 억제할 수 있는 능력을 발전시켜야 한다. 제1격(first strike)을 받은 후 제2격(second strike)으로 응징 보복하는 것이 아니라 상대의 핵심 심장부도 치명적으로 타격받을 수 있다는 심리적 압박을 가하고 상대 국가의 국제적 위상을 심대하게 손상시킬 수 있어야 한다. 상대방의 전략적 중심에서 행해지는 군사 활동을 전천후로 감시 · 정찰하고 조기 경보할 수 있는 수단(감시 · 정찰전력)을 확보해야 한다. 상대방의 주요 전략적 표적을 선별적으로 타격할 수 있는 장거리 초정밀 극초음속 미사일 전력을 보유해야 한다. 상대의 정보인프라와 군 지휘통제체계를 마비시킬 수 있는 사이버 · 전자전전력도 확보해야 한다. 그 이

외에도 전쟁의 판도를 일거에 뒤엎을 수 있는 신개념 첨단 지능화 전력체계를 개발해야 한다.

방위권은 국경지역과 배타적 경제수역(EEZ) 및 한국방공식별구역(KADIZ) 등을 포함하고 있으며, 이 권역에서는 국토의 전장화를 방지 내지 최소화할 수 있어야 한다. 상대 국가가 군사도발을 감행해올 경우 공세적으로 대응하되, 분쟁을 국지적으로 제한해 전면전으로 확대되는 것을 방지해야 한다. 사이버·전자전, 정밀 교전, 특수작전 등을 효과적으로 결합하고, 전투공간(battlespace)의 모든 전력체계를 영역 교차 승수효과(cross-domain synergy) 개념에서 통합해 전쟁을 수행한다. 분쟁 지역의 정보·사이버 및 항공 우세를 확보해 지상전과 해전의 유리한 환경을 조성하고, 비대칭적 능력(특수전, 정치·심리전, 사이버전 등 포함)을 배합해 유연하게 활용한다. 전략형 비대칭 전력과 원거리 초정밀 타격 전력의 사용 가능성을 상대에게 인지시키고 실전 태세를 준비함으로써 상대의 전쟁 확대 의지를 저지한다.

방위권의 군사전략 목표를 달성하기 위해서는 전략적 억제전력의 활용과 함께 신속대응전력을 확보해야 한다. 국지·제한전이 발생할 경우 상대는 원거리 투사 가능한 최첨단 전력을 최단시간 내에 투입할 것으로 예상된다. 한국은 상대방의 군사 행동 의지를 조기에 포기시키고 투입 전력의 접근과 기동을 차단하기 위해 신속하게 전장에 투입할 수 있는 첨단 기동 타격 전력을 발전시켜야 한다. 국제적 역학관계를 고려할 때, 국지·제한전에서는 제3국의 군사 개입이 어려워 동맹 전력의 활용을 기대할 수 없기 때문에 신속대응전력을 독자적으로 확보해야 한다. 핵심 전력으로서 감시 · 정찰 전력, 지휘통제 전력, 사이버 · 전자전 전력, 중거리 초정밀 미사일 전력, 지 · 해 · 공 고속 기동 타격 전력, 방공 · 미사일방호 전력 등을 발전시켜야 한다.

결전권은 한반도와 부속도서 및 영해 · 영공으로 구성되는 최후의 방어 지역이며, 이 권역에서는 국가 총력전으로 적에게 심대한 타격을 입혀 침략 기도를 포기하도록 강요해야 한다. 동맹국과의 연합작전을 통해 자체 방위력의 열세를 만회하고 유리한 전쟁 국면을 조성해야 한다. 전세가 불리할 경우에는 한반도 지리 · 지형적 특성(산악지형, 반도 · 해양 조건, 도시 시설물 등)의 방어 이점을 충분히 활용하는 지역 거부(area denial)를 통해 적에게 막대한 피해와 손실을 강요하고 가급적 조기에 전쟁을 포기하도록 유도한다. 전략적 비상 수단과 비대칭 전력을 선별적으로 사용해 적의 중심을 타격 · 응징함과 동시에 전쟁을 유리하게 종결시키기 위한 정치적 환경을 조성해야 한다. 적의 항공 및 탄도 · 순항미사일 공격으로부터 피해를 최소화하기 위해 방공 · 미사일 방호 대책을 강구해야 한다.

결전권의 군사전략 목표를 달성하기 위해서는 전략적 억제전력과 신속대응전력의 활용과 함께 거부적 총력전을 수행하는 데 필요한 적정 수준의 기반전력을 확보해야 한다. 상대가 전면전을 감행해오거나 국지 · 제한전이 전면전으로 확대될 경우 한국의 영토 · 영해 · 영공 내에서 총력 결전을 전개해 상대의 침략 의지를 포기시킬 수 있는 방어적 성격의 전력을 유지해야 한다. 한반도의 지정학적 특수성과 주변국들간의 역학관계를 고려하면서 동맹전력(특히, 한 · 미 동맹관계)을 최대한 활용할 필요가 있다. 지상 기반전력으로서 지역군단, 보병사단+지역/향토사단+동원사단, 급속 동원 · 전개 체계 등을 유지해야 한다. 해상 기반전력으로서 해역함대, 근해/연해 작전 함정 및 잠수함 등을 유지한다. 공중 기반전력으로서 전술 비행단, 중 · 저 성능 전투기 및 지원기, 방공 · 미사일 방어체계 등을 발전시켜야 한다.

한국은 장기적으로 감시권과 방위권 및 결전권의 군사전략 목표를 달성할 수 있는 소요 전력을 반영한 적정 규모의 정예 기술강군을 설계하고 전략적 억제전력과 신속대응전력을 중점적으로 확대 증강시키면서 기반전력을 필수적 적정 수준으로 정비해야 한다. 병력의 감축에 따른 양적 전투력 약화를 기술력의 강화에 의한 질적 전투력 증강으로 상쇄하는 군사력 전환 계획을 추진해야 하는 것이다.

그렇다면 병력의 적정 규모를 어떻게 설정할 것인가? 이 문제의 답을 찾는 것은 가장 민감하고 어려운 일이다. 이제까지 다양한 대안이 제시됐다. 최근 국방부는 상비병력을 2018년 기준 59.9만여 명에서 2025년까지 50여만 명으로 감축하는 계획을 발표했다. 한국이나 북한이나 인구 감소 추세를 피할 수 없기 때문에 한반도가 통일된 후에도 50만 명의 상비병력 규모를 넘어서기는 어려울 것이다.

그러나 최하위 시나리오도 고려할 필요가 있다. 국가 차원의 생산 가능 연령 계층 감소에 따른 인구 활용성, 주변국의 대한반도 군사전략, 군의 병력 획득 및 운영 환경 변화, 전략형 첨단 무기체계의 발전 추세 등을 종합적으로 고려하면 병력 규모는 다소 더 감축될 수도 있다. 이러한 점에서 일부 연구는 최종적 적정 병력 규모로서 30~40만 명 수준을 제시하기도 한다. 상비병력이 이처럼 소규모로 줄어들 경우 현역 전투력에 필적하는 예비병력을 60~70만 명 규모로 정예화해 100만 명 총체병력체제를 발전시킬 필요가 있다. 병력의 대폭적 감축으로 군사력의 양적 규모가 줄어드는 만큼 무기체계의 다재다능성과 치사성을 강화해야 한다. 상대방의 전략적 중심에 결연한 방위 의지를 강요할 수 있는 감시 · 정찰 무기체계와 원거리 초정밀 극초음속 타격 무기체계를 전략적으로 개발하는 한편, 적의 침략을 영토 밖에서 격퇴하는 적극방어전략을 수행하는 데 필수적인 지 · 해 · 공 · 우주 · 사이버 무기체계를 확보해야 한다. 첨단 과학기술의 발전 추세와 한반도 주변국의 군사력 증강 동향 등을 고려하면서 [그림 4-2]에서 보듯이 전쟁의 판도를 일거에 뒤엎을 수 있는 센서-슈터 복합 무기체계, 초연결 지능화 무기체계, 무인 자율 무기체계, 지향성 에너지 무기체계, 비살상 무기체계 등을 집중적으로 확보해야 할 것이

[그림 4-2] 정예 기술 강군의 무기체계(예시)

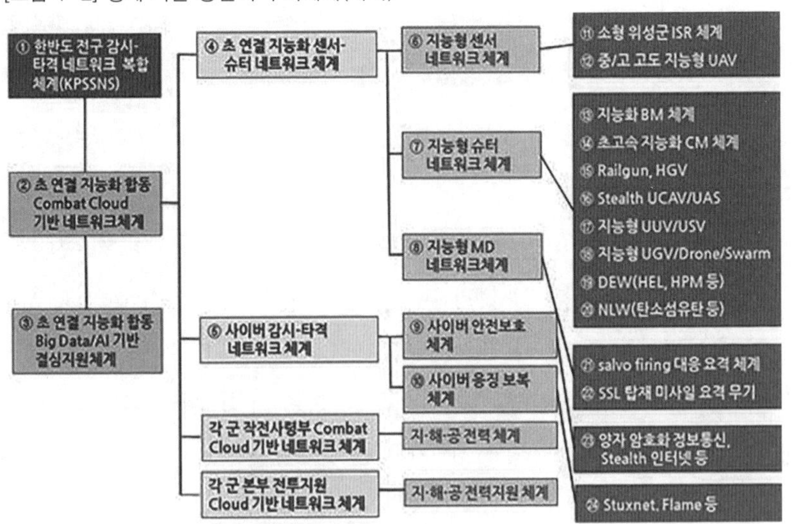

(출처) 권태영 · 정춘일 · 홍기호, 『신개념 무기체계 개념 발전을 고려한 부대구조 설계 연구』, 2018 ADD 용역연구 결과보고서, 한국전략문제연구소, 2018년 5월, p. 134.

다. 총력 결전을 수행하는 데 필요한 지 · 해 · 공 무기체계는 정예화 차원에서 정비하면서 성능을 지속적으로 개량할 필요가 있다.

병력을 감축하고 새로운 무기체계를 도입하면 부대구조도 개편이 불가피하다. 부대는 병력과 무기체계를 담는 그릇이기 때문이다. 소수 정예의 병력으로 전략적 억제전력과 신속대응전력 및 기반전력을 운용할 수 있는 부대를 설계 · 편성해야 하는 것이다. 무기체계의 전력화 시기 및 야전 배치와 병력 감축 추세 등을 종합적으로 고려해 부대구조를 새로 짜야 한다. 상비병력이 대폭적으로 줄고 이제까지와는 차원이 다른 신개념 첨단 무기체계들이 도입될 것이기 때문에 제로 베이스 개념에서 혁신적으로 부대구조를 설계해야 할 것이다. 기존의 부대 편성 틀 내에서 감편하거나 증편하는 방식은 지양해야 한다.

미래 전력구조를 구성하는 전략적 감시 · 정찰 부대, 정밀 타격 부대, 사이버 · 전자전 부대, 신개념 무기체계 부대, 지 · 해 · 공 기반전력 부대를 새로운 전력 운용 개념에 적합하도록 편성해야 한다. 지상 · 해상 · 공중 · 우주 · 사이버 영역을 가로질러 임무 맞춤 방식으로 전력을 운용할 수 있는 부대구조를 발전시킬 필요가 있다.

2. 군사기술혁명의 주요 과업

한국이 성취해야 할 기술 강군의 핵심은 새롭게 부상하는 첨단 기술을 활용해 한반도의 전략 환경과 전투공간 특성에 적합한 전쟁 판도 주도형 전력체계를 만들어내는 군사기술혁명을 추구하는 것이다.

첫째 과업은 초연결 지능화 전력체계를 구축하는 것이다. 정보화 기반의 3차 산업혁명에 이어 초연결 지능화 기반의 4차 산업혁명이 진행됨에 따라 전쟁 패러다임에 파격적 변혁이 초래될 것으로 전망된다. 3차 산업혁명 시대 정보 기반 전쟁 패러다임의 본질은 재래식 무기에 의한 대량 파괴 전쟁 개념이 핵심 군사 표적만 정확하게 공격하는 정밀타격 전쟁 개념으로 변환됐다는 것이다. 우주 · 정보 과학기술을 이용한 광역 원거리 정찰-통제-타격 시스템 복합체계의 구축이 군사력 발전의 근간이다. 4차 산업혁명 시대 초연결 지능화 기반 전쟁 패러다임은 전투 공간 내의 모든 전투원과 무기 · 장비가 초연결된 지능형 정찰-통제-타격 시스템 복합체계를 지향한다. 정찰-통제-타격 시스템 복합체계에 첨단 스마트장치 및 센서, 무한대 네트워크 기술, 빅데이터와 인공지능 기술을 활용하는 것이다.

4차 산업혁명 시대의 전쟁 패러다임은 3차 산업혁명 시대의 전쟁 패러다임에 초연결성과 초지능성을 부여함으로써 실현된다. 정보 기반 네트워크 중심 전쟁은 정보 격자망(information grid), 센서 격자망(sensor grid), 교전 격자망(engagement grid)의 복합적 연결 · 결합에 의해 구현된다. 정보 격자망은 센서 격자망과 교전 격자망을 연결해 수집된 정보를 전파 · 공유 · 분석 · 처리함으로써 센서-슈터 복합체계(sensors to shooters)를 형성한다. 센서 격자망은 다양한 유형의 센서들을 연결해 고도의 전투공간 상황 인식을 창출한다. 교전 격자망은 다양한 기동 · 타격 전투 수단들이 지휘통제를 받아 고도의 전장 상황 인식을 활용해 통합 전

투력을 발휘한다.[13]

이러한 네트워크 중심 전쟁의 구성 요소에 4차 산업혁명을 견인하는 사물인터넷, 클라우드, 빅데이터, 이동통신, 인공지능 기술이 활용되면 정보 격자망의 초연결성과 자동화가 강화되고, 센서 격자망의 정보 수집을 통한 전투공간 상황 인식이 더욱 고도화되며, 교전 격자망의 초연결성 · 초지능성에 의한 정밀성 · 통합성이 획기적으로 향상된다.

둘째 과업은 정보 격자망을 구성하는 핵심 체계로서 빅데이터 · 인공지능 기반 지휘통제체계를 구축하는 것이다. 정보의 폭발 시대에 흩어져 있는 수많은 데이터에서 필요한 정보를 획득해 목적에 맞게 처리 · 사용하는 일이 중요하다. 초연결 사회에서는 데이터가 급속하게 기하급수적으로 폭증함과 더불어 대용량 데이터의 저장 · 처리 · 분석 능력이 획기적으로 발전됨에 따라 빅데이터라는 개념이 크게 주목받고 있다. 데이터가 제2의 원유 또는 제2의 천연자원이라는 표현에서 알 수 있듯이, 매 순간 생성되는 데이터 자원 속에서 유용한 가치를 찾아내는 일이 정부 및 공공 기관과 기업 등 모든 조직의 필수 핵심 업무가 됐다.

군사 분야도 이러한 대세를 적극적으로 활용해야 할 것이다. 전투 공간에서 정보 우위를 교전 우위로 전환함으로써 승리를 성취하는 데 결정적인 역할을 담당하는 지휘통제체계를 빅데이터와 인공지능 기술을 최대한 활용해 지능화할 필요가 있다. 지휘통제체계는 다양한 감시 · 정찰 자산으로부터 수집된 많은 양의 정보

---

13 권태영·노훈, 『21세기 군사혁신과 미래전: 이론과 실상, 그리고 우리의 선택』(경기도: 법문사, 2008), p. 176.

를 융합하고 분석해 지휘관이 최적의 의사결정을 내릴 수 있도록 지원하는 핵심 체계이다. 먼저 보고(See first: 전투공간 상황 인식), 먼저 이해하며(Understand first: 결심의 완전성 · 신속성), 먼저 행동해야(Act first: 작전 템포 고속화) 결정적 승리를 성취하는데, 지휘통제체계는 이러한 전투 수행 과정에서 핵심 역할을 담당한다. 전투 의사결정 및 지휘의 완전성 · 신속성 · 신뢰성 · 예측성을 보장하기 위해서는 빅데이터 · 인공지능 기반의 지능화 지휘통제체계의 발전이 필수적이다. 초연결 · 초지능 결정 중심 중심 전쟁(DCW: Decision Centric Warfare)을 수행하기 위한 데이터 기반 의사결정(Data-driven Decision) 시스템을 구축해야 한다. 전투 공간에서 생성되는 빅데이터를 인공지능 기술로 처리하지 않고는 의사결정의 필수 핵심 요소인 숨어 있는 정보와 지식을 채굴할 수 없으며, 이 경우 지휘통제는 자동화된 지원을 받기 어렵고 편견과 한계를 지닌 인간의 직관에 의존할 수밖에 없다.

빅데이터와 인공지능 기술은 이미 민간 부문에서 탁월하게 발전시켜 다양한 용도로 활용되고 있다는 점을 고려해 군은 비교우위의 민간 기술 기반을 최대한 활용하기 위한 방책을 모색할 필요가 있다. 데이터 기반 자동화 의사결정을 구현하기 위해 빅데이터와 인공지능 기술을 어떻게 지휘통제체계에 적용할 것인지 그 구체적 방안을 서둘러 찾아야 할 것이다. 사이버 공간에서는 고도의 보안 대책이 요구되므로 군이 아키텍처를 설계하고 마스터플랜을 수립한 다음, 전문 연구기관과 기업들이 협력 플랫폼을 구축해 시제 시스템을 개발하고 실증 과정을 거쳐 구축하는 것이 바람직하다.

셋째 과업은 킬웹(Kill Web) 기반 초연결 지능화 복합 전력체계의 기반이 되는 전투 클라우드 플랫폼을 구축하는 일이다. 전투 공간의 다양한 센서 전력체계, 지휘통제 전력체계, 기동 · 타격 전력체계를 영역 교차 승수효과의 최대화 차원에서 운용하기 위해서는 초연결 플랫폼 기반 네트워크 체계의 구축이 필수적이다. 한국군은 그동안 네트워크 중심 작전 환경(NCOE: Network Centric Operational Environment)을 조성하기 위해 첨단 센서체계 및 정보통신체계 구축 등 다양한 전력 증강 노력을 기울여왔다. 그러나 이제까지는 주로 분야별 · 기능별 · 무기체계별 연통형 정보통신체계를 구축 · 운용함으로써 네트워크 중심 작전의 수행조차도 거의 유명무실한 것으로 평가된다. 데이터 기반 전투 의사결정도 매우 미흡하다. 데이터 활용 측면에서 보면 한국군의 정보체계 및 지휘통제체계는 빈 깡통과 마찬가지이며 제한된 인위적 데이터에 의존하고 있으므로 전투 참여 주체들의 전장 정보 및 상황 인식 공유와 자기 동기화의 자동적 실현은 거의 불가능하다. 특히, 네트워크 기능과 시스템이 없는 구형 무기체계의 경우 네트워크 중심 작전에 참여하는 것이 거의 불가능하므로 전력의 통합적 발휘는 제한될 수밖에 없다.

이제 4차 산업혁명의 핵심 기술을 최대한 활용해 이러한 제한점들을 극복할 필요가 있다. 사물인터넷 기반 초연결 클라우드 플랫폼을 구축해 기존 지휘 · 통제 · 통신 · 정보 시스템을 통합적으로 운용함으로써 전투공간의 교차 영역 승수효과를 최대화해야 할 것이다. 사물인터넷 환경에서 실시간으로 산출되는 빅데이터를 수집 · 분석 및 활용해 O-O-D-A 고리의 순환 속도를 빠르게 해야 한다. 구형 무기체계의 경우 스마트장치(센서)를 장착해 사물인터넷 환경 속으로 통합해야 할 것이다.

전투 공간 사물인터넷 환경은 완전무결성과 고도 보안성을 요구하는 전력체계로 구성되기 때문에 핵심 전력체계 발전 차원에서 국방 연구기관 주관으로 아키텍처를 설계하고, 방위산업 연구개발 차원에서 기술력 있는 방산 전자 대기업을 중심으로 개발 협업 플랫폼을 구축 · 운영해 시제를 개발하는 것이 바람직하다. 4차 산업혁명 핵심 기술들은 민간 연구기관들과 대학들이 원천기술들을 개발하고 있고, 산업 분야에서 우수한 중소 벤처기업들이 요소별로 경쟁력 있는 솔루션을 개발 · 보유하고 있으므로 이런 잠재 능력을 충분히 활용할 필요가 있다. 국방 연구개발을 넘어 범정부 차원의 과학기술 역량을 최대한 활용해야 할 것이다.

넷째 과업은 인공지능과 무인화 기술을 활용해 신개념 첨단 무기체계를 개발하는 것이다. 초연결 지능화 정찰 · 감시-타격 시스템 복합체계는 지능화 정밀 타격 전력체계에 의해 완성된다. 첨단 센서 전력체계, 지능화 정밀타격 전력체계, 빅데이터 · 인공지능 기반 지휘통제 전력체계가 초연결 네트워크 중심 작전 환경 속에서 영역 교차 승수효과 최대화 차원에서 유기적으로 복합 · 운용돼야 한다. 군사 선진국들은 전투 공간이 지상 · 해상 · 공중 중심의 전통적 영역을 넘어 우주와 사이버 영역까지 확장되고 있다는 판단에 따라 우주 전력체계와 사이버 전력체계를 전략적으로 개발하고 있는 모습이다. 첨단 과학기술의 혁신적 발달 추세에 맞춰 장거리 정밀타격 무기체계, 무인 자율 무기체계, 비운동

에너지(non-kinetic energy) 무기체계, 생명공학 무기체계 등도 다양하게 발전시키고 있다.[14]

특히, 4차 산업혁명을 견인하는 사물인터넷, 클라우드 컴퓨팅, 빅데이터, 이동통신, 인공지능, 자율 등의 기술을 다양한 유·무인 무기체계에 접목해 초연결·초지능 센서-슈터 시스템 복합 전력체계를 구축할 것으로 전망된다.

한국군에서도 최근 4차 산업혁명의 핵심 첨단 기술을 활용한 신개념 무기체계를 개발해야 한다는 논의가 제기되고 있다. 국방기술품질원은 인공지능, 사물인터넷, 3D 프린팅 등 4차 산업혁명 기술뿐만 아니라 과학기술 발전 추세 및 미래 전장 환경 등을 종합적으로 반영해 주요 미래 국방 기술을 도출하고 이를 통해 구현 가능한 신개념 무기체계들을 제시한 바 있다.[15]

무기체계의 혁신적 발전을 이끄는 과학기술은 광범위하고 다양하다. 그러나 앞으로 전투 공간을 지배할 미래 신개념 무기체계는 4차 산업혁명을 견인하는 핵심 기술과 불가분의 관계에 있다. 가장 대표적인 기술은 사이버-물리시스템, 인공지능, 무인 자율 기술 등이다. 사이버-물리 시스템이란 센서나 액츄에이터(작동 장치)가 장착된 물리적 요소와 이를 실시간으로 제어하는 컴퓨팅(사이버) 요소가 결합한 복합시스템을 말한다. 컴퓨팅 및 통신 기능에 실시간으로 물리 세계의 객체를 모니터링하고 제어하는 기능을 결합한 시스템인 것이다. 민간 분야의 차세대 자동차와 항공기

---

14 위의 책, pp. 24-26.

15 국방기술품질원, 『4차 산업혁명과 연계한 미래 국방 기술』, 국방과학기술조사서, 2017년 12월, p. 12.

및 전력시설 등은 고성능화 · 복잡기능화 · 자동화 · 지능화 · 상호연동성 · 실시간성 · 신뢰성 · 보안성 등이 요구되기 때문에 인간의 논리력과 지능으로는 한계가 있으며, 따라서 임베디드 소프트웨어 기반 복합체계로 발전되는 추세이다. 이러한 기술은 군에서도 전력체계뿐만 아니라 전력지원체계에 매우 유용하게 활용될 수 있다.

오늘날 가장 활발하게 개발되고 있는 신개념 무기체계는 무인 자율 무기체계이다. 이는 소수의 인원으로 다수의 무기체계를 운용할 수 있고, 인명 피해를 최소화할 수 있는 장점이 있다. 이러한 무기체계는 첨단 정밀 제어 기술의 발달로 인간이 수행하는 위험한 임무 및 작전을 대신하고, 유인 무기체계가 접근하기 어려운 작전지역을 자유롭게 이용할 수 있도록 한다. 또 데이터링크 및 임무 컴퓨터의 발달로 다수의 무인 자율 무기체계가 편대로 운용될 수 있으므로 부대 단위의 직접적 전투를 대체할 것으로 전망된다. 앞으로 무인 자율 무기체계는 정찰 · 감시 기능을 넘어 무장을 탑재한 공격 플랫폼으로서 전력을 투사할 수 있게 됨으로써 전투 환경을 근본적으로 바꿔 놓을 것으로 전망된다.

군사 선진국들은 앞으로의 전쟁에서 무인 자율 무기체계 간의 전투가 보편화할 것으로 전망하고 국가 차원에서 그에 대비한 무기체계의 개발에 총력을 기울이고 있다. 미국은 3차 상쇄전략의 주요 축으로서 지능화 무인 로봇체계가 인간 전투원을 대신하거나 인간 전투원과 함께 협동하는 전투 방식을 개척한다. 국방고등연구계획국(DARPA: Defense Advanced Research Projects Agency)은 미래의 전투 공간에서는 첨단 지능의 군사용 로봇을 먼저 활용하는 쪽이 승리하게 될 것으로 예상하고 인공지능과 로봇공학을 기초로 다양한 로봇 무기체계를 개발하고 있다. 중국과 러시아도 지·해·공·우주 영역에서 운용할 수 있는 각종 무인 자율 무기체계들을 개발하는 것으로 파악된다. 유럽 국가들의 해·공군은 인공지능 기술을 활용해 유인 전투기와 무인 전투기를 복합한 전투체계를 개발하고 있다. 유인 전투기 한 대가 원격조종 저비용 무인 항공기 20대를 이용해 공격작전을 벌이는 형태이다. 2030년을 전후로 전투 보병을 대체할 인간을 닮은 인공지능형 살상용 로봇이 대량 생산돼 전투공간에 투입되고 부상병이나 민간인을 구출하는 데 사용되는 구호 로봇이 출현할 것이라는 전망도 있다.

한국군으로서도 4차 산업혁명 시대의 전쟁 양상 변화와 군사기술 및 무기체계 발전 추세에 부응한 신개념 첨단 무기체계의 개발은 필수적 과업이다. 지금은 운동에너지 및 하드-킬(hard-kill) 무기 위주의 현실·물리적 무기가 중심을 이루고 있다. 그러나 미래에는 비운동에너지 및 소프트-킬(soft-kill) 무기 성격의 가상·전자적 무기와 현실·물리적 무기가 전투공간의 5차원 영역에서 공존하면서 통합적 전투력을 발휘해야 한다. 현실·물리적 전투공간은 지·해·공·우주 영역으로 분리돼 있지만, 앞으로 초연결 지능화 시스템 복합 무기체계의 급속한 발전과 함께 사이버 영역이 현실·물리적 4개 영역 모두에 개입돼 전투 공간의 전 영역은 상호 밀접히 연결·결합될 전망이다. 따라서 5차원 영역의 가용한 모든 현실·물리적 무기와 가상·전자기적 무기들을 복합적으로 통합 운용해 영역 교차 승수효과를 최대화해야 한다.

유 · 무인 플랫폼에 탑재된 현실 · 유인 · 물리적 속성의 공격 · 방어 무기들과 가상 · 무인 · 전자적 속성의 공격 · 방어 무기들을 초연결 · 초지능 센서–슈터 시스템 복합체계 속에 조화롭게 구성해 상대방보다 우월한 통합 전투력을 발휘하도록 해야 한다.

다섯째 과업은 4차 산업혁명 시대의 군사기술혁명을 뒷받침할 수 있는 혁신적 획득제도 및 연구개발 체계를 구축하는 것이다. 획득제도가 신기술을 적시에 활용할 수 있도록 바뀌지 않으면 군사기술혁명은 기대할 수 없다. 신기술을 적시에 활용하지 않으면 신개념 무기체계는 탄생 자체가 불가능하다. 이제까지는 전차, 함정, 전투기 등 아날로그 하드웨어 위주 플랫폼 체계를 개발하거나 해외 도입하는 데 치중한 폐쇄적 획득제도가 유지됐다. 이러한 무기체계들은 10~15년이 걸리는 장기간의 전력화 선행 기간이 필요했으며, 새로 도입된 무기체계라 하더라도 전력화 이후 곧바로 구형으로 전락하는 모순이 반복됐다. 또 새로운 세대의 무기체계가 도입되기까지 오랜 기간 낙후된 무기체계를 사용할 수밖에 없었다. 이제 전쟁 양상의 변화에 따른 전력 패러다임의 전환과 가용 국방 재원의 한계로 신규 하드웨어 플랫폼 체계 소요가 급격히 감소함에 따라 연구개발 위기가 심각해지는 상황이다.

3차 산업혁명에 이은 4차 산업혁명의 본격화와 함께 기술 패러다임과 전력 패러다임이 전환되면서 국방획득제도도 근원적 혁신이 요구되고 있다. 민간 우위 과학기술 혁신 성과를 국방 분야에 활용해야 한다는 목소리가 커지고 있다. 전력 소요 패러다임을 획기적으로 전환함과 아울러 기존 획득체계 · 제도 · 절차를 뛰어넘는 새로운 정책적 조치를 모색해야 한다. 초연결 지능화 시대에 부응한 소프트웨어 위주 개방 협력적 획득체계가 요구된다. 3차 산업혁명 시대의 정보화 기반 네트워크중심전이 4차 산업혁명 시대의 초연결 지능화 기반 결정중심전으로 진화하면서 소프트웨어의 개발 및 획득이 매우 시급하고도 긴요하다. 기술 발전의 속도가 매우 빠른 만큼 시스템 구축이 단기간에 이뤄져야 한다. 진화적 개발 방식을 적용해 신기술의 신속한 활용을 보장해야 한다. 기존의 무기체계에 전쟁 판도를 일거에 바꿀 수 있는 기술적 성능을 부가하기 위한 소요 제기 개념 및 방식도 도입할 필요가 있다. 이러한 시대적 요구에 부응하기 위해서는 민간의 도전적 · 혁신적 과학기술 성과를 적극적으로 활용할 수 있는 개방적 획득 및 연구개발 체계의 발전이 긴요하다. 이제까지의 하드웨어 위주 장기간 다단계 획득체계를 우회하는 경로(alternative pathways)를 마련해야 한다.

미국의 우회 경로 획득제도를 참고할 필요가 있다. 미국도 기존의 획득체계는 선행연구 → 사업 타당성 분석 → 탐색개발 → 체계개발 → 생산 · 전력화 → 운영유지 · 폐기로 이어지는 다단계 절차를 거친다. 이러한 체계는 과학기술의 발전 속도를 따라갈 수 없을 뿐만 아니라 민간의 혁신적 기술 성과를 활용하기도 어렵다. 미국은 이러한 문제를 해결하기 위해 문제 식별 및 정의 → 시연 → 의사결정 등 3단계 절차로 이뤄진 우회 경로 획득제도를 발전시켰다. 또 이런 체계를 뒷받침하기 위해 '다른거래제도'(OTA: Other Transaction Authorities)와 '실험획득제도'(EPA: Experimental Procurement Authorities)를 도입했다. 신속 개발 방식 등 새로운 연구개발 방식도 본격적으로 활용하는 것으로 알려져 있다.

한국은 미국이 최근 국방과 민간 영역의 연계를 강화하기 위해 설립한 국방혁신단(Defense Innovation Unit)을 참고해 '국방기술혁신단'(가칭)을 국방부에 설치할 필요가 있다. 기존의 민 · 군 겸용 기술 개발 방식은 기존 획득제도 속에서 이뤄지므로 민간 혁신 기술의 신속한 국방 활용을 보장하기는 어렵다. 국방 상위 의사결정 차원의 중심 조직이 필요하다. 사물인터넷, 빅데이터, 5G 통신, 인공지능, 사이버 보안 등 민간 분야에서 급속히 발전하고 있는 다양한 첨단 기술을 국방 분야에 적용하는 속도를 끌어올리기 위해서는 국방 조직을 민첩성과 창의성을 높이는 방향으로 재편해야 한다. 국방과 상용 사이에서 가교 역할을 담당하는 조직을 설치 · 운영함으로써 민간의 진보된 기술을 빠르게 확보하고 국방에 활용해야 한다. 이러한 맥락에서 미국의 국방혁신단은 매우 유익한 본보기가 된다.

미국은 2015년 처음으로 캘리포니아 실리콘밸리에 소재한 에임스 공군기지에 '국방혁신실험단'(DIUx: Defense Innovation Unit Experimental)을 설치했다. 민간의 기술적 성과를 국방에 상시 도입하고 채택하는 시스템을 구축한 것이다. 실리콘 밸리 주변의 세계적 기업들이 보유한 4차 산업혁명 기술을 신속하게 무기체계에 적용하는 것이 그 목적이다.

2018년 8월에는 임시조직이던 국방혁신실험단(DIUx)이 '국방혁신단'(DIU: Defense Innovation Unit)으로 개편돼 국방연구개발차관실 내부의 정식 조직으로 편성됐다. 실험적이고 한시적인 조직이 상설 조직으로 전환된 것이다. 이 조직은 기존 국방 획득 절차와 달리 인사권과 예산권의 보장, 고위험 과제의 선택 및 개발 실패 용인, 장관 직보 체제 유지 등의 혁신적 절차에 따라 운영된다. 중요한 점은 기존 전력화 사업의 공백을 보강(Gap Filler)하는 개념으로 사업을 추진한다는 것이다. 이런 사업은 신속성이 실현돼야 하므로 민간기업과 최초 접촉 후 90일 이내에 계약을 체결하고 24개월 이내에 시제품 제작 및 시범 등을 이행할 수 있도록 행정절차를 대폭 단축했다.

군사기술혁명을 성취하기 위해서는 혁신적 차원에서 연구개발을 선도할 수 있는 기획체계의 정립이 필수적이다. 경제발전과 세계무역의 촉진을 위해 설립된 국제기구인 경제협력개발기구(OECD)에 의하면, 연구개발이란 인간과 문화 및 사회를 총망라하는 지식의 축적분을 증가시키고, 이를 새롭게 응용함으로써 활용성을 높이는 체계적이고 창조적인 모든 활동을 말한다. 연구는 새로운 지식을 획득 · 축적하는 것이고, 개발은 새로운 지식을 상업적 생산 · 적용에 활용하는 것이다. 연구개발은 국가와 기업 간 경쟁력의 핵심 요소이다. 국방연구개발(DR&D)은 국방 핵심 기술의 개발능력을 확보하는 것이다.

미국 국방부에 따르면, 국방연구개발은 잠재적인 적에 대응할 수 있는 전략적 기술 우위를 유지할 목적으로 국방기술을 연구하거나 이를 통해 무기체계를 개발하는 모든 행위를 말한다. 연구단계에서는 특정한 형태의 공정 또는 제품화가 아니라 단지 관련 지식의 향상을 위한 체계적 활동이 이뤄진다. 기초연구, 응용연구, 시험개발 등을 수행한다. 개발단계에서는 실제 전투공간에서 활용되는 제품 수준의 무기체계를 생산하는 활동이 이뤄진다. 선행연구, 탐색 및 체계개발, 관리지원, 운용체계개발 등을 수행한다. 우리의 정의에 따르면, 연구개발은 무기체계 획득 방법의 하나로서 보유하고 있지 못한 기술을 국내 단독 또는 외국과 공동 협력으로 연구하고, 연구된 기술을 실용화해 필요한 무기체계를 생산 · 획득하는 방법을 말한다.

이러한 정의에서 알 수 있듯이, 연구개발은 신개념 무기체계 획득의 시작점이다. 연구개발 과정이 부실할 경우 필수적인 무기체계를 적시 · 적합 · 효율 차원에서 획득하는 것은 불가능한 일이다. 강한 이스라엘군의 비밀을 찾아보면, 그것은 자국만의 특수한 군사기술혁명을 이뤘다는 점이다. 이스라엘이 절박한 생존의식과 강한 자조 의지로 연구개발을 통해 자신의 국방에 최적 특화된 신개념 첨단 무기체계를 획득한 강군 발전 전략은 우리에게도 그대로 적용될 수 있다. 이스라엘형 군사기술혁명을 선도할 수 있는 연구개발 패러다임을 다시 정립해야 한다. 국방연구개발 패러다임을 선진 무기체계를 모방하거나 수입 대체하는 추격형에서 독자적 무기체계 개발 및 미래 도전적 핵심 기술 확보를 위한 선도형으로 전환해야 한다.

첨단 기술 기반 정예 강군의 발전을 가로막는 가장 본질적 문제점은 국방연구개발 체계 자체에 내재해 있다. 지금까지의 국방연구개발은 무기체계 소요가 없으면 연구와 개발도 없는 경직된 구조를 유지하고 있다. 미래 도전적 · 창의적 기술의 연구 및 개발을 보장하기 위해서는 소요 기반 국방연구개발(Demand-driven DR&D) 체계를 기술 주도 국방연구개발(Technologypush DR&D) 체계로 전환하고, 소요 중심의 핵심 기술 기획을 미래전 대비 핵심 기술 기획으로 바꿔야 한다.

국방연구개발 기획체계를 바꾸지 않으면 미래 도전적 기술을 연구 및 개발하기 위한 예산을 편성할 수 없다. 이제까지는 연구개발 예산의 대부분이 소요 결정된 무기체계를 개발하는 데 필요한 응용연구 및 시험개발에 할당돼 있고, 기초연구 예산마저도 대부분 군의 무기체계 소요와 관련된 기초 연구과제에 사용된다. 미래 전쟁 판도를 바꿀 신개념 무기체계의 개발에 필요한 필수 핵심 기술 확보를 보장하기 위한 유연성 있는 예산 구조를 발전시켜야 한다.

도전적 · 창의적 국방연구개발의 기획을 주도할 수 있는 중추 조직 · 기능도 발전시켜야 한다. 현행 국방연구개발은 장기 전략 문서 및 중기 예산 계획에 포함된 무기체계 소요에 종속돼 진행되므로 미래 도전적 기술 개발을 선도하는 기획 기능이 사실상 필요 없다. 국방부에 미국의 연구개발차관실과 방위고등연구계획국(DARPA: Defense Advanced Research Projects Agency)과 같은 연구개발 선도 전담 조직이 없다. 합참은 무기체계 소요만 담당한다. 방사청은 획득사업의 집행을 전담한다. 국방과학연구소(ADD)는 국방의 유일한 과학기술집단이지만 소요 결정된 무기체계의 연구개발만 수행할 수 있다. 미래 도전적 · 창의적 핵심 기술의 연구개발을 기획하는 조직 · 기능은 찾아볼 수 없다. 그렇다면 어떻게 할 것인가?

미국의 국방연구개발 조직 · 기능을 참고하고 무엇을 할 것인지를 고민할 필요가 있다. 미국은 2018년 연구개발차관

(USD R&E: Under Secretary of Defense Research and Engineering)이 이끄는 연구개발 전담조직을 신설했다. 국방 연구개발 투자 및 기술전략 수립을 총괄하는 조직이다. 전문성과 효율성의 강화를 통해 결정적 핵심 기술과제들을 해결하고 소요 기술을 빠르게 조달하는 등 국방기술 혁신을 과감하게 추진하겠다는 것이 이 조직의 신설 목적이다. 그 산하에 전략정보분석실(Strategic Intelligence Analysis Cell), 연구기술차관보실(Assistant Secretary of Defense Research and Technology), 고등능력차관보실(Assistant Secretary of Defense Advanced Capabilities)을 뒀다.

전략정보분석실은 자국의 역량과 적의 역량 및 취약점 분석, 전 세계적 위협 평가, 국방기술 및 상용기술 변화 추세 등을 분석한다. 연구기술차관보실은 전장에서 기술적 지배력을 확보하기 위한 전략적 · 기술적 방안을 설정하고 투자 전략을 총괄한다. 고등능력차관보실은 무기체계의 시제제작과 시험평가를 총괄하며, 전략능력실(SCO: Strategic Capabilities Office)과 국방혁신단(DIU: Defense Innovation Unit)을 통해 민간의 상용기술과 아이디어를 신속하게 접목하는 기능을 주도한다.

미국의 국방연구개발 조직 중 한국이 창조적으로 모방해야 할 곳은 DARPA이다. 최상위 국방연구개발 주도 기관으로서 한국형 DARPA의 설립 · 운영을 진지하게 검토할 필요가 있다. 미국의 DARPA는 1957년 옛소련이 인공위성을 쏘아 올려 미국을 충격에 빠뜨린 스푸트니크 쇼크를 계기로 창설됐다. 파괴적 혁신기술에 대한 전략적 선제 투자를 통해 적국으로부터의 기술적 충격은 방지하고 적국에 대한 기술적 충격을 만들어내는 것이 설립 목적이다. 미국이 전략적 기술 충격의 희생자가 아닌 창출자가 돼야 한다는 것이다. 국방기술 연구개발 주도 기관으로서 멀리 위치한 인재와 아이디어를 찾아내 최대한 신속히 가까운 곳으로 이동시키는 가교역할을 수행하며, 국가 차원의 전략 · 비익 분야 연구개발에 중점을 두고, 기초연구 · 응용연구 · 시험개발 단계 위주로 연구를 수행한다. 무기체계 연구개발은 수행하지 않으며, 경제성이 없거나 기업이 투자하기 어려운 최첨단 국방기술 개발에 집중한다.

우리도 이런 맥락에서 국방연구개발 조직 · 기능을 재정비할 필요가 있다. 단기적 국방 소요는 국방과학연구소의 지원을 받아 각 군이 해결하면 된다. 한국형 DARPA는 미래의 파괴적 혁신 소요를 해결한다. 미래지향적 아이디어 중심 도전적 연구개발을 담당하고, 참신하고 도전적인 아이디어를 탐색하며, 다양하고 광범한 연구 현장의 숨은 진주를 발견하는 역할을 담당한다.

제4절 사명과 과제

오늘날 세계 주요 선진국들이 추구하는 군사 패러다임의 대세는 질적 정예화를 추구하는 것이다. 정예화라는 용어는 매우 날래고 용맹스럽게 된다는 것을 의미한다. 이 의미를 군사력 발전에 적용하면 둔중함을 지양하고 민첩함을 추구하는 것이라고 할 수 있으며, 병력의 규모를 하향 적정화하는 대신 질적 성능이 탁월한 첨단 무기체계를 증강함으로써 가능해진다. 오늘날의 시대적 변화가 세계적으로 모든 국가에 이런 군사력 발전을 요구한다. 전략 환경 측면에서 군사위협의 본질적 변화와 새로운 전쟁 양상의 발전으로 인해 민첩하고 다재다능하며 탁월한 성능의 전력이 필수적이다. 평화배당금[16]을 요구하고 군사비의 증액에 제한을 가하는 경제 · 사회적 분위기의 확산으로 인해 방대한 군사력 구조를 유지하는 것은 점점 더 어렵다. 다행히도 문명의 전환에 따른 혁신적 과학기술의 급속한 발달로 첨단기술 기반의 정예 군사력 발전이 가능하다. 우리도 이런 시대적 대세에 편승해야 한다.

기술 기반의 정예 군사력을 발전시키는 일은 세계적 대세이

16 평화배당금이란 군비를 축소함으로써 얻은 자원으로 경제발전이나 사회복지에 사용할 목적으로 조성한 공적 자금을 말한다.

며 한국도 피할 수 없는 과업이다. 북한의 대규모 군사력이 휴전선 가까이 배치돼 있고, 전면전 가능성을 배제하기 어려운 엄중한 안보 상황에서 한국만이 병력을 대폭 줄이는 것은 매우 위험한 일이라 아니 할 수 없다. 남북 군사 협상의 가장 핵심적인 쟁점이 될 수 있는 군비 축소의 추진도 고려해야 한다. 그렇다고 해도 병력의 감축과 부대구조의 조정은 피할 수 없으므로 향후 20~30년 앞을 내다보는 장기적 시각으로 정예 기술 강군 건설 계획을 수립하고 단계적으로 추진해야 할 것이다.

병력의 감축을 첨단 기술을 활용한 무기체계의 증강으로 상쇄하는 군사혁신을 추구할 필요가 있다. 유럽의 전통적 강국인 프랑스, 영국, 독일은 상비병력의 규모가 20만 명을 약간 넘거나 그 이하이지만 국방과학기술과 무기체계는 세계적 수준이다. 이스라엘은 상비병력 약 17만 명의 소규모 군을 유지하고 있으나 자신의 전략 환경에 특화된 매우 강력한 첨단 무기체계와 세계 최고 수준의 군사과학기술을 보유하고 있다. 우리도 궁극적으로는 이런 길을 가야 할 것이다.

그렇다면 무엇을 어떻게 할 것인가? 그 답은 생존 의식과 자조 의지로 무장하고 군사기술혁명을 성취하는 것이다. 지금 진행되고 있는 4차 산업혁명은 향후 15~20년이면 5차 산업혁명에 자리를 내줄 수도 있으므로 갑론을박하면서 머뭇거릴 시간이 없다.

오늘날 부상하는 첨단기술을 활용한 군사기술혁명을 이뤄내지 못하면 차세대의 군사기술혁명도 기대할 수 없다. 지금 당장 한국이 성취해야 할 군사기술혁명 과업을 다음과 같다. ① 초연결 지능화 전력체계 구축, ② 빅데이터 · 인공지능 기반 지휘통제체계 구축, ③ 전투 클라우드 플랫폼 구축, ④ 인공지능 · 무인화 기술을 활용한 신개념 첨단 무기체계 개발, ⑤ 획득제도 및 연구개발체계 혁신 등이다. 이 과업들의 구체적 청사진과 구현 방책을 연구 · 개발하고 정책화하기 위해서는 국방 지도부의 각별한 관심과 의지로 가칭 「군사기술혁명기획단(위원회)」을 설립 · 운영할 필요가 있다.

제5장

미래 전쟁 양상과 전력체계 혁신

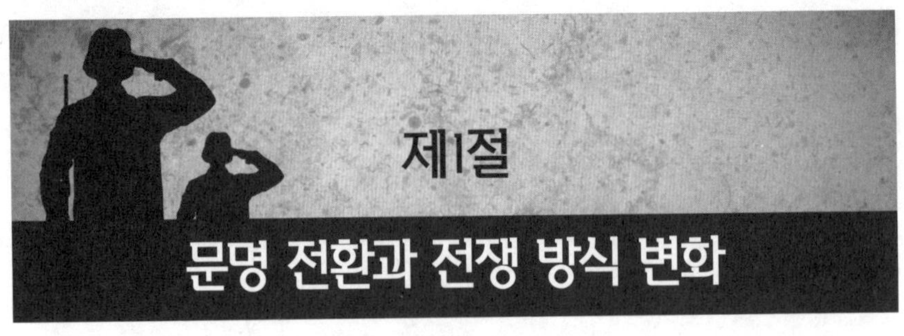

인류 문명이 정보 · 지식 중심의 3차 산업혁명 패러다임에서 초연결 · 지능 중심의 4차 산업혁명 패러다임으로 전환됨에 따라 전쟁 양상의 파격적 변화와 함께 군의 전력체계도 혁신을 거듭할 것으로 전망된다. 2016년 1월 「세계경제포럼」에서 클라우스 슈밥(Klaus Schwab) 회장은 과학기술 분야를 주요 의제로 채택하고, 디지털 기기와 물리적 환경의 융합으로 펼쳐지는 4차 산업혁명의 거대한 시대가 이미 개막되었음을 선언했다.[1]

인류는 18세기 초기 산업 혁명 이후 오늘날 네 번째로 중요한 산업 혁명 시대를 맞고 있다. 1차 산업혁명은 1760~1840년경에 걸쳐 발생했으며 수력 증기기관의 발명을 바탕으로 철도와 면사 방적기 같은 기계적 혁명을 이룸으로써 견인했다. 2차 산업혁명은 19세기 말에서 20세기 초까지 이어졌으며 전기의 발명과 함

---

1 클라우스 슈밥은 이전의 세 차례 산업혁명과 현저히 구별되는 4차 산업혁명이 진행 중이라는 사실을 뒷받침할 만한 근거를 다음과 같이 제시했다. 첫째, 속도 측면에서 4차 산업혁명은 이전의 세 차례 산업혁명과는 달리 선형적 속도가 아닌 기하급수적 속도로 전개되고 있다. 둘째, 범위와 깊이 측면에서 4차 산업혁명은 디지털 혁명을 기반으로 다양한 과학기술을 융합해 개인뿐만 아니라 경제, 기업, 사회를 유례없는 패러다임 전환으로 유도하고 있다. 셋째, 시스템 측면에서 4차 산업혁명은 국가 간, 기업 간, 산업 간, 그리고 사회 전체 시스템의 변화를 수반한다. 클라우스 슈밥 지음, 송경진 옮김, 『클라우스 슈밥의 제4차 산업혁명』(서울: 메가스터디, 2016), pp. 012-013.

께 공장에 전력이 공급되고 이를 기반으로 컨베이어벨트에 의한 대량생산이 가능해짐으로써 가속적으로 발전했다. 3차 산업혁명은 1960년대에 시작됐으며 반도체와 메인프레임 컴퓨팅(1960년대), PC(1970년대와 1980년대), 인터넷(1990년대)의 발달이 주도했고, 컴퓨터를 이용한 생산 자동화에 의해 대량생산이 획기적으로 진화함으로써 발생했다.

그렇다면 4차 산업혁명은 어떻게 정의할 수 있을까? 슈밥 회장은 4차 산업혁명을 3차 산업혁명을 기반으로 한 디지털과 바이오산업, 물리학 등이 경계를 허물고 융합하는 기술혁명이라고 정의한다. 말하자면 4차 산업혁명은 3차 산업혁명의 연장선상에서 새로운 첨단 과학기술이 융합되어 발현되고 있는 것이다. 무인자율, 3D 프린팅, 로봇공학, 인공지능, 신소재, 사물인터넷, 빅데이터, 합성생물학, 유전자 편집 등 물리학과 디지털 및 생물학 분야의 모든 과학기술과 지식 · 정보 분야에 걸쳐 미증유의 빠른 속도와 거센 힘으로 혁신이 진행되는 새로운 시대가 열린 것이다. 이러한 변화는 인류가 이제까지 성취해 온 모든 규칙과 제도 및 가치, 그리고 생활의 틀을 근본적으로 바꾸는 것이기 때문에 혁명이라고 불린다.

인류의 역사를 반추해보면, 인류 문명의 전환은 전쟁과 군사 분야에서도 혁명적 변화를 가져왔음을 알 수 있다. 미래학자 앨빈 토플러(Alvin Toffler)는 한 저서에서 전쟁의 방법은 부의 창출 방법을 반영하고, 반전쟁(anti-war, 평화)의 방법은 전쟁의 방법을 반영한다고 주장한 바 있다.[2] 이는 [그림 5-1]에서 보듯이 과학기술의 급속한 발전으로 인해 문명 패러다임이 전환될 경우 전쟁과 군사 분야도 쓰나미처럼 밀려오는 파장을 피할 수 없다는 점을 의미한다.

[그림 5-1] 문명의 전환과 전쟁·군사 패러다임의 변환

사회변화	농업사회	산업사회	정보사회	초지능사회
전쟁 양상	육체·백병전	기계·화학전	정보·지식전	데이터·지능화전
전장 공간	1차원: 지상	3차원: 지상, 해상, 공중	5차원: 3차원+우주, 사이버	6차원: 5차원+전자기스펙트럼
지휘 구조	장수 중심 구조	수직적 계층 구조	수평적 네트워크 구조	초공간 네트워크 구조
전력 구조	병력 집약형	자산 집약형	정보 집약형	지능 집약형
전투 형태	선형	선형·비선형 (대부대, 집중)	비선형 (소부대, 분산)	비선형·불규칙형 (소부대, 개인, 분산)
파괴·피해	노획, 포로	대량 파괴, 대량 살상	정밀 파괴, 소량 피해	정밀 파괴, 마비, 무 피해

전쟁의 역사는 혁신적 차원에서 군사 패러다임을 발전시킨 국가는 그렇지 못한 국가와 전쟁을 벌일 경우 항상 승리하였다는 사실을 교훈으로 보여주고 있다. 혁혁한 전승을 성취한 국가들은 대부분 새로운 기술 주도의 군사 능력과 전술을 개발했으며, 기술의 발전이 전쟁의 성격과 방식에 중대한 변혁을 가져 왔다. 새

2 Alvin and Heide Toffler, *War and Anti-War: Survival at the Dawn of the 21st Century*, Boston, New York, Toronto, Lodon: Little, Brown & Company, 1993, P. 3.

로운 기술을 활용해 전투시스템을 혁신적으로 창출함으로써 기존의 전쟁 패러다임을 진부하게 만든 경우가 많은데, 이러한 현상이 곧 군사혁신(RMA: Revolution in Military Affairs)인 것이다.[3]

이 장은 4차 산업혁명시대의 전쟁 · 군사 패러다임 발전 경향을 살펴보고 한국군이 군사혁신 차원에서 성취해야 할 전력체계 혁신 방안을 제시한다. 우선, 선행적 고찰로서 전쟁과 군사가 작동되고 있는 이 시대의 인류 문명 발전 추세를 '초연결화'와 '초지능화'라는 관점에서 살펴보고, 그러한 발전이 전쟁과 군사 패러다임을 어떤 모습과 양상으로 변혁시켜 놓고 있는지를 분석한다. 다음은 세계 최고의 군사 선진국으로서 전쟁과 군사 패러다임의 발전을 선도하고 있는 미국의 4차 산업혁명시대 군사혁신 동향을 개관한다. 끝으로 이러한 분석을 통해 얻은 통찰력과 지식을 토대로 한국군의 초연결 · 초지능 전장 운영 아키텍처와 전력체계 혁신 방안을 제시한다.

---

3 미국 랜드연구소의 한 연구에 의하면, 군사혁신이란 군사 발전의 역사적 사례에 비추어볼 때 군사작전의 성격 및 방식에 있어서 그 기본적 패러다임이 획기적으로 전환되는 것이다. 주도적 행위자(dominant player)의 핵심 역량(core competencies)을 진부하게 만들거나 새로운 차원의 핵심 역량을 창출하는 것이 군사혁신인 것이다. 바꿔 설명하면, 군사기술 측면에서 중대한 발전이 이뤄지더라도 주도적 행위자의 핵심 역량을 진부하게 만들지 못하거나 새로운 핵심 역량을 창출해내지 못하면, 이는 군사혁신이라고 할 수 없다. Richard O. Hundley, *Past Revolutions Future Transformations: What can the history of revolutions in military affairs tell us about transforming the U.S. military?* Washington, D.C.: National Defense Research Institute, RAND, 1999, p. 9.

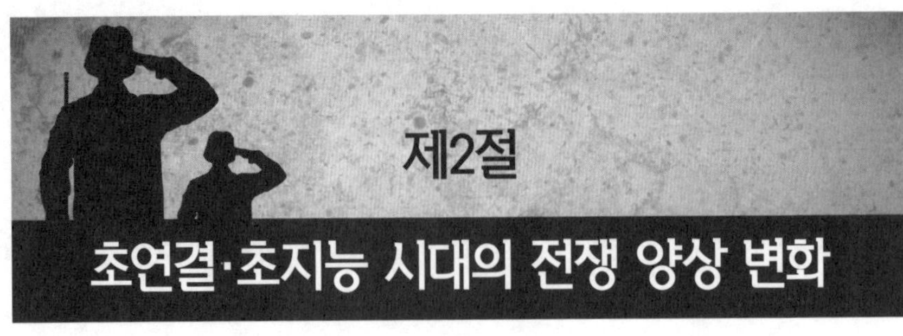

제2절
초연결·초지능 시대의 전쟁 양상 변화

1. 초연결 · 초지능 문명사회의 발전

오늘날 사람과 사물 및 공간이 초연결되면서 실시간으로 데이터를 수집 · 저장 · 처리 · 분석 · 활용할 수 있는 만물인터넷(IoE: Internet of Everything) 생태계가 가속적으로 발전되고 있다. 아울러 초연결된 사람과 사물 및 공간으로부터 수집한 대량의 다양한 데이터가 혁신적으로 빠르게 진화하는 인공지능(artificial intelligence)과 융합돼 초지능(hyper-intelligence) 혁명을 발생시키고 있다. 삼라만상의 생물적 지능과 인공적 지능이 결합해 선순환적 가치가 창출되고 있는 것이다. 이러한 세상의 변화 현상을 이해하기 위해서는 4차 산업혁명의 본질을 살펴 볼 필요가 있다.

여러 전문 서적과 주요 연구 보고서를 훑어보고 인터넷 검색을 통해 살펴보면, 4차 산업혁명의 본질은 초연결성과 초지능성으로 설명된다. 세상의 모든 사물은 인터넷으로 초연결됨과 아울러 인공지능과 만나 점점 똑똑해지는 초지능 유기체로 변신한다. 초연결은 스마트센서와 컴퓨터, 휴대전화, 로봇 등 서로 다른 종류의 기기들이 통신을 통해 하나로 연결된 상태를 말한다.

초지능은 두 가지로 나눠 설명된다. 하나는 '정량적 초지능'인데, 이는 인간의 사고와 기본적인 것은 같지만 인간보다 더 많은 정보를 체계화하고 보유할 수 있다는 점과 가장 똑똑한 인간의 뇌보다 빠른 속도로 정보를 처리할 수 있다는 점에서 인간의 사고 능력과 차이가 있다. 기억(정보의 보유량)과 시간(정보 처리 속도)이라는 인지적 한계를 극복하도록 함으로써 총체적 지식과 한 개인의 지식 사이에 벌어진 틈을 메울 수 있는 것이다.

다른 하나는 '정성적 초지능'인데, 이는 다량의 정보를 더 빠른 속도로 처리하는 것이 아니라 완전히 새로운 정보를 다량으로 획득하는 것을 의미한다. 세상에는 엄청나게 큰 숫자처럼 인간의 지식으로는 도달할 수 없는 어떤 원칙과 개념이 존재하고, 인간이 의문을 가질 수는 있지만 절대로 답할 수 없는 현상이 존재하는데, 정성적 초지능은 인간의 이러한 한계를 극복할 수 있게 한다는 것이다.

초연결성과 초지능성은 사물인터넷, 클라우드, 빅데이터, 모바일, 인공지능 등의 기술이 복합된 사이버물리시스템(CPS: Cyber Physical System)에 의해 발현된다. 사이버물리시스템이 4차 산업혁명의 핵심 기술이 되는 것이다. 사이버물리시스템은 가상세계와 물리적 실체가 연동된 시스템이다. 이는 컴퓨터공학적인 측면에서는 협동하는 컴퓨팅 객체들로 구성된 시스템을 말한다. 이 객체들은 주변의 물리적 세계와 그에 실시간으로 연동된 프로세스들과 연결돼 있고, 이러한 연결을 통해 인터넷상에서 무한한 데이터로의 접근이 가능해지며, 그 데이터를 처리해 서비스를 사용하거나 제공한다. 요컨대, 사이버물리시스템은 물리적 객체들을 제어하는 상호 협동하는 컴퓨팅 요소들로 이루어진 시스템이다. 가상의 영역에서 이루어지는 컴퓨팅, 통신, 제어를 실제 물리적 세계와 통합하는 것이다.

사이버물리시스템은 컴퓨터 기술, 네트워크, 그리고 물리적 프로세스들이 함께 연동돼 일하는 기능에 기반을 두고 있다. 임베디드 컴퓨터와 네트워크는 물리적인 프로세스들을 모니터링하고 제어한다. 물리적 프로세스로부터 생성된 데이터는 컴퓨팅에 영향을 미치며 이를 통해 일종의 피드백 루프를 형성한다. 사이버물리시스템에서는 현실 세계에서 일어나고 있는 다양한 상황을 센서를 통해 정량화하여 측정하고, 데이터 마이닝 및 빅데이터 분석과 인공지능을 활용해 현실 세계를 최적으로 모델링하여 경험과 직감이 아닌 객관적 방법을 통해 실제 현상을 분석 · 예측한 후 액추에이터를 통해 현실 세계로 피드백 시키는 일련의 상호작용이 발생한다. 요컨대, 사이버물리시스템 = 임베디드 시스템(스마트 센서 및 엑추에이터 포함) + 디지털 네트워크 + 자율적 판단에 의한 제어와 기계학습(인공지능 포함)으로 도식화할 수 있다.[4]

2. 초연결 · 초지능 시대의 전쟁 양상 변화

우주 만물의 초연결성 확장과 초지능성 심화로 인해 이제까지 인류가 경험하지 못한 새로운 문명이 열림에 따라 국가 · 사회 시스템과 경제 · 산업 구조가 근본적으로 변혁되고 있을 뿐만 아니라 국가 간 관계와 국제안보 및 전쟁 양상도 심대한 변화를 피할

---

4 김은 외 다수 지음, 『4차 산업혁명과 제조업의 귀환』(서울: 클라우드나인, 2017), pp. 236-238.

수 없을 것으로 분석되고 있다. 새로운 산업혁명의 본격화와 함께 국가의 생존과 번영이 물리적 생태계를 넘어 사이버 생태계와 디지털 생태계의 복합적 그물망 속에서 추구돼야 하는 것이다. 국가안보는 이러한 생태계들이 정상적으로 가동되도록 보장하는 것을 의미한다.

초연결성이 심화된 초지능화 국가는 사이버 공격이 가장 심각한 안보 위협이 될 것이다. 사이버 공간이 과거의 육지 · 바다 · 하늘과 같은 전쟁의 무대가 되는 것이다. 지능화 센서와 정보통신 네트워크, 그리고 의사결정 시스템이 방해 · 교란과 파괴의 대상이 된다. 사이버 공간에서는 전쟁의 문턱이 낮아지고, 전쟁과 평화의 구분 역시 모호해진다. 군사 시스템에서부터 에너지원, 전력망, 보건 시설, 교통관리 시설, 상수도 시설 등 민간 기반시설에 연결된 네트워크가 해킹을 당하거나 공격을 받을 수 있다. 과거에는 특정 적대 국가의 침략을 저지 내지 분쇄하는 것이 국가안보의 궁극적 목표였으나, 이제는 해커와 테러리스트, 범죄자, 그리고 실체가 뚜렷하지 않은 적에 대해서도 경계를 강화해야 한다.[5]

4차 산업혁명시대에는 이제까지와는 차원이 다른 첨단 과학기술을 활용한 다양한 신종 무기와 군용품이 전쟁을 수행하는 데 활용될 것으로 전망된다. 드론과 자율 무기가 가장 많은 주목을 받고 있다. 드론은 하늘을 나는 로봇이다. 자율 무기는 로봇 기술이 인공지능과 결합된 형태로 인간의 조종 없이 자동으로 운용된

5 정춘일 외 다수, 『2016 동아시아 전략 평가』(서울: 한국전략문제연구소, 2016), p. 7.

다. 웨어러블 기기는 극심한 스트레스를 받고 있는 군인의 건강 증진에 활용될 수 있으며, 외골격 기기는 아주 무거운 물체를 쉽게 들어 올릴 수 있도록 도와줘 전투력을 향상시킨다. 3D 프린팅 기술(적층 가공 기술)은 전쟁터에서 필요한 무기 및 장비 부품을 디지털 이미지로 전송 받아 현장에서 조달할 수 있는 재료를 사용해 제조할 수 있게 함으로써 공급 체인을 혁신적으로 변화시킬 것이다. 나노기술은 초경량 이동식 무기의 생산과 스마트하고 정밀한 첨단 무기의 개발에 활용될 수 있으며, 자기 복제와 증식이 가능한 시스템을 만드는 데도 사용될 수 있다. 첨단 디지털 미디어 기술은 심리전 능력을 강화하는 데 이용될 수 있다.[6]

이처럼 과거에는 상상조차 할 수 없었던 새로운 기술과 무기체계가 발전하면서 장차 전쟁의 본질, 작전 개념, 조직 편성, 교육 훈련, 리더십, 군수지원 등 전쟁 및 군사 패러다임에 혁명적 변화가 초래될 것으로 분석되고 있다. 미국을 비롯한 선진국들은 1990년대 초부터 3차 산업혁명인 정보혁명에 대비한 군사혁신(RMA: Revolution in Military Affairs)을 야심차게 추진해 온 바 있다. 이제 초연결 · 초지능 기반 4차 산업혁명이 가속화됨에 따라 또 다른 전쟁 패러다임 혁명(Revolution in Warfare Paradigm)이 발생할 것으로 전망된다.

4차 산업혁명은 기존의 사회를 송두리째 부수고 새로운 사회를 다시 형성하듯이 전쟁의 특성에도 본질적 변혁을 초래할 것으로 분석된다.[7] 클라우제비츠의 주장대로 전쟁은 적대감 충동의

---

6 클라우스 슈밥 지음, 송경진 옮김, 『클라우스 슈밥의 제4차 산업혁명』(서울: 메가스터디, 2016), pp. 144-146.

7 세계경제포럼」은 4차 산업혁명시대의 전쟁 양상 변화를 ① 전쟁 수행의 용이성, ② 살상 속도

충돌이자 양자 간의 극렬한 폭력 행위라는 본질적 성격은 변하지 않을 것이나 전쟁 수행의 방식과 수단은 사회의 진화적 발전에 따라 전환이 불가피할 것이다. 이미 4차 산업혁명을 견인하는 기술들의 융합 시너지가 다양한 여러 방식으로 전장의 형상을 바꿔 놓고 있다는 분석이 제기되고 있다.[8]

첫째, 우주와 사이버가 새로운 전장 영역(domain)으로 부상됐다. 이 두 영역의 경우는 전시 운용 경험, 교훈적 기록 및 역사적 전투 사례, 전쟁 수행 방법의 선례가 없다. 우주와 사이버 영역에서의 전투는 전통적인 지상과 해상 및 공중 영역에서 운용되는 전투력을 방해 내지 약화시킬 수 있다. 정찰 · 감시와 통신 및 각종 전투지원시스템이 우주의 위성과 컴퓨터 네트워크에 의존하고 있기 때문이다.

둘째, 인공지능, 빅데이터, 기계학습, 무인자율, 로봇 등의 기술이 군사작전의 수행에 고도의 탁월한 이점을 제공할 것이다. 따라서 앞으로 전쟁 당사자들은 이런 기술들을 군사적으로 활용하기 위한 치열한 경쟁을 벌이게 될 것으로 예상된다. 특히, 인공지능 기술을 활용하는 군사작전은 아주 빠른 속도로 전개될 것이기 때문에 효과적으로 대응하기 위해서는 의사결정에서 인간을

의 가속화, ③ 불안과 불확실성에 의한 위험 증대, ④ 억제 및 선제의 모호성 심화, ⑤ 군비경쟁의 통제 곤란, ⑥ 분쟁 행위자의 광범위한 확산, ⑦ 회색지대의 발생, ⑧ 도덕적 경계의 혼란, ⑨ 분쟁 영역의 확장, ⑩ 물리적 가능성의 실현성 증가 등 10 가지 트렌드로 정리했다. Anja Kaspersen, Espen Barth Eide, Philip Shetler-Jones, “10 trends for the future of warfare”, https://www.weforum.org/agenda/2016/11/.

8 David Barno and Nora Bensahel, “War in the Fourth Industrial Revolution”, June 19, 2018, STRATEGIC OUTPOST, WAR ON THE ROCKS, https://warontherocks.com/ 2018/06/.

배제할 수밖에 없을 것이다. 지능을 갖춘 기계들은 스스로의 의사결정으로 인간을 살상할 수 있다는 점에서 도덕적으로 위험성이 있으나 미래 전장에서의 생존과 승리를 위해서는 필수적으로 운용될 것이다.

셋째, '대량'(mass)과 '방어'(defense)가 중요해지고 있다. 최근의 정보화 기반 전쟁에서는 '대량'보다 '정밀'이 중시됐다. 정밀유도무기를 사용하는 소규모 부대가 최소의 물자로 성공적인 전투를 수행할 수 있는 것으로 인식했다. 그러나 3D 프린터에 의한 적층가공 기술 등을 활용할 경우 전투능력을 저렴하게 대량으로 획득할 수 있기 때문에 '정밀'과 '공격'보다 '대량'과 '방어'가 더 유리하다는 주장이 제기되고 있다. 소형의 스마트한 고가 첨단 정밀 무기체계를 소규모로 운용하는 것보다 군집적 파괴력을 갖춘 저가의 자율 드론을 대량으로 운용하는 것이 유리하다는 것이다. 대량의 군집 무기들을 운용하면 전장 영역을 사용하는 것보다 훨씬 쉽게 전장 영역을 거부할 수 있기 때문이다.

넷째, 새로운 세대의 고도 첨단 기술 무기들이 출현하고 있다. 최근 세계적 군사 강대국들 모두 새로운 차원의 군사적 우위를 차지하기 위해 레일건, 지향성 에너지 무기, 초고속 발사체, 극초음속 미사일 등 혁신적인 신종 무기체계를 개발하는 데 박차를 가하고 있다. 이런 무기들은 전통적 무기의 스피드와 사거리 및 파괴력을 극적으로 증가시킴으로써 기존의 군사력 균형을 파괴하고 새로운 차원의 군비경쟁을 초래할 수 있다.

다섯째, 알려지지 않은 요인(x-factor)이 잠재돼 있다. 4차 산업혁명 시대의 전쟁 양상은 그 누구도 정확하고 명확하게 규정할 수 없다. 전혀 예측할 수 없는 불확실하고 가변적인 요인들이 내재해 있기 때문이다. 비밀 기술을 활용한 무기들이 미래의 주요 전쟁에서 처음으로 출현해 전장의 역학구조와 형상을 전혀 예측하지 못한 방향으로 바꿔놓을 수 있다. 새로 등장한 무기들이 기존의 무기들을 무력화 내지 진부화시킬 것이며, 일방적으로 전승을 거둘 수 있는 기습적 능력을 제공할 수도 있다.

3. 초연결 · 초지능 전장 공간과 영역교차 승수효과 창출

최근 사물인터넷 혁명, 디지털 혁명, 빅데이터 혁명, 인공지능 혁명, 유전자 혁명, 신소재 혁명, 로봇 혁명 등 새로운 첨단 기술 혁명의 융 · 복합적 발생으로 지능 · 창조 문명이 본격화되고 있는 모습이다. 이러한 문명의 발전은 지난 역사에서 그랬듯이 전쟁 수행 방식과 수단도 파격적으로 바꿔놓을 것으로 분석된다. 거시적으로 보면, 3차 산업혁명 시대에 발전된 네트워크중심전(NCW: Network Centric Warfare)을 넘어 초연결 · 초지능의 결정중심전(DCW: Decision Centric Warfare)이 구현될 수 있을 것으로 기대된다. 이는 지상 · 해상 · 공중의 물리적 전장공간과 우주 전장공간 및 사이버 전장공간이 효과 기반의 전투력 발휘 차원에서 통합될 수 있음을 의미한다. 5차원 전장공간을 초연결함으로써 전투력의 통합적 시너지를 극대화할 수 있는 것이다.

여기서는 미국의 군사혁신 사례를 통해 미래의 전쟁 패러다임 변화 방향을 살펴본다. 미국은 세계 최강 · 최첨단의 군사력을 보유하고 있으면서도 새로운 군사 기술 혁명을 끊임없이 추구하고 있으며, 최근에는 초연결 · 초지능 전력체계의 발전을 토대로 새로운 작전개념을 구상하고 있는 모습이다. 이른바 '영역교차 승수효과'(CDS: Cross Domain Synergy)라는 개념으로 기존 전투력 운용 영역의 경계를 넘어 통합적 시너지를 최대화하기 위한 군사력 운용 개념을 발전시키고 있는 것이다.

이 개념은 지상 · 해상 · 공중 · 우주 · 사이버 공간 등 여러 전투력 운용 영역 간 교차 통합을 통해 승수효과를 최대화하는 것을 말한다. 본래 시너지라는 단어는 분산 상태에 있는 집단이나 개인이 서로 적응해 통합돼가는 과정을 의미한다. 둘 이상의 독립된 개체 각각이 만들어내는 결과를 단순히 합친 것보다 통합의 과정을 통해 더 바람직하고 중대한 결과를 창출하는 것이다.

미국은 영역교차 승수효과를 전투력 운용 및 발전의 중심적 개념으로 설정해 놓고 있다.[9] 영역교차 승수효과는 지상 · 해상 · 공중 · 우주 · 사이버 공간에서 활동하는 전투 주체가 서로 다른 전투력 운용 영역에 자신의 능력을 단순히 부가해 주는 것을 넘어 다른 전투력 운용 영역의 취약점을 상쇄하고 효과를 보완적으로 증진시켜 주는 것이다. 제한된 시간과 한정된 장소에서 몇 가지 전투력 운용 영역들에서는 상대방에 대한 우세를 달성함으로써 전투 임무 수행에 필요한 행동의 자유를 얻게 되는 것이다.

미국이 영역교차 승수효과 개념을 도입한 것은 네트워크중심전과 밀접하게 연결돼 있다. 네트워크중심전은 혁신적이고 급속하게 발달하고 있는 정보기술을 활용해 여러 전투 요소들을 효과

---

9 Development, Future Joint Force Development, 14 January 2016; William O. Odom and Christopher D. Hayes, "Cross-Domain Synergy: Advancing Jointness", *Joint Force Quarterly*, vol. 73, October 2014, pp. 123-128.

적으로 네트워킹하면 지리적으로 분산돼 있는 여러 전투 요소들이 전장 상황을 상호 공유할 수 있어 통합적 전투력을 만들어낼 수 있다는 점에 기초하고 있다. 전장에서 전투력을 운용함에 있어서 병력이나 무기체계 등과 같은 전투 요소들이 어디에 편재되어 있는가보다는 전투 요소들 상호 간의 상황 정보 공유에 중점을 두고 있다는 점에서 영역교차 승수효과와 거의 유사한 접근을 추구하고 있다.

전통적으로 무기체계들은 통신이나 유효 사정거리의 제한을 고려해 소속 군이나 조직을 중심으로 운용됨으로써 상대방의 공격에 취약할 뿐만 아니라 적을 집중 공격할 수도 없었던 것이 사실이다. 이에 반해 네트워크중심전과 영역교차 승수효과 개념은 분야별 전투 조직과 관계없이 각 전장 영역으로 널리 분산 배치된 각개의 무기체계들을 보다 효과적으로 통합 운용하는데 목적이 있다.

네트워크중심전은 주로 정보 네트워크 활용이라는 측면에 초점을 두고 설명되고 있다. 정보 네트워크를 잘 활용하면 모든 무기체계들이 소속이나 지리적인 제약을 받지 않고 전장 내 어느 곳에 위치하더라도 네트워크상에 존재하기만 하면 신속하게 집중적 공격에 참여할 수 있다. 뿐만 아니라 네트워크의 활용은 전투 참여 요원들 간의 공통 상황 인식을 증가시켜 말단 전투 제대에서도 전반적인 전투 상황을 신속히 이해하도록 함으로써 고속의 작전 템포를 보장하고 적은 전투력으로도 큰 전투 효과를 발휘할 수 있게 한다. 이제 정보기술의 발달에 이어 사물인터넷 혁명, 디지털 혁명, 빅데이터 혁명, 인공지능 혁명 등이 가속화됨에 따라 영역교차 승수효과를 최대화할 수 있는 모자이크전(Mosaic Warfare)이 실현될 것으로 보인다.

영역교차 승수효과를 최대화하기 위한 전투력 운용 개념 및 방책은 미국 국방부가 2012년에 발간한 『합동 작전적 접근 개념』(Joint Operational Access Concept)에 나타나 있으며, 군이 중점을 두고 노력해야 할 다섯 가지 사항을 제시하였다.[10]

첫째, 보다 더 낮은 하위 제대에서 작전 능력과 행동을 통합하는 것이다. 이는 작전 수행 과정에서 순간적으로 포착되는 국지적인 기회를 이용해 결정적인 작전 템포를 확보하는데 기여할 수 있다.

둘째, 전통적 작전 영역인 지상 · 해상 · 공중에 새로운 작전 영역인 우주와 사이버 공간을 통합 운용함으로써 작전의 융통성을 높이는 것이다.

셋째, 합동작전의 고유한 특성인 작전 영역 간의 비대칭적 이점을 더욱 창의적으로 구현하는 것이다. 예를 들면, 아군의 항공력으로 적의 대함무기체계를 공격한다든지, 아군의 지상군으로 적의 방공무기 등 해 · 공군 위협 세력을 무력화시킨다든지, 사이버 작전으로 적의 우주체계 기반을 마비시키는 것 등이다.

넷째, 전투력을 접적지역으로 전개할 경우 또는 이미 전개된 전투력을 운용할 경우 우주나 사이버 공간을 이용해 외부에서 지원함과 동시에 그 역으로 작전지역에 이미 전개된 전력들이 그

---

10 *Joint Operational Access Concept(JOAC)*, Version 1.0, U.S. Department of Defense, 17 January 2012. 이 전략 문건은 반접근(anti-access) 및 지역거부(area denial)에 대응하기 위한 군사력 운용 개념을 제시하고 있다.

외부의 전투력을 지원하기 위해 적의 주요 핵심 시설을 무력화시키는 등 교차된 노력을 추구하는 것이다.

다섯째, 미군 자체의 능력뿐만 아니라 미국 내의 각종 관련 기관과 동맹국의 능력을 폭넓게 활용해 시너지를 상승시키는 것이다. 작전을 수행할 때 보다 세분화된 전투 관련 주체들이 다양한 영역에서 교차된 활동을 통해 협력을 추구해야 한다.

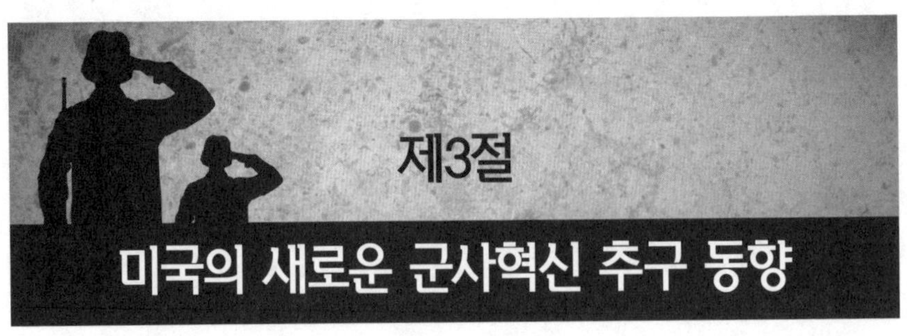

제3절
미국의 새로운 군사혁신 추구 동향

1. 새로운 군사혁신 차원의 3차 상쇄전략

미국은 걸프전 이후 1990년대 초부터 3차 산업혁명 시대의 정보기술 기반 군사혁신(Information Technology Based Revolution in Military Affairs)을 세계 최선두에서 개척 · 발전시켜온데 이어 최근에는 미래 군사력의 압도적 우위를 유지하기 위한 국방전략으로서 4차 산업혁명 시대의 지능기술 기반(Intelligence Technology Based) 군사혁신을 추구하고 있는 것으로 알려져 있다. 미국은 4차 산업혁명 시대의 군사혁신을 3차 상쇄전략(Third Offset Strategy)에 담아 추진하는 것으로 알려져 있다. 미국 국방부는 2016년 2월에 2017 회계연도 국방 예산 안을 발표하면서 제3차 상쇄전략을 중시할 것이라고 천명했으며, 이 분야에 들어가는 예산을 36억 달러(한화 기준 약 4조 2200억 원) 편성했다.[11]

이 개념은 2014년 당시 척 헤이글(Chuck Hagel) 국방장관이 처음 제기했으며, 미국이 우위에 있는 기술 분야를 더욱 발전시켜 경쟁국들을 멀찌감치 따돌리겠다는 구상이다.

---

11 "군사적 AI 기술 어디까지… 스텔스 능력 갖추고 장거리 비행 가능한 AI 무인기도 곧 띄운다", ≪국민일보≫, 2016년 3월 19일.

헤이글 장관은 한 국방포럼에서 미국이 향후 20년간 러시아와 중국보다 압도적 군사 우세를 유지할 수 있는 기술로서 로봇, 자율시스템, 소형화, 빅데이터, 3D 프린팅 등을 제시했다. 로봇에 인공지능 기능을 넣어 무인 로봇이 스스로 상황을 평가하고 의사결정을 할 수 있게 되면 인간의 육체적 노동뿐만 아니라 정신적 노동도 경감시켜 줄 수 있다. 기계(로봇)가 인간(장병)을 대체할 수 있는 능력이 커질수록 전투력 발휘 수준이 높아지고 인건비를 절감할 수 있을 것이다. 무기체계의 구성품, 탄두, 센서, 전자부품 등을 소형화하고 비용도 더욱 줄여야 소모성의 소형 자율 무기들(드론 등)을 많이 확보해 벌 떼처럼 유연하고 신속한 전술을 취할 수 있다. 빅데이터를 분석하는 기술을 활용할 경우 모든 정보 데이터를 인간의 개입 없이 용도에 알맞게 걸러내는 알고리즘을 만들어 낼 수 있다. 시간 압박을 심하게 받는 인간 정보 분석가들에게 징후를 알리는 패턴들을 식별해서 제공할 수 있다. 개개의 전함이나 지상군 부대들은 긴 보급 지원 라인에서 기다릴 것이 아니라, 3D 프린터로 필요한 수리부속품들을 용도에 맞게 직접 제조해서 사용할 수 있다.

미국 국방부의 워크(Robert Work) 전 부장관은 당시 3차 상쇄 전략의 사령탑으로서 구현 방책을 구체적으로 진전시켰다. 그 요체는 미국이 세계 최고 수준의 인공지능 및 무인자율 기술을 활용해 최첨단의 '합동 인간-기계 전투 네트워크'를 창출할 경우, 단연 전투 우위를 유지하고 재래식 억제를 강화할 수 있다는 것이다. 아울러 그는 이를 위한 5대 핵심 기술을 제시했다.

첫째는 학습하는 기계(Learning Machine) 기술이다. 이는 사이버 공격, 전자전 공격, 우주에서의 공격에 대해 빛의 속도로 반응하는 기계를 개발하기 위해 스스로 학습하여 대응할 수 있는 기계를 활용하는 것이며, 인공지능이 응용되는 분야이다.

둘째는 인간과 기계의 협동(Human-Machine Collaboration) 기술이다. 이는 인간이 신속하고 적절하게 결심할 수 있도록 도와주는 기계에 대한 기술이다. 예를 들면, F-35 전투기의 경우 조종사가 사용하는 데이터 전시기는 수많은 정보를 신속히 처리하여 올바른 결심을 하도록 도와주는 기술이 적용된다.

셋째는 기계 보조 인간 작전 활동(Machine Assisted Human Operations) 기술이다. 이는 인간이 용이하고 효과적으로 작전을 수행할 수 있도록 보조해 주는 기술이다. 예를 들면, 전장의 전투원들은 향후 10년 이내에 여러 분야에서 다양한 용도로 로봇을 활용할 수 있을 것이다.

넷째는 인간-기계 전투 조합(Human-Machine Combat Teaming) 기술이다. 이는 각종 로봇 및 기계들과 인간 전투원이 하나의 전투 임무 팀을 편성해 작전 임무를 수행할 수 있도록 하는 기술이다. 예를 들면, 미국 공군은 몇 년 전부터 무인 전투기를 유인 전투기의 호위기로 함께 실전에 투입하는 '로열 윙맨'(Loyal Wingman) 구상을 논의해온 것으로 알려져 있다. 워크 부장관은 2016년 3월 워싱턴에서 열린 한 포럼에 참석해 자율 주행 차량이 본격적으로 상용화하기 전에 자율 조종 기능을 갖춘 무인 전투기가 유인 전투기와 함께 하늘을 나는 날이 현실화할 것으로 기대한다고 밝힌 바 있다. 그는 한 예로서 4세대 F-16 전투기를 완전히 무인기로 개조하고 5세대 F-35 스텔스기와 함께

짝을 이뤄 작전하는 방안을 제시했다.[12]

다섯째는 자율 무기(Autonomous Weapon) 기술이다. 앞으로는 각종 지상 기동무기에 자율 무기 기술이 적용되고, 공중과 해상 무기체계에도 무인 자동 항해와 자동 임무 수행 기술이 적용될 것으로 분석되고 있다. 최근 미국 전문가들 일각에서는 3차 상쇄전략의 구체적 방안으로서 '전 지구적 감시-타격 네트워크'(GSSN: Global Surveillance and Strike Network) 체계를 연구 · 검토하는 것으로 알려져 있다. 워싱턴에 소재지를 두고 있는 전략예산분석연구소(CSBA: Center for Strategic Budgetary Analysis)의 마티니지(Robert Martinage) 박사는 『새로운 상쇄전략에 대하여』(Toward New Offset Strategy)라는 제하의 연구 보고서에서 그 구체적 개발 방안을 제시했다.[13]

이는 전 세계의 광범위한 지역에 산재해 있는 정보 · 감시 · 정찰(ISR: Intelligence, Surveillance, Reconnaissance) 체계와 통신네트워크 체계 및 정밀타격 능력 등 지 · 해 · 공 · 우주 · 사이버 5차원 전장공간의 가용 자산을 모두 결합하여 전 지구적 감시-타격 네트워크 체계를 구축 · 운용할 경우, 전 세계 어느 곳에서 위협이 발생하더라고 즉각적이고 신속하게 타격할 수 있게 된다는 전략적 구상이다. 앞에서 언급한 5대 핵심 기술들을 효과적으로 활용해 강건한 초연결 · 초지능형 네트워크체계를 구축하고,

---

12 "미국, F-16 전투기 자율 조종 무인기로 개조 계획", ≪연합뉴스≫, 2016년 4월 2일, http://www.yonhapnews.co.kr/bulletin/2016/04/01/.

13 Robert Martinage, *TOWARD A NEW OFFSET STRATEGY: EXPLOITING U.S. LONG-TERM ADVANTAGES TO RESTORE U.S. GLOBAL POWER PROJECTION CAPABILITY*, Center for Strategic and Budgetary Assessments, 2014.

5차원 전장 공간에 분산 배치된 다양한 스텔스 장거리 유인체계들과 자율 무인체계들을 상호 긴밀하게 연결해, 다수의 작전 선을 동시 병렬적으로 운용함으로써 번개처럼 빠른 속도로 작전을 수행할 수 있게 된다는 것이다.

이 보고서는 미국이 3차 상쇄전략에 활용할 5대 최첨단 기술 분야를 제시했는데, 이는 세계의 어떤 국가들보다도 군사적으로 우월한 분야로서 ①무인작전(Unmanned Operations), ②장거리 공중작전(Extended-Range Air Operations, ③저 탐지 공중작전(Low Observable Air Operations), ④수중전(Undersea Warfare), ⑤복합 시스템 엔지니어링 및 통합(Complex System Engineering and Integration) 등이다.

아울러 이 보고서는 전 지구적 감시-타격 네트워크 체계를 구축하면서 고려해야 할 사항을 다음과 같이 제시했다.

첫째는 균형성이다. 이는 광범위하고 다양한 위협 환경에 대응하기 위해 High-Low Mix 플랫폼을 구축해야 한다는 것이다.

둘째는 복원성이다. 이는 기지 의존도의 최소화 및 지리적 분산, 적 방공 능력에 의한 취약성 감소, 우주시스템 파괴 및 교란 방지 등을 추구해야 한다는 것이다.

셋째는 즉응성이다. 이는 수 시간 또는 수 분 내에 신뢰할 수 있는 감시-타격 체계를 구축해야 하는 것이다. 넷째는 규모성이다. 이는 전 세계의 다양한 지역에서 발생하는 사태에 대응할 수 있도록 확장 가능해야 한다는 것이다.

끝으로 이 보고서는 미국이 앞으로 수행해야 할 3차 상쇄전략의 핵심 과업을 다음과 같이 제안했다. 첫째는 무인작전의 우위를 확보하기 위한 방안을 개발하는 것이다. 둘째는 장거리 및 저탐지 공중작전의 우위를 확보하기 위한 방안을 개발하는 것이다. 셋째는 수중 영역에서의 우위를 확보하기 위한 방안을 개발하는 것이다. 넷째는 복합 시스템 엔지니어링 및 통합의 경쟁력을 확보하기 위한 방안을 개발하는 것이다.

2. 사물인터넷(IoT) 기반 전장 혁신 추구 동향

미국은 전략적 측면에서 4차 산업혁명 시대의 군사혁신 개념을 적용한 3차 상쇄전략을 추구하는 가운데 전술적 차원에서 4차 산업혁명의 첨단 기술을 전장에 활용하기 위한 여러 가지 방책을 강구하고 있다. 그 대표적 사례로서 [그림 5-2]에서 보듯이 전투 클라우드(Combat Cloud) 구축 개념과 방안을 발전시키고 있다. 이는 전장 공간의 다양한 전투체계들을 클라우드를 기반으로 통합 운용하는 '커넥티드 전장'(Connected Battle Space)을 구현한다는 구상이다.

미국은 그동안 정보기술 기반 군사혁신을 추구하면서 세계 최선두에서 네트워크 중심 작전 수행 능력을 지속적으로 발전시켜 왔다. 공군은 첨단 항공기와 공중조기경보통제기(AWACS)에 탑재된 전술 데이터 링크인 Link 16 체계, 편대 내 데이터링크(IFDL: Intra-Flight Datalink) 체계, 다기능 첨단 데이터링크(MADL: Multifunction Advanced Datalink) 체계, 다기능 정보 분배 체계(MIDS: Multifunction Information Distribution Systems) 등을 통해 전장 정보를 공유한다. 특히 최첨단 5세대 항공기인 F-35 전투기는 편대 내 데이터링크를 통해 편대장 항공기와 편대 구성 항공기들이 목표를 공유하고, 링크 16을 통해 지상과 함정, 조기경보통제기, 공중지상감시통제기(J-STARS), 우군 전투기, 지대공 미사일 등과 전장 정보 공유가 가능하다. 그러나 이러한 작전 수행 방식은 주로 공군의 전력이 지상군과 해군의 작전을 지원하는 것이며, 지 · 해 · 공 전력의 유기적 통합에 의한 작전 수행이라고는 볼 수 없다.

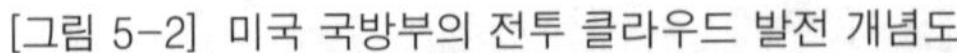
[그림 5-2] 미국 국방부의 전투 클라우드 발전 개념도

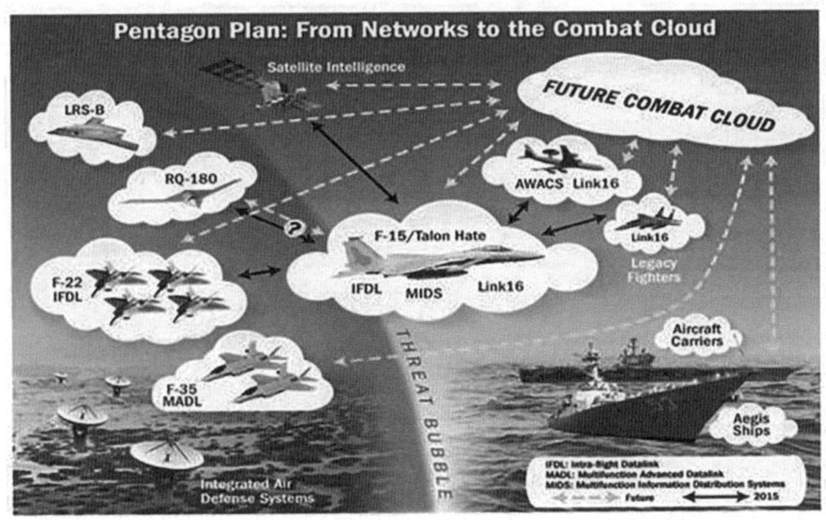

(출처) "Pentagon's 'Combat Cloud' Concept Taking Shape", Aviation Week Network, September 29, 2014. https://aviationweek.com/aerospace/.

따라서 미국은 최근 전력 운용 개념 및 방식을 네트워크 기반에서 전투 클라우드 기반으로 전환하는 방안을 발전시키고 있다. 다차원 위협(multi-dimensional threat)과 다차원 전투(Multi Domain Battle)에 대비하기 위해서는 지상 · 해상 · 공중전으로 분리된 영역 중심 군사력 운용 구조(domain focused force employment structure)를 전 전장 공간을 포괄하는 통합적 군사력 운용 프레임워크(cross domain force employment framework)로 전환해야 한다는 것이다. 전투 클라우드란 전장 공간 내에서의 데이터 분배와 정보 공유를 가능하게 하는 전 영역 포괄 그물망 네트워크(overarching meshed network)로 정의된다. 분야별 · 기능별 · 무기체계별로 분리 네트워크화된 플랫폼을 초연결 시스템복합체계로 전환함으로써 새로운 전장 운영 아키텍처를 제공하는 것이다.

뿐만 아니라 미국은 전투력 운용 혁신 방안으로서 전투 클라우드 기반 다차원 영역 지휘통제(MD C2: Multi-Domain Command and Control) 패러다임을 추구하고 있다. 이제까지의 연통형 지휘통제체계는 다차원 영역의 전투를 수행할 경우 필수적인 실시간 통신 및 지휘통제가 불가능한 현실이다. 그러나 전투 클라우드는 전장 공간의 모든 플랫폼과 전투장비들을 센서로 운용하고 자동적 연결과 단절 없는 데이터 전송이 가능한 지휘통제를 보장한다. 특히, 전장 사물인터넷 환경에서 생성되는 대량의 정형 · 비정형 데이터를 첨단 인공지능 기술로 분석 · 처리하고, 그 결과로 얻어진 정보 · 지식을 활용해 전투 의사결정이 이루어질 경우 지휘통제는 인간의 직관력에 의존하지 않고 자동화 · 지능화된다. 빅데이터 기반 의사결정(big data driven decision)과 지휘통제가 가능해지는 것이다.

그 밖에도 미국의 국방 분야에서는 사물인터넷을 활용하기 위한 다양한 노력들이 활발하게 전개되고 있다. 국방부는 사물인터넷의 국방 활용을 위한 정책 지침을 마련해서 각 군 기관들이 활용하도록 하고,[14] 군 내 · 외 연구기관들은 군사 분야의 효율성과 효과성 제고를 위한 사물인터넷 활용 방안 등에 대한 다양한 연구와 세미나를 곳곳에서 진행하고 있다.[15]

---

14 Chief Information Officer, U.S. Department of Defense, *DoD Policy Recommendations for The Internet of Things(IoT)*, December 2016.

15 Denise E. Zheng & William A. Carter, *Leveraging the Internet of Things for a More Efficient and Effective Military*, A Report of the CSIS Strategic Technologies Program, September 2015.

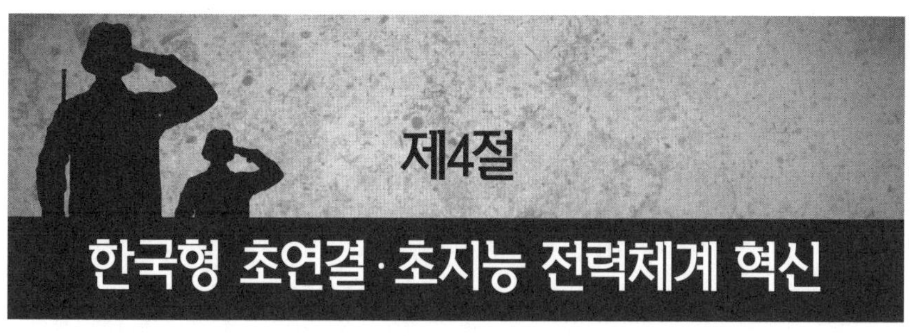

제4절

한국형 초연결·초지능 전력체계 혁신

1. 한국형 감시-타격 네트워크체계 구축

초연결 · 초지능 기반의 경제 · 산업 구조 및 사회 시스템 발전 추세와 미국 등 선진국들의 새로운 군사혁신 추구 동향을 고려해 볼 때 한국도 첨단 신기술을 활용한 군사력 창출 방안을 적극적으로 모색해야 할 것이다. 당면한 적인 북한의 군사위협과 전쟁 양상의 변화에 대비한 전력구조를 혁신적으로 발전시키고, 초연결 · 초지능을 견인하는 첨단 신기술을 활용한 전력체계를 개발 · 획득함과 아울러, 영역 교차 승수효과를 창출 · 최대화할 수 있는 전력 운용 개념을 발전시켜야 한다. 무엇보다 중요한 것은 이러한 전력체계 혁신을 선도할 수 있는 아키텍처를 설계하는 일이다.

이에 초연결 · 초지능 전력체계 혁신 아키텍처로서 「한국형 감시-타격 네트워크」(KSSN: Korea Surveillance and Strike Network) 체계의 구축을 제시한다. 이는 그동안 발전시켜 온 정보 · 지식 기반 네크워크중심전의 구성 요소에 초연결 · 초지능을 견인하는 핵심 기술인 I · C · B · M(IoT, Cloud, Big Data, Mobile)+AI(Artificial Intelligence) 기술을 활용하면 가능할 것으로 보인다. 이는 한반도 전구 내의 모든 정찰 · 감시(ISR) 자산과 타격(Strike) 자산 및 개인전투체계를 네트워크 체계를 통해 수평적 · 수직적으로 통합한 거대한 감시-타격 체계를 구축하는 것이다.

미국이 세계 최선두에서 개척했지만 지금은 대부분의 군사 선진국들이 추구하고 있는 네트워크중심전은 [그림 5-3]에서 보듯이 세 가지의 전투체계들이 밀접하고 견실하게 연결 · 결합돼 작동된다. 컴퓨팅과 통신 플랫폼을 제공하는 정보 그리드와 의사결정을 담당하는 지휘통제 체계가 감시정찰을 담당하는 센서 체계와 교전 효과를 창출하는 타격 체계를 연결해서 센서-타격 복합체를 형성한다. 다양한 유형의 센서들은 신뢰성과 회복력이 보장된 네트워킹을 통해 고도의 전장 상황 인식을 공유시킨다. 다양한 타격 체계들은 고도의 정보 및 상황 인식을 기반으로 동시적인 자기 동기화를 통해 통합 전투력을 발휘함으로써 교전 효과를 극대화한다.

[그림 5-3] 네트워크중심전의 구성 요소 및 작동 구조

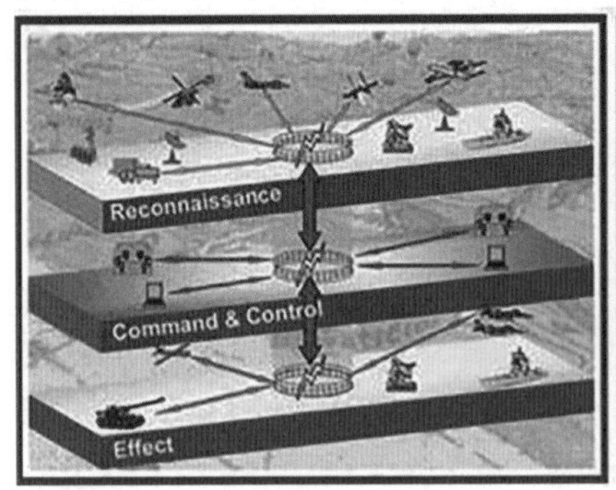

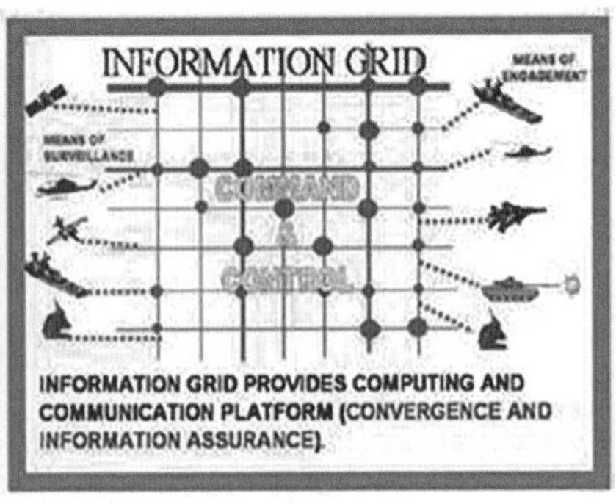

네트워크중심전은 논리적으로 네 단계로 작동된다. 첫 번째 단계는 네트워킹을 통한 정보 공유이다. 전장 공간의 전투 자산들(군사력)을 네트워크를 통해 폭넓게 연결함으로써 정보의 공유 정

도를 개선한다. 두 번째 단계는 정보 공유를 통한 상황 인식 공유이다. 정보의 공유를 통해 정보의 질과 상황 인식의 공감대를 향상시킨다. 세 번째 단계는 상황 인식 공유를 통한 자기 동기화 실현 및 지휘 속도 보장이다. 상황 인식의 공유를 통해 협동과 자기 동기화를 보장하면서 작전의 지속성과 지휘의 속도를 향상시킨다. 네 번째 단계는 지기 동기화 실현을 통한 전 전장 공간 통합 운영이다. 전투력의 통합 운용을 통한 임무 수행의 효율성 증대로 스마트한 승리를 성취한다.

한국군은 그동안 네트워크중심전을 수행할 수 있는 능력을 확보한다는 목표 하에 다양한 전력체계들을 발전시켜 왔다. 정보격자망을 구축하기 위해 정보통신기반체계(국방전산망, 전략통신망, 전술통신망), 지휘통제체계(KJCCS, MCRC, KNTDS, 육·해·공 C4I체계), 전술데이터링크체계 등을 발전시켜 왔다. 센서격자망을 구축하기 위해 위성체계, 금강체계, 백두체계, UAV, 레이더, 정찰기, 공중조기경보통제기 등을 발전시켜 왔다. 교전격자망을 구축하기 위해 지상타격체계, 해상·수중타격체계, 공중타격체계, 지대지유도무기, 중·장거리 대공유도무기 등을 발전시켜 왔다.

한국군은 앞으로 이러한 전력체계들을 기반으로 4차 산업혁명 시대의 초연결·초지능 결정중심전을 수행할 수 있는 방책을 추구해야 할 것이다. 정보·지식 기반 네트워크중심전에 초연결·초지능 기술을 접목시켜 초연결·초지능 기반 모자이크 전쟁 패러다임을 창출할 필요가 있다. 정찰–통제–타격 복합체계에 첨단 스마트 디바이스 및 센서, 무한대 네트워크 기술, 빅데이터 및 인공지능 기술을 결합해 전장 공간 내의 모든 전투원과 무기 · 장비가 초연결된 초지능형 정찰–통제–타격 복합체계를 구축해야 한다. 앞으로 이를 위한 청사진을 수립하고 핵심 체계 및 기술을 식별해서 집중적으로 개발해나갈 필요가 있다.

2. IoT 기반 결정 중심 작전 환경(DCOE) 발전

한국군은 그동안 미국 등 선진국들이 정보화 시대의 전쟁 수행 패러다임으로 발전시켜온 네트워크중심전 이론에 착안해 네트워크 중심 작전 환경((NCOE: Network Centric Operational Environment)의 발전을 모색해 왔다. 전장 공간에 배치된 각종 무기체계와 장비 및 전투원 등 모든 전투 요소들을 네트워킹해 전장 상황을 공유시킴으로써 전투력 승수 효과(Synergy Effects)의 최대화를 통해 효과 중심의 동시 · 통합 작전을 보장해야 한다는 것이다.

다시 말하면, 네트워크중심전은 각종 센서체계들(센서격자)과 타격체계들(교전격자)을 정보통신 네트워크(정보격자)로 연결 · 통합해 전장 상황 인식 공유와 지휘 속도 향상을 보장함으로써 정보의 우위를 교전의 우위로 전환하는 것이다. 이러한 네트워크 중심 작전 환경은 전력체계의 구조 측면에서 사물인터넷 환경(IoTE: Internet of Things Environment)과 유사하다고 볼 수 있다. 사물인터넷 환경에서는 센서와 통신 기능이 내장된 스마트 기기들이 인터넷으로 연결돼 주변의 물리적 실체들로부터 수집한 정보를 상호 공유한다.

따라서 사물인터넷의 요소 기술들을 전력체계의 구축과 운용에 최대한 적절하게 활용할 경우 결정 중심 작전 수행 능력을 획기적으로 향상시킬 수 있다. 최근 발전을 거듭하고 있는 첨단 센싱 기술을 전장 감시정찰체계의 하부구조에 적용할 경우, 감시정찰 능력이 크게 제고될 수 있다. 뿐만 아니라 빅데이터 분석 · 처리 기술과 인공지능 기술을 지휘통제체계에 적용할 경우, 전장 정보 분석 및 지휘통제 결심 능력이 대폭 향상될 것이다. 사물인터넷은 주변의 모든 사물들을 통신기술을 통해 연결하여 다양한 서비스를 제공한다는 점에서 결정 중심 작전 환경의 실질적 구현을 가능하게 할 것이다. 이러한 측면에서 사물인터넷 기반의 결정 중심 작전 환경을 서둘러 발전시킬 필요가 있다.

한국군은 이미 2016년부터 사물인터넷 기반 결정 중심 작전 환경을 발전시키는데 활용될 수 있는 네트워크 기반체계를 구축하기 시작했다. 전술정보통신체계(TICN: Tactical Information Communication Network)를 전력화하고 있는 것이다. 이 체계는 인터넷 접속이 가능한 All IP 기반의 차기 전술정보통신체계로서 다원화된 군 통신망을 일원화하고 다양한 전장 정보를 적시적소에 실시간으로 전달해 정확한 지휘통제 및 의사결정을 가능하게 할 것으로 알려져 있다. 특히, 이 체계는 미래 전장에서 통합 전투 역량을 극대화하는 핵심 기반 네트워크로 운용된다. 전장에서 수집된 대용량의 음성과 데이터 및 영상을 실시간으로 원거리까지 유 · 무선으로 전송하고, 약 50여 개에 달하는 무기체계를 연동하며, 전시 유 · 무선망이 파괴되더라도 군 지휘통신체계를 유지한다. 민간 상용 통신망과는 달리 유선 광케이블 망의 도움 없이 자체 시스템만으로 이동 중에도 고속 대용량 음성 · 데이터 · 영상 통신이 가능하다는 것이 차별화된 특징이다.

[그림 5-4]에서 보는 바와 같이, TICN 체계는 감시정찰체계와 정밀타격체계를 연결시켜 주는 핵심 전력체계이다. 네트워크중심전과 결정중심전을 수행하기 위해서는 지휘부와 각 부대, 정밀유도무기, 감시정찰체계를 네트워크체계로 연결하는 것이 필수적인데, TICN 체계가 그 역할을 담당한다. 이러한 기능을 수행하기 위해 이 체계는 대용량무선전송체계, 망관리/교환체계, 소용량무선전송체계, 전술이동통신체계, 전투무선체계 등 5개 시스템으로 구성돼 있다. 대 · 소 용량 무선전송체계는 지상 케이블 없이도 근 · 원 거리 무선 전송을 가능하게 한다. 망관리/교환체계는 일종의 교환기 역할을 담당한다. 전술이동통신체계는 군용 스마트폰이라 할 수 있다. 전투무선체계는 다목적 만능 디지털 무전기로서 단말기에 해당된다.

[그림 5-4] TICN 체계 구성

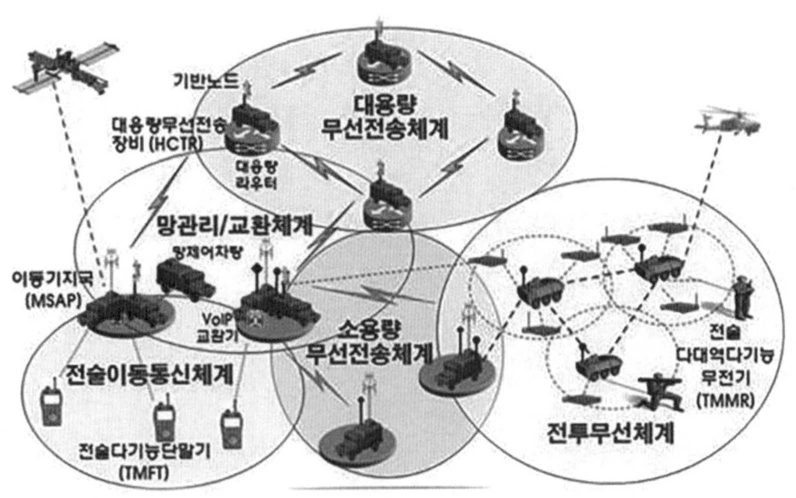

(출처) 김용신, "위성망과 지상망 통합 라우팅 기술", 방위사업청, 2017. 9. 13. https://blog.naver.com/dapapr/.

TICN 체계는 All IP 기반으로 확장성과 상호운용성이 보장되고, 기동성 있는 대용량 유무선 네트워크를 제공하며, 일관된 암호화 체계를 적용했다는 점이 주된 특징이다. 특히 중요한 것은 진화적 성능 개량을 수용할 수 있다는 점이다. 이는 네트워크중심전 수행을 위한 전술통신체계로서 앞으로 진화적 발전을 통해 사물인터넷 기반 결정 중심 작전 환경의 발전을 위한 통신 인프라로 활용할 수 있음을 의미한다. 사물인터넷 기반 결정 중심 작전 환경의 발전을 위해 다음과 같은 방안을 발전시킬 필요가 있다.

첫째, 네트워크중심전에 이은 결정중심전 수행의 시작이라 할 수 있는 감시정찰체계의 경우 레이더 및 열상 감시 장비 등 전통적 대형 센서 이외에도 경계, 군수지원, 화생방, 병사관리 등에 사물인터넷 프로토콜이 탑재된 스마트센서들을 추가하는 방안을 강구한다.

둘째, 기반통신체계의 경우, TICN의 전술용스마트폰(TMFT)이나 다기능전투무전기(TMMR) 등에 각종 센서로부터 발생되는 데이터를 수집 · 제어하는 기능을 탑재한다. 다양한 데이터를 TICN망을 거쳐 정보 분석 노드로 전송하는 게이트웨이 역할을 수행할 수 있도록 하는 것이다.

셋째, 전장의 데이터 및 정보를 활용해 전투 의사결정 및 행동을 담당하는 지휘통제체계의 경우, 빅데이터 센터를 설치하고 클라우드 컴퓨팅 시스템과 인공지능 분석 도구를 도입해 작전 수행의 정교성과 효율성을 향상시킨다.

3. 빅데이터 및 인공지능 기반 지휘통제체계 발전

인류 문명이 정보화 시대로 진입하면서 '정보를 가진 자가 미래를 지배할 것이다'라는 말이 회자됐다. 많은 정보를 가진 사람이 박식하고 능력 있는 사람으로 일컬어졌다. 그러나 정보의 폭발 시대를 살아가는 인류에게 단순히 많은 정보는 흩어져 있는 구슬에 불과하다. 흩어져 있는 구슬인 수많은 데이터에서 필요한 정보를 획득해 목적에 맞게 처리 · 사용하는 일이 중요하다. 초연결 사회에서는 데이터가 급속하게 기하급수적으로 폭증함과 더불어 대용량 데이터의 저장 및 처리 능력이 획기적으로 발전되고 있음에 반해 데이터 저장 및 처리 비용은 과거에 비해 매우 저렴해짐으로써 '빅데이터'라는 개념이 크게 주목받고 있다. 데이터가 초연결 사회의 원유라는 말에서 알 수 있듯이 매 순간 생성되는 데이터의 가치가 날로 높아지고 있고, 이 원유를 사용해 무엇을 할 수 있는가 하는 가치 창출 업무의 중요성이 부각되고 있다.

「포춘」이 선정한 세계 최고 경영학 교수 50인 중 한 명인 토마스 데븐포트(Thomas H. Davenport) 박사는 '분석 3.0 시대'의 도래를 선언하면서 분석이 생활 속에 스며들어(임베디드) 의사결정도 빅데이터에 기초해 자동화될 것이라고 역설했다. 그가 언급하는 빅데이터 분석은 고도화된 예측과 지시적인 분석까지 가능하게 한다. 지금까지는 인간이 어떤 문제가 왜 발생했는지 과거의 것을 분석해 이를 바탕으로 의사결정을 했다면, 빅데이터 분석은 마치 의사들이 병을 진단하고 약물을 처방하듯이 정보가 자동으로 모여 지시하고 방향성까지 알려준다는 것이다. 데이터가 먼저 정보를 제공하고, 분석가는 분석실 밖에 있다는 점이 그 특징이다. 분석가가 밀실 같은 공간에서 소량의 데이터를 다루던 분석 1.0 시대, 그리고 데이터를 토대로 제품과 서비스의 향상을 시도했던 분석 2.0 시대와 달리 분석 3.0 시대에는 인간이 데이터를 움직일 필요 없이 분석이 자동으로 이뤄진다는 것이다.[16]

빅데이터 및 인공지능 기반 자동적 의사결정의 위력은 '구글 딥마인드'(DeepMind) 팀이 개발한 인공지능 바둑 프로그램인 '알파고'(AlphaGo)가 보여줬다. '알파고'는 딥러닝(Deep Learning) 방식을 사용해 바둑을 익히는데, 이는 머신러닝(기계학습)의 하나로 비지도 학습(Unsupervised Learning)을 통해 컴퓨터가 스스로 패턴을 찾고 학습해 판단하는 알고리즘을 가지고 있다. 인간이 별도의 기준을 정해주지 않으며 대신 방대한 데이터를 기반으로 컴퓨터가 스스로 분석하며 학습하는 것이 주된 특징이다. 2017년 10월에는 인간 최고 고수들을 격파한 '알파고'를 압도하는 새로운 '알파고 제로'를 공개했다. 지금까지의 인공지능이 외부에서 데이터와 인간 지식의 도움을 받아야 했다면 '알파고 제로'는 대국 상대 없이 순수하게 독학만으로 인간이 수천 년 동안 개발한 바둑 이론을 깨달았다는 것이다.[17]

인공지능은 방대한 양의 데이터와 전문 지식의 도움을 받아야

---

16 "의사결정도 빅데이터로 하는 시대다", ≪중앙일보≫, 2015년 10월 18일, http://news.joins.com/article/.

17 구글 딥마인드의 창업자인 데미스 허사비스 최고경영자(CEO) 등 이 회사 소속 연구원 17명은 2017년 10월 19일(한국 시간) '인간 지식 없이 바둑을 마스터하기' 라는 논문을 과학 학술지 『네이처』에 발표한 것으로 알려져 있다. "알파고에 100전 100승 거둔 '알파고 제로' 등장…인간 지식 없이 스스로 학습해 창의성 발휘", ≪경향비즈≫, 2017년 10월 19일,http://biz.khan.co.kr/khan_ art_ view.html?

한다. 이세돌 9단을 이겼던 '구글 딥마인드'의 '알파고 리' 역시 7개월 동안 기본 데이터를 학습했고 수천 명의 인간 고수들과의 대국을 거치면서 실력을 키웠다. 이런 방식의 인공지능 학습을 '지도 학습'(supervised learning)으로 부른다. 그러나 '딥마인드' 팀은 '알파고 제로' 연구 결과를 설명하는 '백지 상태에서의 학습'이라는 글에서 인간 지식은 너무 비싸고 신뢰할 수 없거나 이용할 수 없는 경우가 있기 때문에 인공지능 연구의 오랜 과제는 어떤 인간의 도움 없이도 초인적인 문제 해결 능력을 보이는 알고리즘을 만들어 이런 단계를 건너뛰는 것이었다고 강조했다. 인공지능을 훈련시키기 위해 방대한 데이터를 수집 · 입력하고 전문가의 지식을 동원하는 데는 많은 비용과 시간이 필요하며, 인간의 잘못된 지식이나 선입견이 오히려 인공지능 학습에 오류와 한계로 작용할 수 있다는 것이다.

최근에는 인공지능이 스스로 수많은 시행착오를 통해 요령을 터득하는 '강화 학습'(reinforcement learning)에 대한 연구가 활발히 전개되고 있다. 강화 학습은 인간의 지식 자체가 부족하거나 전무한 새로운 분야를 연구하는 데 큰 도움이 될 수 있다는 것이다. '알파고 제로'도 강화 학습 방식으로 만들어졌으며, 지금까지 나온 '알파고' 버전들 중 가장 강력한 것으로 알려져 있다. '알파고 제로'는 72시간 독학한 후 '알파고 리'와 대국한 결과 100전 100승을 기록했다는 것이다. 한 수에 0.4초가 걸리는 초 속기 바둑으로 490만 판을 혼자 두고 쌓은 결과이다. 40일에 걸쳐 2900만 판을 혼자 둔 후에는 세계 랭킹 1위 커제 9단을 3대 0으로 꺾었던 '알파고 마스터'의 실력마저 압도했다. '알파고 제로'는 '알파고 마스터'에 100전 89승 11패를 거뒀다는 것이다. '알파고 제로'는 강화학습으로 바둑의 이치를 스스로 깨달았을 뿐만 아니라 새로운 정석을 개발하기도 한 것으로 평가되고 있다.

군사 분야도 이러한 메가트렌드를 적극적으로 활용해야 할 것이다. 특히, 전장에서 정보의 우위를 교전의 우위로 전환함으로써 승리를 성취하는 데 결정적인 역할을 담당하는 지휘통제체계를 최신 · 최첨단 빅데이터 및 인공지능 기술을 최대한 활용해 지능화할 필요가 있다. 지휘통제체계는 선견–선결–선타 개념에서 다양한 센서와 타격 수단들을 연결함으로써 전투행위 사이클을 빠르게 회전시킬 수 있는 핵심 체계이다. 전투 행위 순환 과정(O–O–D–A Loop)은 관측(O: Observe)–판단(O: Orient)–결심(D: Decision)–행동(A: Action)으로 연결된다. 먼저 보고(See first: 전장 상황 인식), 먼저 이해한(Understand first: 결심의 완전성 · 신속성) 후, 먼저 행동하여(Act first: 작전 템포 고속화) 결정적 승리를 성취하는 것이다.

군의 지휘통제체계는 다양한 감시정찰 자산으로부터 수집된 많은 양의 정보를 융합하고 분석해 지휘관이 최적의 의사결정을 내릴 수 있도록 지원하는 시스템이다. 현재 운영하고 있는 지휘통제체계는 단순히 정보를 보여주고 유통하는 체계라고 할 수 있다. 대량의 정보를 분석하고 최적의 방책을 제공하는 기능은 결여돼 있기 때문에 지휘관의 의사결정을 자동적으로 지원하기에는 매우 미흡한 수준으로 평가된다. 군은 그동안 합동참모본부와 육 · 해 · 공군, 각급 전술제대에 걸쳐 여러 가지 지휘통제 네트워크 체계를 구축 · 활용해 왔으나, 분야별 · 제대별 · 무기체계별로 분리되어 있어 연계·통합이 절실하고, 빅데이터와 인공지능 기술을 적용한 고도화가 요구된다.

전투 의사결정 및 지휘의 완전성·신속성·신뢰성·예측성을 보장하기 위해서는 빅데이터+인공지능 기반의 초지능 지휘통제 네트워크 체계의 발전이 필수적이다. 초연결·초지능 결정중심전을 구현하기 위한 데이터 기반 의사결정 시스템을 구축해야 한다. 전장에서 생성되는 대용량의 데이터를 첨단 인공지능 기술로 처리하지 않고는 의사결정의 핵심 요소인 정보와 지식이 산출될 수 없으며, 이 경우 지휘통제는 자동화된 지원을 받기 어렵고 편견과 한계를 지닌 인간의 직관에 의존할 수밖에 없다. 구글 '딥마인드' 팀의 '알파고' 바둑 프로그램이 진화한 과정을 눈여겨보고 무엇을 어떻게 해야 할지에 대해 고민해야 한다.

빅데이터 기술은 기존의 데이터베이스 관리 도구로는 수집·저장·관리·분석할 수 없는 대량의 정형 또는 비정형 데이터로부터 가치를 창출하고 결과를 분석하는 기술로서 분석 기술과 표현 기술로 대별된다. 대표적인 분석 기술에는 텍스트 마이닝 기술, 오피니언 마이닝 기술, 소셜 네트워크 분석 기술, 군집 분석 기술 등이 있다. 텍스트 마이닝 기술은 비정형 및 반정형 텍스트 데이터에서 자연어 처리 기술을 기반으로 유용한 정보를 추출·가공한다. 오피니언 마이닝 기술은 소셜 미디어 등의 정형 및 비정형 텍스트에서 긍정·부정·중립의 선호도를 판별한다. 소셜 네트워크 분석 기술은 소셜 네트워크의 연결 구조 및 강도 등을 바탕으로 사용자의 명성 및 영향력을 측정한다. 군집 분석 기술은 비슷한 특성을 가진 개체를 합쳐가면서 최종적으로 유사 특성의 군집을 발굴한다. 표현 기술은 분석 기술을 통해 분석된 데이터의 의미와 가치를 시각적으로 표현하는 기술을 말하며 프로그래밍 언어로 표현된다.

군의 지휘통제체계에 빅데이터 기술을 적용하는 데는 해결해야 할 제한 사항이 많은 것으로 분석되고 있다. 중요한 제한 사항으로서 전술 환경의 특성, 위계적 임무 · 목표의 특수성, 전장 데이터의 이질성 · 불확실성 · 불완전성, 보안 요구의 경직성, 전술 네트워킹 환경의 열악성, 전술 컴퓨터 처리 능력의 다양성, 시스템의 분산성, 전투원 능력의 제한성 및 정보 분석 전문가 제한 등이 지적되고 있다.

그럼에도 불구하고, 빅데이터의 군사적 적용은 많은 이점이 있는 것으로 강조되고 있다. 첫째, 자동화 측면에서 명시 및 추정된 관계에 기초하여 데이터를 자동적으로 상관시킬 수 있다. 둘째, 이력 분석 측면에서 과거 축적된 데이터 및 사태에 대한 조사를 통해 중요 동향 및 활동을 간파할 수 있다. 셋째, 이상 현상 탐지 측면에서 예측하지 못한 사태 · 활동 · 행동을 신속히 발견할 수 있다. 넷째, 예측 분석 측면에서 데이터 처리를 통해 가능성 있는 사태 · 활동 · 행동을 예측할 수 있다. 다섯째, 행동 추세 및 패턴 분석 측면에서 적의 의도와 행동을 예측할 수 있는 모델을 시행할 수 있다. 여섯째, 경보와 경고 및 징후 측면에서 조치 가능한 정보 생산을 통해 신속한 전환이 가능하다. 일곱째, 시간 단축 측면에서 지휘 결심 속도가 증대될 수 있다.

빅데이터의 분석에 필수적인 인공지능은 인간성이나 지성을 갖춘 존재 혹은 시스템에 의해 만들어진 지능을 말하는데, 사고나 학습 등 인간이 가진 지적 능력을 컴퓨터를 통해 구현하는 기술이다. 개념적으로 강한 인공지능(Strong AI)과 약한 인공지능(Weak AI)로 구분된다. 강한 인공지능은 사람처럼 자유로운 사고가 가능한 자아를 지닌 인공지능을 말한다. 인간처럼 여러 가지 일을 수행할 수 있다고 해서 범용 인공지능(AGI: Artificial General Intelligence)이라고도 한다. 강한 인공지능은 인간과 똑같은 방식으로 사고하고 행동하는 인간형 인공지능과 인간과 다른 방식으로 지각 · 사고하는 비인간형 인공지능으로 다시 구분된다. 약한 인공지능은 자의식이 없는 인공지능을 말하며, 주로 특정 분야에 특화된 형태로 개발되어 인간의 한계를 보완하기 위해 활용된다. 대표적인 예로서 인공지능 바둑 프로그램인 '알파고'나 의료 분야에 사용되는 '왓슨'(Watson) 등이 있다. 현재까지 개발된 인공지능은 모두 약한 인공지능에 속하며, 자아를 가진 강한 인공지능은 아직 등장하지 않은 것으로 판단되고 있다.[18]

최근 광범위한 분야에서 인공지능에 대한 관심이 커지고 연구가 활발하게 진행되면서 그 의미도 다양하게 정의되고 있다. 대표적으로 ① 기억, 지각, 이해, 학습, 연상, 추론 등의 인간의 지성을 필요로 하는 행위를 기계를 통해 구현하는 학문 또는 기술, ② 인식, 이해, 학습, 추론, 예측 등 인간의 지적인 능력을 인공적으로 구현하는 기술, ③ 인간의 학습 능력과 추론 능력, 지각 능력, 이해 능력 등을 실현하는 기술, ④ 인간의 사고 과정(인지, 추론, 학습 등)에서 필요한 능력을 모방한 기술, ⑤ 인간처럼 사고하고

---

18 ≪다음백과≫, http://100.daum.net/encyclopedia/view/.

감지하며 행동하도록 설계된 일련의 알고리즘 체계 등으로 정의된다.

이러한 정의에 비춰보면, 인공지능 기술은 인간의 지각 및 학습 능력 등을 컴퓨터 기술을 이용해 구현함으로써 문제를 해결할 수 있는 기술을 말하며, 다음과 같은 몇 가지 기술로 분류된다. 첫째는 학습 및 추론 기술로서 데이터에 내장된 패턴, 규칙, 의미 등을 알고리즘을 기반으로 스스로 학습하도록 해 새롭게 입력되는 데이터에 대한 결과를 예측 가능하도록 하는 기술이다. 둘째는 상황 이해 기술로서 주변 환경에서 발생하는 데이터를 종합적으로 이해하고 맥락 분석과 판단을 제공해 환경 및 주변 사람의 감정을 인지하는 것을 포함한 상황 인지 기술이다. 셋째는 시각 이해 기술로서 영상의 내용 및 상황을 이해하고 예측하는 기술로 영상 내용 이해, 시각 지식 생성, 내용 기반 영상 검색, 비디오 분석 및 예측이 가능하다. 넷째는 인지 컴퓨팅 기술로서 주변 환경의 지각 인지, 학습 적용, 지식 추론, 행위 생성 등 사람의 인지 구조를 모방해 통합함으로써 지능형 서비스 개발을 지원하는 기술이다.

빅데이터와 인공지능 분야의 기술은 이미 민간 부문에서 탁월하게 발전시켜 다양한 용도로 활용되고 있다. 군은 비교우위의 민간 기술 기반을 최대한 활용하기 위한 방책을 강구할 필요가 있다. 데이터 기반 자동화 의사결정을 구현하기 위해 빅데이터와 인공지능 기술을 어떻게 지휘통제체계에 적용할 것인지 그 구체적 방안을 서둘러 찾아야 할 것이다. 사이버 공간에서는 고도의 보안 대책이 요구되므로 군이 아키텍처를 설계하고 마스터플랜을 수립한 다음, 전문 연구기관과 기업들이 협력 플랫폼을 구축해 시제 시스템을 개발하고 실증 과정을 거쳐 구축하는 것이 바람직하다.

4. 사이버물리시스템·AI·무인화 기술을 활용한 신개념 무기체계 개발

4차 산업혁명의 핵심 요체인 초연결 · 초지능을 가능하게 하는 첨단 핵심 기술들이 기하급수적으로 발전됨에 따라 이를 활용한 신개념 무기체계들이 속속 등장하고 있는 모습이다. 최근 방위사업청 산하 국방기술품질원은 인공지능, 사물인터넷, 3D프린팅 등 4차 산업혁명 이슈뿐만 아니라 과학기술 발전 추세 및 미래 전장 환경 등을 종합적으로 반영해 주요 미래 국방 기술을 도출하고 이를 통해 구현 가능한 신개념 무기체계들을 제시한 바 있다.[19] 무기체계의 혁신적 발전을 이끄는 과학기술은 광범위하고 다양하다. 그러나 앞으로 전장을 지배할 미래 신개념 무기체계는 4차 산업혁명을 견인하는 핵심 기술과 불가분의 관계에 있다. 가장 대표적인 기술은 사이버물리시스템(CPS: Cyber Physical Systems) 기술, 인공지능 기술, 무인화 기술 등이다.

사이버물리시스템이란 센서나 액츄에이터(작동 장치)가 장착된 물리적 요소와 이를 실시간으로 제어하는 컴퓨팅(사이버) 요소가 결합된 복합시스템(System of Systems)을 말한다. 컴퓨팅 및 통신 기능에 실시간으로 물리세계의 객체를 모니터링하고 제어하는 기능을 결합시킨 시스템인 것이다. 차세대 자동차, 항공기, 발전 시설, 신개념 무기체계 등은 고성능화 · 복잡기능화 · 자동화 ·

---

19 국방기술품질원, 『4차 산업혁명과 연계한 미래 국방 기술』, 2017년 12월.

지능화 · 상호연동성 · 실시간성 · 신뢰성 · 보안성 등이 요구되므로 인간의 논리력과 지능으로는 한계가 있기 때문에 임베디드 소프트웨어 기반 복합체계로 발전되는 추세이다. 사이버물리시스템 기술은 이미 민간의 다양한 분야에 적용되고 있으며, 국방 분야에서도 전력체계 뿐만 아니라 전력지원체계에 매우 유용하게 활용될 수 있을 것이다.

미래 신개념 무기체계로 최근 가장 각광을 받고 활발하게 개발되고 있는 것은 무인 무기체계이다. 무인 무기체계는 소수의 인원으로 다수의 무기체계를 운용할 수 있고, 인명 피해를 최소화할 수 있기 때문에 그 중요성이 부각되고 있다. 무인 무기체계는 첨단 정밀 제어 기술의 발달로 인간이 수행하는 위험 임무 및 작전을 대신하고, 유인 무기체계가 접근하기 어려운 작전지역의 이용을 가능하게 한다. 또한 데이터링크 및 임무 컴퓨터의 발달로 다수의 무인체계가 편대로 운용될 수 있어 부대 단위의 직접적 전투를 대체할 것으로 전망된다. 앞으로 무인체계는 정찰감시 기능을 넘어 무장을 탑재한 공격 플랫폼으로서 전력을 투사할 수 있게 됨으로써 전장 환경을 근본적으로 바꿔 놓을 것으로 분석된다.

미국 등 군사 선진국들은 미래 전장에서 로봇을 중심으로 한 무인 자율 무기체계 간의 전투가 보편화될 것이라는 예측이 나오면서 국가 차원에서 그러한 무기체계의 개발에 총력을 기울이고 있는 모습이다. 미국과 중국 및 러시아 간에 무인 무기체계 개발 경쟁이 본격화되고 있다. 미국의 무인 경전차(Drone Tank), 러시아의 T-14 아르마타 전차(무인 포탑 탑재, 무인 전차 지향), 드론 떼 전투체계 발전 등이 그 대표적 사례이다. 2030년을 전후로 전투 보병을 대체할 인간을 닮은 인공지능형 킬러 로봇이 대량 생산돼 전장에 투입되고 부상당한 장병이나 민간인을 구출하는 데 사용되는 구호 로봇이 출현할 것이라는 전망도 있다.

미국의 국방부 산하 국방고등연구계획국(DARPA)은 미래의 전장에서는 첨단 지능의 군사용 로봇을 먼저 활용하는 쪽이 승리하게 될 것으로 보고 인공지능과 로봇공학을 기초로 다양한 로봇 무기체계를 개발하는데 박차를 가하고 있다. 미국은 2016년 무인로봇과 무인 무기체계의 개발에 5억 달러를 투자한 것으로 알려져 있다. 러시아는 2020년까지 기관총과 감시카메라 및 센서를 장착한 로봇을 만들어 미사일 기지에 배치할 계획인 것으로 파악되고 있다. 유럽 국가들의 해군 및 공군은 인공지능 기술을 활용해 유인 전투기와 무인 전투기를 복합시킨 전투체계를 개발하는 것으로 파악된다. 유인 전투기 한 대가 원격 조종 저비용 무인 항공기 20대를 이용해 공격작전을 벌이는 형태이다. 무인 항공기는 표적 획득 정보를 제공하면서 미사일 운반 장치 역할도 수행한다.

한국군도 미국과 중국 및 러시아 등 군사 선진국들의 드론 떼 공격 전투 방식을 지상 및 해상 작전에 적용하는 방안을 강구하고 있다. 드론과 로봇을 결합해 새로운 개념의 다양한 작전을 수행하는 드론 봇(드론+로봇) 전투단을 5대 게임 체인저의 하나로 선정해 군사적 운용 개념과 발전 방향을 연구하고 있다. 드론 떼 전투 방식은 다수의 드론(1kg 정도의 고성능 폭탄 탑재)이 분산해 있다가 공격 목표가 주어지면 일제히 목표를 향해 돌격하는 것을 말한다.

미국은 2017년 1월 F/A-18 전폭기 3대로 103대의 마이크로

드론(길이 16cm)을 투하하는 드론 떼 공격 전투 실험을 성공적으로 수행한 바 있다.[20] 또한 미국 해병대는 상륙작전 수행 시 '저비용 무인기 군집기술'(LOCUST 기술)을 통해 수중 드론, 무인 수상함, 수중기뢰제거 장비 등을 해병대원의 상륙에 앞서 선봉에 내세워 인명 피해를 줄이면서 적의 방어선을 공략하는 방안을 적극적으로 추진하고 있다.[21] 그런가 하면 미국 공군은 소형 드론을 벌떼처럼 날려 보내 적 레이더에 혼란을 일으켜 표적 탐지를 어렵게 하거나 특수 센서로 레이더를 무력화시키는 등 소형 발사관으로 드론을 다수 날려 적을 떼 지어 공격해 무력화시키는 방안을 연구하고 있다.[22] 중국은 태평양에서의 작전 반경을 넓히고 미국 해군과의 전쟁에 대비해 세계 최대 규모의 무인기(드론) 부대를 구축하고 있는 것으로 파악된다. 중국군이 전장을 정찰하고 미사일 공격을 유도하면서 수적으로 적을 압도할 드론 부대 구축 계획을 세우고 지난 10여 년 동안 개발에 박차를 가해 왔다는 것이다.[23]

5. 초연결·초지능 전투 클라우드 플랫폼 구축

한국군은 그동안 네트워크 중심 작전 환경을 조성하기 위해 첨단 센서체계 및 정보통신체계 구축 등 다양한 전력 증강 노력을

---

20 "美 국방부, 차세대 무기 '소형 드론 떼' 시험 성공적", ≪NEWS 1≫, 2017년 1월 10일, http:// news1.kr/articles/.

21 "美 해병대, 미래 상륙전 선봉장은 소형 드론 떼", ≪연합뉴스≫, 2016년 10월 26일, http:// www. yonhapnews.co.kr/bulletin/.

22 "쥐도 새도 모르게 정찰하는 18g짜리 비밀병기", http://militarystyle.tistory.com/.

23 "中, 세계 최대 드론 부대 구축… 유사시 美 해군 떼 지어 공격", ≪동아일보≫, 2013년 3월 15일,http://news. donga.com/3/all/20130315/.

기울여 왔다. 그러나 이제까지는 주로 분야별 · 기능별 · 무기체계별 연통(stovepipe)형 정보통신체계를 구축 · 운용함으로써 네트워크중심작전의 수행이 거의 유명무실한 것으로 평가되고 있다. 뿐만 아니라, 데이터 기반 전투 의사결정이 매우 미흡하다. 빅데이터 활용 측면에서 보면 한국군의 정보체계 및 지휘통제체계는 빈 깡통과 마찬가지이며 제한된 인위적 데이터에 의존하고 있기 때문에 전투 참여 주체들의 전장 정보 및 상황 인식 공유와 자기동기화(self-synchronization)의 자동적 실현은 거의 불가능하다. 특히, 네트워크 기능과 시스템이 없는 구형 무기체계의 경우 네트워크중심작전에 참여할 수 없어 전력의 통합적 발휘가 제한될 수밖에 없다.

이제 4차 산업혁명의 핵심 기술을 최대한 활용해 이러한 제한점들을 극복할 필요가 있다. 사물인터넷 기반 클라우드 플랫폼을 구축해 기존 지휘 · 통제 · 통신 · 정보 시스템을 통합 · 운용함으로써 전장의 영역 교차 시너지를 최대화해야 할 것이다. 사물인터넷 환경에서 실시간으로 산출되는 빅데이터를 수집 · 분석 및 활용해 관찰-판단-결정-행동 고리(OODA Loop)의 순환 속도를 가속화해야 한다. 구형 무기체계들의 경우 스마트 센서 디바이스를 장착해 사물인터넷 환경 속으로 통합해야 할 것이다.

전장 공간의 다양한 센서 전력체계, 지휘통제 전력체계, 기동 · 타격 전력체계를 영역 교차 시너지 최대화 차원에서 통합적으로 운용하기 위해서는 초연결 · 초지능 플랫폼 기반의 통합 네트워크체계의 구축이 필수적이다. 플랫폼이란 원래 기차역 승강장처럼 차가 들어오고 승객이 탑승하는 장소를 말하지만, 오늘날에는 정보통신기술을 활용한 산업 및 비즈니스의 핵심 영역이 돼 있다. 기술적 측면에서는 윈도우나 안드로이드처럼 다른 기술들이 구동되는 기반 소프트웨어를 총칭한다. 비즈니스 측면에서는 공급 주체와 소비 주체를 한군데로 모아 부가가치를 창출하는 공간을 말한다. 공급 주체는 재화나 서비스를 플랫폼에 제공하고 그에 상응한 수익을 창출한다. 소비 주체는 플랫폼이 제공하는 재화나 서비스를 사용하고 그에 대한 대가를 지불한다.

사물인터넷 환경의 발전 추세, GE의 클라우드 플랫폼 사례, 미국 국방의 3차 상쇄전략 추구 및 사물인터넷 활용 동향 등을 고려할 때, 한국 역시 [그림 5-5]에서 보는 바와 같은 초연결 · 초지능의 '커넥티드 전장'(Connected Battle Space)을 구현하기 위한 통합 플랫폼 체계를 시스템 복합 전력체계의 핵심으로 구축할 필요가 있다. 영역 교차 시너지를 최대화할 수 있는 초연결 · 초지능 네트워크 중심 작전환경을 조성해 전장 공

[그림 5-5] 초연결·초지능 전투 클라우드 플랫폼 구조

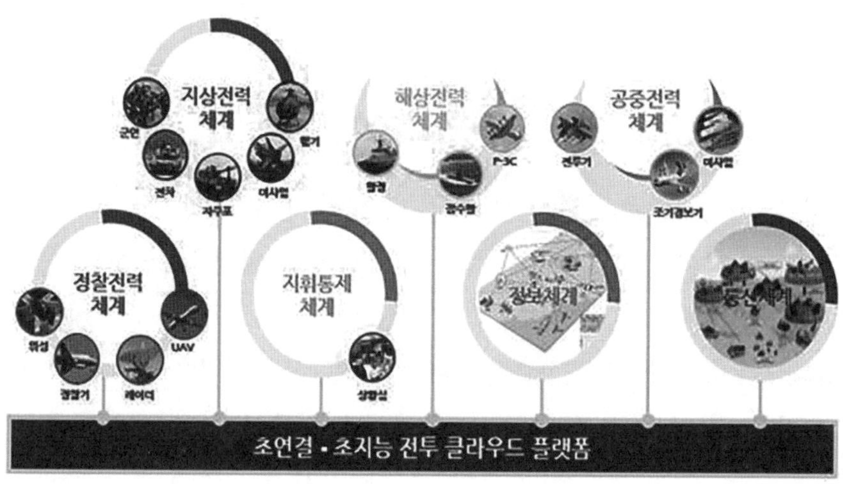

간에서 빅데이터 기반의 정보 · 지식 우위(Information and Knowledge Superiority)를 달성하고 이를 통해 압도적 교전우위(Engagement Superiority)를 성취해야 하는 것이다.

결정 중심 작전 환경 하에서 전투력의 영역교차 승수효과를 최대화하기 위해서는 전투 클라우드 플랫폼을 기반으로 신뢰성과 회복력이 보장된 데이터 및 정보 유통 · 공유 네트워크체계를 구축해 속도 중심의 '데이터 기반 결정'을 통한 전장 운영을 보장하는 것이 필수적이다. 전투 클라우드 플랫폼은 각종 정찰감시체계, 지 · 해 · 공 기동 및 타격체계, 정보체계, 지휘통제체계 등 모든 전투체계들을 통합적으로 연결해 전장 데이터를 기반으로 정보 · 상황 인식의 공유와 지식 중심 의사결정을 보장함으로써 속도 작전을 보장한다. 요컨대, 네트워크 중심 전쟁 패러다임(Network Centric Warfare Paradigm)을 데이터 · 지능 중심 전쟁 패러다임(Data and Intelligence Centric Warfare Paradigm)으로 발전시켜야 하는 것이다.

초연결 · 초지능 전투 클라우드 플랫폼은 생존성과 보안성 및 신뢰성이 보장돼야 하기 때문에 군에서 아키텍처를 핵심 전력체계 차원에서 설계하고 성숙한 민간 상용 기술을 최대한 활용해 신속하고 효과적으로 구축하는 것이 바람직하다. 현행 서버 기반 연통형 시스템을 플랫폼 기반 지능형 통합 시스템으로 전환해 이종의 다양한 전장시스템들을 통합 연동시켜 데이터 및 정보의 공유를 가능하게 해야 한다. 이제까지 한국군은 네트워크 중심 작전환경 하의 동시 통합전을 수행한다는 전장 운영 개념을 설정하고 감시정찰 및 타격 전력체계들을 발전시켜 왔으나 실상은 전장 정보 및 상황 인식의 공유가 매우 미흡하다. 앞으로는 전투 클라우드 플랫폼 기반의 통합 전력체계를 구축 · 운용함으로써 완전한 전장 정보 및 상황 인식 공유 하에 자기 동기화가 발현되는 초연결 · 초지능 네트워크중심전을 수행해야 할 것이다.

이러한 맥락에서 우선적으로 추진해야 할 과업은 이미 구축돼 있는 분야별 · 기능별 · 무기체계별 지휘 · 통제 · 통신 · 정보체계를 전투 클라우드 플랫폼의 구축을 통해 통합적으로 연결하는 일이다. 앞으로 구축될 시스템들은 당연히 클라우드 플랫폼과의 연결에 최적화돼야 한다. 아울러 모든 지휘 · 통제 · 통신 · 정보체계들은 사물인터넷 환경에 적합하도록 단계적으로 성능 개량돼야 할 것이다. 구형 무기체계의 경우 사물인터넷 환경에 들어올 수 있도록 스마트 디바이스 시스템을 장착하는 성능 개량을 추진하는 것이 긴요하다.

전장 사물인터넷 환경은 완전무결성과 고도 보안성을 요구하는 전력체계로 구성되기 때문에 국방기관 주관으로 아키텍처를 설계하고, 방위산업 연구개발 차원에서 기술력 있는 방산 전자 대기업을 중심으로 개발 협업 플랫폼을 구축 · 운영해 시제 시스템을 개발하는 것이 바람직하다. 4차 산업혁명 핵심 기술들은 민간 연구기관들과 대학들이 원천기술들을 개발하고 있고, 산업 분야에서 우수한 중소 벤처기업들이 요소별로 경쟁력 있는 솔루션을 개발 · 보유하고 있기 때문에 이러한 잠재 능력을 충분히 활용할 필요가 있다. 국방 연구개발을 넘어 범정부 차원의 과학기술 역량을 최대한 활용해야 할 것이다.

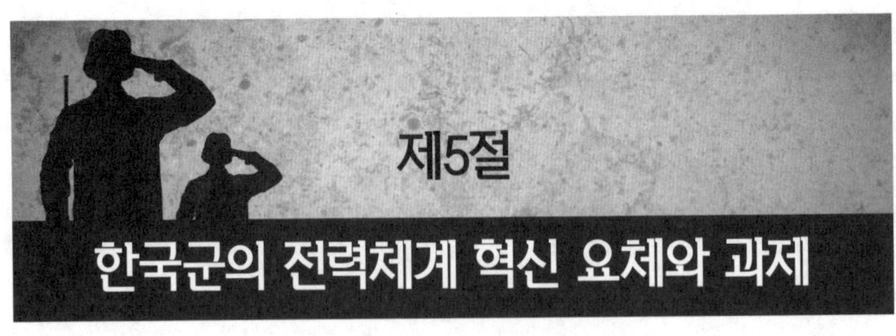

제5절
한국군의 전력체계 혁신 요체와 과제

인류의 역사는 과학기술의 혁명적 발달에 기인한 산업혁명과 함께 군사혁신이 창출되었으며, 새로운 과학기술과 전술이 결합된 군사혁신에 성공한 나라는 전쟁에서 승리하여 기존의 세력균형을 와해시켰고, 전쟁에 패배한 국가나 제국은 세력 경쟁의 낙오자가 되었음을 보여주고 있다.

이제 4차 산업혁명의 가속화와 함께 지금까지와는 전혀 다른 새로운 인류 문명이 창출되고 있으며, 그에 따라 전쟁 양상과 군사 패러다임도 혁신적으로 전환될 것으로 예측되고 있다. 이러한 문명 전환의 시대에 한국은 ① 4차 산업혁명을 견인하는 첨단 과학기술 잠재력을 활용하여, ② 엄중한 북한 위협을 압도적으로 극복하고, ③ 불확실한 주변 안보 환경과 혁신적 변혁을 거듭하는 전쟁 양상에 확고하게 대비할 수 있는, ④ 자원 절약형 및 병력 절감형 첨단 전력체계를 발전시키는 군사혁신 4.0을 추구하는 것이 필수적이다.

한국은 군사혁신 4.0을 추구함에 있어서 다음과 같은 몇 가지 기조를 설정할 필요가 있다. 첫째, 군사혁신의 보편적 개념 및 원리를 한국의 전략 환경과 국방 여건에 부합시켜 구현한다. 둘째, 영역교차 승수효과 창출 및 최대화 개념에서 초연결 · 초지능 전력체계를 창출한다. 이미 구축된 감시정찰체계와 정보통신 네트워크체계 및 기동·타격체계에 사물인터넷·클라우드·빅데이터·모바일+인공지능 기술을 접목하는 방안을 적극적으로 강구한다. 셋째, 한반도 차원의 전장 공간과 지리적 여건 및 경제·기술 능력을 고려하여, '국지·미니(mini)형 군사혁신'을 추구한다. 넷째, 범정부적 장기 비전·전략·계획과 적극적으로 연계시켜 국가 차원의 자원 절약형 군사혁신 방책을 발전시킨다. 다섯째, 민간분야의 4차 산업혁명 기술 잠재력을 최대한 활용해 저비용·고효율의 군사혁신을 추구한다.

한국이 앞으로 추구해야 할 군사혁신 4.0의 요체는 초연결·초지능 전장 혁신 구현 차원에서 한국형 감시–타격 네트워크체계 발전 마스터플랜 및 핵심 체계 개발 계획을 수립하고, 최우선적으로 네트워크중심전 뿐만 아니라 결정중심전의 핵심 체계인 사물인터넷 기반 전장 네트워크체계(TICN+IoT)를 구축하는 것이다. 이와 아울러 빅데이터 및 인공지능 기반의 지휘통제체계를 발전시켜야 할 것이다. 특히 중요한 과업은 영역교차 승수효과를 창출 및 최대화하기 위해 이종의 다양한 전장 전력체계들을 자동적으로 연결·통합시킬 수 있는 초연결·초지능 전투 클라우드 플랫폼 아키텍처를 설계 및 개발하는 일이다.

제6장

한국군의 롤 모델: 이스라엘의 군사혁신

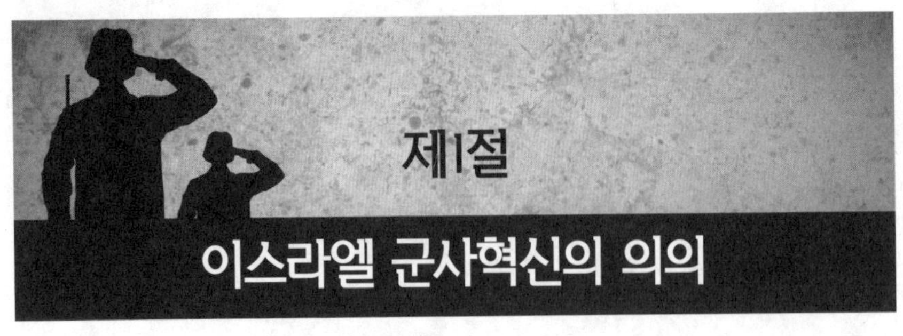

제1절 이스라엘 군사혁신의 의의

중동지역에서 아랍 · 이슬람 국가들로 둘러싸인 이스라엘이 생존을 유지해 온 비결은 한국군에게 시사하는 바가 매우 크다. 이스라엘은 강소국으로 불린다. 세계적으로나 지역적으로나 외형적 규모는 작으나 국력과 군사력의 질적 수준은 매우 강한 것으로 평가된다. 이스라엘은 역사적으로 군사 강국들이 추구해 온 '군사혁신(RMA: Revolution in Military Affairs)'을 자신의 특수한 상황과 여건에 적합한 방식으로 달성했다. 군사혁신이라는 용어는 1990년대 초부터 미국이 사용하기 시작하였지만 역사적으로 전쟁 수행 방식이나 무기체계의 혁명적 발전 사례는 많았다.

미국에서 사용하는 군사혁신은 세 가지 논리적 요소를 포함하고 있다. 첫째는 새로운 첨단 기술을 이용해 혁신적 군사체계, 즉 전력시스템을 개발하는 것이다. 둘째는 새롭게 개발된 전력시스템을 효과적으로 활용할 수 있도록 작전운영개념을 혁신하는 것이다. 셋째는 새로운 전력체계로 군사작전의 성과를 최대화할 수 있는 혁신적 군사조직을 편성하는 것이다. 새로운 첨단 기술을 활용해 전력시스템, 작전운영개념, 군사조직을 삼위 일체적으로 조화 있게 추구할 경우 전투 효과가 극적으로 증폭되는데, 이러한 현상이 바로 군사혁신인 것이다.

미국은 군사혁신 패러다임을 적용해 군사력 구조를 재구축하는 국방전환(Defense Transformation)을 가속화했다. 세계 여러 국가들도 미국의 군사혁신 개념 및 원리와 동향을 연구하고 미래 전쟁양상에 대비한 군사력을 창출하는 데 활용한 것으로 파악된다. 중국도 세계적 군사혁명(MR: Military Revolution) 추세를 주시하면서 군사체제 개혁과 군사력 현대화를 추진해 왔다.[1]

유의할 점은 미국과 여타 국가들은 전략적 환경, 경제 · 기술적 여건, 군사적 필요 조건 등이 상이하기 때문에 각기 자국의 특색을 반영한 군사혁신을 추구할 수밖에 없다는 것이다. 이스라엘은 주로 강대국이나 선진국이 추구하는 군사혁신을 작은 국가로서 성취한 거의 유일한 사례이다. 이스라엘군은 새롭게 부상하는 과학기술과 전략 · 전술을 결합해 자신만의 특수한 군사기술혁명(Military-Technical Revolution)을 성취한 것으로 평가된다.

이스라엘의 군사혁신은 독특한 지정학적 환경과 전장 특성 및 실전적 경험을 반영했다. 이스라엘군은 아랍 국가들과의 수차례 전쟁에서 압도적 승리를 거뒀지만 2006년의 제2차 레바논 전쟁을 계기로 기존의 군사체제를 혁신하는 중대한 조치를 단행했다. 이 전쟁에서 최종적 승리를 거두기는 했지만 전략적 오판과 작전적 실패로 막대한 물적 · 인적 피해를 초래함으로써 국민의 원성과 지탄을 받았기 때문이다. 헤즈볼라 무장 세력이 이스라엘 병사

---

1 시진핑 중국 국가주석은 2014년 8월 29일 공산당 중앙정치국 제17차 집체학습을 주재한 자리에서 전 세계 국방·군사 분야의 변화를 '새로운 군사혁명'으로 규정하고 그 내용을 정확히 파악함으로써 시대 조류에 맞춰 중국군의 혁신과 개혁을 밀고 나아가야 한다고 역설한 바 있다. "시진핑 '세계는 군사혁명 중…軍 혁신해야'", ≪연합뉴스≫, 2014년 8월 31일, https://www.yna.co.kr/view/.

2명을 납치한 사건에 대한 보복으로 이스라엘 육군이 탱크를 앞세워 레바논 도시를 공격하면서 전쟁은 시작됐다. 단 할루츠(Dan Halutz) 총참모장(공군 중장)은 공군력만으로 헤즈볼라를 며칠 안에 끝장낼 수 있다고 믿으면서 보복작전을 명령했다. 이스라엘 공군은 첫날 밤 35분 만에 헤즈볼라의 장거리 로켓 대부분을 파괴했고, 헤즈볼라의 사령부가 있는 지역을 거의 완전히 초토화시켰다. 총참모장은 전쟁이 끝난 것으로 판단하고 총리에게 전화로 전쟁의 승리 사실을 보고했다.

완전한 오판이었다. 헤즈볼라의 단거리 로켓은 멀쩡하게 생존해 있었고 곧 이스라엘 북부의 도시들을 공격하기 시작했다. 이스라엘 공군은 쏘고 곧바로 도망가는 헤즈볼라의 단거리 로켓을 찾지 못해 속수무책이었다. 이스라엘 공군은 미리 식별해 놓은 리스트의 표적들을 공격 개시 첫 4일 만에 모두 파괴했지만 쏘고 도망가는 헤즈볼라의 단거리 로켓을 찾지 못해 허둥댔고, 수많은 전투기를 출격시켰지만 헤즈볼라의 공격 능력과 의지를 끝장내지 못했다.

공군이 헤즈볼라의 로켓을 찾아 파괴하지 못하자 지상군을 투입했으나 결과는 실패의 연속이었다. 지상군은 훈련이 제대로 되지 않은 상태로 투입됐고 사상자를 최소화하기 위해 너무 조심스럽게 작전을 수행했으며 팔레스타인 주민들의 봉기에 대응하는 치안유지 작전만 수행했기 때문에 결국은 헤즈볼라의 로켓을 찾아 파괴하는 데 실패했다. 헤즈볼라 로켓 4,000여 발이 이스라엘 북쪽의 도시들에 떨어져 주민 50여 명이 사망하고 약 2,000명이 부상을 입는 사태가 벌어졌다. 이스라엘 북부 지역은 사실상 마비되어 100만 명이 피난하고 산업 생산의 40%가 멈췄으며 경제적 피해가 55억 달러에 달한 것으로 알려져 있다. 이스라엘군은 약 17만 발의 포탄을 퍼부었지만 헤즈볼라의 로켓을 막지 못했다. 이스라엘군은 F-15나 F-16 등 첨단 항공기와 자주포를 많이 보유하고 있었고 무인기를 이용한 감시 · 정찰의 선구자임에도 불구하고 쏘고 도망치는 적을 찾지 못함으로써 무기력했다.

이러한 전쟁의 실패로 엄청난 충격에 빠진 이스라엘은 국가 차원에서 군사작전의 실패 요인과 문제점을 분석하고 군의 혁신 방안을 찾기 위해 2006년 9월 '위노그라드위원회(Winograd Commission)'라는 조사위원회를 출범시켰다. 이 위원회는 2008년 1월 30일 최종 조사 결과를 발표하면서 이스라엘군의 운영 개념과 방식에 영향을 미치고 군사작전의 실패를 초래한 세 가지 주요 요인을 확인했다.[2]

첫째, 1990년대부터 미국이 추구한 군사혁신의 영향에 주목했다. 군사작전을 위한 첨단 군사기술과 정보 및 정밀 무기의 이점을 중요하게 봤다. 이스라엘의 고유한 작전 및 사회적 상황을 고려한 군사혁신을 통해 총체적 전투 능력을 향상시켜야 한다는 것이다.

둘째, 적들은 기술적으로 정교한 무기에 접근할 수 있고 밀집된 도시 환경에 근거지를 두고 있으며 소모전을 전개하는 데 초점을 맞춘 비대칭적 보급체계를 유지했기 때문에 전통적 전투 의사

2 최종 조사 결과 보고서의 주요 내용은 "English Summary of the Winograd Commission Report", Jan. 30, 2008, *The New York Times*, https://www.nytimes.com/2008/01/30/world/middleeast/ 참조.

결정이 어려운 작전 문제가 제기됐다는 점을 지적했다.

셋째, 심층적인 사회적 변화가 징집병과 대규모 예비군으로 구성된 이스라엘방위군의 역할에 영향을 미치고 있다는 점을 중시했다. 사회의 위험 회피 성향이 증가하고 대규모 군사작전에 대한 관용성이 저하됨에 따라 군대의 역할과 예비군의 활용에 부정적 영향이 초래되고 있다는 것이다.[3]

이스라엘군은 주변에 온통 생존을 위협하는 적대 세력이 포진한 전략환경 속에서 전쟁을 치르면서 자신만의 고유한 실전적 군사혁신을 성취한 것으로 분석된다. 전쟁에서의 혁혁한 승리를 누릴 겨를도 없이 다가올 전쟁을 준비해야 하는 시간의 연속이었다. 군사작전의 성공 이면에는 쓰라린 실패도 있었고, 그럴 경우에는 다음의 승리를 위해 뼈를 깎고 살을 도려내는 혁신을 통해 전투력을 한층 더 강화했다. 국민 모두가 하나가 돼 군의 전투력을 강화하는 데 기여했다.

이러한 결과로 오늘날 이스라엘군은 작은 나라의 소규모 군대이지만 전투력 면에서는 세계 최강인 것으로 평가된다. 최고의 실전 경험과 효율적 작전으로 명성이 높다. 특수부대들은 세계적으로 뛰어나며 시가전 분야에서는 미군과 러시아군에 이어 세 손가락 안에 들어갈 정도로 숙련돼 있다. 소규모 병력을 최대한 효율적으로 운용하기 위해 육 · 해 · 공의 구분 없이 하나의 사령부에

---

3 Raphael D. Marcus, "The Israeli Revolution in Military Affairs and the Road to the 2006 Lebanon War", Jeffrey Collins, Andrew Futter (eds.), *Reassessing the Revolution in Military Affairs: Transformation, Evolution and Lessons Learnt*, Palgrave Macmillan UK, 2015, pp. 92-111. https://link.springer.com/chapter/.

서 작전이 이뤄지는 통합군 체제를 유지하고 있다.

한국군은 이스라엘군의 전승 경험과 독특한 강점을 벤치마킹할 필요가 있다. 이스라엘은 세계가 인정하는 강소국으로서 여러 측면에서 한국과 유사하기 때문에 안보 · 군사적으로 배울 점이 많다. 양국은 공히 1948년 국가를 수립했다. 한국 민족은 일본에 나라를 빼앗겨 식민통치를 받았고, 이스라엘 민족은 나라 없이 세계를 떠돌며 유랑생활을 했다. 한국은 절대 우위의 강대국들에 둘러싸인 작은 나라이다. 이스라엘 역시 거대한 아랍 · 이슬람 국가들에 포위돼 있는 작은 나라이다. 한국은 6.25 전쟁을 치렀고, 이스라엘은 네 차례의 전면전쟁과 두 차례의 레바논전쟁을 겪었고, 오늘날에도 양국은 전쟁의 위험성을 안고 있다. 한국은 미국과의 공고한 동맹 관계를 유지하고 있고, 이스라엘은 미국과의 공식적 동맹 관계는 없지만 미국으로부터 실질적인 군사지원을 받고 있다. 양국은 공히 미국과의 군사협력 속에서 자조적 국방력을 강화하고 있다. 양국은 지상의 결전을 수행해야 하기 때문에 지상군의 비중이 높으며, 징병제와 예비군제도를 유지하고 있다.

한국과 이스라엘은 역사와 민족 운명, 지정학적 환경, 전쟁 경험, 군사체제 면에서 유사성이 있으나 군사전략과 군사력 면에서는 현격한 차이가 있다. 이스라엘은 주변 아랍 · 이슬람 진영의 위협에 압도적 군사력을 기반으로 선제 · 공세적으로 대응하고 있으나, 한국은 세계 선진국 수준의 국력에도 불구하고 북한의 위협에 수동적으로 대응하기 바쁜 형국이다. 이스라엘은 어떤 국가도 자신의 안보를 보장해주지 않는다는 역사적 교훈과 냉엄한 국제정치 현실에 바탕을 둔 자주적 안보전략을 견지한다. 미국으로부터 정치 · 외교뿐 아니라 군사적으로도 전폭적 지지와 지원을 받고 있으나 공식적 동맹 관계는 없는 특수한 지위를 유지하고 있다. 이스라엘은 영토가 협소해 전장을 적에게 내줄 수 없는 지정학적 특성을 고려해 방어보다는 선제공격 개념을 추구한다. 적으로부터 공격을 당하면 혹독한 응징보복을 감행하고, 전쟁 징후를 발견하면 조속히 전장을 적의 영토로 옮기며, 전쟁 발발 초기 단계부터 속전속결을 추구해 자국의 피해를 최소화한다. 이스라엘은 이러한 전략개념을 구현하기 위해 적의 전력을 압도할 수 있는 기술 기반 질적 전력 우위를 확보한다. 자신의 전략환경과 전장 특성에 적합한 필수 무기체계를 선택과 집중 개념으로 개발하고, 무기의 상당 부분을 자체 개발 · 제조한다. 세계 최강의 미국이 이스라엘의 군사기술과 무기체계를 벤치마킹하고 연구개발 협력을 진행할 정도이다. 이스라엘은 세계 최고 수준의 정보력 및 특수 전력을 보유하고 있다. 적의 공격 징후를 사전에 확실하게 파악하기 위해 독자적 정보 수집 자산을 보유하고 있고, 미국과 영국 수준의 정보 · 첩보 부대를 운영하고 있다.

이스라엘군은 특유한 군사혁신을 성취해 주변 위협 세력 대비 압도적 우위의 군사력을 창출함으로써 국가의 생존을 지킬 수 있었다는 점에서 한국군의 롤 모델이 되기에 충분하다. 이 장에서 다룰 범위는 크게 세 가지이다. 첫째, 이스라엘군이 추구한 군사혁신을 체계적으로 분석 · 이해하는 데 유용한 개념적 틀(conceptual framework)을 제시한다. 둘째, 개념적 틀을 구성하는 주요 요소별로 이스라엘군의 군사혁신 동인과 핵심 역량 및 현황을 분석한다. 셋째, 한국군이 이스라엘군의 군사혁신으로부터 배우고 참고해야 할 시사점을 정리한다.

제2절
군사혁신의 개념적 분석 틀과 주요 구성 요소

어떤 국가를 막론하고 생존을 지키고 그 바탕에서 국가이익을 증진시켜 번영을 이룩하는 일은 지고의 과업이다. 이러한 과업은 국가안보와 경제발전을 통해 달성된다. 여기서 중요한 것은 국가안보의 담보 없이는 경제발전이 불가능하다는 점이다. 국가안보의 중추 기능을 수행하는 것은 군사력이라 할 수 있다. 군사력은 국가의 생존을 지키는 궁극의 보루이다. 주권국가들은 생존과 영토 수호 같은 사활적 국가이익이 침해 당할 경우 전쟁도 불사한다. 역사를 반추해 보면, 군사력을 혁신적으로 발전시켜 전쟁에서 승리한 국가는 생존과 번영을 구가했고, 그렇지 못한 국가는 역사의 뒤안길로 사라졌음을 알 수 있다. 전쟁 승리의 요체는 고뇌 속에서 성취한 군사혁신이라고 할 수 있다. 당대의 새로운 기술과 전략 · 전술을 밀접하게 결합해 군사혁신을 선도적으로 창출한 국가가 승자가 된 것이다.

어떠한 국가나 다 군사혁신을 성취할 수 있는 것은 아니다. 세력 패권의 안정성을 우려하거나 생존을 위협받는 국가가 결연한 전략적 각오로 군사혁신을 추구한다. 이러한 국가들은 고도의 경제 · 기술적 능력과 군사전략적 지혜를 바탕으로 핵심 군사역량을 선도적으로 창출함으로써 전쟁 패러다임을 혁명적으로 전환시킨다. 군사혁신이 성취되는 과정에는 다양한 요인들이 복합적으로 작용하는데, 그 논리는 [그림 6-1]과 같은 개념적 틀로 나타낼 수 있다.

[그림 6-1] 군사혁신의 개념적 분석 틀

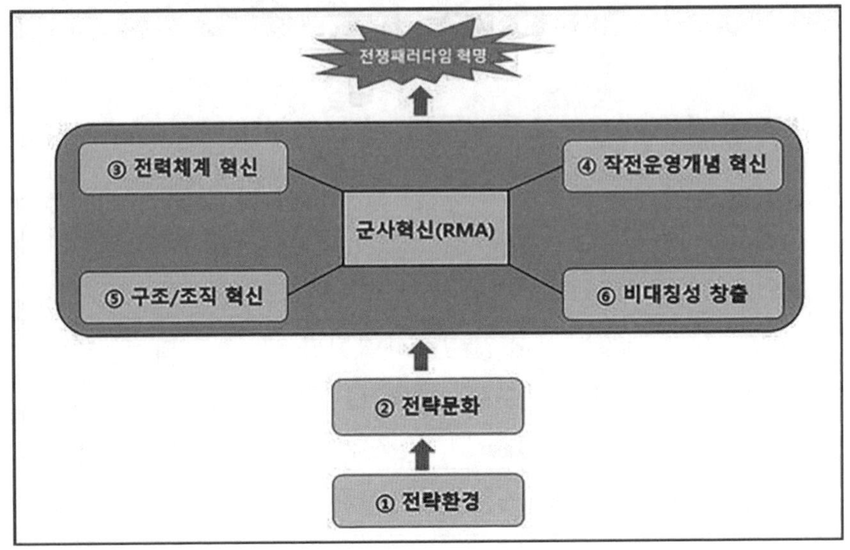

① **[전략환경]** 한 국가의 전략환경은 지정학적 특성, 정치 · 군사적 역학구도, 협력 · 갈등 · 분쟁 관계, 군비경쟁 등 다양한 요인들로 형성되는데, 국민에게 군사혁신의 절박한 필요성을 인식 · 공유시킨다. 특히 국가의 생존과 번영에 직접적으로 중대한 영향을 미치는 요인은 최악의 경우 전쟁으로 치닫는 안보위협을 제기한다. 전략환경은 안보 · 군사전략의 목표와 방향을 결정하며, 전쟁의 의지와 행동을 촉발한다. 군사혁신은 전쟁을 불사해서라도 사활적 국가이익을 지킬 수 있는 군사역량을 창출하는 것이기 때문에 전략환경에 대한 인식으로부터 출발한다.

국가들은 각각 자신의 전략환경을 반영한 군사혁신을 추구한다. 전쟁에서 승리를 가져올 수 있는 창과 방패를 비대칭적 차원에서 혁신적으로 발전시키는 것이다. 미국 특색의 군사혁신, 중국 특색의 군사혁신, 독일 특색의 군사혁신, 호주 특색의 군사혁신, 이스라엘 특색의 군사혁신 등이 있을 수 있다. 지난 역사를 회고해 보면, 필요가 발명의 아버지 역할을 했음을 알 수 있다. 전차, 항공모함, 핵무기 등 무기체계의 대부분은 국가 생존의 위기가 조성되는 절박한 상황 속에서 혁신적 아이디어가 발굴돼 실전용으로 개발된 것이다. 이순신 장군의 걸작품인 거북선도 전란의 와중에서 탄생했다. 인간은 다급한 위기 상황에 처하게 되면 매우 기발한 아이디어를 창출하는 특출한 재능을 가지고 있다.

② **[전략문화]** 한 국가의 군사혁신은 정치 · 군사 지도층의 강력한 의지 및 야망과 국민의 혼연일체적 동의가 있어야 성취될 수 있다. 이른바 전략문화가 그 바탕이 된다. 문화란 일반적으로 사회 구성원이 자연 상태에서 벗어나 삶을 풍요롭고 편리하며 아름답게 만들어 가기 위해 습득 · 공유 · 전달하는 행동 양식을 의미한다. 전략문화는 한 국가의 구성원이 대내외적 불안 · 공포와 위협으로부터 안전한 삶을 지키고 풍요로운 번영을 보장하기 위해 인식 · 공유 · 확산하는 전략적 가치와 양식의 총체라고 정의할 수 있다. 국가사회의 구성원이 합의 · 공유한 전략적 사고와 양식은 안보환경을 규정하고 생존과 번영의 기본 가치와 목표를 설정하며 대외정책의 방향과 방법을 결정한다. 자유민주주의 국가의 경우 군사혁신은 전략문화가 형성되지 않으면 성공할 수 없다. 전쟁수행의 핵심 역량을 불연속적 도약 개념에서 발전시키기 위한 군

사적 선택은 국가 구성원의 강력한 지지와 후원이 필수적이기 때문이다. 군사혁신이 필요하다는 인식이 국가사회 내부에 널리 확산되어 있다 하더라도 국가 지도층의 의지와 야망이 약하고 국가사회적 노력과 자산을 조직화할 수 있는 능력을 결하고 있으면 혁신적 군사발전은 구현될 수 없다.

일반적으로 선진국일수록 장기적인 미래 예측 · 판단을 기초로 생존과 번영을 위한 방책을 사전에 마련하는 것이 강한 것으로 분석된다. 후진국들은 당면한 문제에 매달려 미래의 생존 위협이 무엇인지를 식별할 수 있는 능력이 부족하고, 설사 그 위협을 식별할 수 있다고 해도 장기적 차원에서 대처할 수 있는 기획 능력이 매우 미약하다. 안일한 낭만적 평화주의 사조가 팽배하고 경제 편중적 국가발전전략을 추구하는 국가들의 경우 부정적 전략문화가 만연돼 있기 때문에 군사혁신을 촉진하는 것이 어렵다. 한 국가의 경제력은 군사혁신에 필수적인 재원 충족 능력을 결정한다. 군사혁신의 필요성이 널리 확산돼 있고 국가지도층의 군사혁신 의지와 야망이 아무리 크다고 하더라도 최소 필수 재원이 뒷받침되지 않으면 군사혁신은 성공적으로 실현될 수 없다. 미래의 생존 위협에 대비하지 않고 당면한 경제적 안일에 집착하면 군사혁신을 기대할 수 없다. 경제력이 넉넉하지 않은 국가도 생존 위협에 대한 인식이 높고 군사혁신의 의지와 야망이 크면 재원을 군사혁신 분야에 집중적으로 배분할 수 있다.

③ **[전력체계 혁신]** 전력체계는 주로 전쟁을 수행할 수 있는 무기와 장비로서 군사혁신의 궁극적 목표라 할 수 있다. 국가의 생존은 물리적 힘이 없이는 지켜질 수 없는데, 그 힘의 실체가 전

력체계이다. 전력체계는 과학기술의 총합적 산물이다. 새로운 첨단 과학기술을 전략 · 전술적 필요에 따라 활용하는 군사기술혁명(Military Technical Revolution)을 통해 적대 국가를 압도할 수 있는 전력체계를 발전시켜야 전쟁에서 승리를 거둘 수 있다. 역사를 되돌아 보면, 전쟁에서 주도적 역할을 담당해 온 핵심 전력체계를 진부화시키는 군사력 경쟁이 지속돼 왔다는 사실을 확인할 수 있다. 고대의 창과 칼은 화약을 사용한 총과 포에 자리를 내줬다. 해상의 대전함은 항공모함에게 주도권을 빼앗겼다. 핵무기의 등장은 군사력의 존재 양식을 근본적으로 바꿔 놓았다.

오늘날 첨단 과학기술의 가속적 발달로 인해 신무기혁명이 창출되고, 그로 인해 전쟁패러다임이 파격적으로 전환되고 있다. 정보 · 감시 · 정찰 무기 혁명, 원거리 · 초정밀 · 초고속 타격 무기 혁명, 정찰 · 타격 복합 무기 혁명, 우주 무기 혁명, 무인 고지능 무기 혁명, 사이버전 혁명, 지향성 에너지 무기 혁명 등이 가속화되면 전력체계도 혁신이 불가피하다. 전략환경과 전략문화에서 생성된 전략적 필요는 전력체계에 의해 충족된다. 어떠한 국가도 생존 위협이 절박하면 전략적 보장 의지와 각오가 강하게 마련이다. 사회구성원들 간에는 어떤 위험도 감수할 수 있다는 혼연일체적 안보 공감대가 형성된다. 문제는 지킬 능력이 없이는 전략적 필요가 충족될 수 없다는 점이다. 과학기술 수준이 낮고 주요 전력체계를 개발 · 생산할 수 있는 산업 기반이 취약하면 군사혁신은 성취될 수 없다.

④ **[작전운영개념 혁신]** 전투 수행의 핵심 수단인 전력체계가 최대의 전투력을 발휘하기 위해서는 작전운영개념(operational concept)의 혁신이 필수적이다. 전장에서 각종 전투자산을 최적으로 운영하는 개념과 방식은 아무리 강조해도 지나치지 않을 정도이다. 전투 수행 주체들은 전략 · 작전적 임무를 완수하기 위해 일련의 개념적 구상과 계획에 따라 각종 전투자산을 운영해야 한다. 최고 첨단 성능을 가지고 있는 무기체계도 운영개념이 고답적이거나 부적합하면 전투력이 제대로 발휘될 수 없다. 제2차 세계대전 당시(1940년) 독일군이 프랑스 전역에서 철옹성의 마지노 요새를 붕괴시키고 승리를 거둔 사례는 무기체계의 성능이 적보다 다소 열세하더라도 작전운영개념을 창의적으로 발전시키면 전투에서 승리할 수 있다는 사실을 보여준다. 독일군은 창의적인 작전계획, 잘 훈련된 공격부대, 지휘관 및 참모들의 탁월한 전투 수행 능력 등에 힘입어 무기체계의 열세를 극복하고 입체적 기동전을 성공적으로 수행함으로써 찬란한 승리를 거뒀다. 그에 반해 프랑스군은 진지 방어 위주의 무사안일주의와 마지노선에 대한 과신으로 패배를 자초했다. 프랑스군이 시대의 변화에 맞는 군사사상을 개발하고 창의적 작전운영개념을 발전시켰다면 마지노 요새 안에 갇혀 항복하는 불운은 없었을 것이다.

대체로 후진국은 최첨단 무기체계로 군대를 무장시켜도 운영 · 조직화 능력이 부족해 전쟁에서 실패하는 경우가 많은 것으로 분석된다. 1967년의 제3차 중동전쟁에서 이집트를 앞세운 아랍진영이 이스라엘에 대패한 것이 그 사례이다. 이스라엘 측은 1,000명 이하의 사망자가 발생한데 비해 아랍연합군은 20,000명 이상이 사망한 것으로 알려져 있다. 이스라엘은 기습공격으로 전쟁 초기에 공중우세를 확보하고 혁신적으로 잘 수립된 전투계획에 따라 지상전을 성공적으로 수행했다. 그에 반해 아랍연합군은 전투 수행 역량과 전쟁지도력이 부족했다. 이집트군은 구소련의 최신 무기체계로 무장하고 있었으나 최적의 효율적 상태로 운영하는 개념과 방법을 몰라 전투에서 번번이 패했다. 이스라엘은 외제 구형 무기체계를 보유하고 있었으나 자신의 전장 특성에 적합하게 개량하고 새로운 전격전 교리를 개발해 효과적으로 활용함으로써 눈부신 승리를 거둘 수 있었다.

⑤ **[구조/조직 혁신]** 군의 구조 및 조직은 군사전략과 작전운영 개념에 따라 전력체계를 운용해 전투력을 발휘하는 주체로서 지휘관계, 리더십, 부대, 병력구조 등으로 구성된다. 군사기술혁명에 따른 신개념 전력체계의 출현과 함께 전쟁을 수행하는 개념과 방식이 근본적으로 바뀌면 군의 구조와 조직도 그에 적합하도록 변화돼야 한다. 굴뚝산업 시대의 다단계 수직 계층적 지휘구조와 획일화 둔중 부대로는 정보화 시대의 네트워크중심전을 수행할 수 없을 것이다. 최근 발전을 거듭하고 있는 정보화 · 지능화 기술을 활용한 전력체계의 혁신은 병력의 감축과 함께 부대 규모의 축소로 이어질 수 있다. 전장의 네트워크화 · 디지털화는 군의 지휘구조와 전투조직 편성에 심대한 영향을 미칠 수밖에 없다. 축소된 군사력 운용 조직에 혁신적 운영 방법을 적용함으로써 전투 효과성을 높이는 것이 중요하다. 군사혁신은 첨단 기술을 활용해 전력체계를 구축함과 아울러 새로운 작전운영개념을 개발하고 혁신적 전투조직을 발전시켜야 완성될 수 있다.

1940년 독일군은 프랑스 전역에서 훗날 '낫질(Sickle Cut) 작전'(거대한 낫으로 모든 풀을 베어버리는 것과 같은 작전)으로 불린 만슈타인(Erich von Manstein)의 작전계획[4]에 따라 새로운 기동전 개념으로서 전격전(Blitzkrieg) 교리를 도입하고 기갑집단(Panzer Group: 하나의 독립 작전술 제대로 집중 편성된 기갑부대)을 운용해 마지노 요새를 일거에 붕괴시켰다. 미국 육군은 1990년대부터 군사혁신 차원의 군사력 구조 전환을 추구하면서 신개념의 부대구조를 발전시켰다. 기존의 순차적 종심 및 근접 작전을 동시적 통합 작전으로 변환시키고, 신개념 전력체계로서 디지털 지상전사(Digitized Land Warrior)와 미래전투체계(FCS: Future Combat System)를 구상했으며, 그 전력체계를 담을 수 있는 부대구조로서 운용부대(UE: Unit of Employ)와 행동부대(UA: Unit of Action) 개념을 도입함과 아울러 기본 전투단위로서 전투여단(BCT: Brigade of Combat Team)을 발전시키는 계획을 추진했다. 미래전투체계 프로그램은 테러와의 전쟁과 예산 압박으로 인해 포기되었지만, 무기체계 사업들은 전투여단 계획에 흡수됐다.

⑥ **[비대칭성 창출]** 비대칭성이란 사물들이 서로 동일한 모습으로 마주보며 짝을 이루고 있지 않은 특성을 말한다. 대칭이 깨진 것이다. 군사혁신 관점에서 보면 비대칭성은 대칭적 군사력 경쟁 판도를 깰 수 있는 특유한 방책을 개발하는 것이라 할 수 있다.

---

4 독일 집단군 참모장을 맡고 있던 에리히 폰 만슈타인은 제1차 세계대전 당시보다 발달된 전차, 차량화보병, 급강하 폭격기, 공수부대에 전통적 기병의 역할을 부여해 제대로 활용한다면 제1차 세계대전의 소모적 참호전 대신 전통적 프로이센식 기동전을 재현할 수 있다고 생각했다. 그는 이러한 구상을 토대로 기갑부대를 하나의 작전술 제대로 집중 편성하고 이를 주공으로 삼아 프랑스의 마지노선과 벨기에 방어선의 연결 지점인 아르덴 지역을 신속하게 돌파해 대서양 해안까지 진격함으로써 벨기에와 북프랑스에 주둔하고 있는 프랑스군에 대한 거대한 포위망을 완성한다는 작전계획을 수립했다.

전쟁을 억제하거나 전쟁에서 승리하기 위해서는 상대측의 취약성을 최대한 활용할 수 있는 비대칭적 군사방책을 발전시켜야 한다. 그 반대로 상대측이 아측의 취약성을 활용하는 비대칭적 군사방책을 극복할 수 있어야 한다. 전쟁은 찾기와 숨기의 경쟁이자 창과 방패의 싸움이다. 찾기 위해 초정밀 감시 · 정찰 무기체계를 도입하고 숨기 위해 최첨단 스텔스 무기체계를 개발한다. 공격하기 위해 장거리 정밀 미사일을 개발하고 방어하기 위해 미사일 방어체계를 구축한다. 군사혁신은 기존의 군사력 판도를 뒤엎을 수 있는 신개념 게임체인저(game changer) 군사 방책의 개발을 깊이 살펴 연구해야 할 것이다.

미국은 냉전 기간 동안 총괄평가(Net Assessment) 기법을 적용한 장기 경쟁전략 차원에서 구소련의 군비 출혈을 심화시키는 군비경쟁을 추진했으며, 결국은 구소련을 붕괴시키는 데 성공했다. 미국은 구소련이 방공무기체계의 구축에 막대한 군비를 지출하도록 유도하기 위해 최첨단 전략폭격기를 개발하는 사업을 추진했다. 레이건 행정부에서는 기만사업으로 전략방위계획(SDI: Strategic Defense Initiative)을 추진했고, 마침내 구소련은 군비경쟁을 포기하고 무릎을 꿇었다.[5] 미래의 전쟁에 대비하기 위해서는 비대칭적 군사방책을 개발하는 군사혁신이 매우 중요할 것으로 판단된다. 초연결 · 초지능 전력체계들은 사이버 · 전자기스펙트럼 영역에서 운용되기 때문에 비대칭적 공격에 매우 취약하다. 적대 세력이 사이버 · 전자기스펙트럼을 마비시켜 정보 · 감

---

5 이동훈 옮김, 앤드루 크레피네비치·배리 와츠 지음, 『제국의 전략가』(경기도 파주: 살림출판사, 2019), pp. 237-293 참고.

시 · 정찰체계, 지휘 · 통제 · 통신 · 정보체계, 정밀유도무기체계를 연결 · 결합한 복합 전력체계(System of Systems)를 일거에 무력화시키면 재앙적 낭패가 초래될 수 있다. 따라서 적대 세력의 비대칭적 군사방책을 사전에 예상하고 대응책을 마련하는 것이 긴요하다.

제3절

이스라엘의 전략환경과 전략문화: 군사혁신 동인

1. 전략환경

이스라엘은 지정학적 특수성으로 인해 전시와 평시가 구별되지 않고, 전쟁 상황이 국민의 일상이 되고 있다. 유대민족은 장구한 디아스포라(Diaspora) 시대를 마감하고 1948년 독립국가를 수립한 이래 전쟁과 무력분쟁으로 점철됐다. 국가의 생존이 걸린 전면전(중동전쟁)을 네 차례 치렀다. 두 차례의 레바논 전쟁을 비롯해 수시로 테러를 자행하는 이슬람 무장집단에 대한 응징보복 군사작전을 감행했다. 전쟁에 대비하는 일은 지고의 국가 과업이다. 전쟁의 패배는 곧 생존의 상실이기 때문이다. 이스라엘의 군사력은 유대민족의 생존을 보장하는 궁극의 힘이다. 이러한 이유로 아랍 · 이슬람 적대 세력을 압도할 수 있는 군사력을 창출하기 위한 군사혁신을 이뤄내는 데 한시라도 소홀히 할 수 없는 것이다.

이스라엘이 처한 전략환경은 절박한 생존을 지키기 위한 과감한 응전을 자극하는 도전 요인을 제공한다. 영국의 유명한 역사학자 토인비(Arnold Joseph Toynbee, 1889~1975)의 주장을 빌리면, 유대민족의 이스라엘은 척박하고 위태로운 전략환경으로부터 오는 도전에 슬기롭고 용맹스럽게 응전해 살아남은 국가이다. 그에 의하면, 자연재해나 외세의 침략과 같은 심각한 도전을 받은 문명은 찬란하게 발전을 거듭해오고 있지만 그런 도전을 받지 않은 문명은 스스로 멸망하고 말았다는 것이다. 토인비의 '청어 이야기'에 비춰 보면, 이스라엘은 도전과 응전의 전형적 사례이다. 이 이야기는 영국의 북쪽 바다에서 잡은 청어를 먼거리의 런던까지 싱싱하게 살려서 운반할 수 있는 방법에 관한 것이다. 대부분의 어부들이 잡은 청어는 배가 런던에 도착해 보면 거의 다 죽어 있었지만 한 어부의 청어만은 싱싱하게 산 채로 있었는데, 그 비책은 청어를 넣은 통에 메기를 한 마리씩 집어넣은 것이다. 메기는 청어를 잡아먹기 때문에 청어들은 열심히 헤엄치고 도망다녀서 도착할 때까지 살아 남을 수 있었던 것이다. 이스라엘의 생존도 이러한 상황과 유사하다고 볼 수 있다.

역사란 땅과 사람의 역사이다. 땅의 성격과 사람들 삶의 내용이 합해져 만들어진 퇴적물이 역사인 것이다. 한 나라의 흥망성쇠는 필연적으로 주변의 환경과 밀접한 관계를 맺게 마련이다. 이스라엘의 경우 독특한 역사지리적 · 인문지리적 특성 때문에 주변국들의 영향을 받는 것은 불가피했다. [그림 6-2]에서 보듯이, 이스라엘은 북쪽으로 레바논, 북동쪽으로 시리아, 동쪽으로 요르단, 남서쪽으로 이집트 등 여러 아랍 국가들과 접해 있다. 이들 국가들과 이스라엘은 네 차례에 걸쳐 전면전을 치렀다. 레바논 내 헤즈볼라 무장 세력은 수시로 이스라엘에 대한 테러를 자행해 왔으며, 이로 인해 양측은 두 차례의 전쟁을 치렀다. 이스라엘과 팔레스타인은 해결의 실마리가 보이지 않는 적대적 공존을 지속하고 있다. 좀 멀리 떨어져 있는 이라크와 이란도 이스라엘을 위협하고 있다. 이라크는 서방국가들과의 전쟁을 치르면서 이스라엘을 향해 미사일 공격을 감행한 바 있다. 이란은 서방국가들에 맞서면서 이스라엘을 위협하고 있다.

[그림 6-2] 이스라엘의 지정학적 위치

이스라엘은 거대한 아랍 · 이슬람 바다(海)로 둘러싸인 작은 섬에 비유될 만큼 조그만 국가이며 지정학적으로 매우 취약한 생존환경 속에 있다. 인접한 4개 국가들의 경우 이스라엘보다 총 면적은 18배, 총 인구는 13배나 된다. 이스라엘은 국토의 크기가 매우 작아 군사적으로 작전종심이 매우 짧고 작전지역이 아주 협소하기 때문에 작전에 한 번 실패하면 국가 존립 자체가 순식간에 위태롭게 된다. 작은 섬이 바다 속에 묻혀지는 결과가 초래되는 것이다. 이러한 전략환경에서 군은 이스라엘의 생존 그 자체를 의미하는 절대적 존재와 다름없다. 군으로서는 아주 불리한 전략환경 속에서 절박한 생존을 지킬 수 있는 역량을 창출하기 위한 군사혁신을 성취하는 것이 기본 사명과 과업일 수밖에 없다.

2. 전략문화

전략문화는 국가사회의 구성원들 사이에 공유된 신념과 가정 및 일치된 행위 양상으로 정의할 수 있다. 전략문화를 이루는 요소들은 공통적 경험과 공동 수용적 서사로부터 생성되며, 집단적 정체성과 타 집단과의 관계를 형성하고, 결국은 안보 목표를 달성하기 위한 적절한 목적과 수단을 결정한다. 이러한 측면에서 이스라엘의 전략문화는 고유한 특징을 지니고 있으며, [그림 6-3]에서 보는 바와 같이 안보 정향(security orientation) 전략문화, 갈등 정향(conflict orientation) 전략문화, 평화 정향(peace orientation) 전략문화가 복합돼 있는 것으로 설명된다.[6]

안보 정향 전략문화는 이스라엘이 인접 아랍국가들 속에서 생존하기 위해서는 싸울 수밖에 없으며, 이스라엘 군대의 패배는 곧 이스라엘 유대인들의 절멸이라는 신념에 뿌리를 내리고 있다. 이스라엘 군대가 이 지역에서 절대적 · 영속적인 우위를 유지하는 것이 패배를 방지하기 위한 최우선 방도라고 확신한다. 이러한 점에서 이스라엘의 사회구성원들은 남녀를 불문하고 모두가 국가를 위해 군복무를 이행하는 것이 최고 의무라고 인식한다. 군 복무의 특성을 결정하는 국가의 권위를 절대적인 것으로 지지한다.

---

6 이하에서 기술한 내용은 Gregory F. Giles, "Cotinuity and Change in Israeli's Strategic Culture", Prepared for Defense Threat Reduction Agency, Advanced Systems and Concepts Office, SAIC, https://fas.org/irp/agency/dod/dtra/israel.pdf, pp. 5-7에서 발췌·요약한 것이다.

[그림 6-3] 이스라엘 전략문화의 개념적 구성도

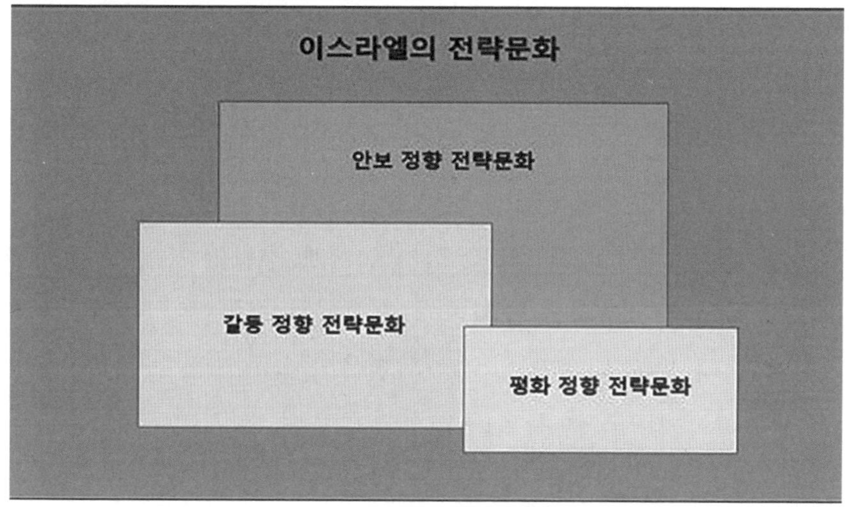

갈등 정향 전략문화는 유대-아랍 분쟁이 역사적 반유대주의의 또 다른 화신이라고 가정한다. 현재의 지정학적 상황에서 주변의 국가들과 함께 평화적으로 정착하는 것은 예측 가능한 미래에는 기대할 수 없다고 생각한다. 현실주의적 관점에서 힘과 군사력이 서로 다른 민족적 · 종족적 · 종교적 집단과의 관계를 유리하게 이끌고 갈 수 있는 유일한 요소라고 간주한다. 간헐적으로 전쟁을 수행하는 것은 불가피하며 반드시 승리해야 한다고 주장한다. 집단적 또는 사적 목적은 전쟁 승리의 목적에 부수적인 것에 불과하다.

평화 정향 전략문화는 갈등 정향 전략문화와 정반대이다. 유대-아랍 분쟁은 과거의 유대인 박해와 관련이 없기 때문에 협상에 의한 해결이 가능한 분쟁이라고 주장한다. 토지, 시장, 경계선, 물 등과 같은 물질적 이해관계의 관점에서 분쟁을 이해한다. 평화와 안보는 타협이 가능한데, 평화가 민주주의 발전과 경제적 성장 및 문화적 향상에 이르는 길이라는 것이다. 국가와 사회는 종교와 종족 및 인종에 따른 차별 없이 보편적 시민의 토대를 만들어야 한다고 주장한다. 국가는 안보와 복지 및 인권을 제공하고 시민은 국가의 법을 준수하고 군복무를 수행하며 합당한 세금을 납부함으로써 국가와 시민은 교호작용을 해야 한다는 것이다.

이러한 세 가지 하위 전략문화는 인식과 주장의 차이가 있지만 이스라엘의 안전보장을 중시한다는 점에서 공통점이 있다. 모두 이스라엘의 생존에 대한 실질적 위협을 인식하고 있으며, 군대가 그 생존의 중심이라는 사실을 인정하고 있다. 심지어 평화 정향의 지지자들도 이스라엘의 핵능력을 국가의 궁극적 보호 수단으로 받아들이는 것으로 알려져 있다. 이스라엘 국가를 구성하고 있는 유대인들은 처절한 시련과 쓰라린 고통의 역사적 경험을 공유하고 있고, 주변 아랍 국가들로부터 생존을 위협받는 전략환경에 처해 있기 때문에 그 누구도 국가안보를 경시할 수 없다.

이스라엘은 유대민족이 약 2000년 동안 나라 없이 온갖 학대와 치욕을 당하면서 방랑생활을 하다가 1948년 건국한 신생국가로서 처절한 디아스포라 역사와 절박한 생존 위협에 대한 서사(敍事)를 가지고 있다. 국가지도층과 국민은 역사적 인식에 기초해 국가안보 이익과 목표를 설정하고 군사전략을 수립한다. 치욕의 서사를 통해 아픈 역사를 반복하지 않고 역사적 상실을 회복하는 것이 국가적 사명이 된다. 역사적 상실의 회복은 국가의 핵심이익으로서 국가의 생존과 국민의 안위를 지키고 국력을 신장시키는 것이다. 특히, 외부위협으로부터 국토를 지키는 것은 사활적 국가이익이기 때문에 이를 수호할 수 있는 압도적 군사력을 확보해야 한다. 아랍국가들의 위협에 대처하지 못하고 그들과의 전쟁에서 패배하는 것은 유대민족과 이스라엘 국가의 상실을 의미한다. 이스라엘군은 이러한 전략문화에 뿌리를 내리고 있기 때문에 전쟁에서 승리해야 한다는 자발적 동기가 강하다. 싸우는 것밖에는 다른 선택이 없다는 정신무장이 확고하다.

이스라엘은 지정학적 특수성, 인구의 한계성, 국토의 협소성, 국가자원의 제한성 등으로 인해 최소 손실의 깨끗한 전쟁을 추구한다. 적의 영토 진입은 상상도 할 수 없다. 전쟁에서 승리하더라도 많은 인명이 희생되고 커다란 물적 피해가 발생하면 국민이 용서하지 않는다. 이러한 점에서 1973년의 제4차 중동전쟁(10월 전쟁, 욤키푸르 전쟁)은 이스라엘에 감당하기 어려운 충격을 줬고, 새로운 군사혁신의 값진 계기가 됐다. 10월 6일 오후 2시 이집트군 포격으로 전쟁이 시작되고 하루 만에 이스라엘군의 방어선이 무너졌고 대부분의 요새를 이집트군이 점령했다. 이스라엘군은 시나이반도 주둔 기갑사단 예하의 1개 여단을 공군의 지원 아래 긴급하게 전진시켰지만 전투 개시 6시간 만에 전차 53대가 격파당하고 말았다. 기갑사단을 지원하기 위해 출격한 공군도 하루만에 전투기와 공격기 35대가 격추되는 피해를 입으면서 공세를 중단했다. 다음날 이스라엘군은 첫번째 예비군인 8기갑군단으로 반격에 나섰지만 공군의 지원 없이 서둘러 진격하던 중 이집트군의 반격으로 100여 대의 탱크를 상실하면서 후퇴했다.

이스라엘 국가지도층은 충격과 공포에 휩싸였고, 골란고원 방향으로 진격해오고 있는 시리아 기갑군을 바라보며 정전협상의 조건을 계산해야 하는 처지에 놓이게 됐다. 결과적으로 이스라엘은 골란고원을 장악한 시리아군을 먼저 격퇴하고 뒤이어 진격해 온 이집트군을 격파함으로써 유리한 입장에서 정전을 할 수 있게 되었지만, 이 전쟁은 이스라엘의 현대 전쟁사에서 가장 충격적이고 수치스러운 실패작이었다. 이전의 세 차례 중동전쟁에서 보여줬던 막강한 이스라엘군의 이미지가 퇴색됐다. 이스라엘은 전쟁 초반의 패배로 인해 독립전쟁과 6일전쟁의 영웅인 모세 다얀 국방장관이 사임하고, 골다 메이어 수상이 실각했다. 여기서 중요한 점은 이러한 군사적 대실패를 계기로 '최고의 이스라엘군'이라는 과신과 오만을 성찰하고 새로운 군사혁신을 추구해야 한다는 전략문화가 형성됐다는 점이다.[7]

이스라엘은 1948년 아랍국가를 상대로 한 독립전쟁에서 당시 인구의 1%가 전사하는 대가를 치르고 국가를 수립했기 때문에 상무정신이 강하다. 군대가 국가를 만들어냈고, 군대가 국민 속에서 솟아났으며, 군대가 가장 신뢰성 있는 국가 수호자이기 때문에 군과 국민은 일체로 인식된다. 인구와 병력이 턱없이 적은 한계 때문에 민·군 동체 개념의 시민군이 발전됐고, 세계에서 가장 뛰어난 동원체제로 아랍국가들과의 전쟁에서 승리를 거뒀다. 군 복무는 국가사회 생활의 중요한 일부이다. 국민은 남·여를 불문하고 고등학교 졸업 후 18세가 되면 의무적으로 입대해야 한다. 남자는 3년, 여자는 2년 동안 현역으로 근무하며, 51세까지(미혼 여성은 24세) 예비역으로 복무한다. '시민생활을 하는 현역', '귀가해 있

7 1973년의 제4차 중동전쟁(욤 키푸르 전쟁)이 이스라엘의 전략문화에 미친 충격과 영향은 제이슨 게위츠 지음, 윤세문 외 옮김, 『이스라엘 탈피오트의 비밀: 최고 중의 최고 엘리트 조직』(서울: 알에이치코리아, 2018), pp. 19-32 참고.

는 현역' 개념에 따라 국방임무를 수행한다. 군과 사회는 동체이기 때문에 군이 병사의 문화 · 사회적 요구에 부응하는 것은 당연한 책무이다. 군은 교육 배경이 미흡한 병사들에게 훌륭한 교육기관이 되며, 새로 이민해 온 병사들에게는 히브리어를 배우고 사회에 동화할 수 있는 기회를 준다. 군은 사회구성원들을 동질화시키고 시민정신을 일체화해 국방을 넘어 경제와 사회 및 일상생활의 기본체계를 확립시키는 구심적 존재이다.

이스라엘은 자조적 안보 · 국방의식이 매우 강하다. 아랍국가들로 둘러싸여 있는 전략환경 속에서 이스라엘이 생존하기 위해서는 강력한 군사력이 절대적으로 중요하다는 데 국민적 합의가 이뤄져 있다. 약소국가가 생존하기 위해서는 동맹체제도 고려할 수 있으나, 동맹관계는 상황적 이해에 따라 변동될 수 있기 때문에 전혀 믿을 수 없다는 인식도 널리 퍼져 있다. 이스라엘 지도층은 자국이 매우 소국이기 때문에 강력한 보호자가 필요하다고 생각한 바도 있었다. 구소련을 견제하기 위해 미국과의 안보협력관계를 형성하고자 시도했고, 무기를 획득하기 위해 프랑스와의 협력관계를 모색하기도 했다.

그러나 이스라엘의 선택은 자주적 안보 노선였다. 이스라엘은 인구가 적고 국토가 협소하며 종심이 매우 짧을 뿐만 아니라 3면이 아랍국가들에 의해 포위돼 있는 상황에서 선제공격과 단기 속결전만이 행동의 자유를 보장할 수 있는데, 이스라엘군이 동맹체제에 묶여 있으면 상황 적시적 행동이 불가능하고 외세의 간섭을 피할 수 없을 것으로 판단했기 때문이다.

이스라엘은 어떠한 상황에서도 행동의 자유를 보장받을 수 있는 안보전략 노선을 선택했고, 타국의 군대가 직접 이스라엘 땅에 파견돼 전투에 참여하는 연합방위 전략을 거부했다. 자체의 힘만을 신뢰하고 그 힘에 의해 생존을 지키는 자조력 기반 안보전략을 견지한 것이다. 미국으로부터 정치 · 외교적 지지를 받을 뿐만 아니라 군사적으로도 많은 지원을 받고 있으나 공식적 동맹은 없는 특수한 지위를 유지하고 있다. 군사적으로는 여하한 도전과 위협에 대해서도 단독으로 대응할 수 있는 압도적 방위력을 확보하는 길을 선택했다. 이러한 안보전략 노선에 따라 언제 군사적으로 개입할 것인가, 어느 정도까지 개입할 것인가, 군사력을 어떻게 사용할 것인가 등을 면밀하게 검토하고 이스라엘 특유의 군사전략과 군사력 사용 원칙을 발전시켰다.

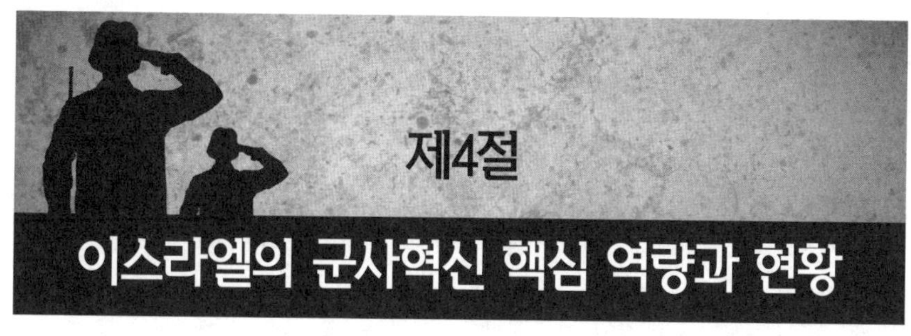

제4절 이스라엘의 군사혁신 핵심 역량과 현황

1. 전력체계 혁신

이스라엘은 세계에서 가장 작은 나라의 하나이지만 군사력이 강하기로는 큰 나라를 포함해도 결코 뒤지지 않는다. 상비병력은 겨우 18만 명 수준이지만 막강한 오일 머니와 최신 무기로 무장한 주변 아랍국가들을 압도하는 군사강국으로 군림하고 있다. 정예 군대와 아울러 세계 최첨단 수준의 전력체계를 보유하고 있는 것이다. 스스로의 힘으로 생존을 지키기 위해 군사혁신 차원에서 첨단 과학기술이 접목된 무기와 장비를 발전시킨 결과이다. 이스라엘은 '국방은 그 누구도 대신할 수 없다', '안보의 최종 책임자는 우리 자신이다'라는 원칙을 세우고 핵심 무기를 스스로 만들어 자주국방을 실현하고 있다. 무기 · 장비의 조달을 외국에 의존하면 국제정치 역학관계의 돌연한 변화가 발생할 경우 안보가 위태로워질 수 있기 때문이다.

1967년의 제3차 중동전쟁(6일 전쟁)을 계기로 프랑스가 이스라엘에 대해 무기금수조치를 감행한 것은 해외 무기 의존의 위험성을 자각시키는 충격적 사건이었다. 프랑스와 이스라엘 양국은 이스라엘의 독립국가 수립 이후 줄곧 동맹관계를 강화했다. 국가정상 간에 우호정신을 다짐하면서 긴밀한 군사협력관계를 발전시켰다. 양국 간 군사협력에는 중요 군사장비와 전투기의 공급, 심지어는 핵무기 개발 협력에 대한 비밀 계약까지도 포함됐던 것으로 알려져 있다. 그렇게 하던 프랑스가 돌변했다. 당시 프랑스는 아랍국가들과의 친선관계를 강화할 정치외교적 목적으로 이스라엘의 이집트 공격을 반대했는데, 이스라엘이 그에 응하지 않고 선제공격을 결행하자 군사협력관계를 끊어버린 것이다. 프랑스제 무기에 의존하던 이스라엘은 무기 자립의 절박함을 뼛속 깊이 체감했다.

이스라엘은 프랑스의 무기금수조치를 계기로 독자적인 기술 축적과 함께 미국 등 해외 방위산업 기업들과의 전략적 제휴를 통해 첨단 무기체계를 개발하기 시작했다. 쉽지 않은 과정이었다. 자국이 안고 있는 여러 가지 제한성과 문제점들을 면밀하게 분석·검토하고 매우 제한된 재원으로 최적의 전력체계들을 개발해야만 했기 때문이다. 다수의 대국들이 연합전선을 형성해 생존을 위협하는 특수한 전략환경에 적합한 무기체계를 선정해야만 했다. 국토의 협소성으로 인해 조금의 땅도 내어줄 수 없는 전장의 특성을 고려해야만 했다. 적대국가들과의 인접성 때문에 언제든 기습적으로 국가의 전략적 중심이 공격받을 수 있는 전략적 취약성을 반영해야만 했다. 겨우 800만명 정도에 불과한 인구로 인해 상비병력이 가중되는 위협에 대비하는 데 아주 부족하다는 점도 중요한 고려 요소였다. 결국 선택과 집중의 전력증강 전략으로 최적의 필수 무기체계를 확보했다.

그 결과 이스라엘은 오늘날 [표 6-1]과 같은 전력을 보유하고 있으며, 그 중 소형 정찰위성, 탄도미사일 및 미사일방어체계, 각종 레이더 및 센서체계, 전자전 장비, 무인항공기 등은 세계 최첨단 기술이 접목된 무기체계로 알려져 있다.

이스라엘은 세계적 감시망이 있음에도 불구하고 전략적 차원의 무기체계를 개발·확보함으로써 주변 아랍국가들을 압도하고 전략균형에서 절대적 우위를 확보한 것으로 평가되고 있다. 무엇보다도 생존에 대한 위협을 거부하기 위한 궁극의 무기로서 핵무기를 보유한 것으로 추정되고 있다. 이스라엘은 건국 당시부터 비밀리에 핵개발을 추진했으며, 핵실험은 실시하지 않았으나 핵보유국가로 사실상 인식되고 있다. 이스라엘은 부인도 시인도 하지 않는(NCND: Neither Confirm Nor Deny) 정책을 견지하고 있다. 미국과학자연합(Federation of American Scientists)의 추정에 의하면, 2020년 9월 기준으로 이스라엘은 90개의 핵탄두를 비축해 놓고 있다.[8]

영국의 제인스그룹 군사전문가들의 판단에 따르면, 이스라엘은 영국과 비슷한 수준인 300개의 핵탄두를 보유하고 있으며, 대부분은 조립하지 않은 채 며칠 만에 조립할 수 있는 상태로 보관하고 있다. 영국 국제전략문제연구소(IISS)는 탄도미사일에 탑재할 수 있는 핵탄두 수를 200개로 추산하고 있다. 미국의 핵확산 반대 비정부기구인 핵위협이니셔티브(NTI) 역시 200개의 핵탄두를 보유한 것으로 보고 있다.[9]

---

8 Hans M. Kristensen and Matt Korda, "Status of World Nuclear Forces", Federation of American Scientists, https://fas.org/issues/nuclear-weapons/status-world-nuclear-forces/.

9 "이스라엘의 핵무기 개발", ≪위키백과≫, https://ko.wikipedia.org/wiki/.

욤키푸르 전쟁 당시 골다 메이어 총리는 전세가 불리해지자 보유하고 있던 핵탄두의 조립을 명령했던 것으로 알려져 있다.[10]

[표 6-1] 이스라엘의 주요 상비 전력 현황

구분		주요 내용
병력(명)	총 169,500	육군 126,000, 해군 9,500, 공군 3,400
주요 부대	전략부대	중거리 탄도미사일(IRBM) 부대
	전략방위부대	애로우-2 3개 포대, 아이언돔 10개 포대, 패트리어트-2 6개 포대, 데이비드 슬링 2개 포대
	우주부대	정보감시정찰 위성 6대, 통신 위성 3대
	육군부대	•사령부: 군단 본부 3개, 기갑사단 본부 2개, 보병사단 본부 5개, 지휘본부 1개 •특공부대: 특수대대 3개 •기동부대: 정찰부대(독립정찰대대 1개), 기갑부대(여단 3개), 기계화보병부대(여단 4개, 독립여단 1개), 경보병부대(독립대대 2개), 공중기동부대(낙하산여단 1개)
	해군부대	전술 공격잠수함, 정찰/연안 전투함, 상륙주정
	공군부대	전투기/지상공격기 부대(비행대대 14개), 대잠초계기 부대(비행중대 1개), 전자전기 부대(비행중대 2개), 공중조기경보통제기 부대(비행중대 1개), 급유/수송기 부대(비행대대 3개), 공격헬기 부대(비행중대 2개), 수송헬기 부대(비행중대 5개), 방공부대(포대 21개), ISR UAV 부대(비행중대 3개)
주요 무기체계	전략무기	핵무기 보유 추정, 핵무기 탑재용 Jericho-2 미사일 24기
	전략방위무기	Arrow-2 3개 포대, 아이언 돔 1개 포대, 패트리어트-2 6개 포대, 데이비드 슬링 2개 포대
	우주무기	ISR 위성 6기(Ofeq 4기, TecSAR 1기, EROS 1기), 통신위성(Amos) 1기
	육군무기	장갑전투차량 1820대, 야포 530문, Jerocho-2 지대지미사일 발사대 24대, 단거리 방공무기 112기, 원격무인차량 100대
	해군무기	전술공격잠수함 5척, 콜벳함 3척, 초계함 8척, 상륙주정 3척
	공군무기	전투기 58대, 지상공격기 266대, 공격기 46대, 공중조기경보기 4대, ISR 항공기 6대, 전자전기 4대, 해상초계기 3대, 수송/급유기 10대, 수송기 65대, 헬기 143대, 지대공미사일 64+기, 미사일방어무기(애로우-2/3 24기, 패트리어트-2, 아이언돔, 데이비드 슬링 등), 정찰/공격용 UAV 다수

(출처) IISS, *The Military Balance 2020*, February 2020, pp. 355-357 내용을 요약 정리함.

10 "이스라엘의 핵 개발", ≪나무위키≫, https://namu.wiki/w/.

이스라엘은 선제 공격력 기반의 적극적 방위를 보장하기 위해 세계적 수준의 첨단 미사일을 보유하고 있다. [표 6-2]에서 보듯이, 지난 60여 년 동안 외국의 지원과 협력을 받기는 했지만 자체적으로 다양한 탄도 및 순항 미사일을 개발해 운용하고 있다. 전략적 억제를 목적으로 예리코 시리즈의 미사일을 보유하고 있으며, 지 · 해 · 공 부대들은 전술적 용도의 단거리 미사일을 운용하고 있다.

[표 6-2] 이스라엘의 주요 미사일 현황

명칭	분류	사거리(㎞)	탄두	상태
Jericho 3	대륙간탄도미사일(ICBM)	4,800~15,000	MIRV 핵탄두	운용
Jericho 2	중거리탄도미사일(IRBM)	7,600	핵탄두	운용
Jericho 1	준중거리탄도미사일(MRBM)	1,300	핵탄두	폐기
LORA	단거리탄도미사일(SRBM)	250	재래식 탄두	운용
Delilah	지상공격순항미사일(LACM)	250~300	재래식 탄두	운용

이스라엘은 원거리의 전략적 위협을 억제하기 위해 전략형 탄도미사일을 실전 운용하고 있다. 예리코 시리즈 미사일이 그것이다. 예리코 3호는 대륙간탄도미사일(ICBM)로서 2008년 실전 배치된 것으로 추정되고 있다. 미사일 발사 중량이 30톤인 3단계 고체연료 로켓(샤빗 로켓 대량)을 사용하고 있으며, 탄두 중량은 1,000~1,300㎏이다. 1개의 750㎏ 핵탄두 또는 2~3개의 MIRV 핵탄두를 탑재할 수 있다. 사거리는 4,800~15,000㎞인데, 가장 가벼운 350㎏ 중량의 핵탄두를 탑재할 경우 사거리는 훨씬 늘어난다. 사일로, 트럭, 열차 발사가 가능하며 관성 유도와 레이다 유도로 조종된다. 예리코 2호는 2단계 고체연료 로켓(샤빗 로켓 원형)으로 추진되는 중거리탄도미사일(IRBM)이다. 최

대 사거리는 7,600km이며, 사일로와 트럭에서 발사가 가능하다. 500~1,000kg 중량의 탄두를 탑재하며, 1메가톤급 핵탄두를 운반할 수 있다. 이스라엘은 예리코 계열의 탄도미사일을 자신의 전략적 중심을 겨냥하고 있는 위협을 억제하기 위해 운용한다. 이란의 핵무장을 막기 위해 [그림 6-4]에서 보는 바와 같이 예리코 2호 미사일과 F-15I 스트라이크 이글 폭격기 및 무인 폭격기 등으로 핵시설을 정밀 공격하는 공습 시나리오가 제기된 바 있다.[11]

이스라엘군은 적의 종심을 타격할 수 있는 단거리 정밀 미사일도 개발 · 보유하고 있다. 미국의 육군전술미사일시스템(ATACMS: Army Tactical Missile System)과 유사한 LORA 미사일을 개발 · 운용하고 있다. 이 미사일은 1단계 고체 연료 단거리 탄도미사일로서 사정거리 250km, 탄두 중량 400~600kg, 원형공산오차(CEP) 5m 수준이다. 육군형은 4발용 이동식 발사대를 사용하고, 해군형은 6발용 발사대를 사용한다. 발사에 걸리는 준비 시간은 5분이다. 이스라엘군은 지상이나 해상의 목표물을 정밀하게 타격할 수 있는 Delilah 미사일을 개발 · 운용하고 있다. 이 미사일은 공대지용, 지대지용, 대레이더용으로 운용하는 순항미사일로서 사거리 250~300km이다. 1990년대부터 전술기 탑재 공대지 순항미사일로 운영돼 왔고, Delilah-GL형이라는 지대지 순항미사일로 개량됐다.

이스라엘은 [표 6-3]에서 보듯이 주변 아랍 · 이슬람국가의 다양한 공중 및 미사일 공격 위협에 대응할 수 있는 맞춤형 전략

11 "공격한다면… 예리코 2 미사일로 핵시설 폭격", ≪중앙일보≫, 2012년 2월 4일, https://news.joins.com/article/.

[그림 6-4] 이스라엘의 이란 핵 시설 공습 시나리오

(출처) 『중앙일보, 2020년 2월 4일자.

적 · 전술적 방어 전력체계를 보유하고 있다. 이스라엘은 영토가 작고 인구가 특정 방면에 밀집돼 있기 때문에 핵 · 미사일과 같은 전략적 무기에 태생적으로 취약하다. 전 · 평시가 따로 없이 항상 주변 국가 및 무장단체들의 탄도미사일과 로켓 및 드론 공격에 노출돼 있다. 단 한 번의 공격으로 대규모의 인명과 재산이 막대한 피해를 입을 수밖에 없다. 공격 주체들이 아주 가까이 있기 때문에 조기경보의 여유가 거의 없다. 공격 대상 지역과 목표가 무차별적이기 때문에 다양한 방어체계의 구축이 절실하다. 공격 무기가 다양하기 때문에 방어 수단을 다각적으로 모색해야만 한다.

이스라엘군은 이러한 적대세력의 공격 특성과 대응의 긴박성을 고려해 전략적 방어 차원의 대미사일 방어체계와 전술적 방어 차원의 대로켓 방어체계를 다층적으로 구축 · 운용하고 있다. 2020년 12월 15일(현지시간)에는 이란과 이슬람 무장세력에 의한 공중 · 미사일 위협에 대응하기 위해 다층적 방어체계를 가동하는

실제 발사 훈련을 성공리에 실시한 것으로 알려져 있다. 이 훈련은 지중해 상공에서 이뤄졌으며 무인기가 방출한 목표물과 장거리 탄도미사일을 요격하는 능력을 시험했다. 장거리 미사일을 요격하는 애로우 방어체계, 중거리 미사일을 격추하는 데이비드 슬링 방어체계, 팔레스타인 가자지구에서 날아오는 단거리 미사일과 로켓포를 파괴하는 아이언돔 방어체계를 총동원해 통합 훈련을 실시함으로써 공중 · 미사일 위협에 대처하기 위한 다층적 접근방식을 과시했다. 모든 시험에서 목표물 전부를 성공적으로 파괴한 것으로 평가됐다.[12]

[표 6-3] 이스라엘의 주요 공중·미사일 방어체계

무기 구분	주요 기능
애로우 탄도탄 요격 미사일 (Arrow ABM)	이스라엘산 THAAD 미사일로서 성층권에서 적의 탄도미사일과 위성을 요격·파괴
아이언 돔 (Iron Dome)	전천후 이동식 방공시스템(C-RAM)으로서 사거리 4~70㎞의 단거리 로켓과 포탄을 차단·파괴
데이비드 슬링 (David's Sling)	패트리어트 후속 미사일방어체계로서 70~250㎞ 거리의 로켓포, 탄도미사일, 전투기를 요격·파괴
아이언 빔 (Iron Beam)	아이언 돔의 미사일을 고출력 레이저로 교체한 공중방어 체계로서 로켓, 박격포, 드론 등을 요격

이스라엘은 1991년 걸프전 기간에 패트리어트 미사일이 이라크가 발사한 스커드미사일을 요격하는 데 실패하자 미국의 재정적 지원을 받아 미사일 방어체계를 설계 · 개발하기 시작했다. 마침내 2000년 3월 이스라엘산 THAAD 미사일로 불리는 애로우 탄도탄 요격 미사일(Arrow ABM)시스템이 처음으로 지중해 해안

12 "이스라엘, 이란 위협에 대응 미사일 실제 발사 통합 훈련 감행", ≪NEWSIS≫, 2020년 12월 16일, https://newsis.com/view/.

에 위치한 팔마힘 공군기지에 실전 배치됐다. 이어서 애로우 2호 미사일시스템이 개발됐다. 이스라엘 공군과 미국 미사일방어국은 2009년 4월 애로우 2호 미사일시스템의 18번째 실험을 실시했는데, 지중해 연안에 위치한 팔마힘 공군기지에서 미사일을 발사해 이란의 사하브 3호 미사일과 동일하게 제작된 블루 스패로(Blue Sparrow) 미사일[13]을 정확하게 요격한 것으로 알려져 있다.[14] 애로우 2호 미사일 포대는 4~8개의 이동식 미사일 발사대로 구성되며, 1개의 발사대에는 6개의 발사관이 있다.

이스라엘과 미국은 2008년부터 애로우 3호 미사일시스템의 공동 개발에 나섰다. 애로우 3호는 사거리 2,400㎞의 외기권 초음속 대탄도탄미사일이며 위성 공격 무기로도 사용 가능하다. 대량살상 탄두를 탑재한 탄도미사일을 고도 100㎞ 이상에서 요격할 수 있으며, 구축함에서도 발사할 수 있다. 애로우 3호 미사일 포대는 일제 사격한 5발 이상의 탄도미사일들을 30초 안에 요격할 수 있다. 애로우 3호 미사일은 적의 탄도미사일이 날아올 우주 상공으로 발사되며, 탄도미사일의 비행 궤도가 정확하게 식별되면 궤도를 수정해 직격 파괴(hit to kill) 방식으로 목표물을 명중시킨다. 애로우 1호의 그린파인 레이다 블록-A와 애로우 2호의 그린파인 레이다 블록-B보다 목표물 탐지 · 추적 거리가 긴 그린파

---

13 블루 스패로 미사일은 라파엘사에서 만든 모의 스커드-C/D 미사일이다. F-15 전투기에서 발사된다. 북한의 노동 1호 미사일 또는 이란의 사하브-3 미사일과 탄도 궤적, 속도, 레이다 영상, 열추적 영상을 동일하게 구현할 수 있어서 미사일 방어의 실전적 테스트에 사용되고 있다. "블루 스패로 미사일", ≪위키백과≫, https://ko.wikipedia.org/.

14 "Israel tests modified Arrow 2 ABM and new Green Pine radar", domain-b.com, 07 April 2009, https://www.domain-b.com/aero/mil_avi/miss_muni/.

인 레이다 블록-C도 함께 개발됐다. 『제인스 디펜스 위클리』에 따르면, 2017년 1월 애로우 3호 미사일 포대가 작전 운용을 개시했다. 1개 포대는 4개의 발사대와 24발의 미사일로 구성되며, 1개의 발사대에는 6발의 미사일이 탑재된다.[15]

이스라엘은 하마스나 헤즈볼라와 같은 무장단체에 의한 로켓포 및 박격포 공격을 막기 위해 전천후 이동식 방공시스템(C-RAM: Counter Rocket, Artillery, Mortar)인 아이언돔시스템을 구축·운용하고 있다. 2006년 제2차 레바논 전쟁 기간 동안 헤즈볼라가 발사한 약 4천 개의 로켓들이 이스라엘 북부에 떨어졌고, 이스라엘에서 세 번째로 큰 도시인 하이파도 피해 지역에 포함됐다. 44명의 주민이 사망했고, 25만 명의 주민이 다른 지역으로 이주했다. 2000~2008년 기간에 가자지구로부터 약 4천 개의 로켓과 4천 개의 박격포탄이 이스라엘 남쪽의 인구 밀집 지역에 무차별적으로 발사됐다. 백만 명에 가까운 이스라엘 주민들이 로켓포의 사정거리 안에서 살아야 했다.[16] 이스라엘군은 이러한 주민 생존 위협에 대응하기 위해 2007년부터 미국의 재정적 지원을 받아 '철의 지붕'으로 불리는 아이언돔을 개발하기 시작했으며, 2011년 3월 작전 배치가 결정됐다.

아이언돔은 4~70㎞의 거리에서 발사된 단거리 로켓과 포탄을 이스라엘 민간인 거주 지역 낙하 전에 파괴한다. 이동식 차량 발사대에는 20발의 타미르 요격미사일이 탑재된다. 2011년 4월 7일 처음으로 가자지구에서 발사된 BM-21 다연장 로켓포(러시아제)

---

15 "애로우 3", ≪위키백과≫, https://ko.wikipedia.org/wiki/.

16 "아이언 돔", ≪위키백과≫, https://ko.wikipedia.org/.

를 성공적으로 요격한 바 있다.[17]

2012년 3월 10일자 『예루살렘 포스트』지에 따르면, 아이언돔이 가자지구에서 발사돼 거주 지역에 떨어질 것으로 예상된 로켓의 90%를 격추시켰다는 것이다.[18]

아이언돔의 요격률에 대해서는 논란이 있는 것도 사실이다. 이스라엘군은 명중률이 90%에 달하는 것으로 주장하지만, 2018년 11월 하마스가 발사한 박격포와 로켓포 370발 중 60발만이 격추됐다는 것이다. 요격률이 30~40%에 불과한 것이다. 2019년에는 하마스가 발사한 690발의 미사일 중 240발만을 방어한 것으로 지적됐다. 하마스는 새로운 전략을 채용해 아이언돔 방어시스템을 뚫었다고 주장했다. 이스라엘군의 주장에 따르면, 아이언돔의 요격율은 86%대이며, 60% 정도는 무인지역에 낙하돼 아예 요격을 시도하지 않는다는 것이다.[19]

이스라엘은 장거리 애로우 미사일과 단거리 아이언돔 미사일의 요격 영역 사이를 담당하는 중거리 요격 미사일시스템으로 데이비드슬링(David's Sling, 다윗의 돌팔매)을 2014년 실전 배치했다. '마술 지팡이'로도 불리는 이 시스템은 이스라엘과 미국의 방산업체가 합작 개발한 사거리 70~250km의 차세대 패트리어트 미사일로서 적의 미사일과 로켓포를 전천후로 요격한다. 인접

---

17 "Iron Dome Successfully Intercepts Gaza Rocket for First Time", HAARETZ, 08.04.2011, https://www.haaretz.com/.

18 "Iron Dome ups its interception rate to over 90%", The Jerusalem Post, March 10, 2012,https://www.jpost.com/Defense/.

19 "아이언 돔", ≪나무위키≫, https://namu.wiki/.

한 레바논 헤즈볼라 무장단체나 시리아 등이 발사하는 탄도미사일은 물론 더 먼 거리에서 날아오는 저고도 순항미사일도 요격할 수 있다. 아이언돔과 함께 운용하면 이란이 개발하고 시리아, 하마스, 헤즈볼라 등이 함께 보유하고 있는 파즈르-5 미사일, 시리아의 M-600 탄도미사일, 시리아가 러시아에서 도입한 야혼트(Yakhont) 초음속 대함 순항미사일까지 막을 수 있는 것으로 알려져 있다.

이스라엘군은 단거리 공중 위협에 대한 대응 능력을 보강하고 아이언돔의 결점을 보완하기 위해 아이언빔 방어체계를 개발하고 있다. 인접 아랍국가 및 이슬람 무장단체에 의한 공중 위협 수단은 미사일, 로켓포, 야포, 박격포, 항공기, 헬기, 무인기 등 다양하기 때문에 다층적 방어체계를 구축해도 틈새가 있을 수밖에 없다. 특히 근접한 거리에서 날라오는 다수의 작은 목표물들을 무력화할 수 있는 방어 대책이 필요했다. 아이언돔의 고비용 운용도 문제였다. 미사일 한 발 한 발의 비용이 너무 비싸다는 것이다. 이러한 문제점을 해결하기 위해 아이언돔 방어체계의 미사일시스템을 레이저시스템으로 바꾼 아이언빔 방어체계의 개발을 선택했다. 아이언돔 방어체계를 대체하는 것이 아니라 보완하는 방안을 강구했다. 이는 아이언돔 방어체계에서 레이더시스템과 통제시스템 등 다른 시스템들은 그대로 사용하고 미사일시스템을 고출력 레이저시스템으로 교체하는 것이다.

이스라엘 국방부가 2020년 1월 9일 발표한 바에 의하면, 미사일과 드론 및 기타 공중 위협에 대응할 수 있는 기술적 돌파구(technological breakthrough)로서 레이저 방어체계를 개발하고

있다는 것이다. 이 새로운 체계는 몇 개월 동안의 시험을 거쳐 실전 배치할 계획이다.[20]

아이언빔 방어체계는 트럭에 탑재된 2대의 레이저 발사 장비가 2개의 빔을 발사해 1개의 목표에 집중 조사하여 요격한다. 소형 항공기나 무인기, 로켓포, 박격포, 포탄 등을 4~5초마다 하나씩 격추할 수 있다. 앞으로 출력을 현재의 수십㎾에서 10배 이상 증강하면 수십㎞ 밖의 탄도미사일도 파괴할 수 있을 것으로 예상되고 있다. 아이언빔의 요격 거리는 7㎞에 불과하지만 요격 1회에 드는 비용은 1달러도 안 되는 것으로 알려져 있다. 이는 아이언돔 방어체계의 결함이었던 가성비가 완전히 해결되는 것을 의미한다.

이스라엘은 국토가 아주 협소하고 도시와 인구가 지중해 연안에 밀집해 있는 가운데 주변 위협세력이 근접해 있기 때문에 적의 기습적 공격을 신속하게 경보할 수 있는 정보전력체계를 발전시켰다. 세계 최첨단의 우주 감시 · 정찰 무기체계를 독자적으로 개발 · 보유하고 있다. 우주기술의 핵심 분야를 선정하고, 그 분야에서 세계 최고가 되도록 투자했다. 특히 국가의 생존에 필요한 정찰용 인공위성과 레이더 등 분야에서 세계 최고의 기술을 확보하기 위해 노력해 왔다. 자신만의 특수한 샤빗(Shavit) 발사체로 소형 위성(무게 100㎏ 내외의 위성)을 우주로 쏘아 올렸다. 무게 대비 성능을 고려한 자신만의 방식으로 발사체와 위성시스템을 개발했다. 샤빗은 예리코 2호 중거리탄도미사일을 개조해 제작한 것으로서 우주로 쏘아 올릴 수 있는 무게가 정해져 있는 고체연

---

20 "Israel unveils 'breakthrough' laser defense system", Jewish News Syndicate, December 18, 2020, https://www.jns.org/.

료 발사체였기 때문에 위성시스템도 그 한계에 맞춰 개발할 수밖에 없었고, 결국은 소형 위성의 성능을 고도화하는 데 집중했다. 소형 위성은 저비용으로 지구 · 우주 관측 및 통신 서비스 등 중 · 대형 위성의 역할을 상당 부분 대신할 수 있고, 중궤도 · 정지궤도 위성보다 지구와 가까이 있어 데이터 송수신 지연 시간이 짧다는 점이 장점이다.

샤빗 발사체는 1988년 처음 개발 당시 탑재 중량이 100㎏ 정도였기 때문에 그 이후 7년 동안 개발한 위성 대부분이 100㎏에 맞춰졌다. 1995년 탑재 중량 200㎏의 샤빗 1호 발사체가 개발됐고, 2007년에는 탑재 중량 300㎏의 샤빗 2호 발사체가 개발됐다. 그동안 샤빗 발사체의 탑재 중량에 맞춰 최대한 가볍고 성능이 뛰어난 위성을 쏘아 올리는 노력을 반복했고, 그 결과 위성의 중량을 줄이면서도 모든 첨단 기술을 집약해 성능을 높이는 소형화 기술을 극한까지 발전시켰다. 샤빗 발사체는 1988년부터 2016년까지 11차례에 걸쳐 소형 정찰위성(Ofeq 시리즈)을 우주 궤도에 쏘아 올렸으며, 현재 4대가 운용되고 있다. 이 위성은 소형임에도 불구하고 기상 조건과 주야 관계없이 영상을 획득할 수 있는 레이더(SAR) 체계와 낮 시간대에 영상을 획득할 수 있는 전자광학(EO) 체계를 탑재하고 있다.

이스라엘은 다른 국가들이 따라하기 힘든 최첨단 위성 기술 개발 성과를 바탕으로 2008년 1월 TecSAR(Ofeq-9)라는 SAR 전용 정찰위성을 처음으로 우주공간에 쏘아 올렸다. 원래는 자국의 샤빗 2호 발사체를 이용할 계획이었으나 인도의 우주센터에서 PSLV-CA 발사체로 쏘아 올렸다. 이 위성은 일단 우주공간에 올라간 다음 우산처럼 레이더 날개를 펴는 독특한 구조로 독자 개발됐으며, 같은 성능을 가진 해외 SAR에 비해 무게가 월등히 가벼운 것으로 알려져 있다. 어두운 밤이나 구름이 잔뜩 낀 흐린 날에도 지상을 정밀하게 촬영한 고화질 영상을 제공할 수 있다. X-band 레이더 시스템으로 10㎝급 해상도의 영상을 확보할 수 있다는 것이다. 이 위성은 전략적으로 이란의 핵무기 프로그램과 군사적 활동에 대한 정보를 수집하는 데 운용되는 것으로 파악된다.

이스라엘은 2000년대 초부터 광학카메라를 탑재한 지구관측위성(EROS) 시리즈를 개발했다. EROS-A호(2000년 발사, 해상도 1.9m, 무게 250㎏)와 EROS-B(2006년 발사, 해상도 0.7m, 무게 350㎏)호의 후속으로 2012년 0.5~2m급 해상도의 EROS-C호(무게 350㎏)를 우주공간에 올려 놓았다.[21]

감시 · 정찰 위성과 함께 AMOS 시리즈의 통신위성도 운용하고 있다. 2008년 AMOS-3호를 발사한 데 이어 2013년 무게 4.3톤의 AMOS-4호를 카자흐스탄에 소재한 러시아 우주 발사 시설에서 쏘아 올렸다. 이 통신위성은 유럽, 중동, 미국 동부, 아프리카, 러시아, 동남아시아에 통신 서비스를 제공한다. 이스라엘은 2002년 1월 통신위성 3기를 중국에 수출하는 계약을 체결한 것으로 알려져 있다. 중국은 2008년도 올림픽의 준비와 인터넷과 핸드폰 사용의 일상 생활화에 대비해 이스라엘의 통신위성을 도입하는

21 "인공위성, 세계 위성 탑재 광학카메라 현황", ≪대덕밸리이야기≫, 2012년 6월 5일, https://daedeokvalley.tistory.com/503.

것이다.[22]

이스라엘은 특수한 전략환경과 전장 특성에 최적화된 신개념 무기체계를 개발 · 운용하고 있다. 트로피(Trophy) 능동방어시스템(APS: Active Protection System)이 그 대표적 사례이다. 이 시스템은 2009년부터 기갑부대에 실전 배치됐으며, 메르카바 전차 등 기갑전투차량에 장착돼 날아오는 로켓포나 미사일을 수많은 금속 파편으로 요격한다. 요격탄의 비산 범위가 매우 좁기 때문에 차량을 보호하는 보병들의 피해를 최소화할 수 있다. 거의 모든 종류의 대전차미사일 및 로켓포를 방어할 수 있다. 여러 방향에서 동시에 날아오는 위협체를 요격할 수 있고, 차량이 정지 중일 때와 이동 중일 때 모두 요격 가능하다.

장갑차와 같이 상대적으로 경장갑을 가진 차량에 탑재하는 트로피라이트(Trophy Light)도 2007년 공개됐다. 미국 육군도 2017년 M1A2 에이브럼스 전차를 포함한 주력 기갑장비들에 실전에서 성능이 입증된 이스라엘제 트로피시스템을 탑재하기로 결정했다.[23] 이스라엘의 한 대형 방산업체는 120밀리 날개안정분리철갑탄, 대전차미사일, 무반동총 등을 탐지하고 방어가 가능한 아이언피스트(Iron Fist)라는 능동방어시스템을 개발한 것으로 파악된다.

이스라엘은 무인무기체계의 원조로서 지난 40여 년 동안 연구

---

22 "이스라엘, 中에 통신위성 3기 판매", ≪매일경제≫, 2002년 1월 17일, https://www.mk.co.kr/news/home/view/2002/01/15957/.

23 "美 주력 전차 에이브럼스, 대전차무기 안 두렵다", ≪한국경제TV≫, 2017년 6월 8일, https://www.wowtv.co.kr/NewsCenter/News/.

개발에 박차를 가해 왔으며, 오늘날 세계 최고 수준의 기술력을 확보한 것으로 평가되고 있다. 주변 국가들과 빈번하게 전쟁을 치르면서 원거리 관측의 중요성을 인식했다. 마침내 1982년 레바논 전쟁 시 스카우트 무인기를 최초로 투입했다. 현재 다양한 종류·유형·용도의 첨단 무인기를 보유하고 있다. 이스라엘에는 세계적 첨단 무인기를 제작하는 업체만 7~8개가 있다. [표 6-4]에서 보듯이, 그 업체들은 다양한 정찰용 무인기와 공격용 무인기를 생산하며 세계 50개 이상의 국가에 수출하는 것으로 알려져 있다. 무인기들은 육상과 해상의 동시 정찰이 가능하고 임무 전환이 용이하며 미사일 발사 및 타격 플랫폼으로 사용될 수 있다. 바다에서는 무인수상정(USV)을 운용하고 있다. 연안·항만·도서 근해에서 감시·정찰·대테러·부대 보호 등을 목적으로 개발됐으며, 기관총과 유탄 발사기 및 스파이크(Spike) 미사일시스템을 탑재한다. 작전지역 감시 및 정찰, 적 유인, 원격 화력 지원 등 다양한 전술적 용도의 무인지상차량(UGVs)도 운용되고 있다.

이스라엘이 자국만의 독특성과 특장점을 지닌 첨단 무기체계를 확보할 수 있었던 것은 절박한 생존 의식과 강한 자조 자강 의지가 담긴 방위산업과 연구개발이 뒷받침됐기 때문이다. 1967년 6일 전쟁 후 당시까지 군수물자의 상당 부분을 공급해온 프랑스가 무기금수조치를 감행함에 따라 자주국방의 중요성을 절감했고, 그때부터 해외기업과의 전략적 제휴를 통해 첨단기술을 축적하기 시작했다. 방산 선진국들이 소홀히 하는 틈새시장을 개척하는 선택과 집중 전략을 구사했다. 소형 위성, 레이더, 통신·C4I시스템, 전자·컴퓨터장비, 사격통제장비, 정밀 유도무기, 무인 무기체계 등 매우 광범위한 분야에 걸쳐 세계 정상의 기술력을 확보하고 있으며, 주변 아랍국가들과 비교하면 적어도 한 세대 앞선 최첨단 기술집약형 무기 · 장비를 보유하고 있다. 항공기나 전차 같은 완제품보다는 통신장비, 소프트웨어, 레이더 등과 같은 부품 개발에 집중했다. 기존 장비의 성능 개량과 체계 통합 능력도 탁월하다.

[표 6-4] 이스라엘의 주요 무인기 업체 및 대표 제품 현황

업체	대표 제품
IAI	서처, 하피, 하롭, 헤론 등
엘빗시스템	스카이라이크-1·2, 헤르메스-90·450·900 시리즈 등
에어로노틱스	에어로스타, 오비터-2.·3·4 등
에어로센티널	센티널-1·2·3G 등

(출처) "군사용 드론 최강국 이스라엘, 세계 50개국에 수출", 『dongA.com』, 2016년 12월 1일, https://www.donga.com/news/lt/article/all/..

2. 작전운영개념 혁신

이스라엘군은 주변 아랍국가들과 전쟁을 치르고 이슬람 무장단체들의 빈번한 공격을 받으면서 자신만의 특수한 작전운영개념을 혁신적으로 발전시켜 적용해 왔다. 국가 차원의 군사전략을 구현하기 위해 이스라엘 특색의 최첨단 무기체계와 장비를 전력화시켰고, 적의 위협과 공격을 최단시간 · 최소손실 원칙에서 격퇴하는 작전운영개념을 부단히 개발했다. 군사전략과 전쟁기획은 영토가 협소해 전장을 조금도 적에게 내줄 수 없는 지정학적 특성을 고려해 방어보다는 선제공격을 추구한다. 평시 군사적 도발과 공격을 당하면 혹독한 응징보복을 감행하고, 전쟁의 징후를 발견하면 선제공격 차원에서 조속히 전장을 적의 영토로 옮기며, 전쟁

발발 초기 단계부터 속전속결을 추구해 피해를 최소화한다.

이스라엘군의 군사전략은 선제공격과 적 영토로의 전장 이전이 그 본질이다. 선제공격은 이스라엘과 아랍진영 간 전쟁지속능력의 불균형성, 국제사회의 조기 종전 강요 가능성, 전쟁 장기화 시의 확전 가능성 등 복합적 상황을 고려해 전쟁을 빠르게 끝내기 위한 것이다. 이스라엘의 지전략적 취약성과 상비병력의 부족도 선제공격을 감행할 수밖에 없는 요인이다. 전략적 종심의 여유가 거의 없고 동원병력에 의존해야 하기 때문에 적의 공격을 흡수할 수 있는 방어력이 충분하지 않다.

적 영토로의 전장 이전은 전쟁이 발발하면 결전 장소를 적의 영토로 옮김으로써 자신의 국토와 국민 피해를 예방하기 위한 것이다. 이스라엘은 적에 의해 포위돼 있고 종심이 거의 없으며 인구가 지중해 연안 도시에 집중돼 있기 때문에 자국의 영토에서 전투가 벌어지면 주요 전략적 인프라와 산업시설이 일거에 파괴되고 엄청난 인명 손실이 발생하는 등 감당하기 어려운 피해가 불가피하다. 이러한 취약성과 위험성 때문에 전쟁 초기 전장을 적의 영토로 이전하는 공세적 전략개념을 채택한 것이다.

이스라엘의 공세적 속전속결 전쟁 개념은 1967년의 제3차 중동전쟁(6일 전쟁)에서 모습과 특성을 드러냈다. 이집트, 요르단, 시리아, 레바논을 상대로 벌인 전쟁에서 6일 만에 속전속결로 승리를 거둠으로써 초유의 최단기 전쟁 종결 역사를 남겼다. 전쟁은 1967년 6월 5일 새벽 이스라엘이 아랍연합국들을 선제공격하는 것으로 시작됐다. 이스라엘 공군의 전투기들은 레이더 기지의 교대 시간을 틈타 사막에서 초저공으로 비행하며 이집트 방공망을 우회해 주요 공군기지들로 침투하는데 성공했고, 아랍연합군 중 최대 전력을 자랑하는 이집트의 주요 공군기지들을 거의 같은 시간에 기습적으로 폭격했다. 약 3시간에 걸친 폭격으로 이집트공군은 450여 대의 항공기 중 300여 대가 파괴됐고 공군기지와 레이더 기지 등이 초토화됨으로써 공군력의 80%가 격파됐다.[24] 이후 이스라엘공군의 항공기들은 이집트 영토를 오가며 이집트군을 초토화시켰다.

전황을 지켜본 이집트 군부는 극도의 충격과 혼란에 빠졌다. 이집트의 한 조종사는 당시의 느낌을 다음과 같이 소개했다. "최초 1진의 공격이 끝나고 30초도 안돼 2진의 공격대가 기지 상공에 나타났다. 우리는 엄폐된 곳을 찾아 주변 사막을 정신없이 달렸다. 하지만 이스라엘 공군기들은 공격을 멈추고 유유히 기지 상공을 선회할 뿐이었다. 아마 2진의 조종사들은 기지가 다 파괴됐고 더 이상 공격할 목표가 남아 있지 않은 사실이 믿기지 않은 듯했다. 이제 그들에게는 살아 있는 우리 조종사들만이 남은 목표였을 뿐이었다. 그저 권총을 유일한 호신무기로 지닌 약한 인간인 우리가 이스라엘 공격기들의 유일한 목표였다는 것은 슬픈 코미디였다. 또한 첨단 장비를 갖춘 최신예 전투기의 조종사들이 권총 하나에 의지한 채 목숨을 건지기 위해 여기저기를 뛰어다녔다는 것은 듣기에도 민망한 모습이었다. 2진의 공격대는 기지 상공 도착 5분 후 사라져 버렸다. 정적이 주변 사막과 파괴된 기지에 감돌았다. 단지 우리 전투기와 기지시설이 불타는 소리만 들려올 때

---

24 "제3차 중동전쟁", ≪나무위키≫, 2020년 12월 10일, https://namu.wiki/w/.

름였다. 이스라엘 공군기들은 임무를 더 이상 바랄 수 없는 최선의 방법으로 완수했었던 것이다. 그것은 100%의 우리 측 손실과 0%의 이스라엘 측 손실을 말해 주는 것이기도 했다."[25]

이스라엘군은 선제공격으로 제공권을 장악한 후 지상전에 돌입했다. 이집트, 요르단, 시리아로 진격해 20,700㎢에 불과하던 영토를 순식간에 68,600㎢로 3.3배 늘려 놓았다. 이집트 땅이던 시나이 반도와 가자지구, 요르단령이던 동예루살렘을 포함한 서안지역, 시리아의 골란고원이 이스라엘에 의해 장악됐다. 마침내 아랍연합군의 주축인 요르단, 이집트, 시리아가 차례로 휴전을 받아들임으로써 전쟁은 6월 11일 개전 6일 만에 종결됐다. 이 전쟁에서 이스라엘군 사망자는 1,000명 이하였고, 아랍연합군 사망자는 20,000명 이상였다.[26]

이스라엘은 6일 전쟁에서 정보력을 기반으로 항공전력과 기갑전력을 체계적으로 결합한 신전격전을 수행했다.[27]

적의 침략 기도와 활동을 조기에 파악한 다음 선제적 공격작전으로 주도권을 장악하고 적의 영토를 전장화해 단기간 내에 결정적으로 승리를 거뒀다. 아랍국가들이 연합해 대응했지만 이스라엘군은 전략적으로 포위된 내선 상의 위치를 이점으로 활용해 선제공격으로 신속하게 각개 격파함으로써 2개 이상의 정면에서 동

---

25 "이스라엘 공군의 총력기습-전투기 200기 대출격(3)". ≪울프독의 War History≫, https://mnd-nara.tistory.com/.

26 "제3차 중동전쟁", ≪위키백과≫, https://ko.wikipedia.org/wiki/.

27 신전격전은 제2차 세계대전 당시 독일군이 프랑스 마지노 요새를 돌파하기 위해 구사한 전격전 교리를 이스라엘의 군사작전 상황에 적합하게 적용한 전술을 말한다.

시적으로 전쟁을 수행하는 것을 피했다. 이스라엘군은 탁월한 정보력, 우월한 공군력, 우수한 기갑력을 체계적으로 결합해 전력 발휘의 승수효과를 극대화했다. 탁월한 정보력을 통해 이집트공군 전투기가 아침 초계비행을 마치고 기지로 귀환하는 시간을 정확히 탐지하고 공격 개시 시간을 결정했다. 이스라엘공군은 최선의 방어가 카이로의 상공에 있다고 인식하고 사전 모의를 통해 치밀한 작전계획을 수립한 다음 질적으로 우수한 공군력으로 6시간 내에 이집트의 공군력을 완전 괴멸시켰다. 지상전의 개시와 함께 이스라엘 기갑부대들은 28시간 만에 시나이 반도의 이집트 주력군을 격멸시켰다.

이스라엘은 제4차 중동전쟁(10월 전쟁, Yom Kippur 전쟁)을 계기로 전력체계의 복합 운용 방안을 발전시켰다. 전쟁은 이집트와 시리아가 제3차 중동전쟁 시 이스라엘에 빼앗긴 영토를 되찾기 위해 1973년 10월 6일 이스라엘의 욤 키푸르 날(속죄의 날)을 틈타 이스라엘을 기습적으로 공격함으로써 발생했다. 개전 초기 이집트군은 신속하게 이스라엘 공군과 기갑부대를 제압하고 수에즈 운하를 넘어 시나이 반도의 거점들을 장악했다. 시리아군은 휴전선을 돌파해 골란고원을 공격하고 이스라엘의 문전까지 진군했다. 개전 4일 후 이스라엘군은 전열을 정비해 대대적인 반격에 나섰다. 대시리아 전선에서 과감한 역공에 의한 공세 이전으로 주도권을 장악하고 골란고원을 탈환했다. 대이집트 전선에서도 역공을 실시해 요르단강 서안지구를 다시 점령했다. 결국 10월 22일 양측이 유엔 안전보장이사회의 정전 요구 결의안을 수용함으로써 16일 만에 전쟁은 끝났다.

이스라엘은 이 전쟁에서 궁극적으로 승리를 거뒀지만 초전의 패배로 인해 씻을 수 없는 참담한 치욕을 감내해야만 했다. 결국 이스라엘군의 전반적 폐단을 진단하고 성찰하면서 새로운 혁신 방안을 도출했다. 중요한 문제점으로 적에 대한 정보력의 미흡, 지상군 각 병종 간 협조의 부적절, 전방 작전부대에 대한 군수조달체계의 미흡, 여단급 이상 작전부대 지휘관의 경험 부족 등이 지적됐다. 이에 따라 특수 중앙훈련기지를 설치하고 연합작전교리에 입각한 광범위한 훈련을 강화했다. 아랍연합군의 대공무기에 의해 많은 전술항공기가 격추됐다는 점을 교훈 삼아 정찰 · 통제 · 타격 복합 개념의 항공력 운용 방안을 창출했다. 조기경보통제기, 원격 조종 무인정찰기(RPV), 첨단 전투기를 결합해 복합적으로 운용하는 것이다.[28]

이러한 항공력 운용 개념은 1982년 6월 이스라엘이 팔레스타인 게릴라들을 축출한다는 명분 아래 레바논을 침공한 이른바 '갈릴리 평화작전(Operation Peace for Galilee)'에서 적용됐다. 이스라엘군은 3년에 걸쳐 레바논 베카 계곡에 주둔해 있는 시리아군 기지를 파괴하고 팔레스타인 게릴라들을 소탕했다. 1단계로 테러리스트들을 베이루트에서 추출 · 소탕했고, 2단계로 대테러전을 수행했다. 원격 조종 무인기를 활용해 베카 계곡의 대공무기 주파수를 탐지하고 적절한 전자방해공격(ECM)을 실시했다. E-2 Hawkeye가 공중 지휘통제를 담당했다. F-15 및 F-16 편대군이 제공권을 장악하고 지상 표적을 타격했다. 1990년대부터 미국

---

28 권태영·심경욱, 『작지만 강한 '전투형' 이스라엘군』, 한국전략문제연구소, 2011년 6월, p. 16.

이 군사혁신 차원의 전력체계 모델로 발전시킨 시스템 복합체계(System of Systems)를 이스라엘이 선구적으로 추구한 것이다.

3. 군 구조 및 부대 편성 혁신

이스라엘군은 병력의 제한성, 지전략적 특수성, 실전 경험 및 교훈, 전력 운용의 효과성 등을 종합적으로 고려하면서 자신만의 특수한 군 구조 및 부대 체계를 발전시켜 왔다. 이스라엘군은 약 17만 명 규모의 상비병력과 46만여 명 수준의 예비병력으로 자신보다 절대적으로 규모가 큰 주변 위협세력에 대응할 수 있는 군사력 구조를 유지해야 한다. 전략적 억제와 공세적 방어 임무를 수행함과 동시에 대테러 응징보복을 감행하기 위해서는 병력자원과 첨단 전력체계를 효과적으로 결합한 부대구조의 발전이 긴요하다. 이러한 필요성의 결과로 선택한 것이 [그림 6-5]에서 보는 바와 같은 통합군체제이다.

[그림 6-5] 이스라엘의 군 조직 구조 및 편성

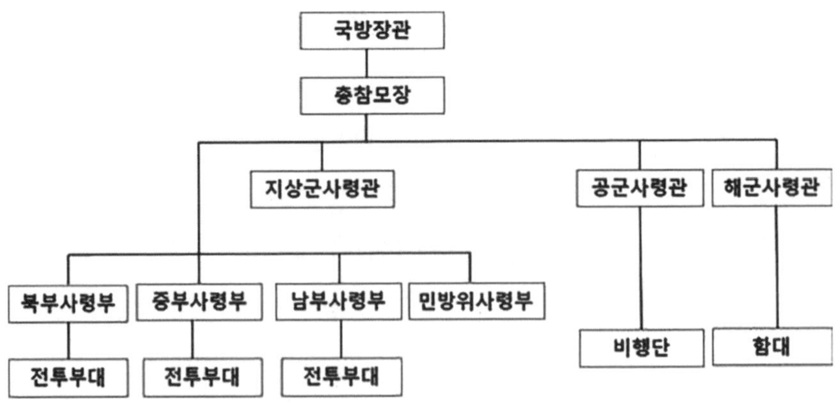

이스라엘군은 전력의 집중적 · 협조적 운용성을 고도화하고 군사작전의 융통성 · 신속성을 보장하기 위해 국방장관 휘하의 총참모장이 지상군 지역사령부를 직접 지휘함과 동시에 지 · 해 · 공 사령관을 통합 지휘하는 군 구조를 유지하고 있다. 총참모장 예하의 지상군사령관은 독자적 작전지휘권이 없고, 기갑 · 보병 · 포병 · 공병의 훈련과 교리 및 장비 개발을 책임을 지고 있다. 해 · 공군사령관은 총참모장의 지휘통제를 받아 3군 통합작전 및 독자적 작전을 담당하고, 전력증강과 교육훈련을 책임진다. 총참모장이 군의 모든 작전 능력과 요소들을 통합시키고 있으나, 각급 제대의 작전 재량권을 최대한 보장한다. 전장의 실전 상황은 현지 지휘관이 가장 잘 숙지하고 있다고 판단하고 작전지휘권을 과감하게 위임함으로써 책임성 · 적극성 · 융통성을 최대한 발휘할 수 있도록 한 것이다. 이러한 지휘구조는 네 차례의 중동전쟁과 두 차례의 레바논 전쟁, 그리고 수차례의 대테러 응징보복 군사작전에서 혁혁한 성공을 거둠으로서 효과성이 충분히 입증됐다.

이스라엘군의 부대편성은 전략적 임무 및 전술적 목표, 국토의 지리적 특징, 위협 및 전장의 특성, 전쟁수행개념 등을 종합적으로 반영하고 있다. 전략적 임무를 달성하기 위해 전략부대와 전략방위부대를 편성했다. 핵탄두 탑재가 가능한 예리코 3호 대륙간탄도미사일과 예리코 2호 중거리탄도미사일을 운용하기 위해 3개 중대의 미사일부대를 편성했다. 적의 공중 · 미사일 공격에 대응하기 위해 애로우 2호 및 3호 방어시스템 3개 포대, 아이언돔 방어시스템 10개 포대, 패트리어트-2호 방어시스템 6개 포대, 데이비드슬링 방어시스템 2개 포대를 운용하고 있다.

이스라엘은 국토의 수호와 주민의 보호가 국가안보의 최고 목표이기 때문에 지상군의 역할이 가장 중요하다. 총 병력의 70% 이상이 지상군 병력이다. 지상군 부대는 본토 지역 및 점령 영토(시나이 반도, 골란고원, 요르단강 서안지구 등)에 배치돼 있으며, 주요 역할별로 편성됐다. 3개 지역사령부로 구성돼 있으며, 주요 제대는 3개 지역군단과 2개 기갑사단 및 5개 보병사단 등이다. 역할 성분별로 다양한 전투 기능을 수행하는 전술 제대를 발전시켰다. 기동부대로서 1개 종심정찰대대, 3개 기갑여단, 4개 기계화보병여단 및 1개 종심기계화보병대대, 2개 종심보병대대 등을 편성했다. 특수전부대로서 3개 특수전대대와 1개 특수작전여단을 편성했다. 공중기동부대로서 1개 낙하산여단을 두고 있다. 전투지원부대로서 3개 포병여단, 3개 공병대대, 1개 폭발물처리중대, 1개 화생방대대, 1개 정보여단, 1개 신호정보반 등을 편성했다.

46만여 명에 달하는 예비군도 상비군과 유사한 전술제대로 구성했다. 주요 부대는 3개 기갑사단과 1개 공수사단이다. 기동부대로서 9개 기갑여단, 8개 기계화보병여단, 16개 보병여단(영토/지역 담당), 4개 낙하산여단, 1개 산악보병대대를 편성했다. 전투지원부대로서 5개 포병여단을 편성했다. 지상군 편성에서 특이한 점은 항공전력을 운용하는 부대가 없다는 것이다. 이는 지상작전이 총참모장의 직접 지휘 하에 공중작전과의 협조 · 통합 속에서 수행되고 있음을 의미한다.

이스라엘 공군은 병력이 34,000명 수준에 불과하지만 선제공격과 응징보복작전의 주력으로서 그 역할을 충분히 수행하고 있다. 지상전과 해상전 수행 시 공중 및 우주 협력을 제공하는 역할도 담당한다. 공군사령관 휘하에 비행단이 편성돼 있으며, 주요 역할별로 비행중대를 두고 있다. 주요 제대는 공중전투 및 지상공격 15개 비행중대, 대잠초계 1개 비행중대, 전자전 2개 비행중대, 공중조기경보통제 1개 중대, 공격 및 수송 헬기 6개 비행중대, 공중급유 및 수송 3개 비행중대, 정보감시정찰 UAV 3개 중대 등이다. 해군의 경우 병력 규모가 7,000명에 불과하기 때문에 해군사령관 휘하에 별도의 제대가 편성돼 있지 않으며 함정 자체가 부대단위인 것으로 보인다.

4. 비대칭성 창출

이스라엘군은 규모가 작으면서도 다목적 역할을 수행해야 한다. 주변 아랍국가들에 의한 전쟁 위협이 상존할 뿐만 아니라 이슬람 무장단체에 의한 테러가 끊이지 않고 있는 전략환경에서 국토를 수호하고 주민 안전을 보장해야 한다. 문제는 이스라엘이 주변 아랍국가들에 비해 국토 · 인구 · 자원 등의 측면에서 절대적으로 열세하다는 사실이다. 이스라엘군으로서는 본질적 불리함을 극복하고 전쟁에서 승리할 수 있는 비대칭적 방책을 창의적으로 발전시키는 것이 최대 과업일 수밖에 없다. 이스라엘만의 고유한 특장점을 이용한 군사혁신이 요구되는 것이다.

이스라엘군은 아랍진영의 양적 군사력 우세를 무력화할 수 있는 전력체계와 전략 · 작전개념을 발전시켰다. 첨단 기술 기반의 질적 군사력을 발전시켜 아랍국가들의 양적 우세를 상쇄했다. 전쟁 억제의 최후 수단으로 핵능력을 보유하고 중 · 장거리 탄도미사일을 개발했다. 적의 내부를 샅샅이 들여다 볼 수 있는 정보자산들을 운용하고 있다. 적의 미사일, 로켓포, 야포, 전차포, 드론 등을 요격 · 파괴할 수 있는 세계 최고 수준의 다층적 방어체계를 운용하고 있다. 공격이 최선의 방어라는 관점에서 선제공격을 작전개념의 기본으로 삼고 있다. 탁월한 정보력을 기반으로 항공전력과 지상 기동전력을 복합적으로 운용하는 신 전격전 교리도 개발 · 적용하고 있다.

이스라엘군은 적의 기습공격을 예방하고 선제공격을 성공적으로 수행하기 위해서는 고도의 정보력이 필수적이라고 인식하고 세계 최고 수준의 정보부대를 운영하고 있다. 전쟁에서 승리하더라도 정보력의 부족으로 초전에 승기를 잡지 못하면 엄청난 피해가 발생할 수 있다. 제4차 중동전쟁은 정보력의 중요성을 다시 한 번 절감하는 계기가 됐다. 당시 이스라엘군은 이집트와 시리아의 공격 징후와 구소련의 첨단 무기 제공 사실을 미리 파악하지 못함으로써 전쟁 초기에 막대한 물적 · 인적 피해를 자초했다. 궁극적으로 전쟁에서 승리를 거뒀지만 전쟁 초기의 실패에 대한 책임을 지고 총리를 포함한 군 수뇌들이 물러났다. 피포위 강박 관념을 벗어날 수 없는 이스라엘은 첨단 정보기술을 활용한 첩보 · 보안 역량을 강화했다. 정보력이 최선의 안전장치이기 때문이다.

이스라엘군은 그동안 비밀리에 운영해 온 첩보부대를 8200부대(Unit 8200)로 다시 출범시켰다. 이 부대는 프랑스 대외안보총국(DGSE), 미국 국가안전보장국(NSA), 영국 정보통신본부(GCHQ)와 함께 세계 4대 도 · 감청기관으로 손꼽힌다. 주로 신호정보를 수집하고 암호를 해독하는 임무를 수행하며 데이터 과학자, 하드웨어 · 소프트웨어 엔지니어, 코드 작성자 등 최고의 엘리트들이 근무한다. 적군의 무선전화, 이메일, 비행항로 전자신호 등을 파악 · 분석한다. 정보의 바다에서 유용한 정보를 골라내 잠재 위험을 파악함으로써 선제적 대응을 지원하는 것이다. 2007년 이스라엘 공군의 F-15 전투기가 시리아 핵시설을 공습할 때 8200부대가 시리아의 방공망을 사이버 공격으로 마비시켜 전투기의 안전을 확보한 것으로 알려져 있다. 2010년 이란 나탄즈 핵시설 제어시스템이 스턱스넷(Stuxnet)[29]이라는 컴퓨터바이러스에 감염돼 원심분리기가 멈춰섰는데, 이때도 8200부대가 정보전을 수행한 것으로 추정되고 있다.

이스라엘군은 위성영상 분석을 전담하는 9900부대도 운영하고 있다. 이 부대의 주된 임무는 무인항공기(드론)와 인공위성에서 전송하는 지형사진을 분석해 군사정보를 추출하는 것이다. 지리공간 데이터, 위성 이미지, 고고도 감시 이미지를 분석하는 것이 강점이다. 8200부대가 지상의 '귀'라면 9900부대는 하늘의 '눈'이라고 할 수 있다. 주목할 만한 특징은 군복무 면제 및 군복무 불가 대상에 해당되는 자폐증 장애인을 부대요원으로 활용한다는 점이다. 2013년부터 자폐증을 가진 사람이 자원 입대할수 있도록 했다. 자폐증 환자는 사회성이 떨어지지만 분야를 가리지 않고 집중적으로 파고들며 전력을 다하려는 의지가 강하며, 특정 분야에서 천재성을 발휘하는 장점을 활용한 것이다.

이스라엘군은 사막 순찰과 땅굴 탐지 등을 위해 베두인

---

29 스턱스넷은 발전소, 공항, 철도 등 기간시설을 파괴할 목적으로 제작된 컴퓨터바이러스이다.

(Bedouin)으로 구성된 특수 정찰부대를 운영하고 있다. 베두인은 중동의 사막에서 유목생활을 하는 아랍인을 말한다. 유대인이 아니다. 이스라엘 내에는 동남부의 네게브사막에 약 13만 명, 북중부 지역에 6만 명 정도의 베두인이 거주하는 것으로 추정되고 있다. 베두인 정찰대는 국경지대의 수색 임무를 수행한다. 국경지대의 침투 흔적을 찾기 위해 사막을 돌아다닌다. 팔레스타인 무장단체의 근거지이자 네게브사막과 연결돼 있는 가자지구의 외곽 정찰도 맡고 있다. 무장단체가 땅굴 등을 이용해 이스라엘의 분리장벽이나 철조망을 뚫고 이스라엘 영토로 침투하지 못하도록 방어하는 것이다. 베두인 정찰대원들은 국경지역 주민들과의 접촉과 소통이 용이하기 때문에 마을을 조사해 침투한 적을 찾아내기도 한다.

이스라엘군은 국가의 생존을 보장하기 위한 최선의 선택은 군사력의 양적 열세를 질적 우세로 상쇄하는 비대칭적 군사혁신을 창의적으로 개발하는 것이라고 판단하고, 최고 과학 영재를 육성하기 위한 탈피오트제도를 운영하고 있다. 1973년 이집트와 시리아의 기습공격으로 시작된 욤 키푸르 전쟁이 그 계기가 됐다. 이 전쟁에서 이스라엘군은 심대한 타격을 입음으로써 씻을 수 없는 오점과 치유할 수 없는 상처를 남겼다. 이스라엘군은 이처럼 수치스럽고 불행한 상황을 되풀이하지 않기 위해 관성의 틀을 깨는 돌파구로서 탈피오트제도를 탄생시켰다. 탈피오트는 끝까지 파고들어 최고의 경지에 오른다는 뜻의 히브리어로 성취의 정점을 의미한다. 탈피오트 출신 엘리트 인재들은 군에서는 군사혁신의 첨병이었고, 국가적 차원에서는 기술혁신의 개척자였다.

탈피오트제도는 전국의 고등학교 졸업자 중 최고 엘리트 인재를 선발해 군인으로 육성한다. 탈피오트 지원자의 모집과 합격 기준은 다음과 같다. "지원자들의 IQ는 높아야 한다. 우리는 상위 5%의 지성, 창의력, 집중력과 안정적인 성격을 가진 인물을 찾고 있다. 이 사람들은 연구소 근무자들, 국방부 근무자와 군 지휘관, 상위 연구기관 과학기술자들과 지속적인 소통을 할 수 있어야 한다. 지원자들은 반드시 조국을 향한 애국심과 부대에서 생존하고자 하는 강한 의지를 가진 인물이어야만 한다."[30] 선발된 인재들은 입대와 동시에 히브리대 자연과학대학에 입학해 학사과정 4년의 기간을 압축해 3년 만에 졸업하게 된다. 군복을 입고 수업을 받으며, 상식을 초월하는 사고력을 키우기 위해 고강도의 문제해결식 교육을 받는다. 방학 기간에는 군사훈련을 받는다. 졸업하면 이학학사 학위를 받고 중위로 임관하며, 적성에 따라 8200부대 등 핵심 부대나 모사드(Mossad) 등 국가정보기관에 배속돼 최소 5년 동안 복무한다. 전장에 직접 투입되기보다는 신무기 연구개발이나 작전 구상과 같은 기술 지원 임무를 수행한다.

탈피오트제도의 목표는 전쟁 수행 방법 자체를 완전히 새롭게 재편하는 것이다. 군사적 역량 위에 과학적 역량을 결합한 군사혁신을 통해 세계 어느 군대도 감히 넘볼 수 없는 군대를 발전시킨다. 엄청난 지식을 축적하고 응용해 어느 나라도 이스라엘에 물리적 공격을 가해 오지 못하도록 하기 위한 가공할 무기를 개발한다. 비슷비슷한 무기로 치열하게 경쟁하는 레드오션 방위체계를

---

30 제이슨 게위츠, 앞의 책, p. 54에서 재인용

넘어 그 누구도 경쟁이 될 수 없는 블루오션 방위체계를 지향하며 무기와 기술의 아이디어, 디자인, 개량 등에 대한 엄청난 제안을 한다. 아랍국가들의 군대보다 앞서는 정도가 아닌 압도적으로 우월한 무기체계를 개발하는 데 기여한다.

이스라엘군은 선진국보다도 한 걸음 앞서는 기술을 개발하는 데 탈피오트 출신 엘리트 군인들을 최대한 활용했다. 가장 대표적인 사례로 해군함정 전자전시스템의 개발을 꼽을 수 있다. 그들은 이스라엘 해군함정이 바다, 해안, 공중에서 발사돼 다가오는 미사일을 회피 · 기만하는 전자방어시스템 기술을 연구했다. 새로운 레이더 기술과 미사일 요격시스템, 적의 통신 감청을 막을 수 있는 암호화 기술과 통신 비밀 유지 방법, 육 · 해 · 공군이 정보전에서 압도적 우위를 점할 수 있는 기술 등을 개발하는 데도 기여했다. 탈피오트 출신 엘리트 인재들은 군에서 갈고닦은 역량을 산업 분야로 가지고 나가 전 세계를 무대로 수천억 달러 규모의 경제적 부가가치를 만들어 내는 주역이 됐다. 군사기술이 새로운 상품으로 바뀌어 국내총생산의 증가에 기여한다. 인터넷 보안 방화벽, 내시경 캡슐 필캠, 자율주행 드론, 해수의 담수화, 원자력 안전 특허 등이 군사기술의 성과인 것으로 알려져 있다.

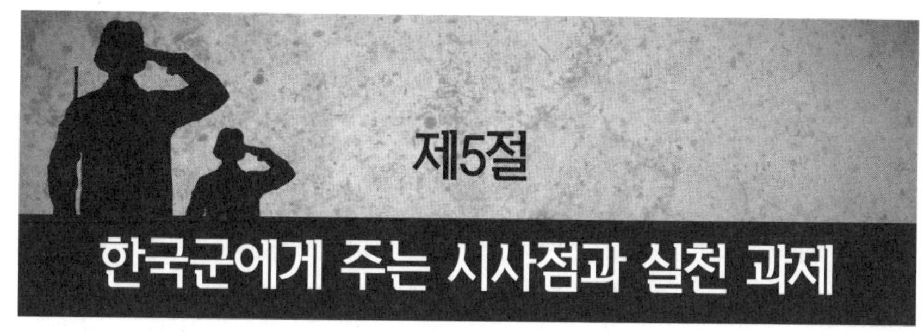

1. 시사점

강소국 이스라엘의 군사력과 실전 경험은 한국군에게 시사하는 바가 크다. 한국과 이스라엘은 공히 지정학적으로 주변에 거대한 국가들이 포진해 있는 전략환경 속에서 생존을 유지하고 번영을 이룩해야 한다. 한국군은 이스라엘군이 인접한 적대세력(이집트, 시리아, 요르단, 레바논, 이슬람 무장단체)의 직접적 공격 위협과 원거리 적대국(이란, 이라크)의 전략적 위협에 동시적으로 대비하는 것처럼 북한에 의한 당면 위협에 대응함과 동시에 주변 국가들에 의한 불확실성 위협에 대비해야 한다. 이스라엘군은 실전 속에서 자신만의 특유한 군사력을 발전시켜 자신보다 훨씬 큰 군사력을 물리치고 혁혁한 승리를 거뒀다. 이러한 점에서 이스라엘의 안보전략과 군사력은 그동안 한국의 안보 · 국방기관과 관련 학계에서 중요한 관심사였다. 이스라엘군은 한국군의 롤 모델(role model)이 되기에 충분하다.

한국군은 이스라엘군의 특장점을 참고해 작지만 강한 기술강군을 발전시켜야 할 것이다. 이스라엘의 자조적 국방전략을 참고할 필요가 있다. 이스라엘은 어떤 국가도 자신의 안보를 보장해주지 않는다는 역사적 교훈과 냉엄한 국제정치 현실에 바탕을 둔 국방

노선을 견지한다. 미국으로부터 정치 · 외교뿐 아니라 군사적으로도 전폭적인 지지와 지원을 받고 있으나 공식적 동맹관계는 없는 특수한 지위를 유지하고 있다. 한국은 미국과의 동맹을 공고하게 유지하면서도 전략적 상황과 정치 · 사회적 여건에 따른 변화 가능성에 대비해야 할 것이다. 북한 위협에 대처한 한반도 방위동맹은 점차 역내 세력균형 차원의 지역안보동맹으로 전환될 가능성이 많다. 한국군은 연합방위체제의 변화 가능성에 대비해 미국에 의존하고 있는 전략형 전력을 독자적으로 개발 · 확보하는 것이 중요하다.

이스라엘의 군사전략 및 전쟁기획을 한국적 상황에서 적용할 수 있는 방안을 찾아볼 필요가 있다. 이스라엘군은 영토가 협소해 전장을 적에게 내줄 수 없는 지정학적 특성을 고려해 수세적 방어보다는 선제공격 개념을 추구한다. 이스라엘은 전쟁을 통해 아랍 국가들로부터 본토의 3배나 되는 영토를 획득했기 때문에 평상시에도 무장 테러공격이 끊이지 않는다. 이러한 상황에서 이스라엘군은 전쟁 징후를 포착하면 선제공격 차원에서 조속히 전장을 적의 영토로 옮기고 전쟁 발발 초기 단계부터 속전속결을 추구함으로써 자국의 피해를 최소화한다. 평상시 이슬람 무장 테러단체로부터 공격을 당하면 혹독한 응징보복을 감행한다. 이러한 점을 착안해 한국군은 북한이 핵무기를 지렛대로 군사적 도발을 자행할 징후를 포착할 경우 선제공격을 감행할 수 있는 방안을 검토할 필요가 있다. 주변 국가가 도서 및 국경 문제 등을 이유로 국지제한전을 벌일 경우에는 상대의 전략적 중심을 압박하면서 영토 밖에서 전쟁을 수행할 수 있어야 할 것이다.

이스라엘의 군사기획과 군사력 건설 방식을 본받을 필요가 있다. 이스라엘은 위협의 인식과 평가, 전쟁수행개념과 군사전략, 군사력 건설이 밀접하게 연결되는 군사기획 순환고리를 유지하고 있다. 대체로 국가들은 국가재정을 배분할 때 경제 · 산업적 고려가 우선한다. 군사전략적 판단을 반영한 국방재원은 제한받는 경우가 있다. 이스라엘은 군사기획의 순환고리를 국가 차원에서 중시한다. 위협 평가와 군사전략에 기초한 군사력 건설을 보장하는 것이다. 이스라엘군은 군사력의 양적 충분성이 아니라 기술적 압도성을 추구한다. 전략환경과 전장 특성에 적합한 필수 핵심 무기체계를 선택과 집중 개념으로 확보한다. 한국군도 이스라엘식 군사기획 접근방법을 철저히 적용하고 국가 차원의 적극적 지원을 보장받아야 할 것이다.

이스라엘군의 창의적 군사혁신 방책을 참고할 필요가 있다. 이스라엘군은 자신보다 훨씬 거대한 아랍군과 전쟁을 수행해야 하기 때문에 비대칭적 전력과 전법을 발전시켰다. 전략적 억제를 달성하기 위한 핵무기 및 중 · 장거리 탄도미사일, 적의 미사일 · 로켓포 · 야포 · 전차포를 파괴하기 위한 다층적 공중 · 미사일 방어체계, 적의 공격 징후를 사전에 파악하기 위한 정보자산, 적의 전략적 군사시설과 방공무기를 무력화하기 위한 사이버 · 전자전 전력 등을 보유하고 있다. 실전 경험을 토대로 전력체계의 복합 운용 방안과 신 전격전 교리를 개발했다. 이스라엘 공군은 정찰-통제-타격 복합 개념의 항공력 운용 방안을 창출했다. 비대칭적 특수 군사방책과 독창적 무기체계를 개발하기 위한 최고 엘리트 인재를 육성하는 탈피오트제도를 운영하고 있다. 이러한 군사방책들은 북한의 비대칭적 전략무기 위협에 직면해 있는 한국군에게 유익한 참고가 될 것이다. 특히, 북한의 핵 · 미사일 전력을 무력화시킬 수 있는 비대칭적 방책과 수단을 개발할 필요가 있다.

한국은 [표 6-5]에서 보듯이 이스라엘에 비하면 상대적으로 대국이라 할 수 있다. 이스라엘보다 인구 6.1배, 국토 11배, 경제력 4.5배가 크다. 군사비는 2.1배, 상비병력은 3.7배가 더 많다.

[표 6-5] 한국과 이스라엘의 국력 비교

국 가	인구(만 명)	국토(㎢)	GDP(억 불)	군사비(억 불)	상비병력(명)
① 한 국	5,142	22만	1조 6600	392	625,000
② 이스라엘	842	2만	3660	185	169,500
①/②	6.1	11	4.5	2.1	3.7

(출처) IISS, *Military Balance 2019*. 1995년도 기준

이스라엘은 한국보다 훨씬 불리함에도 불구하고 세계가 주목하는 군사혁신을 성취했다. 세계 최고 · 최강의 군사력을 보유한 미국도 이스라엘의 군사기술과 무기체계에 주목하고 있다. 양국은 무기체계의 공동 개발을 추진하기도 한다. 이스라엘이 보유하고 있는 군사력을 한반도에 그대로 옮겨 놓는다고 가정한다면, 대북 전쟁 억제는 물론 미래 주변 불확실성 위험에 대비하는 데도 유리하지 않을까 생각해 볼 필요가 있다. 한국은 북한을 압도하는 군사력을 만들어 낼 수 없는 것일까? 한국은 절대 우위의 강대국들 속에서 생존을 보장할 수 있는 군사력을 창출할 수 없는 것일까? 한국도 강한 의지를 갖고 비상한 노력을 기울이면 이스라엘 못지않은 군사혁신을 성취할 수 있을 것이다. 이스라엘의 안보의식, 방위체제, 군 구조 및 지휘체계, 군사전략, 무기체계, 방산기술 등은 한국의 군사력 발전에 훌륭한 안내자가 될 수 있다.

2. 실천 과제

이스라엘이 한반도에 있다면 북한의 군사적 도발과 핵 · 미사일 위협에 어떻게 대응했을까? 이스라엘군은 네 차례의 중동전쟁과 여러 차례의 대테러전에서 압도적인 승리를 거뒀다. 시리아의 핵개발 시설을 전투기로 공습했고, 이란의 원자로 시스템을 사이버전으로 공격해 가동을 중단시키기도 했다. 이스라엘군은 어떻게 그렇게 할 수 있었을까? 그 답을 군사혁신에서 찾아보았다. 군사혁신의 개념적 분석 틀을 설계하고 전략환경, 전략문화, 전력체계, 작전운영개념, 조직 및 부대 편성, 비대칭성 창출 능력 등 주요 구성 요소별로 이스라엘의 군사혁신 동기와 성과를 분석했다. 이스라엘은 자국만의 특수한 전략환경과 전략문화에 적합한 군사혁신을 추구한 것으로 볼 수 있다. 군사혁신의 보편적 개념과 원리를 그대로 적용한 것은 아니지만, 전쟁 수행 방식의 특이성과 군사기술 및 전력체계의 우월성은 군사혁신의 성과라고 볼 수 있다. 이스라엘은 거대한 아랍海로 둘러싸인 조그마한 孤島이기 때문에 작전 종심이 매우 짧고 작전지역이 아주 협소하다. 단 한번의 작전 실패로 국가가 멸망할 수 있다. 이러한 위협 인식에서 강력한 군사력을 배경으로 한 생존전략을 선택했다.

이스라엘은 풍전등화의 위난 속에서 자조 방위력을 비대칭적 개념에서 창의적으로 발전시켰다. 핵무기 및 중 · 장거리 탄도미사일, 정보 · 감시 · 정찰 위성, 다층 공중 · 미사일 방어체계, 정찰 · 공격 무인항공기 등 기술집약적 전력을 확보함으로써 수적 열세를 극복했다. 세계에서 가장 효율적이고 경제적이며 실전적인 작전운영개념과 조직체계를 발전시켰다. 시민군제도, 통합군

체제, 정찰-타격 복합 전력운용개념 및 신 전격전 교리, 특수전 및 정보 · 사이버전 조직, 과학 영재 엘리트 군인 육성 제도(탈피오트제도) 등은 이스라엘군 만의 특장점이다. 이스라엘군은 속전속결 전쟁개념과 선제공격 군사전략에 따라 적의 틈새와 취약점을 찾아 신속하게 무력화시키는 비대칭적 접근 방식으로 핵심 전력전체계와 전력운용개념을 발전시켰다.

한국군은 당면한 북한 위협에 대응하고 미래 주변 불확실성 위협에 대비해야 하는 이중적 전략 목표를 부여받고 있다. 이스라엘도 인접 국가들의 공격 위협에 대응하고 원거리의 전략적 위협에 대비하고 있다는 점에서 한국과 유사하다. 그렇다면 한국은 이스라엘의 군사혁신에서 무엇을 배우고 실천해야 할 것인가?

첫째, 북한의 군사위협에 공세적으로 대응해야 한다. 특히, 북한의 핵 · 미사일 등 전략무기를 무력화시킬 수 있는 비대칭적 군사방책을 마련해야 한다.

둘째, 적의 전략적 중심을 샅샅이 들여다볼 수 있는 감시 · 정찰 능력을 비약적으로 발전시켜야 한다. 북한의 군사도발을 미연에 방지하기 위해서는 북한군 전력의 공세 행동, 전력의 이동 및 배비 상황, 최신 무기체계 동향, 군사장비 변화 등을 실시간으로 파악할 수 있어야 한다. 주변국의 전략적 중심을 감시할 수 있는 전략적 정보 능력도 발전시켜야 한다.

셋째, 북한의 공중 · 미사일 위협에 대응함과 동시에 주변국의 미사일 위협에 대비할 수 있는 다층적 공중 · 미사일 방어체계를 구축해야 한다.

넷째, 정밀타격무기를 획기적으로 확충해야 한다. 북한 전역의 전략 · 전술적 목표를 동시 병렬적으로 타격할 수 있는 다양한 정밀 유도무기 전력을 강화해야 한다. 주변국의 전략적 중심을 위협할 수 있는 장거리 · 극초음속 · 초정밀 미사일 전력을 확보해야 한다.

다섯째, 비대칭적 전법과 무기체계가 결합된 군사기술혁명의 창출을 주도할 수 있는 군사기술 엘리트 인재를 육성해야 한다.

에필로그

한국에서 군사혁신에 관한 연구가 시작된 것은 권태영 박사와 필자가 공동으로 한국국방연구원이 발행하는 『국방논집』(제31호, 1995년 가을)에 "군사 · 기술혁명(MTR)과 한국의 군사발전"이라는 논문을 게재하면서 부터이다. 이 논문은 안보 패러다임 변화와 MTR 필요성, 군사 · 기술혁명의 개념과 구성 요소, 최근 미국의 MTR 발전 추세, 한국의 MTR 발전 방향 등을 담았다.

그 후 권태영 박사와 필자는 미국의 군사혁신 추진 동향을 파악하기 위해 미국 출장 길에 올라 국방부 및 연구기관을 방문하고 주요 전문가들을 만났으며, 그 결과를 1996년 8월 『미국의 군사혁신(RMA/MTR) 발전 추세』라는 책자로 발간했다. 군사혁신의 일반 개념, 육 · 해 · 공군의 군사혁신 비전, 국방부 및 합동참모본부의 군사혁신 정책 · 전략 동향, 학자 및 전문가들의 군사혁신 연구 이슈 등을 망라했다. 이후 한국국방연구원에서 한국군의 군사혁신 방향에 대한 연구가 본격적으로 이뤄졌다.

마침내 국방부는 장관의 지시에 따라 1999년 4월 15일 국방개혁위원회 내에 「군사혁신기획단」을 발족시켰다. 권태영 박사와 필자를 포함한 10여 명의 박사급 영관 장교들이 핵심 과업과 중점추진 과제를 식별하고 3년 동안 연구를 수행했으며, 그 결과를 담아 2003년『정보 · 지식 기반 국방력 창출을 위한 한국적 군사혁신의 비전과 방책』 책자로 발간했다. 이 책자의 원본은 비밀로 분류됐으며, 후에 활용도를 높이기 위해 평문본을 별도로 발간했지만, 군내 업무 용도로만 배포됐기 때문에 외부에 알려지지 않았다.

이 시기에 학계에서도 안보 · 국방 연구 차원에서 군사혁신에 관심을 갖기 시작했으며, 학술 세미나와 학술지에 그 연구 산물이 등장했다. 이러한 관심과 연구는 국방부 군사혁신기획단이 한시적 임무를 마치고 해체됨과 더불어 시들해지기 시작했다. 가끔 대학의 석 · 박사 학위 논문 주제로 다뤄지는 정도였다.

필자는 2016년 세계경제포럼 회장 클라우스 슈밥이 4차 산업혁명 시대의 개막을 공식 선언한 후 한국 내에서 처음으로 2017년 7월 "4차 산업혁명과 군사혁신 4.0"이라는 논문을『전략연구』(제24권 제2호, 통권 제72호)에 게재함으로써 군사혁신에 대한 관심과 연구를 다시 촉발시켰다. 군은 물론 학계에서도 4차 산업혁명 시대의 전쟁 양상과 군사혁신을 연구하느라 분주하게 움직이기 시작했다.

이러한 상황에서 이 책은 두 가지의 목적을 갖고 집필했다. 하나는 군이 4차 산업혁명 첨단 기술을 활용한 군사혁신을 통해 국방 전반을 혁신할 수 있는 다각적 방책을 연구 · 개발하는 데 필요한 참고 자료를 제공하는 것이다. 또 하나는 학자나 전문가들이 한국적 군사혁신의 연구 담론을 전개하는 데 단초를 제공하는 것이다. 지난 20여 년 동안의 군사혁신 연구 및 실무 경험을 토대로 4차 산업혁명 시대의 군사혁신 비전과 방책을 모색했지만, 아직은 시론적 수준으로서 부족함이 많음을 인정하지 않을 수 없다. 학계와 군의 지속적인 연구를 통해 이 부족함이 채워질 수 있을 것으로 기대한다.

이 책은 6개의 장으로 구성돼 있지만, 맥락적으로 보면 크게 4개의 주제를 담고 있다. 첫째의 주제는 한국 국방의 도전 요인과 선택 과제이다. 한국의 국방에 심대하고 결정적인 영향을 미치는 요인들을 현재로부터 20~30년 후까지의 관점에서 분석 · 전망하고, 이를 고려한 선택 과제를 간략하게 제시했다. 이러한 분석을 통해 국방의 틀과 구조를 미래지향적으로 리셋 차원에서 재설계해야 한다는 당위적 진리를 발견했다. 문제를 제대로 인식하지 못하면 엉터리 답이 나오게 마련이다.

둘째의 주제는 정보화혁명과 군사혁신 3.0이다. 정보화혁명은 인류 문명의 대전환과 함께 전쟁의 성격과 방식 및 수단을 혁명적으로 변화시키고 새로운 차원의 군사혁신을 태동시켰다는 점에서 되돌아가서 이해할 필요가 있다.

셋째의 주제는 군사혁신 4.0을 통한 기술 강군 건설이다. 4차 산업혁명 시대의 군사혁신 개념과 군사기술혁명 추세 및 전쟁 양상, 한국의 기술 강군 건설 전략과 군사기술혁명 과업 등을 포괄적으로 제시했다.

넷째의 주제는 한국군의 롤 모델로서 이스라엘군의 군사혁신을 분석했다. 당면 북한 군사위협과 미래 주변 불확실성 위험이라는 이중적 안보 구도 속에서 전략적 선택을 고민하는 한국에게 이스라엘의 전승 경험과 군사혁신 사례는 많은 시사점을 제공한다.

국방력은 생물과 같은 것이다. 생물은 생명을 가지고 스스로 생활 현상을 유지해 나가는 물체로서 영양, 운동, 생장, 증식을 한다. 국가안보를 담보하는 국방력 역시 생물 현상처럼 지속 가능하게 역동적으로 성장해야 한다. 국방력이 성장을 멈추면 국가의 생존이 위태로워 진다. 군사혁신은 국방력의 생장 · 증식을 위한 영양과 운동이라 할 수 있을 것이다. 군사혁신은 할 것이냐 말 것이냐의 선택 문제가 아니라 반드시 해야 하는 당위적 필수 과업인 것이다.

중요한 것은 제대로 된 문제 의식이 있어야 정답을 찾을 수 있다는 점이다. 미국의 최고 국방전략가(mastermind)인 앤드루 마샬(Andrew W. Marshall)은 '상관없는 물음에 정확히 답하는 것보다는 올바른 물음에 적당히 답하는 것이 낫다'고 강조한 바 있다. 올바른 질문이 국방전략 기획의 출발점인 것이다. 그는 이러한 문제 인식을 갖고 구소련의 군비 출혈을 유도하는 국방전략을 기획해 냉전의 승리에 공헌했고, 정보화혁명에 따른 전쟁 양상 변화에 대비한 군사혁신을 기획해 미국 국방체제의 대전환을 이끌었다.

한국은 이제 다중 동시 복합적 국방 도전 요인들을 극복하고 생명력 있는 기술 강군을 건설하기 위해 한국적 특성의 군사혁신을 성취하는 데 매진해야 할 것이다.

'행복에너지'의 해피 대한민국 프로젝트!

〈모교 책 보내기 운동〉

대한민국의 뿌리, 대한민국의 미래 청소년·청년들에게 책을 보내주세요.

많은 학교의 도서관이 가난해지고 있습니다. 그만큼 많은 학생들의 마음 또한 가난해지고 있습니다. 학교 도서관에는 색이 바래고 찢어진 책들이 나뒹굽니다. 더럽고 먼지만 앉은 책을 과연 누가 읽고 싶어 할까요?

게임과 스마트폰에 중독된 초·중고생들. 입시의 문턱 앞에서 문제집에만 매달리는 고등학생들. 험난한 취업 준비에 책 읽을 시간조차 없는 대학생들. 아무런 꿈도 없이 정해진 길을 따라서만 가는 젊은이들이 과연 대한민국을 이끌 수 있을까요?

한 권의 책은 한 사람의 인생을 바꾸는 힘을 가지고 있습니다. 한 사람의 인생이 바뀌면 한 나라의 국운이 바뀝니다. 저희 행복에너지에서는 베스트셀러와 각종 기관에서 우수도서로 선정된 도서를 중심으로 〈모교 책 보내기 운동〉을 펼치고 있습니다. 대한민국의 미래, 젊은이들에게 좋은 책을 보내주십시오. 독자 여러분의 자랑스러운 모교에 보내진 한 권의 책은 더 크게 성장할 대한민국의 발판이 될 것입니다.

도서출판 행복에너지를 성원해주시는 독자 여러분의 많은 관심과 참여 부탁드리겠습니다.